中国包装印刷技术发展史

金银河⊙编著

青岛出版社

前　言

我国的包装印刷工业由于历史上形成的起步较晚、管理分散等原因,过去一直落后于其他工业的发展,成为国民经济中的一个薄弱环节。新中国成立以来,我国的包装印刷工业经历了一个由缓慢发展到快速发展的过程,由封闭的作坊式、手工操作到产业化、现代化的变革。我国包装印刷工业的巨变,特别是改革开放以来的飞速崛起,是我国印刷工业建国60年成就的有力佐证。

随着我国市场经济的迅速增长和印刷技术的多元化发展,包装印刷已经从简单的商品保护和介绍性功能中走出来,它正以其特殊的印刷效果来提高商品包装美化装潢功能,使商品增值添色。随着国家整体经济与文化的发展变革,包装装潢印刷在全部印刷产值中的占有率由最初的20%左右增长为现在的70%左右,处于我国印刷业中的首要位置。

近年来,某些地区、企业动意筹建“包装印刷博物馆”,曾向我等咨询,为此我们曾查阅很多有关包装印刷发展的资料,遗憾的是,没有发现专门系统介绍包装印刷发展史的论著,由此启发我们编写一本,以此作为向祖国改革开放30周年和新中国成立60周年的献礼。

本书为了突出我国包装印刷在发展进程中的工艺进展,采用了对各发展阶段主要研发、应用项目加以简介的写法,所以与以往写“史”的格式有所不同,是否合适,希望与同仁们商榷。由于我们的水平有限,会存在很多缺点,诚恳希望批评、指正。

本书由魏志刚教授、沈威同志统筹、策划、审校;金银河教授主编。在编写过程中,魏志刚、曲德森、谭俊峤、高永清、裴桂范、郑德海、邱发奎、张连章、陈传国、刘锦雄等同志曾提供了宝贵的资料,王桐同志在插图拍摄、编辑工作中给予了极大支持,在此一并感谢。

本书可作为史学研究者、印刷工作者、包装工作者及有关院校师生的参考书。

金银河

2009年5月

目　　录

第一章　包装印刷的概念

第一节　包装的定义与功能

一、包装的定义

包装究竟起源于何时，没有明确的文献记载。但是，即使在原始社会，人们为了保存狩猎、农耕而得到的食物，为了蓄水，已开始使用树叶、兽皮、贝壳、陶器之类的包装材料或容器，这一点可由考古出土的文物中得到证实。

“包装”一词在19世纪第一次收入英国的《牛津大辞典》，《牛津大辞典》给包装下的定义是“给包装物品加以时髦感（流行感=Mode）的行为”。由此定义可以看出，在那个时代已经开始强调包装的SP（推销）机能，说明人类社会有商品交换和贸易活动发展后，包装逐渐成为商品的组成部分（商品生产的最后一道工序）。也说明，由于商品交易激烈竞争，使得包装除了具有保护内容物、方便使用的功能外、还增加了充当广告、传递信息的宣传装潢功能。

我国国家标准（GB4122－83）包装通用术语中，对包装有明确的解释——为在流通过程中保护产品以及为了识别、销售和方便使用产品，而采用的容器、材料及辅助物等等的总称。

二、包装的功能

（一）保护性功能

这是最重要的功能。包装要保证从产品出厂一直到消费者手中完好无损，有的产品甚至在完全用完之前都是有效的。一个产品被生产出来，从出厂到消费者手中，要经过多次装卸和远距离运输，经受各种气候环境变化的考验，可能受到下列因素的危害（见图1－1）。为了保持商品的使用功能必须有包装。

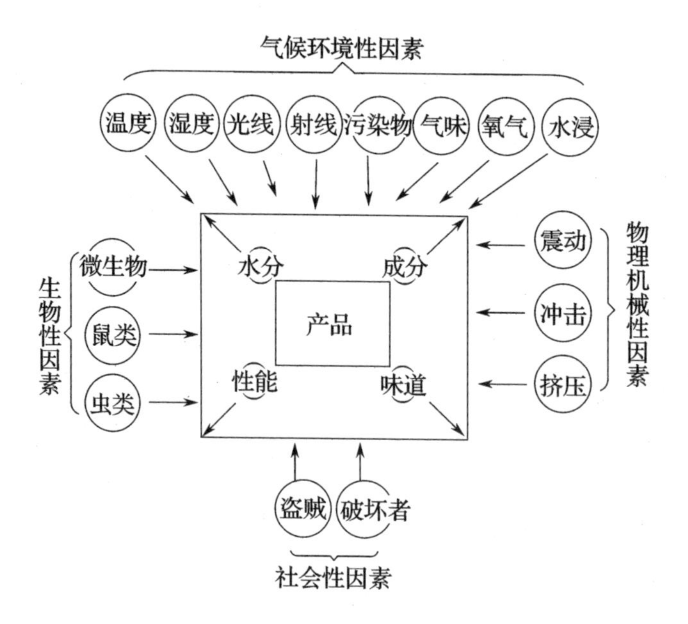

图1－1　危害商品的各种因素

（二）适用性功能

为使商品在加工、运输、使用中的方便、包装的尺寸、形状、重量、方式要便于仓库存放、装卸、运输、排列、销售、购买者的携带和消费。

（三）信息性功能

包装具有容纳和传递信息的作用，要求包装能传达如下信息：商品的名称、牌号、成分和规格、数量和价格、产地和厂家、使用方法、说明等等。

（四）美化和宣传功能

在商品激烈竞争的今天，包装的这个功能不容忽略。包装是使商品具有魅力的手段，美好的包装会使货架上的商品吸引人们的注意力，激发人们的购买欲，提高商品的竞销能力和交换价值，起到“无声推销员”的作用。

（五）增值功能

包装虽然是依附于产品的附属物，但通过包装可以提升产品的档次和使用功能，实现利润增值。有些商品在实现销售时，包装所渲染的观念是消费者在购买时的主要出发点。典型的产品如化妆品和礼品包装。

（六）引导消费的功能

考虑用户的生活习惯方式和消费能力，在单件包装中容纳适当数量的同类或同系列产品，或将相关产品组合，诱导人们同时购买更多的产品。如：咖啡伴侣组合式包装，成套文具的组合包装，套装礼品等。

(七)提升企业形象的功能

包装配合企业识别系统的开发,有利于强化消费者对商品产生直觉上的信心,令消费者对产品作主观认定,建立、强化品牌形象。就树立企业形象而言,包装是企业形象传达体系的应用要素中最直接面对公众的要素。规范化、系列化的包装对于促进企业的发展具有深远意义。

第二节 包装工程的概念与包装印刷工业在国民经济中的地位

一、包装工程的系统性与特点

“包装工程”是工业经济活动的系统。包装工程是由自然科学、社会科学和应用技术相交义而形成的一门综合学科。涉及机械学、法学、美学、化工技术、自控技术、印刷技术等多个领域,是随着商品经济的高度发达和现代科学技术的迅速发展而形成的一门新兴学科。

(一)包装工程大致可分为七大子工程:

1. 包装机械工程(直接包装机械、包装制品机械、综合包装机械)。

2. 包装设计工程(包装装潢设计、包装形体设计、包装结构设计)。

3. 包装材料与制品工程(纸质、塑料、玻璃、金属等包装材料与容器、复合包装材料与容器、辅助包装材料)。

4. 包装技术与方法工程(销售包装技术与方法、运输包装技术与方法、新兴包装技术与方法)。

5. 包装印刷工程(包装印刷方法、包装印刷工艺、包装印刷材料、包装印刷机械)。

6. 包装测试工程(包装测试仪器与测试机械、包装测试方法、包装标准)。

7. 包装管理工程(运输、销售、外贸包装管理、包装企业管理、包装社会学、心理学、包装价值)。

(二)包装工程内容、包装的作用规律和包装技术知识的组成结构来分析,包装工程具有如下基本特点:

1. 系统性:如前所述,包装要涉及材料、外观设计、结构设计、工艺技术、机电设备、管理、流通环境等诸多方面,缺一不可,环环相扣。

2. 广泛性:国民经济中各行业都需要包装技术来支持和保证其产品的生产、流通、储存和销售活动。

3. 依据性：包装工程技术有其独立成分，但一般都是依附存在或服务于有关行业和企业的经营活动，且其包装工艺技术往往需要合乎该行业的特殊要求。

4. 多科性：由系统性，广泛性产生了包装知识结构的多科性及交叉性，工程技术、美术、经济管理、贸易、实用文科各类知识相辅相成。

二、包装印刷工业在国民经济中的地位

（一）包装工程是国民经济的重要组成部分

包装工业是国民经济的重要组成部分，在我国，属新兴工业，包装工业与农业、商业、化工、电子、交通各部门密切相关。从重工业到轻工业，从军品到民品都离不开包装。

由于包装是商品的主要组成部分，在商品经济发达的国家，无包装商品不能进入流通领域，也不能用露体商品进入国际市场。随着现代化生产的发展，总要有各种盒、箱、袋、瓶、罐之类的包装，才能以集装箱发运世界五大洲各国、各地市场。只有包装工业的发展，才能使国民经济顺利发展，并将优质产品占领国际市场。包装工业的兴衰，也反映了一个国家的物质文明和精神文明的发达程度。

我们购买和消费商品，虽然直接对象是除开包装的商品本身，然而现代社会，没有包装的商品几乎很难存在了。包装已是使产品走向市场，成为商品的最后一道生产工序。

马克思认为：再生产分为3个阶段，即购买阶段，生产阶段和售卖阶段。当资本（或资金）经过购买和生产阶段后，摆在我们面前的重要任务就是出售商品，实现商品的价值和剩余价值，如果商品卖不出去，价值和剩余价值就不能实现，从而生产中消耗的各种要素就不能得到补偿，再生产就无法继续进行。可见商品的售卖对再生产起着十分重要的作用。而包装在促进商品的销售、实现商品价值和剩余价值的过程中起着其它手段无法替代的重要作用。

商品是自身价值和使用价值的统一体，价值是商品的社会属性，它看不见摸不着，只是通过交换才能表现出来。使用价值是商品的自然属性，它是商品的物质承担者。如果一种商品的外形好看、引人注意，则价值就会顺利实现，相反则会影响价值的实现。

而包装在保存使用价值，美化和宣传使用价值上起着十分特殊的作用。同时，包装可以保证商品运输、出售时的质量，减少损失。

（二）包装印刷业在国民经济中的地位和作用

1. 随着城市经济体制改革逐步深入，社会生产力进一步解放，对包装印刷工业提出越来越高的要求，以实现商品的价值。

应当从我国商品经济将有很大发展趋势，认识包装印刷工业的地位。包装印刷，不但

直接影响企业的经济效益，而且直接影响到社会效益和企业的信誉。

2. 社会的需求，要求包装印刷工作进一步加强。随着我国经济进一步开放、搞活，人民（包括城乡）生活水平的不断提高，人们的消费观念，消费方式和消费水平也在发生相应的变化。过去讲“新三年、旧三年、缝缝补补又三年”，现在讲“吃的讲营养、穿的讲漂亮，用的讲高档”。现在人们需要质量更高，品种更丰富、装潢更精美、使用更方便、更富有时代感的各种消费品，其中高档消费品，包括食品、饮料、医药、化妆品、家用电器等的需求，将大幅度地上升。

3. 第三产业的发展，对包装印刷工业提出了新课题。

第三产业的发展是现代化的总趋势。（例如美国 1965 年第一、第二、第三产业的构成比例为 4∶44∶52，1982 年上升为 3∶32∶65），第三产业的四大支柱是商业、金融业、旅游业和文教卫生，其中商业的发展与包装印刷的关系最为密切，特别是自选商场的发展，离不开与之适应的包装印刷工业。旅游业是各国经济发展的重要组成部分，既是一个巨大的消费性行业，又是一个生产性行业（西方发达国家的职工在旅游上的支出几乎占其工资的一半）。

近年来我国旅游事业发展很快，不仅国外游客在不断增加，国内旅游人员也在剧增，这就必然要求发展快餐食品、饮料、旅游纪念品等一系列与之配套的工业品，而这些产品又是离不开印刷精美的包装。

4. 农村经济向专业化，商品化，现代化转变，为包装印刷工业开辟了新的领域。

农村经济的迅速发展，迫切要求疏通城乡流通渠道，为日益增多的农村产品开辟市场。如何才能为日益增长的农副产品提供足够数量的优质廉价，美观的包装，以促进农村商品经济的发展，需予以充分重视。

5. 改进出口产品包装，使之符合国际市场上激烈竞争的要求。

第三节　包装印刷的概念、特性与范畴

一、包装印刷的概念

包装印刷，简言之，即以满足包装要求为目的的印刷。一般印刷的产品主要是书刊，而包装印刷的产品主要是各种包装物，二者的作用很不相同，所以包装印刷有着一般印刷所没有的新内容；包装印刷是一般印刷的发展，在近几十年里形成了一个专用名词，之所以能独树一帜，是由于包装工业迅速发展的结果。

二、包装印刷的特性

(一)包装印刷特性产生的原因

1. 承印物的广泛性

一般印刷所承印的承印物是平面的纸张,而包装印刷的承印物种类广泛。例如瓦楞纸板,塑料、铝箔、金属、玻璃、陶瓷、织物、竹、木、皮革等;除对平面承印物印刷,还经常对各种形状的包装容器进行曲面印刷。

2. 印刷技术的多样性

包装印刷除与一般印刷一样,经常采用凸版印刷、平版印刷、凹版印刷技术以外,由于承印物材质、形状的繁多,更多采用多种印刷综合应用的组合印刷方式和特种印刷。

3. 使用印刷设备的不同性

由于包装印刷使用的承印物、印刷工艺有其自身的特性,由此产生了包装印刷特有的印刷设备。

(二)包装印刷具有的主要特性

1. 包装印刷品应具有的特性

(1)后加工适性:如涂覆适性等。

(2)耐热封性:如用热封板热封印刷过和包装材料时不发生剥离粘连等。

(3)耐摩擦性:如印刷部分能承受自动包装时的机械摩擦。

(4)包装充填适性:在充填物料时不发生粘滞现象。

(5)耐光性:能承受在流通、陈列时的光线照射。

(6)耐内容物性:不受内容物中油脂、酒精界面活性剂的侵害。

(7)无臭性:印刷油墨气味不转移于内容物。

(8)耐水性:蒸煮中不脱落墨层。

(9)引人注目性:准确地表示商品的特点和强烈地吸引顾客注意。

2. 包装印刷的科学性

包装印刷技术是建立在物理、化学、光学、热学、力学、电子学、机械学、流变学、色彩学、静电、激光等基础学科之上的。包装印刷与其他工业(如机械制造、造纸、金属加工、塑料加工、化工、电子、橡胶、光学仪器、纺织、制革、木材加工、玻璃加工、陶瓷加工等)有密切的联系。长期以来,随着社会的发展,包装印刷技术在发展过程中,围绕着自身的印刷内涵,逐步形成了一套较完整的印刷理论,已形成为一门独立学科。

3. 包装印刷的艺术性

包装印刷品的外观是否给人以美感，使人爱不释手，并能表达商品的特点，吸引人们的注意力、除包装的商品质量有可信性之外，还要做到设计精美、色调鲜艳、版面生动、装潢典雅大方。所以必须赋予印刷品以美的外观，包装印刷技术也是一门艺术加工的技术。

4. 环保性

在经济快速发展的今天，包装在商品生产、流通、消费过程中扮演着越来越重要的角色，但包装废弃物、印刷排放物对环境的污染以及由过度包装造成的资源浪费也已严重影响了社会经济的可持续发展。环境保护涉及每个企业和个人生存发展的长远利益，环保新材料、新技术的不断涌现，使得绿色包装、绿色印刷逐步成为现实的选择。

绿色包装也称生态包装，是一种新的包装理念。业界普遍认为绿色包装就是对生态环境和人体健康无害、能循环使用和再生利用、可促进国民经济持续发展的包装。发达国家就此提出了“4R1D”原则：即包装实行减量化（Reduce），经适当处理可重复使用（Reuse），可再生（Recover），可循环（Recycle），可降解（Degradable），不产生环境污染。另外，包装用材料对人体和生物应无毒无害，包装材料中不应含有有毒性的元素、病菌、重金属或其含有量应控制在有关标准以下。包装制品从原材料采集、材料加工、产品制造、产品使用、废弃物回收再生，直到最终处理的生命全过程，均不应对人体及环境造成危害。

包装印刷绿色化就是指在包装印刷材料的选择、印刷、印后加工以及包装印刷产品的使用、回收全过程中，要做到绿色环保。现阶段，我国包装印刷绿色化面临的首要课题就是要减少或抑制印刷生产过程中产生的有害物质及固体废料对环境的危害，同时，应肩负起开发和推广应用无害环境的新工艺、新材料、新技术的历史使命，要大力倡导使用高效、环保的先进生产设备，在生产的各个环节中使用环保材料，开发轻而不污染环境的新型材料，在印前工艺中应用数字化技术，使用高自动化新型印刷设备和“绿色出版系统”，努力推动包装印刷业的绿色化进程，使包装印刷业沿着21世纪的绿色化旋律不断向前发展。

三、包装印刷的范畴

包装印刷的主要产品，属于销售包装领域，它的主要产品可分为四种类型：

（一）单件产品所用的“单件包装”如商标、瓶贴等。

（二）包装物的内部包装：如纸盒、衬格等。

（三）外部包装。如彩色中细瓦楞纸箱等。

（四）商品宣传广告、产品样本、产品说明等。

第四节　现代包装材料四大支柱

包装材料是商品包装的物质基础，是商品包装的各种功能的具体承担者，是构成商品包装使用价值最基本的要素。

人类最早采用的包装材料是天然材料，历史上出现过多种天然材料制作的包装容器，如用兽皮制成的皮囊，用木条、藤条制成的筐篓，用高岭土制成的陶罐、用木材制成的木桶、木箱、用天然纤维制成的麻袋、布袋等。由此而形成许多沿用至今的传统包装材料和容器。

西方产业革命始于 18 世纪 60 年代的英国，先从纺织业开始，以后因蒸汽机的发明和推广而得到进一步发展，遍及化学、采掘、冶金、机械制造等部门。继英国之后，到 19 世纪，法、德、美、日诸国也陆续完成产业革命，人造包装材料不断地代替天然包装材料，机制包装产品不断代替手工业包装产品，为现代包装的发展尊定了坚实的基础。

19 世纪初，英国已广泛使用马粪纸，1803 年英国布氏长网造纸机诞生，1808 年约翰·迪金森发明圆网造纸机（更适合生产纸板和纸箱板），1855 年英国人希利和艾伦发明了瓦楞纸。1883 年美国人达鲁发明牛皮纸，大量用于包装商品。

自 1795 年法国首次出现用玻璃瓶封装加热食品后的玻璃瓶罐头、马口铁罐头和冷冻食品包装相继获得专利。机制大箱、机制钢板桶、金属软管、压缩式喷雾容器、玻璃纸以及世界上第一台制罐机，轮转式制瓶机、灌瓶机等都是在这个时期发明的。直至 19 世纪末 20 世纪初，赛璐珞、酚醛、聚乙烯、聚苯乙烯等塑料相继问世，标志着商品包装进入现代化阶段。随着合成材料工业的发展，塑料大量地应用于包装，使商品包装摆脱了完全依赖天然材料的局面，形成了现代包装材料的四大支柱：纸及纸板、塑料、玻璃和金属。

第二章　古代包装印刷

第一节　印刷技术发展是包装印刷发展的技术基础

众所周知，印刷术是中国的四大发明之一。它的发明、发展、传播和广泛应用，极大地推进了社会文明的进程。因而，人们将印刷术称为“文明之母”，这是中华民族对人类文明的贡献。伟大的革命先行者孙中山先生把印刷排在衣、食、住、行之后，视为人类生活必需的五大要素之一，并说：“印刷工业为近世社会之一种需要，人类非此无由进步。”

印刷术的发明，如同其他科学技术一样，有其社会原因，是由它相应的物质基础与技术条件所决定。

一、发明印刷术的前提条件——文字

作为印刷术前提条件的文字，是由劳动人民在长期的劳动实践中产生的。

远古时代，人们交流思想的手段是靠语言。可是，在录音技术发明以前，语言在发出声音的瞬间立刻消逝，不管发音多大，不能把它保留一秒钟以上，也不能把它传到一公里远的地方去。

随着人类劳动活动的不断发展，相互接触的人更多，涉及的事更广，单是用语言已难适应。

我们的祖先记事的方法，大致有以下几种方法：一是结绳记事，就是在绳子上结成疙瘩，大事结大疙瘩，小事结小疙瘩，涉及数量多少，通过结疙瘩多少来表示；二是刻术记事，古代又称“书契”，就是用刀在竹上刻画，比如“|”代表“一”，“‖”代表“二”等；三是绘画记事，通过图画来记载事物。这种图画是最早的文字萌芽。由绘画记事逐渐发展到最早的文字——象形文字。考古和文献记载说明，至少在三四千年之前，汉字已经产生并日趋成熟了。汉字出现后，它的形体也不断发展变化：最早是商代后期（约为公元前15至11世纪）的甲骨文，是刻在龟甲和兽骨上的文字，是中国最早的定型文字，其中象形字、会意字、形声字有很大比例，其内容多为“卜辞”，少数为“记事辞”。甲骨文已发现的有单字5000多个，

目前能解读者约1000字左右(图2－1)。

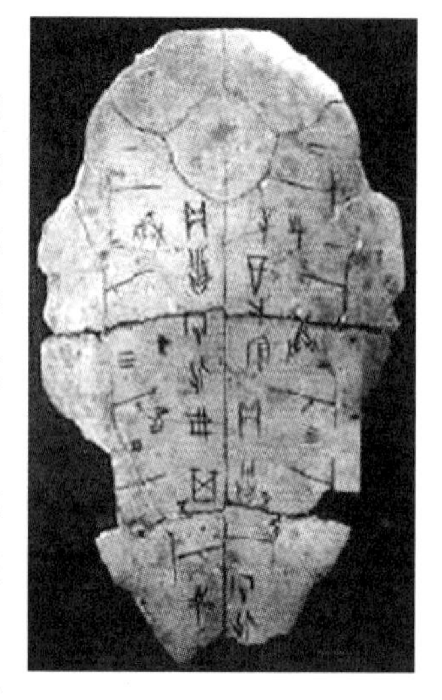

图2－1　甲骨文

约在公元前1300～100年(商朝后半期——西汉)制造的青铜器上也铸有文字,其字体开始时接近于甲骨文,后来逐渐演变为各种不同的形体,因各时代、朝代、地区不同而异。春秋战国时代把这类文字铸在钟、鼎、壶、盘、戈、剑等青铜器上,这种铸在金属上的铭文,现在称之谓金文,又称钟鼎文。战国时期金文演变为大篆体,也叫“籀文”。

公元前221年,秦始皇统一六国不久,采纳丞相李斯的建议,下令统一文字,把春秋战国时代各地“文字异形”的旧文废除,确定秦国所用的小篆(又称“秦篆”)为标准字体,通行全国。秦通行小篆,是在大篆的基础上演变而来的。

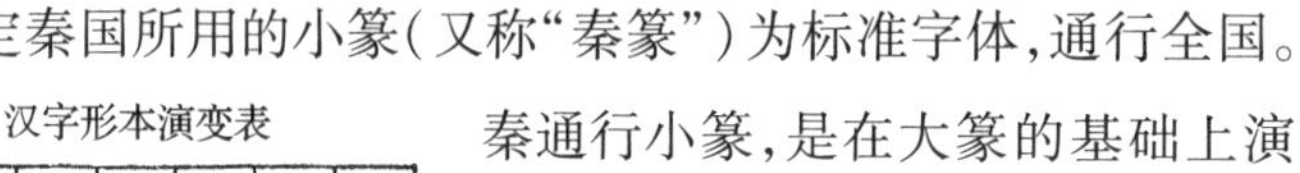

汉字形本演变表

甲骨文	[illegible]	[illegible]	[illegible]	[illegible]	[illegible]
金文	[illegible]	[illegible]	[illegible]	[illegible]	[illegible]
大篆	車	[illegible]	[illegible]	[illegible]	[illegible]
小篆	車	[illegible]	[illegible]	[illegible]	[illegible]
隶书	車	馬	魚	塵	見
草书	[illegible]	[illegible]	[illegible]	[illegible]	[illegible]
楷书	车	马	鱼	尘	见
行书	车	马	鱼	尘	见

图2－2　汉字形体演变

汉代通行隶书,是小篆的字体的进一步发展。草书是由秦隶连笔快书而成的。汉末兴起楷书,是兼采隶草之长而形成的字体。魏晋兴起行书,是简化楷书笔画,兼采草书绵连的笔法。上述八种字体的演变,总的趋势是删繁就简,避难趋易,显示了汉字发展的简化规律(见图2－2)。

文字的产生,是人类文明的一大跃进。有了文字,就有了记录语言、交流信息、记载历史的优良工具,并为印刷术的发明提出了需求和提供了可能。

二、发明印刷术的物质条件——笔、纸、墨

笔、纸、墨是印刷术发明的物质基础。在纸、笔、墨发明之前,开始是把文字刻在甲骨、金石上,但甲骨不易多得,金石笨重而费工。殷周时期,又出现把文字铸在青铜器上。图2－3为《大盂鼎拓片》清拓本。大盂鼎是西周康王时期的著名铜器,内壁有铭文长达291字,为西周青铜器所少有。其金文体势严谨,字形布局都十分平实,用笔方圆兼备,为西周早期书法的代表作。这件拓件为清金石名家郑文焯旧藏之物。

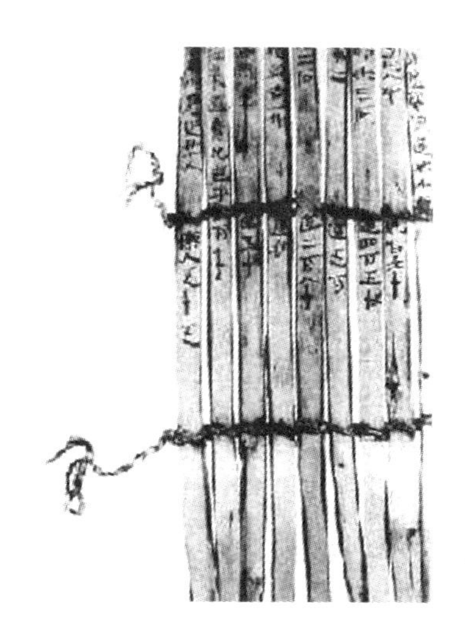

图 2-3 《大盂鼎拓片》清拓本

图 2-4 居延汉简

春秋末期至魏晋时代，人们把文字刻在竹、木片上，称竹简、木牍（如图 2-4 所示）。把一篇文章所刻用的竹、木片用皮条串起来，成为一“册”或叫做“策”，成为书籍。“简、牍”比起甲骨、钟鼎轻便得多，功不可没，但仍不很方便。

（一）墨的发明

墨是书写和印刷的主要材料。我国墨的历史源远流长，甲骨上的文字就有墨写的痕迹，至迟在西周时代就能制墨，《述右书法纂》说“刑夷始制墨，字从黑土，煤烟所成，土之类也”。刑夷是周宣王时的人（约公元前 827 年至公元前 782 年）。春秋战国时期也有关于墨的记载，但制墨的水平原始。据《宋稗类钞》说：“上古无墨，竹挺点漆而书”。这种墨很可能是用石墨磨汁而成的。秦汉时代制墨技艺有较大的发展。三国的魏国韦诞，字仲将，是制墨名家，有“仲将之墨，一点如漆”的美誉。韦诞之后，制墨名家辈出，技艺日益精湛，到唐代达到鼎盛。人们能制作油烟墨、漆烟墨、松烟墨。它们分别以桐油、生漆（将漆树汁除去部分水分、滤去杂质制成）松枝烧出的烟炱加上黄明胶以及麝香、冰片、樗木皮和石榴皮酸混合制成。其中油烟墨、松烟墨经久不褪、易溶不涸、宜于书写和印刷，漆烟墨有光亮、宜于绘画。

在广州南越王墓出土的石砚和墨丸，是西汉初期之物，其墨经研开书写后，黑色浓黑，推断为松烟所致。

（二）笔的发明

毛笔是我国传统的书写工具，在相当长的历史时期曾经雄踞世界笔坛之首，它比古埃及的芦管笔、欧洲的羽毛笔的历史更悠久。传说毛笔是秦始皇的大臣蒙恬发明的，称“恬笔”。其实，在此之前毛笔早已存在了。经考证，殷墟出土的甲骨文有朱书、墨书，说明早在

3000 多年以前的商朝已有毛笔了。春秋战国时各国对毛笔称呼不一，吴国称为“不律”、燕国称“弗”、楚国称“聿”、秦国称“笔”。秦始皇统一中国后，全国统一称“笔”了。毛笔虽然不是蒙恬发明的，但蒙恬所制的羊毫笔，较前代为精是肯定的。毛笔的应用对汉字的发展演变具有推动作用，使汉字尽快成为易于书写和镌刻的规范文字，同时它为印刷术提供了手书上版、书写字样的工具。因此说笔对印刷术的发明也是不可少的。

今天能看到的笔墨实物为战国后期之物，在江陵楚墓就出土过笔和墨。在长沙左家公山战国墓中也出土过一支笔，它和现在的毛笔已无大的区别。（见图 2－5）

a为长沙出土的战国笔；b为甘肃武威出土的西汉笔。

图 2－5　战国后期出土笔

（三）纸的发明

关于纸的发明，过去都是根据《东观汉纪》和《后汉书》的记载，认为蔡伦于东汉元兴元年（公元 105 年）发明了造纸术，但是近几十年来，在我国的陕西、甘肃等地，不断有西汉纸的出土，因此，人们需要对纸的发明时代来做重新考证。

1933 年，中国西北科学考察团在新疆罗布泊发现过一片古纸，长 10 厘米，宽 4 厘米，呈白色。质地粗糙，是麻类纤维所造的纸，根据同时出土的西汉宣帝黄龙元年（前 49）的木简，被定为公元前 49 年之物。1957 年，西安灞桥附近砖瓦厂工地出土了一批西汉武帝时的文物，其中古纸的碎片是麻类纤维所造的纸。1973 年甘肃金关遗址出土一件西汉纸，1978 年陕西扶风中颜村出土了一件西汉纸，为麻纤维制成，为汉宣帝时期（公元前 73－前 49）之物。1979 年，甘肃敦煌马圈湾汉代烽燧遗址发现了五件麻纸。1986 年甘肃天水放马滩出土了一张麻纸，上面画有地图，经专家考证，为西汉之物。

根据以上多处西汉纸的发现，人们将造纸术发明的年代向前推移到西汉初年，即公元前 2 世纪。

公元前 2 世纪后半期（西汉武帝时），制作丝织品的手工业工人，在漂丝时，把剩下的丝屑捞出来铺在竹帘上晒干，制成了既薄又光滑的丝质箔，用以书写、记事、这是纸的前身。以后，扩大造纸原料的来源，试用植物纤维作原料，公元前 1 世纪制出了麻质纸。

公元 105 年（东汉和帝年间）太监、尚方令蔡伦总结了前人制造丝质纸、麻质纸的经验，采用树皮、麻头、破布和旧渔网等作造纸原料，改进了造纸技术，制成了质地优良的“蔡侯纸”。由于纸张轻便、成本低廉、书写字迹清楚，易于携带和保存，受到人们的喜爱。到公元 3～4 世纪纸已经基本取代简、帛（丝织物）。如图 2－6、2－7、2－8 所示。

图 2－6　蔡伦像与汉朝造纸工艺流程图

图 2－7　敦煌悬泉出土的西汉字纸

图 2－8　马王堆汉墓出土的战国纵横家帛书（字体为由小篆向隶书的过渡的字体）

我国发明的造纸术，对世界文化的发展做出了巨大的贡献，6 世纪的南北朝时期，我国的造纸术传入越南和朝鲜，7 世纪经过朝鲜传入日本，8 世纪中叶经中亚传到阿拉伯格达（今伊拉克的巴格达）、大马色（今叙利亚的大马士革）和撒马尔罕（今哈萨克斯坦地区）。此后，造纸术又经过阿拉伯传入欧洲。12 世纪欧洲才有了造纸厂，晚于中国 1000 年。16 世纪中国的造纸术传遍亚洲大陆，并传入美洲，取代了当地传统的羊皮纸和埃及的莎草纸。

三、发明印刷术的技术条件——雕刻技术、印章和拓石

（一）印章（或称“戳子”，就是现在通称的图章）

人类的雕刻技术是从岩画开始，在甲骨金文漆器上都有此技术。公元前 4 世纪战国时代开始出现印章。那时发送重要公文和私人信件，要在捆扎简牍的绳结上抹一层泥，在泥上加盖印章，作为封口的印记。印章上的文字，有的是凹下去的“阴文”，有的是凸起来的“阳文”，都是反写的文字，印出来就成了正字。形态多样，大小不一。秦统一中国后，对印章的名称、材质、使用等方面，有严格的规定：皇帝的印章称“钵”（右玺字），臣民的印章只能称“印”；印又分“官印”、“私印”两种，皇帝的“钵”和官阶不同的“官印”所用的质料、印钮（在印章的顶端）、印钮上所系的绶带颜色也不同。到了汉代，皇帝的印章又改称“玺”（如图 2－9）。汉朝流行佩带大印，利用这种印驱除“恶鬼”。晋朝时，有些道士以枣木心刻印，用以驱赶猛兽或水怪，所以当时人们进山时都佩带“黄神越章之印”。这时印章多印在

纸上;但这些木印仍印在泥上。北魏时,出现用朱印印在纸簿或骑缝上。北齐河清年间(公元562—565年)有一种“督摄万机”印,是用木头刻的。这种印就是被称作“条印”或“关防”的。

图2-9　文帝汉行玺(汉)

(二)拓石

“拓石”是从“石刻”演变而成。

图2-10　秦石鼓文

石刻在我国古时已经在民间形成了风气,作为完成一件大事的纪念。“墨子”中几次说到“著书于竹帛,镂于金石。”我国现存最早的石刻是秦国的石鼓。隋朝年间,在现在陕西凤翔县发现了10块又像馒头又像大鼓的大石头,当时把它叫做石鼓。这些石头周围刻着四字一句的诗,记载着秦国国君打猎、游玩的情形(如图2-10)。这些石鼓现在保存在故宫博物院里。由于年代久远,上面的字有许多已看不清了,能看清的有300多字。据专家研究,这些石鼓是春秋初年秦文公(公元前765—716年)所造。后来,人们把刻了字的长方形大石块立在地上,这就是石碑。统治者利用石碑为自己歌功颂德,如秦始皇统一中国后,曾5次巡视全国,所到之处,都要命工匠刻石记功,这些石刻散布在泰山、琅琊、会稽、芝罘等地(如图2-11)。

到了汉朝,石刻的范围逐渐扩大,除了石鼓、立石以外,还有了刻碑、刻经、摩崖、建筑石刻及砖瓦石刻等,其中刻碑、刻经与印刷术的发明有直接关系。汉尊儒术,为纠正传抄儒家经典的错误,东汉熹平四年(公元175年),汉灵帝接受著名书法家蔡邕(yōng)的建议,把校正了的《周易》、《尚书》、《仪礼》、《鲁诗》、《公羊传》、《论语》、《春秋》等7种经典、共20多万字,刻在46块高1丈、宽6尺的石碑上,作为校正经书文字的正本,这就是有名的《熹平石经》,图2-12是《熹平石经·公羊传》经文石刻。汉代所刻石经中现存最大的一

图2-11　泰山刻石拓片

块，1934 年发现于河南洛阳。

图 2－12 《熹平石经·公羊传》

拓石的方法于公元 6 世纪以前时期就已盛行。石碑上凿刻的字通常是凹入的正写阴文，也是一些石碑凿刻的是凹入的笔划构成的图案，把柔软坚韧的薄纸浸湿后敷在石碑上面，盖以毡布，然后用木槌和刷子轻敲慢拂，直至纸嵌入石碑刻字的凹入部分，待纸张干后，用刷子蘸墨均匀地刷在纸上，由于凹下的图文部分刷不到墨，把纸揭下来就得到黑地白字的正写拓本了，俗称碑拓。这种正写阴文的石碑上，取得正写文字的复制方法，叫做拓碑或拓石。

四、发明印刷术的历史背景——社会需求

印刷术的发明还有一个重要的条件，就是社会的需求。当社会上的读书人大增，用传统的抄写方法不能满足社会的需求时，人们就要追求一种快速制造书籍的方法，印刷术就是在这种历史背景下产生的。

在我国，促使印刷术发明的社会因素有两项：一是佛教的大兴，二是科举制度的推行。佛教需要大量抄写经卷，从而萌发了印经，科举制度则使读书人大增，用抄写方法已不能满足社会对书的需求，也萌发了印刷的方法。

第二节　印刷术的发明

古代中国发明印刷术包括三部分：雕版印刷术、活字印刷术及网版印刷术。

一、雕版印刷术

（一）雕版印刷工艺与应用

雕版印刷术是人类历史上最早的印刷术。

雕版印刷术也叫整版印刷术，所用版材一般为梨木。先把木料刨成适用的厚度、裁成普通线装书两页大小的幅面，板面上抹上一层浆糊，使板面光滑柔软，把誊写在薄而透明纸上的原稿，纸面朝下贴到板上，用刀把字刻出来，成为一块“印版”，然后在刻成的版上刷墨，把纸张盖在版上，用刷子轻匀地刷过，揭下来，文字就转印到纸上了。

关于我国出现雕版印刷的年代，到目前为止还没有一个确切的年代。但多数学者认为创始于隋唐之际。明代学者胡应麟认为：“雕本肇始隋时、行于唐世、扩于五代、精于宋人”，

对雕版印刷术发明和发展的过程作了科学的概括。

隋朝人费长房在所著《历代三宝记》一书中明确记载，隋文帝于开皇十三年(公元593年)十二月八日下令，将北周武帝于公元574年废佛行动中所毁的佛像、佛经重行雕撰("废像遗经，悉令雕撰")。这就说明早在隋朝初年雕版印刷已经存在。1999年10月，冯鹏生在《中国木版水印概说》一书中，将他在美国拍摄到的《敦煌隋木刻加彩佛像》在国内公布。此佛像是"南无最胜佛"，下面题字为"大业三年四月大庄严寺沙门智果敬为敦煌守御令孤押衙敬画二百佛普劝众生供养受持"。这是雕版印刷始于隋的最有说服力的实物证据。

唐朝时雕版印刷术的应用更为普遍(如图2－13所示)。

图2－13 我国古代雕版印刷作坊

1974年，西安郊区唐墓出土一件印刷品《梵文陀罗尼经》，经陕西考古专家鉴定，为唐初之物，是一件十分重要的唐初印刷术物证。日本学者长则规矩也在其所著《汉和印刷史》一书中，提出了一件发现于吐鲁番的印刷品《妙法莲华经·分别功德品》，上有武周制字，当为武则天晚期之物。1966年在韩国庆州佛国寺塔中发现了一卷雕版印刷品《无垢净光大陀罗尼经》(见图2－14)，上有武周制字，经中外学者考证，当为武则天晚期的印刷品。张秀民的"贞观说"，曾产生过很大的影响，这就是《弘简录》一书所载的唐太宗李世民贞观十年(636)下令梓行《女则》一书，随后就是唐玄奘大量刻印佛像。

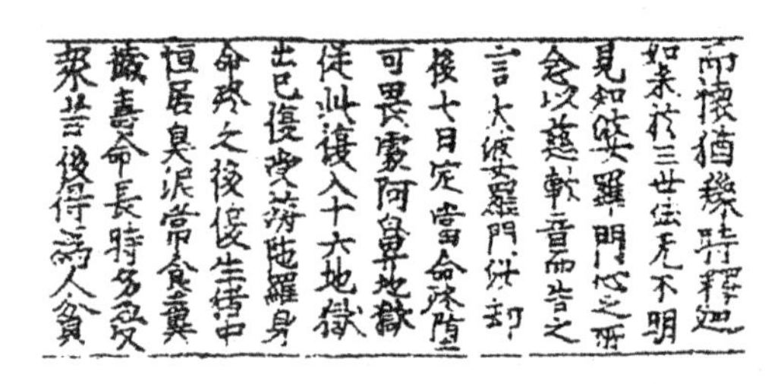

而懷猶豫時釋迦
如來於三世法无不明
見知婆羅門心之所
念以慈軟音而告之
言大婆羅門汝却
後七日定當命終墮
可畏處阿鼻地獄
從此復入十六地獄
出已復受旃陀羅身
命終之後復生猪中
恒居臭泥常食糞
穢壽命長時多受
衆苦後得爲人貧

图2－14 《无垢净光大陀罗尼经》

相传唐人冯势所著，也有人认为宋人王铚所著的《云仙散录》说："玄奘以回锋纸印普贤像，施于四众，每岁五驮无余。"玄奘与唐贞观三年(公元629年)西访印度，到十九年(公元645年)回国，逝世于唐宁德元年(公元664年)。那末至迟于公元664年，佛教广大教徒就已开始利用印刷术了。

公元825年1月2日(唐穆宗长庆四年)诗人元稹为白居易的《长庆集》作序,说:"当时扬州和越州一带处处有人将白居易和他自己的诗'缮写模勒',在街上售卖或用以交换茶酒。"这里所指"模勒",一般都认为就是复制刻。

上述关于印刷的记载和出土,都是发生在唐代的事,这时期发明印刷术,已经不是弧证,而是有一系列的证据。

到了唐代中期,印刷术已经发展到了很高的水平,在敦煌、京城长安、四川、洛阳以及淮南等地,都有印刷业活动。成都樊家和上京刁家刻印的日历已十分精美。特别是在甘肃敦煌千佛洞发现的大批文物中,有一卷印刷精致的《金刚经》(见图2-15),末尾题着"咸通九

图2-15　唐刻本《金刚经》

年四月十五日王玠为二亲敬造普施"。唐朝咸通九年,即公元868年,这是目前世界上最早的有明确日期记载的印刷物。《金刚经》的形式是卷子,长约一丈六尺,由7个印张粘接而成。卷首扉页是释迦牟尼在祇树给孤独园说法的图,其余是《金刚经》全文。这卷印品雕刻精美,刀法纯熟,图文浑朴凝重,印刷的黑色也浓厚匀称,清晰显明,这些特点都足以说明当时的雕版印刷技术已达到相当高度熟练的程度,可知在此以前必有一段相当长的时间已有人从事雕版印刷了,这是印刷术达到成熟期的代表作品。

这件珍贵的印刷品,于1907年被英国人斯坦因盗走,现存英国伦敦不列颠博物馆。1944年在一座唐墓中发现唐代雕印的单页咒本《陀罗尼经咒》,其印刷时间应在757至900年之间,印本现存中国历史博物馆。

(二)雕版印刷的发展

雕版印刷的另一巨大成就就是彩色套印术的发明。

自印刷术发明后,一般图书都是用单色印刷。后来又创造了在一张纸上印着几种颜色的图书,这就出现了彩色印刷。开始用"敷彩",敷彩就是在单色的轮廓中用笔敷上颜色。

以后发展为套印，套印就是将同一版面分成几块同样大小的印版，各用一色，逐次加印在同一纸张上。最初是二色，后来发展到五色或七色。北宋初年（10、11 世纪之交），在四川流行的朱墨两色交子（中国古时的一种钞票）和以后出现的三套色钞票，是套印的开始。公元1340 年（元朝至元六年）中兴路（今湖北江陵）资福寺刻无闻老和尚注解《金刚经》，出现了朱、墨二色，这是现在所知最早的木刻套印本，比欧洲第一本带色印的《梅因兹圣诗篇》早170 年。

一般认为在 16、17 世纪，我国套印术已很流行。17 世纪初期浙江吴兴的闵齐伋所刻的《春秋左传》和凌蒙初、凌瀛初等人也用套版印行书籍，他们在 30 多年间共刻印了 100 多种套印书籍。

从单色发展到彩色已使印刷品丰富多彩，但套版印刷每版的彩色其浓度通常是一致的，分不出深浅浓淡，阴阳向背，显不出生动的艺术气氛。17 世纪 20 年代中饾版发明了，木版水印是将同一版面分成若干大小不同的印版，每版代表版面的一个部分，用水墨及颜料在木刻版上，逐个地刷印在同一张纸上，从而拼集成为一个画面整体。明崇祯年间徽人胡正言（字曰从）当时居住在南京汲取研究了徽州和吴兴两地的套印术，创造了饾版印刷术，在 1627 年（明熹宗天启七年）印造了《十竹斋画谱》。稍后，又印造了《十竹斋笺谱》，刻版工致，设色妍丽，浅深浓淡，阴阳向背，鲜丽如生（见图 2－16），是木刻水印画中的精品。

据《十竹斋笺谱》序言说明："中国木板画始见于公元 868 年，而彩色木版画始于 16 世纪末，至 17 世纪曾经达到划时代的高峰，扬名于海外。"当时称之为"饾版拱花技术"，"饾板"形容彩色木板拼叠套印之多，犹如百饾并陈的丰盛筵席，"拱花"是把木版雕成凹板，以便压出高出纸面的凸花来。"饾板拱花"这个名称不够通俗，后改用"木版水印"。

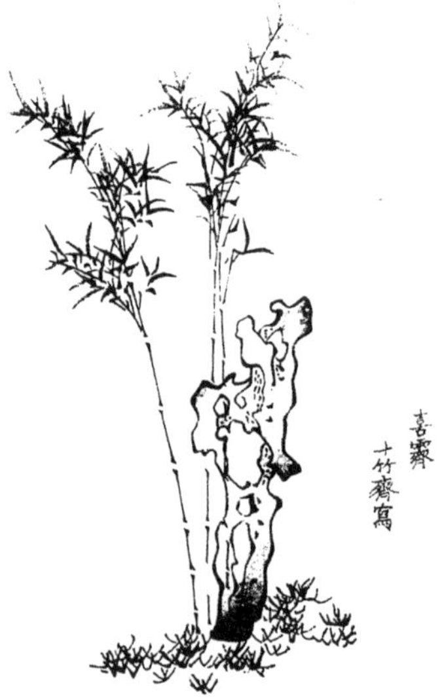

图 2－16 《十竹斋笺谱》笺画之—《喜霁》

二、活版印刷术

活字印刷术是由雕版印刷发展而来的；活字印刷的原理是：预先制成一个个的单字，印刷时再根据要付印的文稿拣字排版，而后直接就版印刷或者翻铸成整版进行印刷，印完后，单字还可以拆散再用。活字的发明，是印刷史上具有深远影响的一次重大改革。

(一)泥活字

活字印刷是在公元1041~1048年(宋朝仁宗庆历年间)由毕昇所发明的。宋代著名科学家沈括在他所著的《梦溪笔谈》的307条中,详细记载了毕昇的泥活字术。“……庆历中,有布衣毕昇,又为活版。其法用胶泥刻字,薄如钱唇,每字为一印,火烧令坚。先设一铁板,其上以松脂、蜡和纸灰之类冒之。欲印则以一铁范置铁板上,乃密布字印,满一铁范为一板,持就火炀之,药稍熔,则以一平板按其面,则字平如砥。若止印三、二本,未为简易;若印数十百千本,则极为神速。常做二铁范,一板印刷,一板已自布字,此印者毕,则第二板已具,更换用之,瞬息可就。每一字皆有数印:如“之”、“也”等字,每字有二十余印,以备一板内有重复者。不用则以纸贴之,每韵为一贴,木格贮之。有奇字素无备者,旋刻之,以草火烧,瞬息可就……。昇死,其印为予群从所得,至今宝藏。”从中可以看出毕昇的发明,是一个完整的发明,从造字、排版到印刷都有明确的方法。

用泥活字印书,最早的记载是宋光宗绍熙四年(1193年),周必大在潭州以胶泥铜版刊印了他的著作《玉堂杂记》。近年发现,并经专家考证,西夏政权时期(1038—1227年),用西夏文泥活字印刷了佛经《维摩诘所说经》(如图2-17),据记载,元朝初年有人用泥活字印过《近思录》、《小学》等书。清代道光年间(1821—1850年),苏州人李瑶和安徽人翟金生用泥活字印刷一些书籍。1829年李瑶用泥活字排印了清温睿临《南疆绎史勘本》三十卷,摭遗十卷(后印本为十八卷)。1832年,李瑶用泥活字排印了自著《校补金石例四种》。1844年翟金生用泥活字印了自己的诗词集《泥版试印初编》,后来又排印了《泥版试印续编》。1847年用小泥字排印了友人黄爵滋的诗集《仙屏书屋初集》。

元朝初年,有人把毕昇的泥活字进行了一些改良,用泥板框代替铁框,把烧好的瓦字排在泥框里面,放入窑内再烧一次,使它成为整块陶版,拿来印书。清朝时,山东泰安人徐志定,发明了一种磁版,就是在泥字上加一层磁釉,烧成的活字非常坚硬,他用这种磁活字于1719年印出了《周易说略》(图2-18)和《蒿庵闲话》两种磁版书。

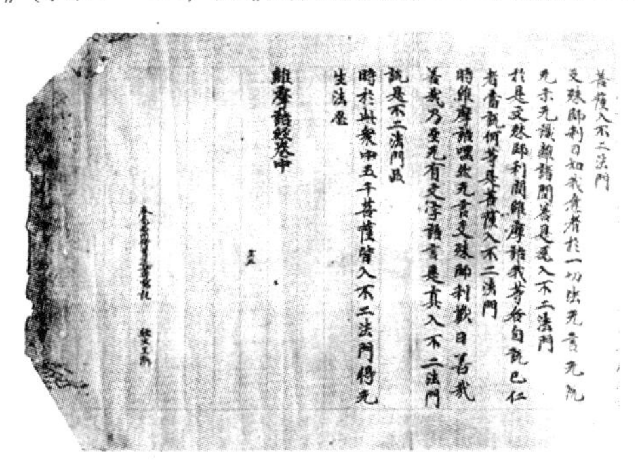

图2-17　西夏泥活字本《维摩诘所说经》

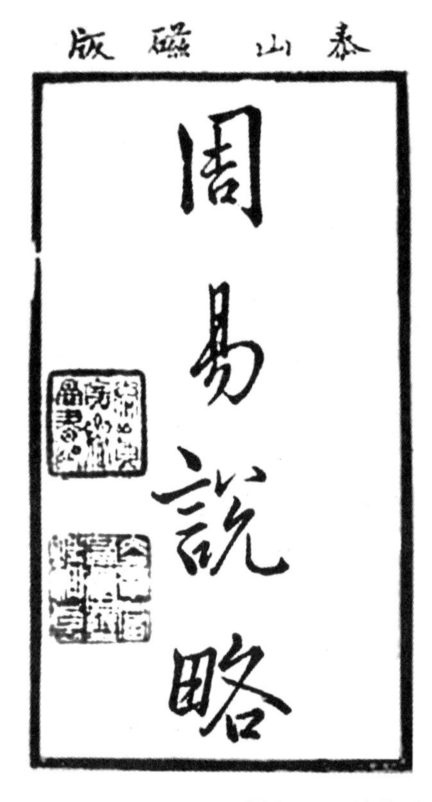
泰山磁版

周易說略

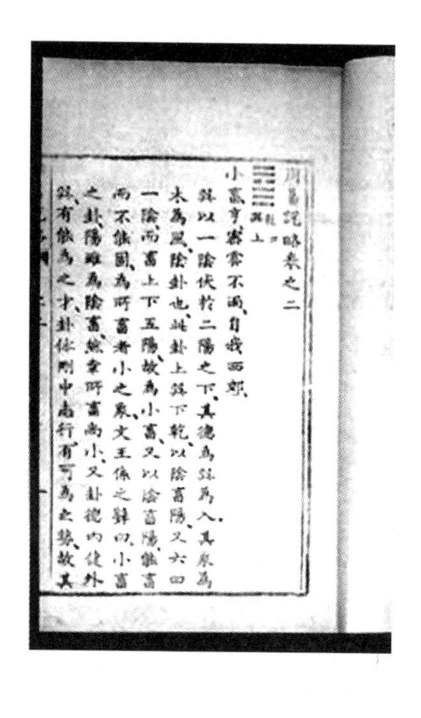
周易說略卷之二

小畜亨密雲不雨自我西郊

巽以一陰伏於二陽之下其德爲巽爲入其象爲
木爲風陰卦也巽卦上巽下乾以陰畜陽又六四
一陰而畜上下五陽故爲小畜又以陰畜陽能畜
而不能固爲所畜者小之象文王係之辭曰小畜
之卦陽雖爲陰畜然拿所畜尚小又卦德內健外
巽有能爲之才卦体剛中而行有可爲之勢故其

图 2－18　清代磁活字印本《周易说略》

毕昇以后，活字印刷术在我国的发展，主要表现在两个方面：活字材料的变化和印刷技术的改进。

（二）木活字

第一个应用木活字印书的，是 13 世纪初期的王祯。王祯请工匠按自己的设计，用两年时间刻出了 3 万多个木活字，并于大德二年（1298 年），印了 6 万字的《旌德县志》100 部。

木活字是用梨木、枣木或杨柳木雕成的。王祯用木活字印刷的方法：先在纸上写好字样，贴在一块木板上，然后把字刻出来。字刻好后用锯把一个个单字锯开，再用小刀整修，使木字大小一律。排印时，把字一行行排好，用薄竹片隔开，排满一板，再用小竹片和木楔垫平、塞紧，然后在排好的字板上涂匀黑墨，铺上纸，用棕刷刷印。为了提高排字效率，王祯发明了一种转轮排字盘（如图 2－19），把字按号排在两个木制的大转盘里，排字工人只要坐着推动转盘，就可拣字。

图 2－19　王桢发明的轮转排字架　　图 2－20　西夏文木活字本《吉祥遍至口和本续》

1991 年在宁夏贺兰县出土的西夏文佛经《吉祥遍至口和本续》(图 2－20)，这是世界上现存最早的木活字印本实物，这一发现把木活字发明提早了一个朝代。

木活字在明清时期曾在印刷私人著作和家谱时广泛使用。

（三）金属活字

我国古代通行的比较普遍的金属活字是铜活字。明朝弘治初年(15 世纪末)，江苏的无锡、常州、苏州一带，有不少富豪巨商制造铜字印书，大约在弘治三年(1490 年)，无锡华燧试印了《宋诸臣奏议》50 册(如图 2－21)，质量不好，但它是现在所知道的我国最早的一部金属活字印本。华燧的侄子华坚用铜活字版印的汉朝著名文学家蔡邕的《蔡中郎集》、唐朝著名诗人白居易的《白氏文集》和元稹的《元氏长庆集》，都受到藏书家的好评。清朝雍正三、四年(1725、1726 年)，内府铜活字版印的《钦定古今图书集成》，初版印了 66 部，每部 5020 册，此书至今仍是国内外学者常用的参考书。明清两代铜活字版印书流传下来的有 20 几种，现在都成了名贵的善本，几乎都藏在北京图书馆。

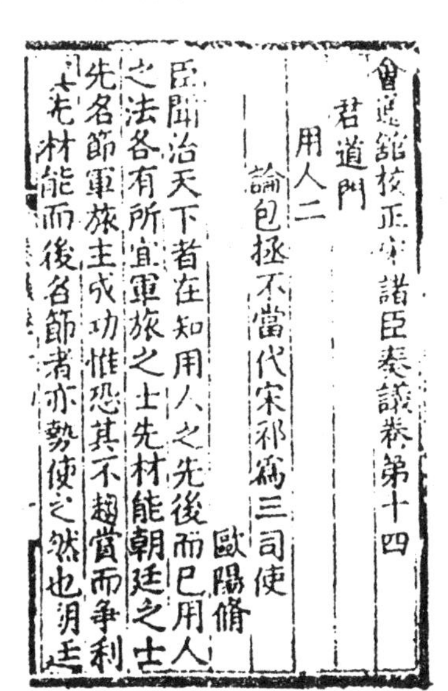
會通舘校正宋諸臣奏議卷第十四
君道門
用人二
論包拯不當代宋祁爲三司使　歐陽脩
臣聞治天下者在知用人之先後而已用人
之法各有所宜軍旅之士先材能朝廷之士
先名節軍旅主成功惟恐其不趨賞而爭利
故先材能而後名節者亦勢使之然也朝廷

图 2－21　铜活字印本《宋诸臣奏议》

清代康熙皇帝和雍正皇帝时期曾专门制造一大批铜活字，排印了著名的百科全书式的《古今图书集成》，这是当时世界上最大的铜活字印书工程。

三、古代镂空版印刷(漏印)与网版印刷

网版印刷最早起源于中国,它是由镂空版印刷演变而来的。我国敦煌千佛洞中的佛教壁画,即为孔版印刷技法在墙壁上绘制的早期艺术杰作的见证。镂空版印刷一开始就活跃在服装印花上。1978～1979年,我国考古工作者在江西省贵溪县渔塘仙岩一带的春秋战国时期崖墓群发掘出土200余件文物,其中尤为网印工作者所瞩目的有:几块印有银白色花纹的深棕色苎麻布。经分析苎麻布上的银白花纹为镂版印刷所致。同时,出土文物中有两块刮浆板,板簿,断面为楔型、平面长方形(25cm×20cm)、短柄(见图2－22)。

上述两项发现有力地证明了当时镂版印花术的存在。这是迄今世界上发现的最古老的镂版印刷文物,它证明我国早在春秋战国时期(公元前500年左右)就有了镂版印刷术。

图2－22　刮浆板

镂版印刷是网版印刷的雏形,所谓镂版,一般是用厚纸制成,也有将四、五层厚纸重叠裱在一起制成的。其制版方法:制版前,先用熟桐油或蜡将其浸匀、浸透,再经晾干制成半透明的纸板。制版时,将其置于图文画稿之上,按原稿轮廓用针刺下无数小针孔,形成要复制的图文,镂版即告制成。把镂版放在纸或别的承印物表面,通过针孔施墨,就可以复制图文了。后来进一步发展为按针刺轨迹剔掉需要过墨部分的纸板,作成镂空版,使镂版印刷进而得到完善。最早出现漏印的年代不详,但是近年发现,长沙马王堆汉墓中的绸帛上印有彩色图案,这表明漏印的出现,可以上溯到公元前2世纪。当时很可能把动物皮革或薄的绸帛先用树漆处理过,以用作镂版。皮制和纸制的镂版,唐宋时肯定已很普遍。在敦煌就发现了几张刺有佛像的纸制镂版和漏印到纸、绸和石膏墙上的佛像(图2－23)。各地博物馆藏品中,还有不少年代较晚、用来在织物上复制图案的纸质镂版。有资料记载,直到解放前,朱仙镇(河南开封西南,旧时中国四大名镇之一)还用此工艺印制年画。

图2－23　纸制针孔漏版及其漏印到纸上的佛像

在我国汉朝时期,在镂空版的基础上又出现了"夾缬印花"。它是用两块木板镂刻出同样的花纹,将衣料对折夹入两板之中,再涂刷色料,即成花布。至隋唐时,夹缬印花十分兴盛,印刷的宫廷服饰,精美多彩。同时还出现了"纸模花版",它是在桐油浸渍的纸上雕刻花纹,其版式的薄型化,使刻版和印染更为方便,花纹更趋

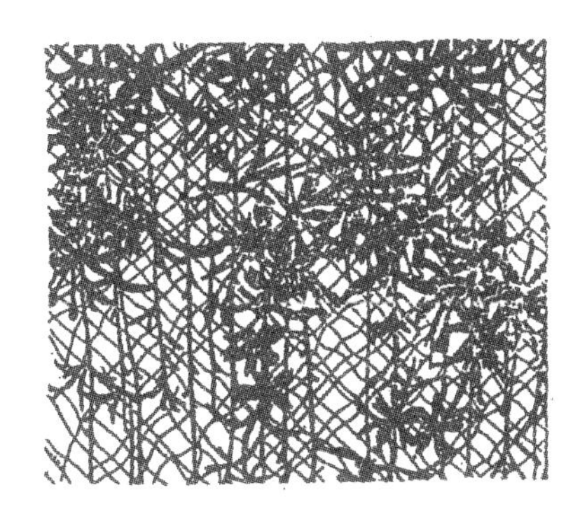

图 2－24 绷网印花

精美。这一工艺至东汉时已有相当水平的夹缬蜡染产品了。这种工艺至隋代大业年间有了一个很大的跃进，就是在印框底部绷上网纱（如图 2－24）。

隋朝大业年间，隋炀帝命工匠加工“五色夾缬花罗裙数百件，以赐宫人及百僚母妻。”穿这种夹缬服装，以示高贵。从此夹缬印花工艺发展成为加丝的镂空印花版。

到了唐代，宫廷用的衣裙已能用镂版印上精美细致的蜂蝶图案了。“唐语林”记述了唐玄宗天宝元年曾要工匠“镂版为杂花象”等五彩帛“献王皇后”。图 2－25 是用镂空版加筛网印制的花纹。这种巨大突破是镂空版加筛网（当时用头发或马尾编织筛网解决了封闭圆圈的困难）。这种镂孔版加筛网印染法可谓今日网印版之雏型。这毕竟是孔版复制术的一种原始版式，封闭圆圈等图形难以固定，进而演变出含丝的印花模板。当时在世界上是最为先进的。随着盛唐文化的传播，这种含丝的印花版也传到了日本、中东及欧洲。

图 2－25 用镂空版加筛网印制的花纹

到了宋代，这种网印之雏型发生了再一次的跃进，即在印花的染料里加入胶粉（淀粉类），调成浆料进行印花。这样印出的花纹图案更加精美动人，大大改进了原来使用的油性涂料。

图 2－26 为辽代燕京网印品，采用套色夹缬漏印于织物上，画面人物图案字迹左右对称，“南无释迦牟尼佛”七字既有正文、又有反文，佛及弟子面部均为朱墨两色描绘开光。本画尺寸为高 65cm × 宽 62cm。

国外许多研究网印的学者不得不承认，网版印刷法是中国的一大发明。美国一家网版印刷杂志的编辑部文章中曾这样介绍中国网版印刷：“有证据证明中国人在 2000 年以前就使用马鬃和模板。明朝初期的服装证明了他们的竞争精神和加工技术。显然他们当时有市场并调研了技术知识，因为

图 2－26 《南无释迦牟尼佛像》（甲）、（乙）

他们改用真丝而提高了印刷水平。”可惜的是，长期的中国封建社会桎梏了生产力，限制了网印技术的发展。特别是在以利用感光胶制网版为标志的现代网版印刷中，我们落后了。

第三节　包装印刷在中国的历史渊源

包装印刷在我国具有悠久的历史。虽然因文字记载的缺乏，很难找到反映早期包装印刷的实物，但大量文史资料和出土文物证明，中国的包装装潢印刷技术在 18 世纪以前一直处于世界领先地位。

一、远在 5000 年前中国的制陶技术就已广泛传播，在各种陶器中有一种绳纹陶应当是包装印刷的最早渊源。因为陶器在当时是作为储存食物的容器，而采用绳结在陶器外面压上绳纹就是一种“印纹”，而且这种印纹很容易反复复制在多个表面，这与现代的复制印刷是同一个原理。绳纹的作用除去装饰功能外，还有便于使用的功能，有纹不滑，并便于区别不同绳纹陶罐盛装不同物品。

这种“绳纹”后来又出现在青铜器上，因此，可以说绳纹陶是包装印刷的早期制品，是中国包装印刷的渊源。见图 2－27、2－28。

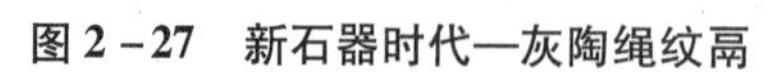

图 2－27　新石器时代—灰陶绳纹鬲

图 2－28　战国—青铜绳纹壶

二、2000 年前，在现在的湖南长沙马王堆墓中，保存至今的丝织品，就是用印花方法印刷的。另外在广州的南越王墓中也发现了这种印花版纺织品。这些纺织品功用之一就是包装在棺物的外面。可以说马王堆墓和南越王墓的丝织品是中国最早的包装印刷品。

第四节 商品经济发展是包装印刷发展的前提

一、商品包装的起源与发展

广义地讲从原始时代人类在生活中用植物叶子、野草、果壳、兽皮等捆扎、裹包食物和取水就是包装的萌芽，这里包装的作用仅仅是容纳物品、方便取用。直到人类社会有商品交换和贸易活动时开始，包装才逐渐成为商品的组成部分。

商品包装是随着市场的产生而产生的。市场属于商品经济的范畴，市场产生至今已有四、五千年的历史。当人类进入原始社会中后期（新石器时代），畜牧业与农业开始分开，社会的分工，导致原始交换的萌芽。最原始的商品交换就是农产品与畜产品的交换。为了使交换顺利地进行，人们就想办法用竹子，荆条织成筐箩来装粮食，用陶器来装米酒，用植物纤维搓成绳来捆扎羊皮等。

到了商代，农业已很发达，能用多种谷物酿酒，手工业能生产精美的青铜器和陶器，出现了规模较大的早期城市，商品交换进一步扩大。《易・系辞下》记载："曰中为市，致天下之业，聚天下之货交易而退，各得其所。"可见，我国古代殷周时期，市场已相当繁荣。同时，社会上出现了专业性商人，他们逐渐控制城乡市场，大多数商品有了囤积，商品包装也有了一个大发展。有些古代铜器（如装酒的器皿）本身就是包装器具，这些器物的表面刻铸的花纹就是现代包装印刷纹饰设计的前奏，木牍的作用之一是制做文件和书信，为了保密，用绳捆上加上封泥，用印章往封泥上印，就是古代的一种原始的包装印刷行为。到公元前221年，秦始皇嬴政统一中国，建立中央集权封建王朝，随着统一的多民族国家的形成，各地区、各民族的经济、文化广泛地交流，加上以后历代王朝积极发展同中亚、西亚、印度次大陆、印度尼西亚、马来西亚、日本等邻近地区和国家的贸易，不仅开辟了丝绸之路，同时还积极发展海运，使我国文化得以传到世界，在这样的背景下，我国传统包装有了迅速的发展。

从现代出土的大量实物看，中国到了两汉时期，随着商业经济的迅速兴起，青铜金属大部分被用作制造货币，而其他包装制品，特别是漆器（用漆涂施于木包装容器表面装饰容器外观和保护容器表面）的制作技术得以进一步发展。在某些方面已取代青铜器（"中国工艺美术史"）。当时人们对某些盛装贵重物品的包容器的制作，更加精巧，选用材料更加高贵。如《韩非子・外储说左上》记载有田鸠对楚王曾讲过一个故事说："郑人买其椟（匣子）而还珠"。这故事充分说明了当时已经产生了专门为包装珠宝等贵重物品而精工细做的高级木制包装容器。其美观精致的程度，竟能使人宁可不要内装之珠而要花光重金买其包装匣子。可见包装制作之精巧。从我国各地发现的古代墓葬中，有很多陶器、铜器、漆器、丝织品、麻织品等，本身就是包装物，其用途广泛和制造之精美都是历史的见证。自汉、晋以来，书籍的形式是卷。为了保存和携带方便，已有专用的书袋，这方面已有考古发现，外观也很精美。

二、中国古代包装印刷的特点

（一）中国古代纸包装印刷

纸正式用于包装始于东汉。《汉书》卷《赵皇后传》中有用薄纸包装中药的记载。

古代纸用于包装，一般选用较为结实的纸。公元 200 年左右佐伯制成防虫纸，用蘗水浸纸而成，纸呈黄色，可防虫，此法称之为“潢”。汉末刘熙把“潢”释为“染纸”。到唐代，染色纸种类增加，约有 10 种。唐代店铺出售茶叶、中草药、食品、杂货已普遍使用纸包装，并开始使用纸杯、纸器以及厚纸板，蜡纸也是唐代开始生产的，这种在麻纸上加蜡的纸广泛用于防油和防潮包装。

雕版印刷发明以后，包装纸开始印上简单的字号、图案和广告，据传唐代高僧鉴真东渡日本，带去许多药材，其包装纸上印有僧人头像。湖南沅陵县双桥出土的元代包装纸，系黄色毛边纸，一尺见方，完整无缺，四周印有花边和图案，中间印有 70 多字潭州（长沙）油漆颜料店的广告，这是我国出土的古代最完整的纸包装。

与宋代城市经济相适应的商品包装更加讲究装潢，雕版印刷包装印刷品在宋代较为普遍，现保存在中国历史博物馆的一块宋代包装纸印刷铜版，上面雕刻着“济南刘家功夫针铺”字样，下面还刻有“收买上等钢条造功夫细针、不误宅院使用，客栈为贩，别有加饶”这是典型的宋代都市包装，这种包装纸的设计、集字号，插图广告于一身，已经具备了与现代包装相同的创作理念。第一句“收买上等钢条造功夫细针”即采用上等钢材生产高质量细针；第二句“不误宅院使用”即保证按时交货，不误客户使用；第三句“客栈为贩”，第四句“别有加饶”，其意为假如购货为转卖时，还可额外多加。

图 2－29　“济南刘家功夫针铺”印刷铜板

据《新唐书》载，我国自唐代开始采用厚纸板作包装，制作和使用纸杯、纸器，并用纸包装柑桔，从四川运到唐都长安，这是世界上有关纸制包装容器的最早文献记载。

（二）中国古代商业标志

1. 商业招牌与标记

我国最古老的商品标志可追溯到春秋时期。《韩非子·外储说》中提到："宋人有沽酒者……悬帜甚高。"帜即酒旗，是古代酒店最普遍的标志。酒旗又称望子，宋《东京梦华录》载："至午未间，家家无酒，扯下望子。"

图 2-30 清明上河图局部

古代店铺均有自己的招牌，从宋代张择端的名画《清明上河图》（如图 2-30）上就可以看到"酱园"、"老大房"等各种招牌。最初的商品标志是在产品上加刻铭文、年号、以表示私有权或用以装饰和纪念。河南省郑州市荥阳县冶铁遗址出土的汉武帝年代（公元前140—前 187 年）的铸有"河—"铭文的铁铲，同时发现刻有"河—"的陶模，这是我国最早的商品标志实物。

图 2-31 雕版印刷品
（宋代"济南刘家功夫针铺"
石兔标记）

随着商品经济和社会分工的发展，商业性交换的扩大，逐渐出现了商业性的标记，即通过一种特定的图形标记，向顾客表明所经营的商品。如宋代山东济南的刘家针铺，即以门前的一块石兔作为商店标记，明代北京的田老泉毡帽店则以"黑猴"为标记，这些店铺的包装纸上也印有兔、猴图案，这可以说是现代商标的前身。

2. 中国古代茶包装

唐代陆羽《茶经》中说："茶之为饮，发于神农氏，闻于鲁国公。"茶叶从起初的末茶，到北魏发展成饼茶，唐代以后逐渐演变成炒青绿茶。茶叶的防潮、保香的包装方法也应运而生。《茶经》中有用纸张作茶叶内包装的记载："既而承热用纸囊贮之。精华之气无所散越，候寒末之"，"纸囊，以剡藤纸白厚者夹缝之，以贮所炙茶，使其不泄其香也"。古代茶业包装除用纸张作材料外，还有用丝绢、绵缎作包装的。宋代陆游咏茶诗自注"顾渚茶用红蓝缣囊装，皆有岁贡"；欧阳修诗亦云"白毛囊以红碧纱，十斤茶养一两芽”,这“红蓝缣囊”和“红碧纱”就是茶叶的内包装。

古代茶叶内包装很讲究装饰和封缄,饼状茶上常印有龙、凤、鹊、兔等标记,黄庭坚诗:“一规苍玉琢蜿蜒,籍有佳人锦缎鲜中的“蜿蜒”就是指茶饼上的雕龙。唐代卢仝《走笔孟谏议寄新茶》诗云“口云谦议送书信,白绢斜封三道印,开缄宛见谏议面,手阅月团(茶名)三百片。”可见茶叶封缄的严密,古代茶叶外包装多采用竹制包装。

(三)中国古代包装装潢

装潢的原意是包装飾字画。《通雅·器用》中说:“潢,犹池也,外加缘则内为池,装成卷册,谓之装潢”我国古代包装装潢,无论是造型还是图案都有一个演进过程。

商周两代由于图腾崇拜,龙凤形象大量出现在青铜器和陶器装饰上。这一时期的包装造型和图案体现出装饰华丽。神秘诡异、淳朴浓厚的风格、春秋战国时期包装造型和装饰出现了两种倾向,一是图案雕塑化,二是图案纹样化,图案主要表明动物变形,并直接描绘战争、狩猎、饮宴、歌舞等现实生活,开始形成“绘画风”的图案,同时非常讲究色彩的运用。秦汉时期,纯图案式装饰逐渐减少,绘画式图案有所发展。魏、晋、南北朝时期,由于外来艺术的传入,佛教的兴盛,使包装造型和装饰图案的风格也发生了很大的变化,表现手法更加丰富多彩,超越现实的造型图案越来越多,装饰具有强烈的音乐感。

近些年不断发掘出大量西周及春秋时期用漆彩绘的豆、奁、文具箱、剑鞘等,都充分说明我国在奴隶制社会早期,漆已做为制作包装容器的材料被广泛使用。(见图2-32)。

图2-32 狩猎纹样漆奁(长沙出土、战国)

展开图

根据出土的奴隶制社会的多数器物的装饰纹样分析,在这一时期做为包装装饰纹样的表现形式和构图处理,多取对称式的匀称统一法则,以突出器物和图案纹饰的主要装饰部位。对非主要部分,或加以充填纹样,或做以底纹处理。如具有代表性的是以正面饕餮兽头为基本形,取其鼻梁中线为中心轴,两边按兽头生理结构,配以对称而凸出的眼珠做主体,经过艺术夸张做突出表现。再向外扩展开来,按耳、眉、牙、角的基本形加以安排,周围再充填以云雷纹。这样处理，不仅构成了纹饰布局严谨有致，更增加了庄重而神秘的宗教气氛；也有的是用完全对称的两条变龙和游凤组成方或圆的适合图案（如图2－33、2－34、2－35）。

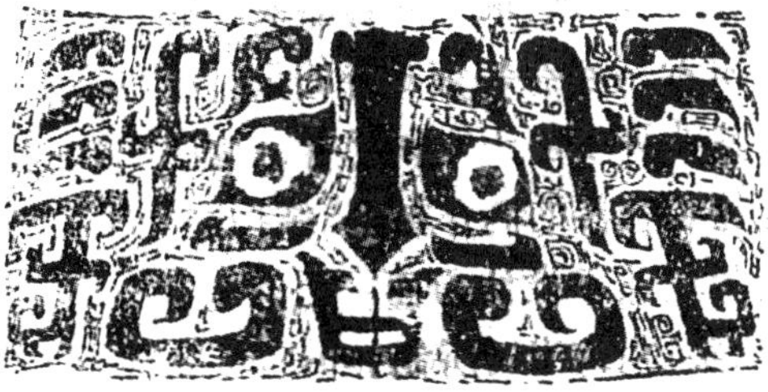

图2－33　正面（中心轴）饕餮兽头装饰

图2－34　对称夔龙装饰

图2－35　圆适合装饰纹样

（四）专门人才从事装潢工艺

雕版印刷发明，使装潢业有了新发展。《唐六典》记载："崇事舘装潢匠五人，秘书省有装潢匠十人"，证明唐代有了从事装潢工艺的专门人才。宋、元、明的造型艺术达到了很高的水平，并且意境深邃，"平视体"，"立视体"的描图手法已形成规范，图案繁缛、精细、统一中有变化，变化中有统一。清代对外贸易扩大，包装装潢也随之发展，例如"六神丸"（如图2－36）"人参再造丸"、"虎骨木瓜酒"等名贵中成药，装潢甚为考究。

图2－36　六神丸包装

第三章　近代包装印刷技术的传入

中国发明的印刷术，是以手工操作为基本特征的，它传入世界各地后，促进了各国经济和文化的发展。经过欧洲文艺复兴和工业革命的洗礼，欧美等西方资本主义国家的印刷业有了突飞猛进的发展，开创了以机械操纵为主要特征的印刷发展史上的新纪元。

随着中西文化交流的频繁进行，特别是随着西方基督教传教士传教活动和西方列强对中国侵略活动的加强，西方近代印刷术也迅速回传到中国。这种回传不但加强了中国的印刷术及其印刷事业的变革，同时对中国的经济、文化和社会的变革产生了深刻的影响。

第一节　凸版印刷术

一、凸印的工艺原理

凸版印刷是用凸版施印的一种印刷方式。

凸版印刷的印版图文部分是凸起的，高于空白部分。当墨辊经过印版时，凸起的图文部分可以附着较厚的油墨，凹下的空白部分接触不到油墨。在印刷时，图文部分由于压力的作用，将图文部分的油墨转移到承印物表面（如图 3－1 所示）。由于凸版印刷是直接印刷，压力重，所以凸印产品具有轮廓清晰、笔触有力、墨色鲜艳的特点。

主要凸版印版有活字版、铅版、铜锌版、感光树脂版、柔性版。

二、铅合金活字印刷术

受到中国雕版印刷和元朝流传到欧洲的纸币、纸牌印刷的启发，谷腾堡从 1436 年开始研究活字印刷，到 1440 年制成螺旋式手板木质印书机。1445 年开始设厂印书，印过《四十二行圣经》、《加特利根》等书，印刷得十分精美。1462 年，谷腾堡的工厂毁于大火，从员四散，一直被守为秘密的印刷方法才得到传播的机会。

谷腾堡创造的活字印刷术和毕昇发明的活字印刷术，在原理上并无多大差别，他的研究成就，大体上可以归纳为：

①以铅锡合金创制了活字，后来又添加了锑，使活字合金熔点低、容易成型；

②制出了铜字模，便于控制活字规格和从事大量生产和排印；

③他制成了简单的木制印刷机，改变了过去的“刷印”为“压印”，不仅便利了当时的印书条件，亦为以后的印刷术机械化开创了道路；

④他用油性调墨油调制了适于金属活字的印刷油墨。

谷腾堡首创的活字印刷术，先从德国传到意大利，再传到法国，到1477年传至英国时，已经几乎传遍欧洲。一个世纪后传到亚洲各国。

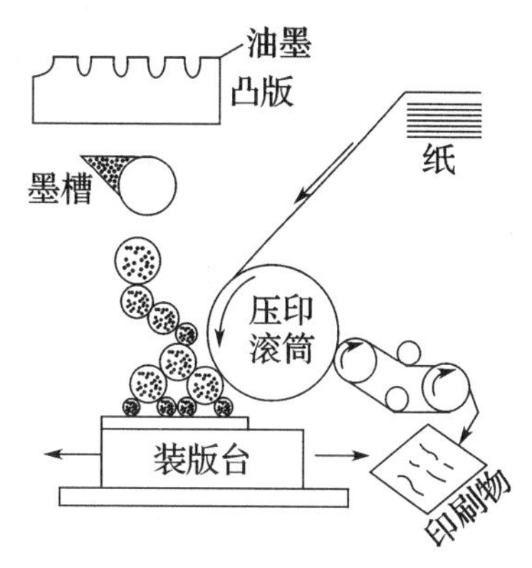

图3－1　凸版印刷原理示意

1587年～1900年间，先由外国传教士携西文铅字及印刷机到澳门，近代印刷术传入中国，陆续建立起印书馆。1590年，在澳门出版了耶稣会士用西洋的铅活字印过拉丁文的《日本派赴罗马之使节》一书。这是在我国用西洋活字印出的最早的书籍。由于当时中国应用的雕版印刷术和木活字印刷术，印书还算方便，印品也算精美，尚可满足需要，加上满清政府的闭关自守政策和排外思想，大大地妨碍了对外国先进技术的吸收，因而在1590年后的200年间，西方的印刷术在我国并没有得到广泛的吸收和应用。

1819年，英人玛利逊第一次用铅字印成了汉文的《圣经》，这是我国最早的汉文新式铅印书籍。

1858年，美国人姜别利在宁波解决了用电镀中文铜模的制造和中文排字架的形成，使中文排字能够解决报刊与书籍排版的需要。

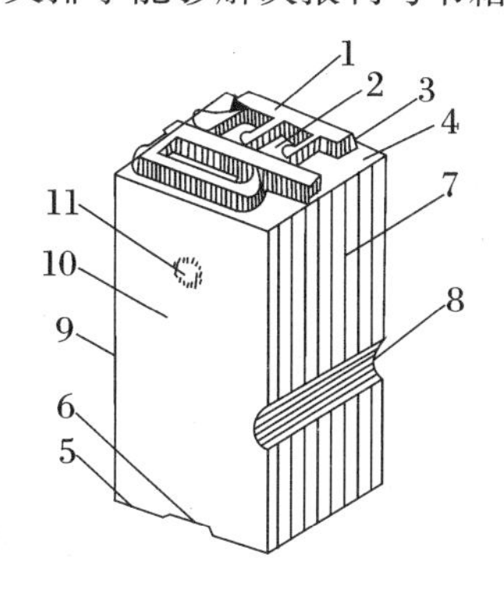

图3－2　活字的形状和各部分名称
1—字面；2—字谷；3—斜面
4—字肩；5—字脚；6—字沟
7—字腹；8—缺刻；9—字背
10—侧面；11—针标

1845年，大约经过了一个世纪，各工业发达国家都相继完成了印刷工业的机械化。

铅活字铸造向机械化方向发展，一开始使用手拍铸字工具，每小时只能铸字几十枚，后来用脚踏铸字炉和手摇铸字炉，每小时可铸字七八百枚。民国初年，商务印书馆引进“汤姆生自动铸字炉”，每小时可铸字15000多枚，且质量良好，所铸的字可直接使用。

印刷活字是一个个方柱形或长方形的物体，在柱状的顶端正方形或长方形平面上有一凸起的反体文字或标点、符号等。（图3－2）

活字由字头和字身两个主要部分组成。

活字的规格可以分为活字高度和活字大小两个方面。

由活字的字面到底端的长度叫做活字的高度。组成印版的活字高度应当是一致的,否则就难于印出精良的印刷品。

国际上,活字的高度采用英制的国家较多。英制,就是以吋为单位,一般活字均定为0.918 吋。还有不少国家,则以公制(毫米)为单位,毫米以下取小数二位,但标准不相同。如德国为23.57 毫米,约合英制为0.928 吋;苏联为25.10 毫米,约合英制0.988 吋;日本则完全采用英制,从0.918 吋到0.927 吋不等。

在铅活字版印刷术传入后不久,以铅字为母版的翻铸纸型铅版印刷术也传入中国。

纸型铅版的复制过程分两步进行:先由原版制取凹形纸型。然后将纸型置于铸版机内,用铅合金溶液浇铸成铅版。

纸型铅版有两种,一种以活字版为原版,制成一定开数的纸型,浇铸成平铅版,供平台机印刷;另一种是由原版(活字版或浇铸的平铅版)制成大幅面的纸型,浇铸成半圆形或圆形铅版,供轮转机印刷。

用铅字版打出纸型后,可以浇铸铅版十余次,既便于保存,又可以运往外地,在各地印刷。纸型是1829 年法国人谢罗发明的,传入中国的时间大约在1890 年前后。1920 年商务印书馆引进新式制纸型机,用强力高压纸型原纸,即可完成。

在排版方面,谷腾堡的铸字、排字方式方法,长期维持手工劳动局面。直到19 世纪80 年代在美国发明了莱诺铸排机和莫诺铸排机(如图3 -3),使排字机械化达到很高的程度。与此同时,照相制版也开始孕育。1852 年法国人勒梅西埃发明照相印刷术。

1881 年德国人奥森巴赫通过印版把照相术运用于印刷,获得成功。1885 年发明制版照相机。1896 年匈牙利曾试制过照相排字机,1898 年英国开始使用。1910 年制成手动照排机,并在西欧各国普遍推广。

图3 -3　莫诺铸排机

我国著名印刷专家柳溥庆也在20 世纪30 年代设计了中文照排机。

日文照相排字技术,开始于1982 年日本生产照相排字机。照相排字机经过三代:手动照相排字机、半电子式自动照排机,全电子式的自动排字机。

三、照相凸版制版工艺

1939 年，法国人达盖尔（Louis Jacques Mande Daguere）发明了银版照相法，开创了照相制版技术之先河。

（一）照相铜锌版

1855 年法人稽脱氏（M · Gillot）始有照相锌版之发明，1882 年德人麋生白克氏创制照相网目版。

我国应用照相制版术，当推上海徐家匯土山湾印刷所为最先，1900 年该所夏相公首先试制未得结果，第二年由蔡相公、范神父及安相公 3 人继续试制，始得成功，并传授华人顾掌全及许康德 2 人。1906 年传至上海中国图书公司和上海商务印刷馆。

1. 制版照相机

制版照相机，是拍摄各种原稿的主要光学机械，它能拍摄原尺寸的原稿，也能按一定的倍率对原稿放大或缩小。拍摄的幅面有全张、对开、四开、八开等几种。

图 3 - 4 是制版照相机的主要结构示意图。

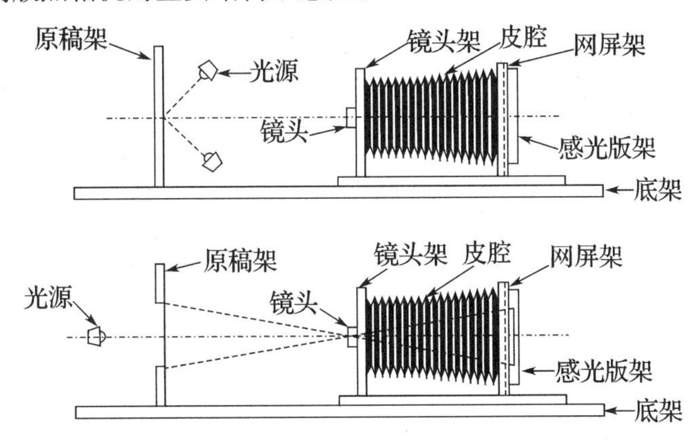

图 3 - 4　制版照相机的主要结构示意图

制版照相机均由底架、镜箱、原稿架等组成。

底架是长方形的平台，用来固定原稿架和镜箱。底架上有两条彼此平行的滑轨，原稿架和镜箱，都能沿着滑轨前后移动。

镜箱的前壁是镜头架，后端是感光版架和网屏架，中间用皮腔（又名“蛇腹”和“皮老虎”）将镜头架和感光版架连接起来。皮腔是用不透光的软质材料做成的，起着遮盖光线的作用；能够伸缩，以便聚焦时改变镜头架和感光版架的距离。

原稿架用来装置拍摄用的原稿，为了使原稿和原稿架上附设的原稿板密着紧贴，原稿板上设有真空抽气设备。原稿架能装置透射原稿，也可装置反射原稿。

2. 晒版。

将照相后所得到的阴片图象通过光的作用晒到涂有感光液层的金属版表面的过程,称为晒版。晒版是照相制版的第二道工序。它的任务是在金属版表面得到反象的阳图,而且使图象表面具有保护层,以便在烂版时不致被酸腐蚀。晒版前,阴片需进行修正,称为修版。修版就是使阴片上透明与不透明的程度(或网点大小)尽可能地符合原稿的要求。

(1)晒版前先将金属版(锌版,铜版)表面用木炭仔细的研磨,除去上面的脂肪、氧化膜、细小伤痕、砂眼、水渍。经过版面的研磨还可以造成细纹路,以便加强对感光液膜的吸附力,便于感光液均匀地涂布于版面,并使之紧密结合。

(2)感光液包括感光剂和胶体两种成分。感光剂一般用重铬酸铵或重铬酸钾。胶体的种类比较多,一般有蛋白、鱼胶、骨胶、虫胶、阿拉伯树胶和聚乙烯醇。各种胶体和重铬酸盐附着在金属版的表面,受光后在光化作用下,便成为不溶于水的物质。晒版就是利用了这个原理。在涂有感光液的金属版表面敷以阴片,装进晒版架。曝光时只有阴片上图象部分透过光线,所以图象下面的感光液便生成不溶于水的物质,在金属版上组成图影。版面上其他地方的感光液由于没有受到光线的作用,未发生硬化反映,接着将印版放在水中进行显影,未硬化的感光液被水溶去,版面上仅留下组成图象的硬化胶膜层。

(3)为了使显影后的图象更加清晰地显露出来,还要用青莲(甲基紫)染色,并可以起到坚膜作用。

染色后对版面要进行质量检查。经曝光、显影、染色后在版面上所得图象的耐酸性是极小的,为了进行下一道工序——烂版,就必须增加图象的耐酸性。因此,要将版烤一烤,称为烤版,烤版程度可视青莲色退去转变为栗色即可。

(4)腐蚀——烂版。

用化学方法将印版的图象或文字部分和非印刷部分进行化学处理的整个过程叫腐蚀,俗称烂版。经过腐蚀,使印版的空白部分(即非印刷部分)凹下,使图象或文字部分凸起,以适应于凸版印刷。

腐蚀锌版所用的酸液是硝酸溶液,其反应方程式为:

$$Zn + 2HNO_3 = Zn(NO_3)_2 + H_2 \uparrow$$

铜版用氯化铁溶液进行腐蚀,其反应式为:

$$2FeCl_3 + Cu = CuCl_2 + 2FeCl_2$$

酸液对金属印版腐蚀的结果,不仅将空白部分垂直向下腐蚀,而且还会产生图文或文字的侧面腐蚀,从而会降低印版的耐印率,为了防止这种现象,就产生了红粉腐蚀和无粉腐蚀。现在普通采用无粉腐蚀法来代替红粉(耐酸树脂和氧化铁、松香配制)腐蚀。

锌版在第一次腐蚀后(腐蚀的深度很小),由于图文的侧面已开始出现,所以必须将它们保护起来,以免在继续腐蚀的过程中发生侧腐蚀现象(如图 3-5 所示)。保护的方法是在印版图文的四周涂一层红粉,然后进行第二次腐蚀。当新的侧面继续出现时,再次涂红粉,一般上红粉的次数达 4~5 次。由于多次上红粉的结果,使图文的侧面呈阶梯状,这样的版子不适用于印刷,因此最后还需进行完成腐蚀,把图文侧面的肩部去掉,得到比较光滑的印版,即可用来进行印刷。

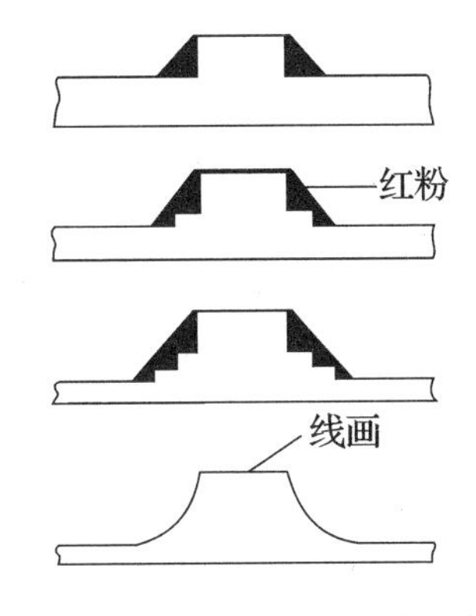

图 3-5 腐蚀中的侧面保护示意图

(二)网线凸版

如晒制单色连续调原稿凸版时,网线凸版可用锌版(适合于粗网线版),也可用铜版(适用于细网线版)、晒制锌版或铜版网线凸版时,均需采用网点阴图。

图 3-6 玻璃网屏

网点阴图的拍摄制取必须使用网屏工具。网屏是由两块特种平面光学玻璃,以精密机械在其表面雕刻成凹入的 45 度斜线,又在这凹线中涂上一层不透明的黑色胶液,然后再将两块玻璃的凹线互成 90 度直角粘合,形成细密均匀的方格。网线版凹入的黑线的宽度和表面平整的透明阳线宽度完全相等,组成方格后,每个阴格和阳格的面积也相等(如图 3-6 所示)。

网屏的线数,通常为 20 线/厘米起至 80 线/厘米,即每吋 50 线起至每吋 200 线,还有 300 线/吋的甚至 700 线/吋的。运用网版的线数多少,是根据画稿的类型、印刷机的种类、油墨、纸张及制版方法来确定的。

照相制版时,光线从画稿反射经镜头通过这些透明的阳小格子直达感光版上,另一部分被黑色的阴小格受阻,网线在此担负着切割光线的作用。网屏是印刷品上组织浓淡连续色调的基本工具(如图 3-7 所示)。

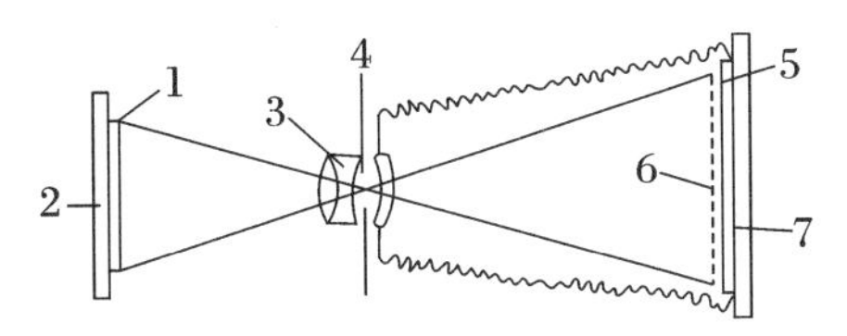

图 3-7 照相加网

1—原稿;2—原稿架;3—镜头;4—光圈;
5—网屏架;6—网屏; 7—感光片架

网点形成的机理(如图 3－8 所示)。

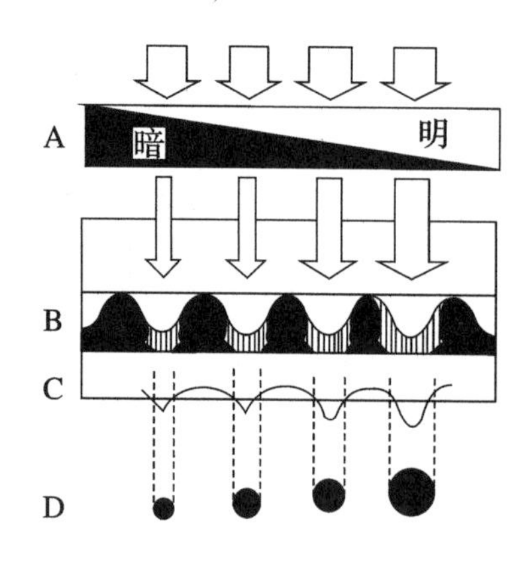

图 3－8　网点形成的机理简图

图 3－9　不同网屏线数表现图像效果对比

用同一张网屏制出的图像,相同面积内的网点数量是一定的,只是大小不同,用不同线数的网屏表现同一幅图像时,则有不同的效果。一般地讲,网屏线数越大,网线越细,表现图像层次越丰富;网屏线数越小,则反之(如图 3－9 所示)。

用锌版制作网线凸版时,除晒版用的是网点阴图外,其它操作与线条凸版相似。用铜版制作网线凸版时,晒版用的也是网点阴图。另外,铜版腐蚀液用的是三氯化铁($FeCl_3$)溶液在腐蚀过程中,也需进行侧壁保护。

(三)彩色凸版

1869 年法人贺龙氏著彩色照相术一书,详细阐述此三原色彩色照相原理,1873 年德人胡格尔教授发明彩色摄影片。1892 年美人孔氏利用贺、胡二氏之说,遂有三色照相网目版之发明。

我国三色照相网目铜版,始于清宣统时,商务印书馆美术技师施塔福氏,以改良照相铜锌版之余,试制 3 色版,颇有成效。

1. 颜色的呈色原理。

(1)色光加色法原理。

①色光三原色。能以不同比例在视觉中构成各种颜色,而又非其他两个原色光所能混合出来的色光称为原色光。色光三原色是红、绿、蓝三种色光。国际标准照明委员会(CIE)于 1931 年规定这三种色光的波长是:红色光(R)为 700nm;绿色光(G)为 546.1nm;蓝色光(B)为 435.8nm。

自然界中各种颜色都能由这三种原色光按一定比例混合而成。

②色光加色法。按红、绿、蓝三原色光的加色混合原理生成新色光的方法为色光加色

法。(如图 3－10 所示)。

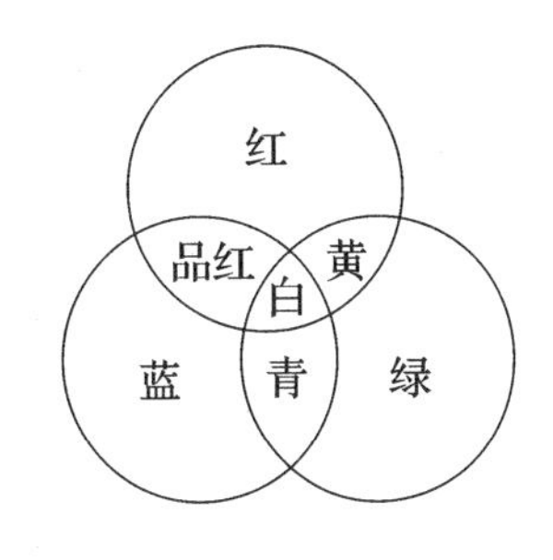

图 3－10　色光加色法混合示意图

(2)色料减色法原理。

①色料三原色。用于减色法成色的三种原色称为色料三原色,这三种原色应该具有两种无论以什么样的比例混合都不能产生第三种原色的性质。色料三原色应是青、品红和黄色。它们的每一个颜色应能减去白光中 1/3 的色光,相应地反射或透射 2/3 的色光。习惯上也常把色料减色法的原色品红叫做减绿色,黄色叫做减蓝色,青色叫做减红色。因为减色三原色的每一种都相当于白光中减去一个光谱色光后的色彩,并且这种名称和加色法三原色的名称都能相对应。

②色料减色法。指按黄、品红、青三原色料(如颜料、油墨)减色混合原理成色的方法。(如图 3－11 所示)。

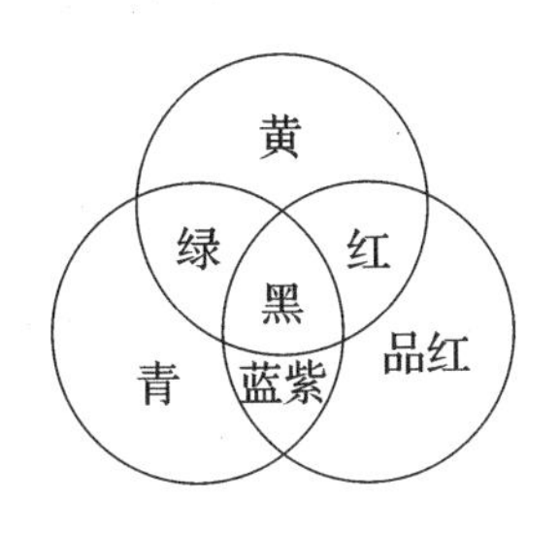

图 3－11　青、品红、黄色料两两等量混合成色示意图

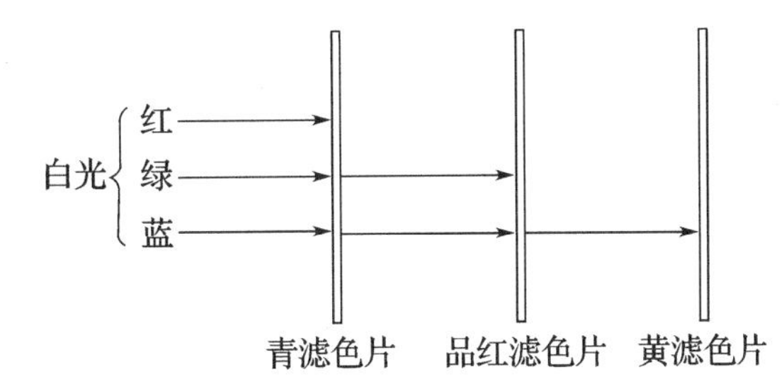

图 3－12　滤色片成色示意图

滤色片是一种着有颜色的透明玻璃或塑料薄片。它的作用主要是选择性地吸收光线和透过光线,作照相分色用。一般有赤色、绿色和紫色三种。其成色原理如图 3－12 所示。

2. 分色原理。

分色是把彩色原稿分解成各单色版的过程。

分色的原理就是利用红、绿、蓝色滤色片的选择性吸收制得色光三原色的补色版,即黄、品红、青三张分色阴片。滤色片是对可见光作选择吸收和透过的透明介质,其作用是通过三原色中一种色光(本色光),同时吸收其他的两种色光(补色光),使感光片上只感受一种色光,其他两种色光不能感光。这两种没有感光的色光就构成了补色,也就是色料三原色中的一种颜色。感光片经曝光、显影、定影后形成一张有浓淡层次的图文阴片(色调和灰调与被复制对象相反)。

(图 3－13)D 是彩色原稿示意图,它包含构成全部色调的 8 种颜色。当用白光照射原稿时,原稿便可反射或透射出各种颜色。

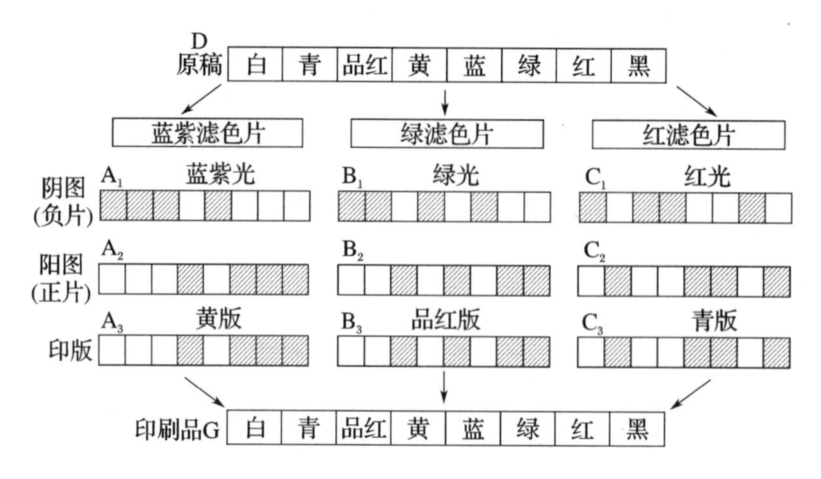

图 3－13　彩色分色原理示意图

若在照相机的镜头前，插入一个蓝滤色片，使原稿中含蓝光的部分透过，在感光片上感光形成潜影，经显影处理，变成黑色影像（形成密度），而其他部分是透明的，如图 3－13 中的 A_1 所示。用这张感光片拷贝成阳图后，在阳图片上，绿、黄、红区域的密度大，如图 3－13 中的 A_2 所示。因此，用这张阳图片晒版后，制得的是黄版（如图 3－13 中的 A_3）。

用绿滤色片分色时，原稿上只有能反射或透射绿光的部分，通过滤色片和镜头，在感光材料上感光，形成高密度区域，而含红、蓝的部分，在感光片上几乎是透明的，如图 3－13 中的 B_1 所示。用此分色片拷贝阳图（图 3－13 中的 B_2），再用此阳图片晒版，即制得品红版（图 3－13 中的 B_3）。

把红滤色片装在镜头前时，只能透过原稿上反射或透射出来的红光，绿光和蓝光被滤色片吸收，曝光的感光片经显影处理后，与原稿相应的红色部分变成黑色，而含绿色和蓝色的地方变透明，如图 3－13 中的 C_1 所示，用这张感光片拷贝成阳图，阳图上绿色和蓝色部分的密度高（图 3－13 中的 C_2），再用拷贝的阳图片晒版，就制成了青版（图 3－13 中的 C_3）。

经过滤色片分色以后，彩色原稿被分解为三张分色阴片。其中每一张分色阴片只能表现原稿的某些特定部分，这三张阴图片在画面各部分的密度分布彼此不同。密度的大小由原稿的每一部分反射（透射）光量的多少而定。将三种色调的图像套印在一起，便可复制出原稿的色彩和阶调。（如图 3－13 中的 G）。

四、凸版印刷机

（一）凸版印刷机的发明

谷腾堡的铸字、排字、印刷方法，以及他首创的螺旋式手板印刷机（见图 3－14）在世界各国沿用了400余年。这一时期，印刷工业的规模都不很大，印刷厂也多为手工业性质，印刷技术多以手工操作为主。

1812年泰晤士报为适应出版量增加的需要，聘请德国技师设计了不同于谷腾堡平压平的印刷机，进而运用了圆压平原理、并与蒸汽机联结的印刷机。到1845年，德国生产了第一台快速印刷机，这以后才加速了印刷技术的机械化过程。

图3－14　谷腾堡创造的木质印刷机

1860年，美国生产第一批轮转机，以后德国相继生产了双色快速印刷机，印报纸用的轮转机以及双色轮转机，到1900年，制成了六色轮转机。从1845年起，大约经过了1个世纪，各工业发达国家都相继完成了印刷工业的机械化。这期间，排字主要靠铸排，印刷主要用凸版印刷机，装订的各道工序也都实现了机械化。

（二）凸版机传入我国

欧人最初输入中国之凸版印刷机，为手板架，每日印数不过数百张。

1872年上海日报馆始有手摇轮转机，每小时可印数百张。后有以蒸汽引擎及自来火引擎代人力，速率较之前增加一倍。

1906年中国始有用电气马达的华府台单滚筒机，每小时可印1000张，此机为1860年英国华府台之道生氏及何脱莱氏二人所发明，故又称之为“大英机”。

民国八年（1919年）商务印书馆始有“米利”印刷机，速度较大英机高，此机为1889年美人米利氏所发明。因其滚筒转2次，印版往返一次，故又称“双回轮转机”，分单色、双色、双面印机型，每小时印1800张。

圆压圆滚筒印刷机为1865年包罗克氏发明，民国五年上海申报馆始有法国式日本制造的滚筒印刷机，速度高于轮转机，每小时能印8000张。民国十年商务印书馆购进德国爱尔白脱公司之滚筒印刷机，两旁出书，并有折叠机，每小时能印出双面印8000张。民国十四年上海时报馆购置德国冯曼格彩色滚筒印刷机，同时可印数色。

（三）凸印机的结构与类型

不论何种凸版印刷机，其结构均可分为输墨、输纸、收纸、版台、压印、传动六个主要部分，它们分别控制有关动作，协同完成印刷的全部过程。

1. 平压平凸版印刷机。平压平印刷机是凸版印刷中所特有的印刷机，印刷厂里常用的手扳式打样机、圆盘机、鲁林机等都属于平压平式印刷机。

平压平印刷机的主要结构如图 3 - 15。印版装在版盘上,用压盘施压进行印刷。

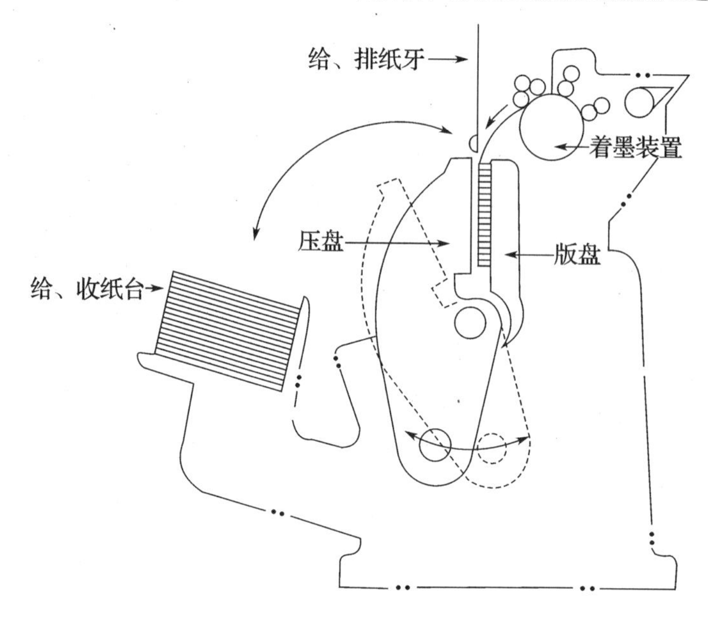

图 3 - 15　立式平压平的凸版印刷机

2. 圆压平印刷机。圆压平印刷机的种类较多,主要有以下几种:

(1)平台式印刷机。平台式印刷机的主要结构如图 3 - 16 所示。从压印滚筒的下侧或上侧给纸,而在给纸台的对面设置收纸台收纸。

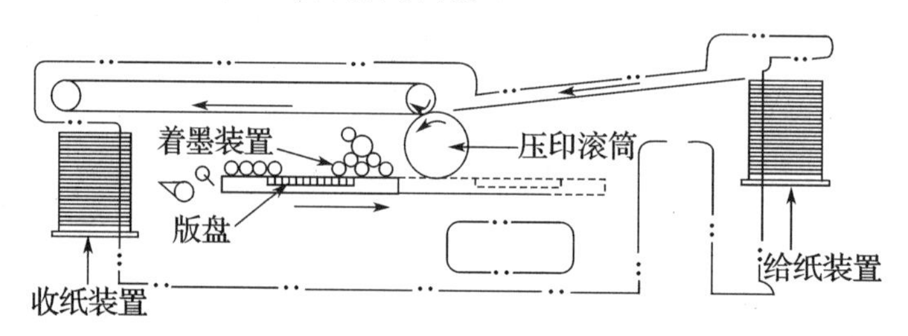

图 3 - 16　平台式印刷机主要结构简图

(2)高台式印刷机。高台式印刷机的主要结构基本上和平台式印刷机的相同,但从压印滚筒的上侧给纸,而在给纸台的下侧设置收纸台收纸。

平台式和高台式印刷机均为转停式印刷机,印版装于版台上作往复平移运动,版台在印刷行程时,压印滚筒旋转,纸张和印版接触加压完成印刷;当版台返回行程时,压印滚筒停止转动,此时进行收纸、给纸、着墨,然后再重复印刷行程。

(3)一回转印刷机。一回转印刷机的主要结构如图 3 - 17 所示。在印刷过程中,版台往复运动一次,压印滚筒旋转一周。

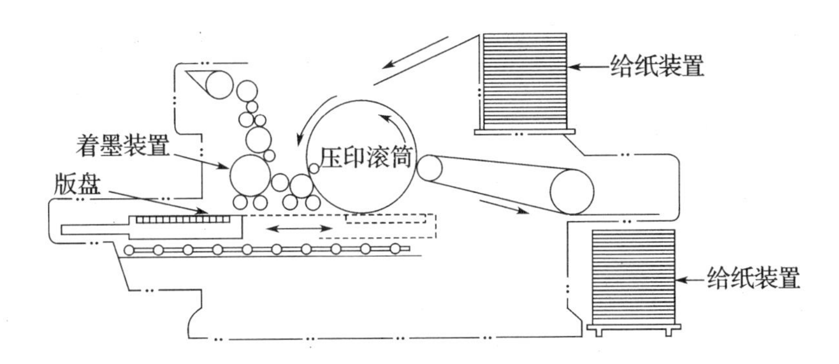

图 3－17 一回转印刷机主要结构简图

（4）二回转印刷机。二回转印刷机的版台在返回行程时，压印滚筒仍然旋转，因此，版台完成一个往复行程，压印滚筒连续旋转两周，故得名二回转，这是它和转停式印刷机的主要区别。它和一回转印刷机相比，压印滚筒较小，故印刷压力较小。

二回转印刷机主要由压印滚筒、印版台、墨台、规矩、给纸、收纸等机构组成。图 3－18 是我国制造的 TE102 型二回转印刷机外形图。版台处于工作行程时，压印滚筒下降与印版接触印刷，然后滚筒上升；版台返回时，印好的印张由纸张输出装置送到收纸台上，完成印刷的全过程。

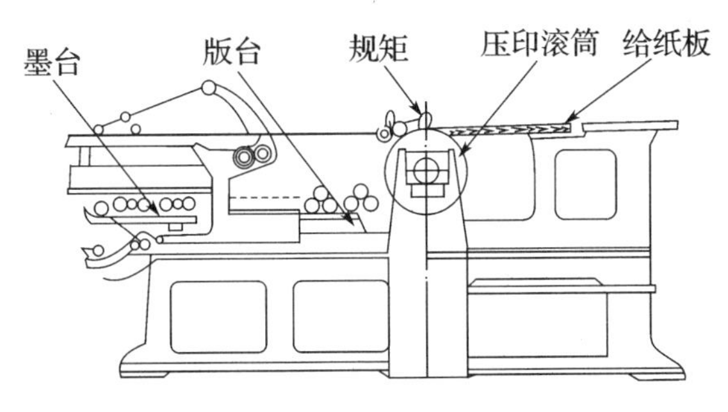

图 3－18 TE102 型二回转印刷机外形图

3. 圆压圆印刷机。圆压圆印刷机，也称轮转印刷机。

圆压圆型凸版印刷机有单张纸和卷筒纸之分。印刷速度较高，主要印刷数量很大的报纸、书刊内文、杂志等。

卷筒纸凸版印刷机的结构如图 3－19 所示。它的输纸机构比较简单，但收纸机构复杂，要把印刷好的纸带，按照要求的尺寸进行裁切、并折叠成帖、记数、堆积再输出，一般正、反两面同时印刷。

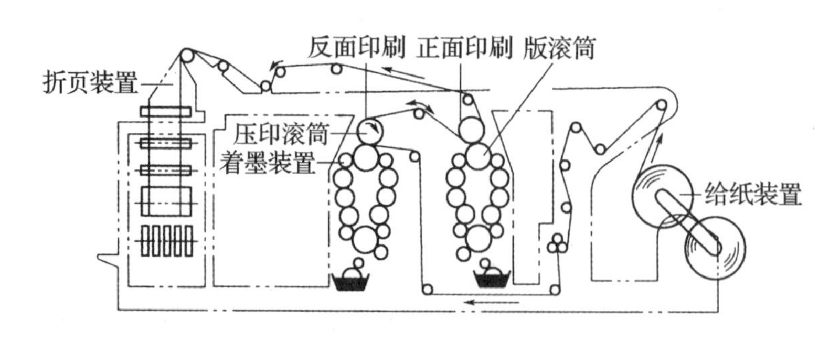

图 3－19　卷筒纸双面单色轮转机结构

第二节　平版印刷术

一、平印的工艺原理

平版印刷术是用图文与空白部分处于同一个平面(应用这两部分对油墨吸附性能不同的原理)的平印版进行印刷的工艺技术(如图 3－20 所示),主要包括石版印刷、珂罗版(玻璃版)印刷和金属版印刷。

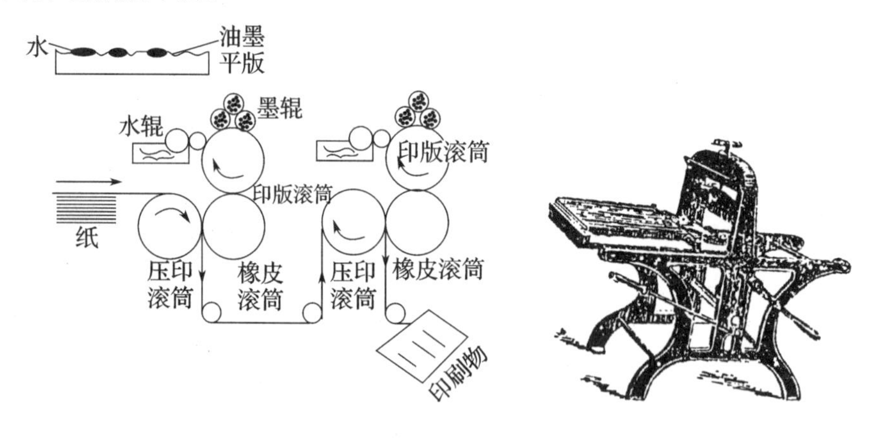

图 3－20　平版印刷原理示意　　图 3－21　手摇石印机

二、石印术

(一)墨色石印

石印术为 1796 年奥人施纳飞尔特氏所发明。我国之石印术,首先应用于 1876 年上海徐家汇土山湾印刷所,所印产品,仅限于天主教之宣传印刷品,石印书籍以上海“点石齋石印书局”为先。

1877 年英国商人美查采用手摇石印机(图 3－21)印刷《圣谕祥解》、《康熙字典》等书籍,其中《康熙字典》几个月之间销售 10 万部,获利颇丰。之后武昌、苏州、宁波、杭州、广东等地也相继开设石印书局。

(二)彩色石印

1904 年文明书局始办彩色石印,1905 年商务印书馆继之,雇用日本技师,教授学生,日人所传彩色石印制版方法,不外光石、毛石两种。光石制法又分两种:一为汽水纸(即转写纸)及特制墨料绘画后落石;一为彩色制版,先用玻璃纸按照底样,以一种尖钢笔描刻,然后落石,再翻印红粉色纸多张(根据底样若干色)将红粉色落若干石,再将各色石按底样之深浅浓淡描而点之,深浅版制成后,即可依次套印完成彩色图画。毛石之画法则不用汽水纸,只用玻璃纸,其翻印落石等法与光石法泻甚区别,只是不用钢笔描绘,而以一种油墨条绘画。

应用彩色石印技法仿印过山水、花卉、人物等古画和月份牌,这是国内彩图印刷的开始。

(三)照相石印

1859 年奥司旁氏发明,以照相摄制阴文湿片,落样于特制胶纸,转写于石版。

我国最早引进西方石印技术的时间是 1876 年,当时由上海土山湾印刷所引进后,印刷《圣谕详解》一书。我国早期石印书籍,多用此法。由于以胶纸转写、笔划细时翻制不够清晰。至 1910 年,商务印书馆开始使用直接照相石印法。不用胶纸,以阴文直接落样于锌版,既快又清晰。

(四)彩色照相石印

彩色照相石印又称影印版,此法 1921 年由美人洛林格氏输入中国,其原理与三色照相网目版相仿。我国以商务印书馆最先采用。

我国最早使用照相制版技术,当推 1865 年上海江南制造局印书处。该印书处利用照相制版印刷厂方言书馆的书籍,但因内部使用,未外传,外人知者很少。1900 年,上海土山湾印刷所,在传教士的传授下掌握了照相铜锌版技术。1903 年,上海商务印书馆在日本技师指导下,应用湿版照相制做铜锌版,至 20 世纪 20 年代,湿版照相在照相石印、胶印、凸印铜锌制版工艺上,逐步得到推广应用,延续 70 多年历史。

香烟壳包装、年历画、月份牌、钱庄的钱票、地方银行的小钞辅币(清末民初中央系统的银行和部分地方银行一元以上纸币主要委由英美等国的印钞公司承印)及多色地图等成石印的主要产品。

三、胶印术

(一)金属平版间接印刷

石印与雕刻木版印刷相比,具有制版迅速、价格低廉,印版的修正方便等优点,最适合生产商标及小型的签贴等印刷品,特别是有利于彩色印刷品的复制,但石版笨重,不易套准。

1817 年逊纳费尔德用薄锌版代替石版,并用圆压圆的方式,直接进行印刷,在平版印刷中开始使用金属印版。

1904 年,美国人鲁培尔(W · Rubel),在平版印刷机上,安装了一个橡皮滚筒,印版上的图文经过橡皮布转印到纸面上,而印版和纸张不直接接触,成为一种间接印刷的方法,这种印刷方法俗称胶印。

1915 年以后,商务印书馆引进了胶印机及照相设备。除开办较早的商务厂、英美烟草公司印刷所外,还相继开办了中华书局印刷厂、三一印刷厂(现属上海美术印刷厂)、精版印刷厂(现为上海市印刷一厂)等。这些工厂当时采用的彩色照相制版方法有两种:一种是日本称为 HB 的制版法;另一种是英美的工艺方法,即三翻阴图制版法。后一种制版方法,直到解放初期,上海有一些胶印厂还在应用。

(二)平版制版工艺技术的沿革

1. 湿版照相制版工艺。

湿版照相制版的主要原理,是将涂有含金属卤化物的罗甸液(硝化棉溶于乙醚与乙醇混合液,一般为 2.5% ~3% 胶体溶液)的玻璃版浸入硝酸银溶液而发生化学反应,生成具有感光性的碘化银、氯化银、溴化银,在湿润状态的特定条件下,进行曝光、产生了光化反应:$AgI + hv \rightarrow Ag^+ + I^-$,通过硫代硫酸钠显影液显影,使受过光的银离子得到还原,使不溶性的卤化银转化为可溶性的硫代硫酸银钠,最后经硫化钠里化液处理,构成了拍摄的图像。

湿版照相是在摆脱了落后的手工绘石制版的基础上,制版工艺的一大进步。

2. 干版和软片照相制版工艺。

照相明胶干版是在罗甸干版的基础上发展而来的。1817 年英国的马克多斯发明了明胶照相乳剂,从此明胶干版开始在照相制版中得到应用。20 世纪初发明了感光软片,特别是第二次世界大战结束后,照相技术急剧发展,接触网屏问世,高反差利斯软片的出现,这些都为我国制版软片的应用创造了条件。

3. 一干二湿三翻阴图制版法(工艺示意如图 3 - 22)。

其工艺流程是：首先用全色性干版或软片，通过红、绿、蓝滤色片，分别拍摄青、品红、黄、黑四张分色连续调阴图片，在阴图上用填红墨水减淡色密度；用大苏打、赤血盐溶液进行减薄提高色密度，进行人工修整或用照相蒙版法纠正色彩，然后用照相湿版加网拍成阳网图像，并在阳图版上用普通松烟墨、铅灰及铅笔进行加深处理（因湿版网点较难进行减薄），经修正后的阳网图像，再经照相湿版翻拍成阴网图像，在阴图上也只能作有限的减淡处理，而不能作加深的修正，最后晒成蛋白版进行打样或上机印刷。

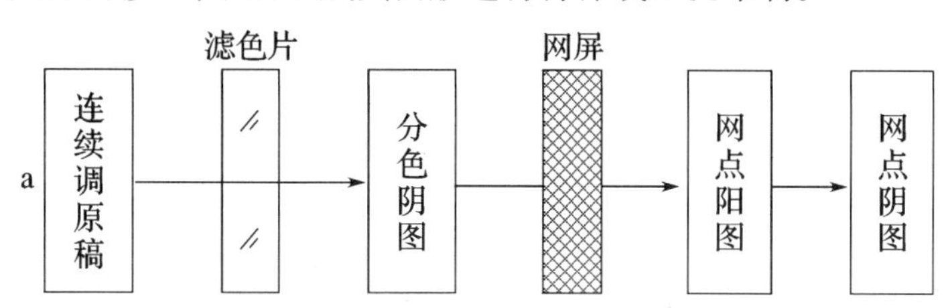

图 3－22　一干二湿三翻工艺示意

（三）平印版晒版工艺技术的演变

晒版是利用接触曝光的方法把阴图或阴图底片的图像信息转移到印版或其他感光材料上的过程。晒版机如图 3－23 所示。

1. 蛋白版。蛋白版又称阴图版或平凸版，版基是铝板或锌版。图文部分的亲油疏水薄膜是高出版基平面约 3～5 微米的硬化蛋白膜；空白部分的亲水疏油薄膜是无机盐层。

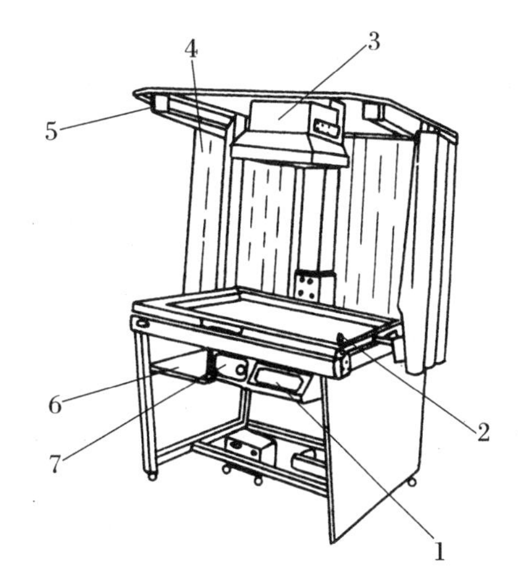

图 3－23　卧式晒版机示意图

1—操作盘；2—晒版架；3—光源；4—遮光帘；5—安全灯；6—贮物处；7—电气开关

蛋白胶体与重铬酸盐配成的感光胶，采用阴图底片曝光，图文部分胶膜见光后化学性质发生变化，重铬酸盐离子中的六价铬被还原成三价铬 Cr^{3+}，它在胶体中起联接键的作用，通过交联形成网状聚合物，使蛋白胶体失去溶解性而硬化，显影后留于版面而空白部分胶膜除去。

蛋白版制版的操作工艺简单，成本低，但耐印力低。由于感光性树脂基础不结实，水斗溶液的浓度不宜太高，印版的空白部分容易上脏，主要用于复制印数较少的印刷品。

我国在平印技术传入以后，蛋白版制版工艺在 20 世纪初期即开始应用。如 1913 年北平中央制图局采用直接照相平版法印刷地图，上海英美烟草公司印刷厂以及商务印书馆等工厂,都曾使用过蛋白版晒版工艺。20 世纪 50 年代开始被阳图平凹版更新。

2. 平凹版。

1904 年英国人 Swan 发明腐蚀式平凹版,1915 年英国完成网目腐蚀式平凹版,1920 年美国人格拉斯研究改良采用阿拉伯树胶铬盐感光液平凹版。

我国在 1921 年上海商务印书馆聘用美国人海林格传授照相平版之后逐步开始采用平凹版晒版技术。1933 年柳溥庆在上海三一印刷厂运用平凹版印刷技术,成功地印制了《美术生活》画报;1935 年英美烟草公司在上海、汉口、天津等地的印刷厂相继采用平凹版印刷工艺。之后,平凹版在中国逐步得到普及和应用。但到日本帝国主义侵华以后中断失传,直至 50 年代,京、沪两地又重新试制和应用,并在全国逐渐推广开来。

平凹版晒版主要工艺流程(如图 3－24 所示):

磨版→前腐蚀→涂布感光液→曝光→显影→腐蚀→涂基漆(腊克)→脱膜→涂保护胶液

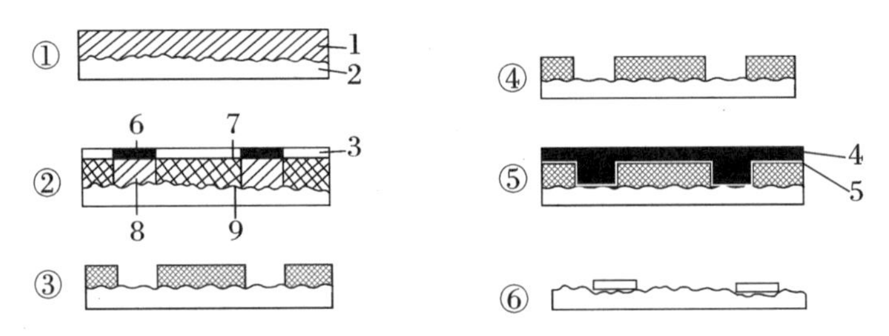

图 3－24　平凹版的制版过程

①制感光版　②晒版　③显影　④腐蚀　⑤涂基漆、显影墨　⑥除膜

1—感光层;2—版基;3—阳图底片;4—显影墨;5—基漆;

6—图文部分;7—空白部分;8—未见光胶层;9—见光硬化胶层

(1)磨版。将平坦光滑的锌或铝板,放置于磨版机上,在版面放置数层磁球或玻璃球,用水润湿并加入磨砂(玻璃砂、金刚砂)开动磨版机,进行磨版,通过磨球的滚动挤压磨砂。使金属板表面形成无数均匀微细的砂目,以增加印版的表面积,提高其附着力。

(2)前腐蚀(整面)。用弱酸性前腐蚀液去除版面微量油脂及氧化物等杂质,同样提高附着力。

(3)涂布感光液。早期使用阿拉伯树胶、重铬酸铵等药品配制的感光胶。到了 1960 年以后,上海首先应用聚乙烯醇(PVA)代替阿拉伯树胶。提高了印版的抗水性、抗酸性、网点清晰、层次丰富。

(4)曝光。经均匀涂布感光液的锌版或铝版。干燥后,形成感光胶膜,在晒版机上与阳图底片密合,用蓝、紫光源进行曝光。

(5)显影。使用加入乳酸、氯化钙、氯化锌等药品组成的显影液,溶解未感光的图像部分的胶膜，露出金属版表面。

(6)腐蚀。将由盐酸、氯化钙、氯化锌和水组成的腐蚀液刷涂于金属版面，轻微腐蚀裸露的图文部分。

(7)涂基漆。在腐蚀后的印版表面。涂布一层亲油性较强的物质，主要原料有虫胶或山达胶，1960 年后改用酚醛树脂。目的在于增加图文部分的亲油性，增加印版耐印率。

(8)脱膜。用 1% 硫酸去除空白部分胶膜。

(9)擦胶。擦上阿拉伯树胶，提高空白部分亲水性能。

平凹版图文略低于版面，墨层厚实，又有一层耐磨性较强的腊克薄膜保护，耐印力比蛋白版高，大约是蛋白版的 5 ~ 10 倍。

蛋白版与平凹版存在着共同的缺点，均采用对人体有害的重铬酸胶感光液，并且此类感光液存在难以抑制的“暗反应”缺陷(即在不见光情况下，也会产生“光化反应”现象)不能作为商品预制和贮存，只能用前现配，受气候温湿度影响大，制版质量难以控制。已被 20 世纪 70 年代预涂感光版(PS)所取代。

四、平版印刷机

1. 平版印刷机的引进

光绪初年上海徐家汇土山湾印刷所所用之石印架，系木材制造，用人力攀转，印刷很费力。光绪中叶改用自来火引擎以代人力。

动力施动的大型石印机，结构与凸版印刷机相似，石印版往复运动，比铅印机更笨重，速度不能提高，且石版石价格昂贵。1817 年，有人研究用金属薄版代替石版，1886 年，英人 L·约翰斯通制成锌皮版包裹在圆滚筒上的印刷机。清末到民初，英美烟公司、商务印书馆、中华书局都曾购入直接印刷方式的铝版印刷机(中华书局 1929 年拍摄的电影片仍有铝版印刷机在工作)。1904 ~ 1905 年，美人 T·W·鲁贝尔发现加装一只橡皮布滚筒转印的间接印刷方法，图文清晰，开创了间接印刷途径。1907 年，德裔美人 C·海尔曼制成第一台间接印刷的胶印机。

我国很早引进了胶印机。宣统三年(1911 年)上海英美烟公司购进小型胶印机，1915 年商务印书馆购置对开海立斯胶印机，1918 年中华书局购入全张胶印机，1920 年生生美术印刷公司购置胶印机，1927、1928 年徐胜记、三一印刷公司石印改为胶印。继之，大东书局扩大了胶印车间。至 1937 年抗日战争开始时，上海有彩印厂 37 家，设备购自欧美和日本(日本于 1913 年、1914 年有中岛、浜田等公司仿制对开胶印机，价格低于西洋机)。抗日战争前，胶印几乎全集中于上海，仅东北有日制胶印机数台，北京、汉口、天津、青岛、济南、杭州、太原、南宁、重庆、成都、昆明等地各有胶印机一二台至数台。

抗战爆发后,上海有少量胶印设备内迁。整个抗日战争时期,内地无新的胶印机进口,沿海沦陷区城市,胶印机有少量增加。其中有日本人开办的印刷厂,如北平的新民印书馆,有全张单色对开双色胶印机。抗战胜利后,上海胶印业有发展,1949 年,胶印厂达 91 家。

1931 年“九一八”到 1945 年日本战败投降,东北地区的大连、营口、沈阳、长春、哈尔滨有了胶印业,设备均来自日本。

胶印虽然逐步取代了原来的石印业务,就全国来说,直至 20 世纪 50 年代,胶印与石印并存。石印所以在相当长的时间内未被淘汰,是因为胶印机价格较高,橡皮布、锌皮等材料依赖进口,制版成本高,印价贵,在当时,一般要求不高的彩印品,仍以石印为合算。

2. 胶印机的主要结构(如图所示 3－25 所示)。

单张纸胶印机滚筒配备如图 3－26 所示。卷筒纸胶印机滚筒配备如图 3－27 所示。供墨机构如图 3－28 所示。润湿机构如图 3－29 所示。

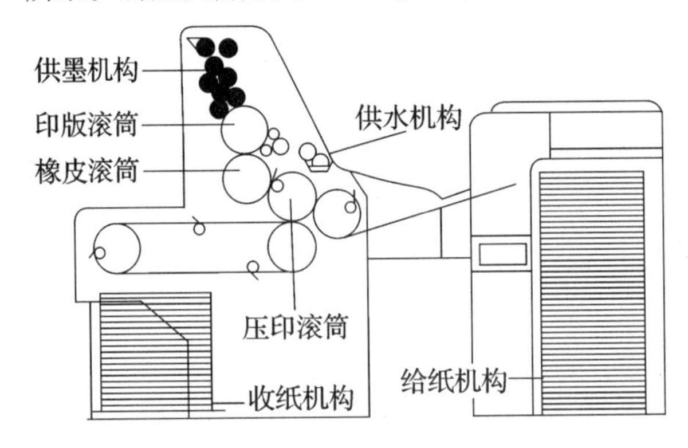

图 3－25　胶印机主要结构示意图

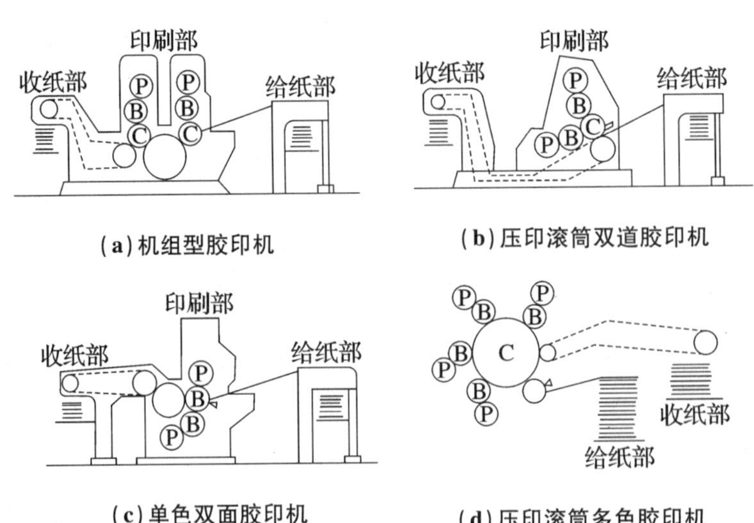

(a) 机组型胶印机　(b) 压印滚筒双道胶印机

(c) 单色双面胶印机　(d) 压印滚筒多色胶印机

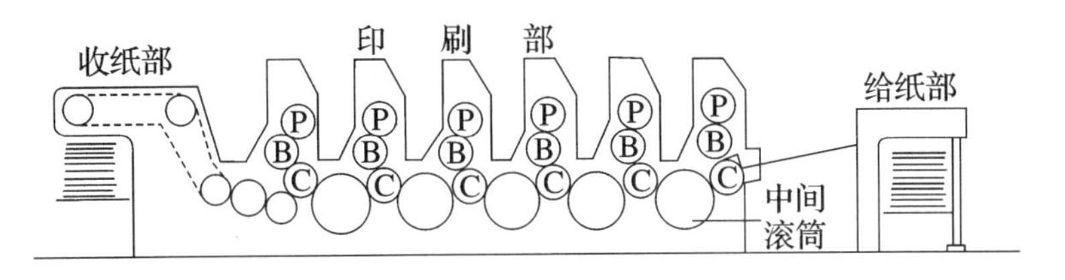

(e)六色胶印机

图3－26　单张纸胶印机滚筒配备示意图

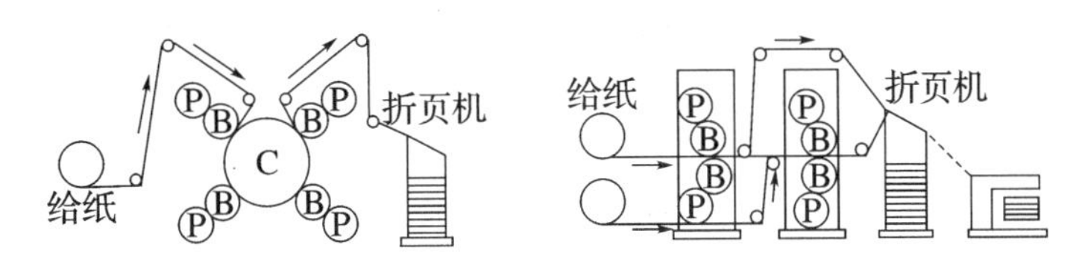

(a)压印滚筒多色型　　(b)双面印刷型

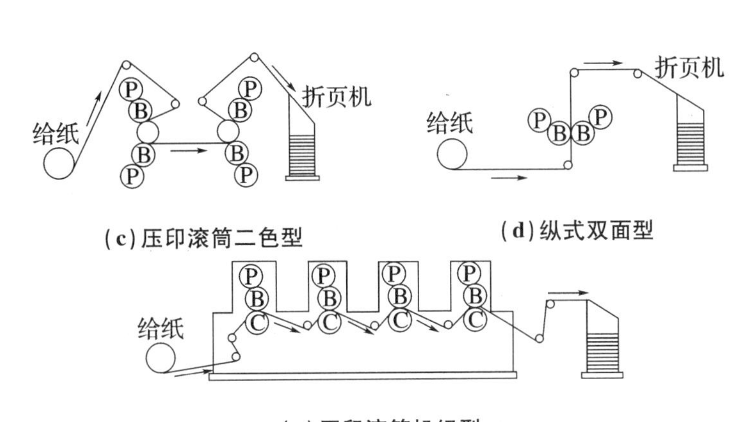

(c)压印滚筒二色型　　(d)纵式双面型

(e)压印滚筒机组型

图3－27　卷筒纸胶印机滚筒配备示意图

P—印版滚筒;B—橡皮滚筒;C—压印滚筒

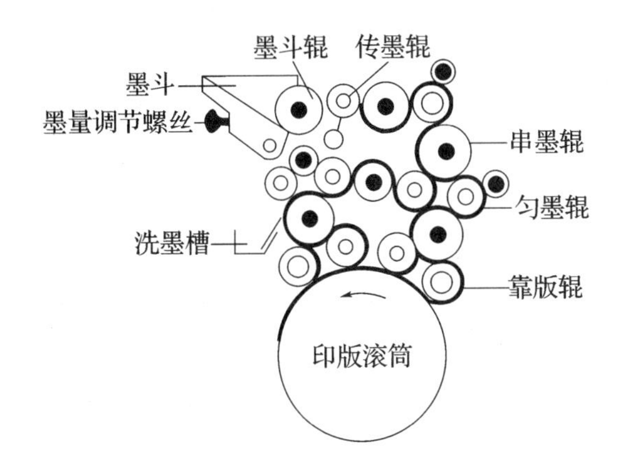

图3－28　供墨机构

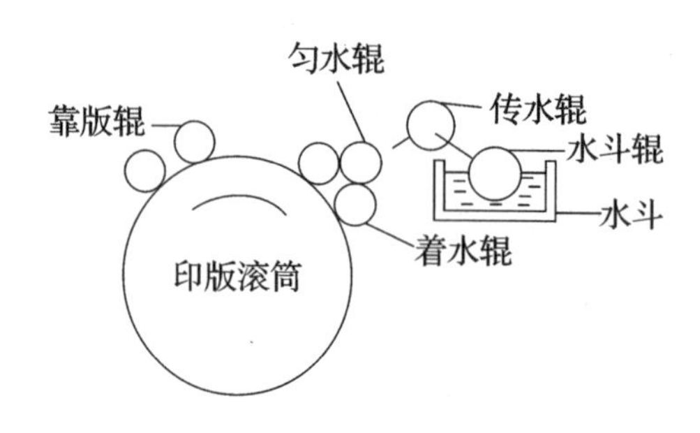

图 3－29　润湿机构

五、珂罗版印刷

珂罗版印刷属平印范畴，英文称之为 Collotype，原意为胶质印刷。1869 年德人海尔拔脱氏所发明，方法是将阴图片与涂有感光性胶质的玻璃板密合晒版，其感光胶层能吸收油墨，依感光程度不同，吸收性不同，未感光胶层吸收水分，用纸复版上施压印刷，即得印样。由于不采用网点结构，表现连续调层次画面极为精细，尤其适合复制名人书画，仿真迹美术作品。清代末年，上海土山湾印刷所初次应用珂罗版印制了"圣母"等教会图像，1880 年前后，北京佟氏延光室用珂罗版印书画。1902 年上海文明书局应用珂罗版工艺获得成功，商务印书馆于 1907 年正式建立了珂罗版车间，以后中华书局也设有珂罗版印刷。1922 年故宫博物馆印刷所使用珂罗版仿印故宫文物、书画集等。有正书局生产了彩色珂罗版印品。

到了 20 世纪 30 年代后期，由于日本帝国主义的侵略，国内经济衰退，珂罗版印刷也同其它印刷工种一样受到摧残。当时，除北京故宫博物馆印刷厂外，上海的有正书局、中华书局印刷厂等的珂罗版印刷相继停办。商务印书馆 1937 年又毁于战火。

1956 年公私合营时，为保留珂罗版的印刷技术，将上海"安定"和"申记"两家珂罗版印刷厂，划归人民美术出版社上海分社，成为该厂的珂罗版车间，次年，该车间迁往北京。上海为保留此工艺，把原"安定"厂的设备和技术人员划归上海市印刷工业公司试验室，进行有关珂罗版印刷的研究工作。

珂罗版的制版、印刷工艺过程为：

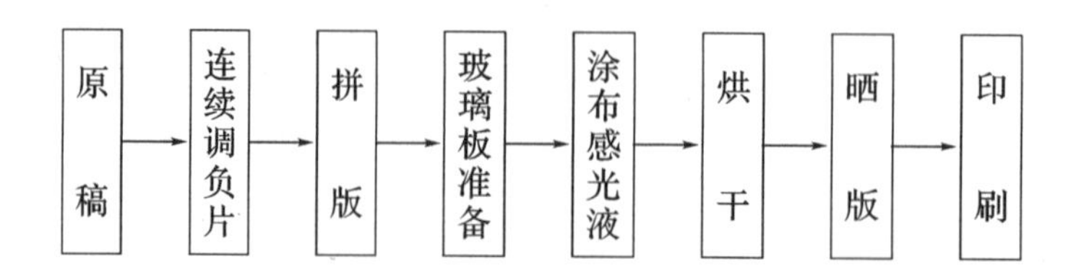

1. 连续调负片的制作。印刷一件好的珂罗版印刷品，必须要有一张在暗调和高光部分都有丰富层次的连续调负片。负片是将原稿经三棱镜倒影拍摄而成的干片。为了弥补

照相过程中色调的损失,需对负片进行仔细的修片。要求负片最暗的部位更亮一些,而最透明的部位有所增强。

2. 拼版。几张负片需要用同一印版印刷时,象其它的印刷方法一样,要进行拼版。

拼版时,按设计好的拼版图样把负片放在玻璃板或透明薄膜上,用胶带纸粘牢。如果图版和文字同时印刷时,拍摄的文字负片也用同样的方法,贴在玻璃板或薄膜的一定位置上,用胶带纸粘牢。

3. 玻璃板的准备。珂罗版的版基是一块6~8毫米厚的玻璃板,其板面要求平整、无气泡划痕,一面起细砂目,角和边应有适当的倒角。

把经过磨砂的玻璃板用苛性钠或苛性钾溶液清洗干净,除去油污。

4. 涂布感光液。将清洗干净的玻璃板放在水平架子上,用螺丝固定,以使涂布的明胶感光液分布均匀,各处厚度一致。

先在玻璃板上浇涂明胶和硅酸钠溶液,以增加玻璃板对明胶感光液的亲合力,使涂布的感光液不易从玻璃板上脱落。再在玻璃板上浇涂感光液,要求涂布均匀不留道痕。

感光液由蒸馏水、明胶、铬矾(通常指铬钾矾 $K_2SO_4 \cdot Cr_2(SO_4)_3 \cdot 24H_2O$)和重铬酸钾按一定的比例配制而成。

5. 烘干。将涂布好感光液的玻璃版,水平地放置在烘箱内,使胶层的厚度继续保持均匀一致。

烘箱的起始温度约为40℃,逐渐上升到60℃,使版面胶层在两小时之内干燥。

在烘版过程中,胶膜的表面先结成一层薄皮,随着温度的升高,薄皮下出现很多的小气泡,当达到最高温度时,这些气泡便冲破表面逸出,如图7-11。形成网状颗粒,从而布满了整个胶膜的表面。网状颗粒的粗细大致相当于每英寸1250线的网屏,因而再现层次的性能特别好。这种网状颗粒的亲墨性很好,是印刷中比较好的感脂体。见图3-30。

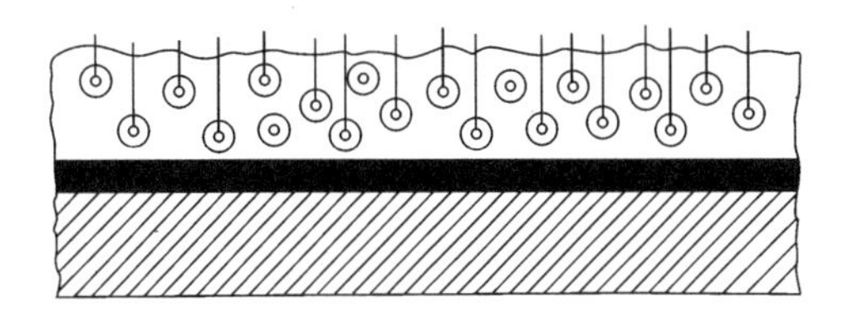

图3-30 网状颗粒的形成

6. 晒版。将干燥后涂布有感光胶膜的玻璃版和负片原版密合在一起,放入真空晒版架内进行曝光。光的作用使明胶感光胶膜与连续调负片的反差成比例地进行固化,如图3-31。

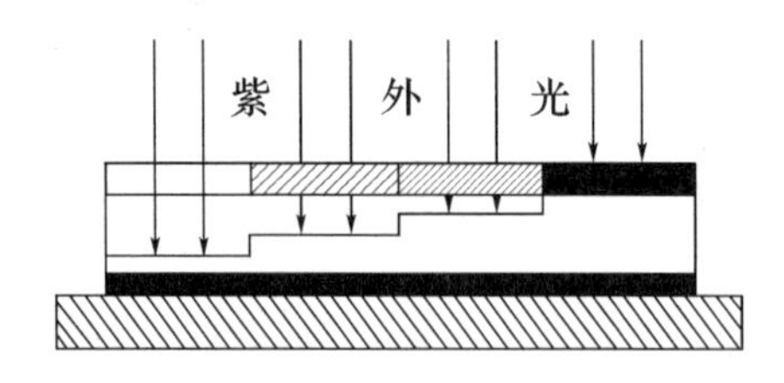

图 3－31　感光胶膜固化情况

曝光后的图像胶膜，根据接受光能量的多少在不同程度上失去了膨胀的性能。

再把曝光后的玻璃版侵入洗涤显影槽内，使没有硬化的乳剂胶膜溶解，版上仅留下透明的具有不同硬化程度的明胶层，经自然干燥后，制成的珂罗版即可上机印刷。

7. 印刷。珂罗版印刷的感脂单位是硬化的明胶颗粒，这种颗粒对温、湿度的变化特别敏感，因此珂罗版印刷对印刷环境条件要求较高，为保证感脂体的稳定性，温度必须在20℃左右，相对湿度应为65～70%之间，为此，珂罗版印刷机的版台可以微微加热。

印刷前，先在印版上浇涂蒸馏水与甘油的混合液进行润湿。印版上的胶层，按照不同的硬化程度接受润湿液而膨胀形成凸象。和原稿相对照，图像的最暗部分，胶膜硬化程度最大，膨胀最少，形成的凸象最矮，印刷时墨层最厚。其它层次按照胶膜膨胀的大小而形成高低不同的凸象，其凸象的厚度可达0.3毫米（如图3－32）。润湿后的珂罗版，形成了具有丰富层次的连续色调，它的吸墨能力与连续调负片的密度适成反比，其印版的表面结构如图3－33所示。

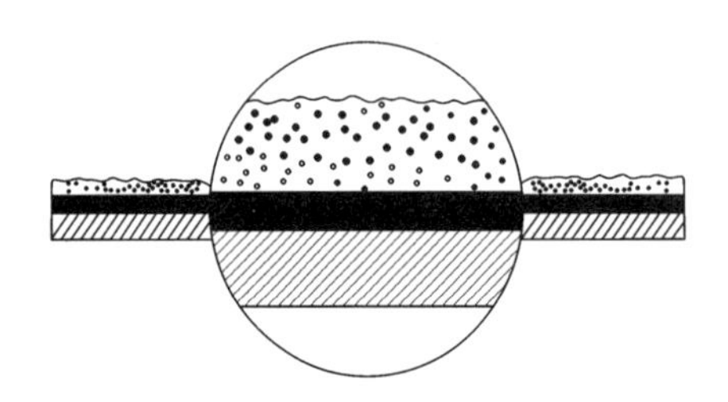

图 3－32　印版经甘油润湿后胶膜膨胀的情况

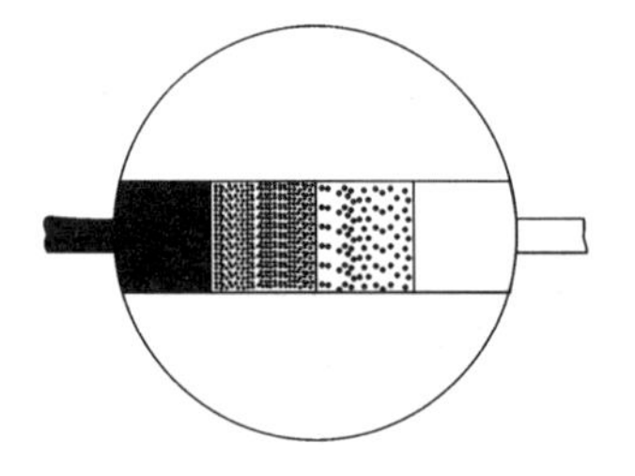

图3－33　润湿后的印版表面胶膜放大示意图

当胶膜充分地膨胀起来，并达到了所需要的润湿量时，可用海绵或吸水纸将过剩的甘油溶液吸去。

珂罗版印刷机都是圆压平结构的，每台印刷机都有四个为一套的胶辊，它们从墨台上得到油墨，再将油墨传递给印刷膜（如图3－24）、涂满整个印版。再由压印滚筒后面的第二组四个墨辊，从第二个墨台上吸取油墨，使已经吸到油墨的图像凸膜更柔和一些，以得到最丰富的图像层次。

珂罗版印刷实质上是平版印刷方法和照相凹版印刷方法的结合，只是印刷膜呈凸象。

因印刷膜没有金属的硬度,不宜于印急件和长版印件,主要用来复制手迹书画和照片。

珂罗版印刷对于彩色原稿的复制,其效果更为理想,只是在制版过程中,要求全套分色负片的反差一致,因此分色质量要好,曝光、显影、定影处理操作应一致,否则细微的误差,也会降低反差或破坏色彩的平衡。

珂罗版印刷的成本较高,印刷时间较长,但其成品却能如实地反映出原稿的细节,达到完善的高度,这是任何一种印刷方法都难以比拟的。但是这种完美的效果不是单靠珂罗版本身所能获得的,而是由一批具有高度技术水平的工作人员密切合作的结果。

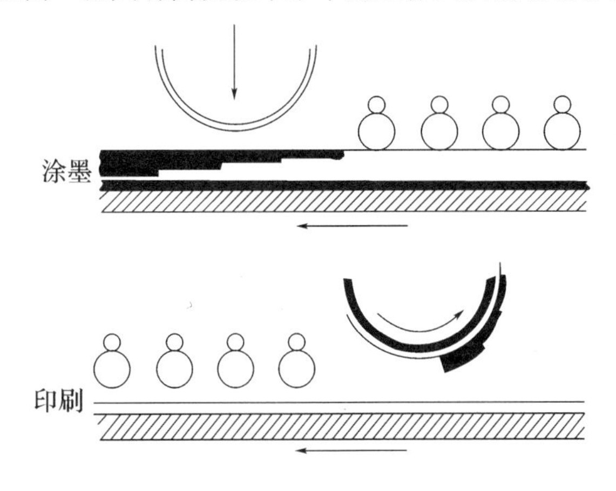

图 3－34　珂罗版印刷中的涂墨和印刷

正是由于珂罗版印刷能以独特的风格与其它的印刷方法相媲美,因此作为一种特殊的印刷方法,它仍将继续被保留下去。

第三节　凹版印刷术

一、凹印的工艺原理

凹版印刷简称为凹印,是目前广泛应用的平、凸、凹、孔四种主要的印刷方式之一。顾名思义,凹版就是印刷部分(图文部分)低于非印刷部分(空白部分)的印版。印刷时首先在整个版面上涂布油墨,然后由除墨装置将空白处的油墨除掉,而图文处的油墨则保留下来,再经过压印机构转移到承印物上(如图 3－35 所示)。

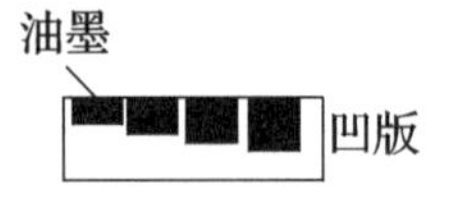

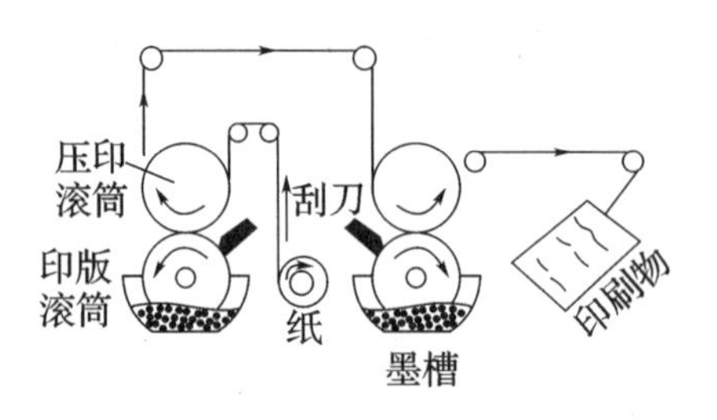

图 3－35　凹版印刷原理示意

二、凹印的发展

凹印技术起源于版画艺术。大约在 1430 年，德国最早出现了手工雕刻的直刻凹版。现保存于柏林的雕刻铜版“基督的笞刑图”，作于 1446 年，是目前年代最明确，保存最完好的凹版。直刻凹版是在研磨好的铜板（后也在钢板、锌板等）上，用手工的方法沿画线雕刻，形成凹下的线条。这种线条由于清除了铜屑，显得清晰流畅，鲜明悦目。

在稍后的 1480 年，德国又出现了干点凹版。这种凹版与直刻凹版有相似之处，也是用刻刀手工雕刻而成。但干点凹版的铜屑在刻痕两侧堆积、着墨，具有阶调柔和的印刷效果。由于刻痕较浅，不能作大量印刷。

1513 年，德国人 Craf 发明了蚀刻凹版。其方法是在涂布了抗蚀蜡层的版面上，用钢针刻划出各种花纹图案，使金属面裸露出来，然后用酸进行腐蚀。因腐蚀时间的不同，线条也有深浅的差异。

1642 年，德国的 L · Van · Siegen 发明了网目凹版。这种凹版的制版方法是：首先在整个版面上用轧花刀具推出均匀致密的细小砂目，以此作为着墨的基础；然后根据画面的浓淡层次，对其中的一些砂目进行程度不同的破坏，使其少着墨或不着墨，以此表现不同的调值密度。这种凹版的印刷品具有天鹅绒般的质感，曾在英国广为流行。

1720 年，英国人 J · K · Le Blon 发明了人工三色网目凹版。

1768 年，意大利的 J · B · Le Prince 发明了撒粉凹版。撒粉凹版是利用机械或手工的方法，在铜版上撒布树脂或沥青粉末，然后徐徐加热使其固着，再用抗蚀剂刻画出阳图画象，腐蚀后成为印版。涂有抗蚀剂和撒有粉末的地方，版面不被腐蚀。由于粉末细到肉眼不易分辨的程度，所以图象由被腐蚀出的细小凹孔组成。改变酸的浓度或撒粉的密度，可以获得不同层次的版面。

1806 年，法国的 Le Paroi 发明了钢凹版。

1808 年,美国人 J · Perkins 完成了钢凹版的研究。

这一时期中的直刻凹版和干点凹版与今天的铜版画仍有共同之处;蚀刻凹版虽然使用腐蚀剂,但习惯上还是称作雕刻凹版;而网目凹版和撒粉凹版的出现,则为以后的凹版版面结构奠定了基础。

我国之雕刻铜版印刷术,可分两派,一为意大利派,1905 年传入上海应用于印花;二为美派,1908 年传入北平度支部印制局,应用于纸币、邮票、印花等有价证券。

1820 年,法国的 J · N · Niepce 发明了应用照相术的凹版,这标志着凹印技术进入了近代发展阶段。

1837 年,美国人 J · Perkins 发明了钢凹版的特殊转写法,又称为钢板过版法,可以复制凹版。从此,人们可以既保留原版不致磨损,又可以进行大量印刷。

1838 年,苏格兰的 Jacobi 教授与英国人 Julden 开始利用机械雕刻凹版,并采用电铸法复制凹版。

1852—1858 年,英国人 W · H · F · Talbol 进行了照相凹版制版方法的试验研究。

1864 年,Wilson Swan 发明了碳素纸转移(过版)的方法。

1873—1879 年,捷克画家 Karl Klietsch 发明了撒粉照相凹版。1890 年,他又发明了照相凹版。这种凹版的制版过程是先将连续调阳图片晒到碳素纸上,再转移到铜版上(过版),然后腐蚀,制成层次细腻的凹版。这种又被称为“影写版”的凹版一直沿用至今。1892 年,他还发明了刮刀凹印法,形成了制版——印刷完整的凹印工艺,成为公认的照相凹版印刷发明者。

1893 年,英国奥特泰普公司制成碳素纸,并使用轮转式凹印方法。同年,英国人 Theodore Reich 改进照相凹版轮转印刷法,使之实用化,并在 1909 年研究完成版辊表面自动研磨机。

1910 年,德国人埃德阿尔德 · 迈尔坦斯发明了加网照相凹版。这种凹版的凹孔具有同样的深度,而以不同的面积表现画面的层次,类似平印和凸印的网点。由于它是在滚筒上涂布感光液后,直接晒版制成的,又称为直接照相凹版。

1937 年,美国人阿萨 · 道尔金发明了以他本人名字命名的“道尔金”制版法。这种方法制出的凹版,凹孔既有深度的变化,又有面积的差异,丰富了凹版的表现力。

近代的凹印是凹印技术取得重大进展的阶段。在这一阶段,凹版的制版——印刷工艺基本形成,并出现了新的版面结构,改变了传统的凹版形式。

1924 年,上海英美烟草公司印刷厂派遣照像师 3 人赴荷兰学习彩色影写版印刷术,第二年协机回国,适遇上海发生五卅惨案。英美烟草公司营业骤跌,无力进行影写版凹印,其所购之机器,转让商务印书馆。

之后，上海商务印书馆通过聘请外国技师，最先采用了照相凹版印刷杂志插图、风景画册及复制名画等。中国照相制版公司、时代印刷公司等也都开始了照相凹版印刷。由于时局动荡和战乱，凹印在我国的发展步履维艰，几经波折。

三、凹印版的制取

（一）凹印版的特点

与凸版印刷、平版印刷依靠网点着墨面积不同的层次表现手法不同，凹版印刷是采用了网穴结构，即依靠着墨量体积不同来实现层次表现的，凹孔之间的部分称为"网墙"，它除了分隔凹孔外，还起着支撑刮墨刀的作用。当图文部分的面积较大时，网墙可以防止刮墨刀在压力作用下弯曲，而刮去图文处的油墨（如图 3－36 所示）。

（二）照相凹版

照相凹版的网穴结构为大小相等、深度不等，如图 3－37 所示。

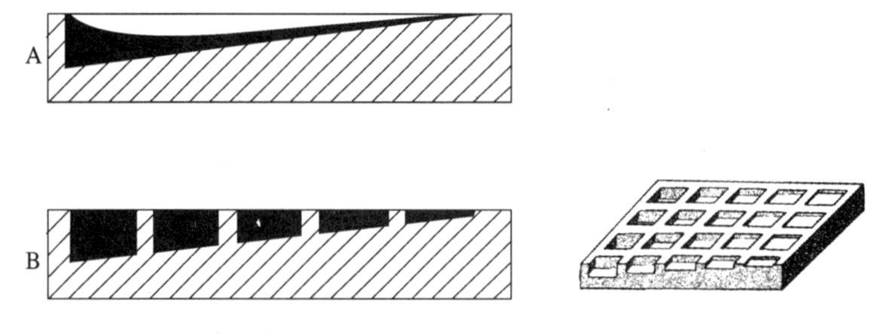

图 3－36　网线在凹版印刷中的作用　　图 3－37　照相凹版结构

照相凹版的制版工艺过程如下

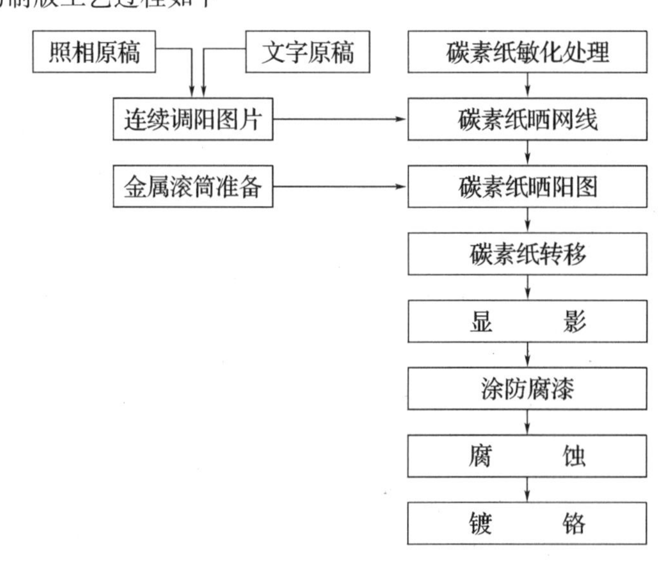

1. 碳素纸处理。

(1)敏化处理。碳素纸一般由纸基与涂层构成,涂层的主要成分为动物胶、颜料、甘油、皂类、糖类。

为了便于运输和保存,碳素纸在出厂时往往不具备感光性能,因此,在晒制碳素纸之前必须对其进行敏化处理,即将碳素纸浸入敏化液中进行浸泡,使之具有感光性能。

敏化液:重铬酸钾水溶液(浓度为2.5% ~3.0%);

环境温、湿度:室温为22℃,相对湿度为65%;

浸泡时间:3 ~4min;

浸泡后取出晾干,装入容器内以防止受潮。

(2)晒网格。这里所说的网格是指工艺网格,即由网线构成的隔墙,在印刷时起支承刮墨刀的作用。晒网格的过程是将玻璃网屏与碳素纸感光面密附进行曝光。

(3)晒阳图。晒阳图是把阳图晒到已晒有网格的碳素纸上的工艺过程,一般用紫外线光源进行曝光。曝光时间取决于阳图片的密度、光强度、灯距的大小以及炭素纸的感光性能等因素。

2. 印版滚筒体的预加工。

在向印版滚筒表面过版之前应对滚筒体进行预加工。

根据印版制作工艺上的要求,印版滚筒体的表面一般采用电镀表面,其截面如图3 -38所示。

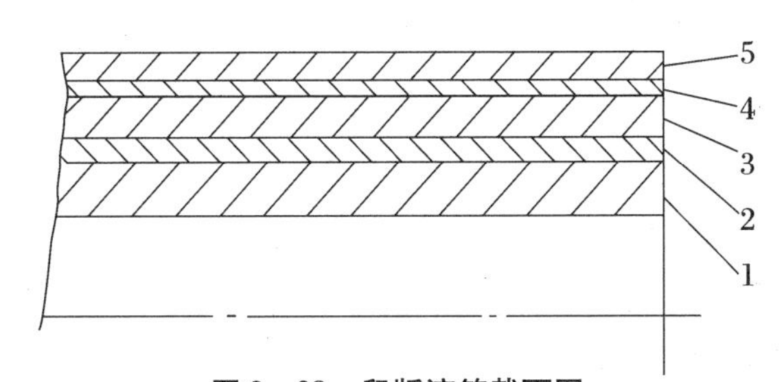

图3 -38 印版滚筒截面图

1—铁芯层;2—镀镍层;3—底铜层;4—分离层;5—面铜层

滚筒体预加工工艺过程主要包括铁芯机加工、镀镍、镀铜等加工工序。

3. 碳素纸转移(过版)。

把晒过阳图片的炭素纸胶层转移到印版滚筒的工艺(如图3 -39所示)。

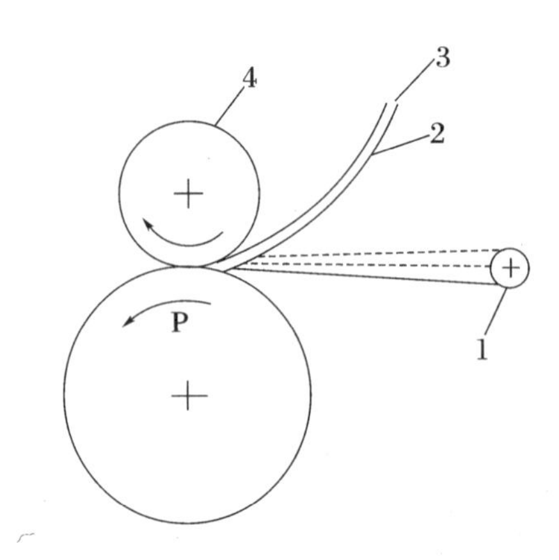

图 3-39 干式过版法
1—水管;2—胶膜面;3—炭素纸;4—胶辊

过版时,蒸馏水的温度一般不超过24℃,滚筒的转速不宜过高,否则会使炭素纸粘附不牢,但也不能过低,因转速太低,胶膜吸收水分过多,会使膨胀增加,胶膜变得松软,影响其尺寸精度。

炭素纸经过版后,应立即进行显影。

4. 显影与涂防蚀漆。

显影在显影槽中进行。显影采用温水,将水的温度控制在32~45℃范围内,待未感光的胶膜全部被溶解只留下硬化的感光胶层时,并揭去炭素纸纸基,喷浇上酒精并用热风干燥,这样,印版滚筒经显影后其表面便形成了厚度不同的抗蚀膜。与阳图上阴暗部相对应的部位抗蚀膜较薄;与阳图上明亮部相对应的部位抗蚀膜较厚,并在整个印版滚筒表面形成"十"字形的网屏线条抗蚀膜。

经显影后,再用具有耐酸特性的沥青和清漆涂布印版滚筒表面的空白部分,以防止在腐蚀工序中被腐蚀。

5. 腐蚀。

将氯化铁($FeCl_3$)溶液透过硬化的抗蚀胶膜层,使面铜层溶解的工艺过程称为腐蚀。

在腐蚀过程中,铜与氯化铁的化学反应为:

$2FeCl_3 + Cu = 2FeCl_2 + CuCl_2$

凹版腐蚀同照相凸版腐蚀都使用氯化铁腐蚀液,但腐蚀过程不同。凸版的抗蚀膜起保护铜表面的作用,氯化铁溶液不能浸入抗蚀膜中,而凹版腐蚀时必须将氯化铁溶液透过抗蚀膜和铜发生化学反应。腐蚀过程可分三个阶段:胶膜膨胀→氯化铁渗透→化学腐蚀。

影响氯化铁透过胶层,深入铜层速度的主要因素是胶层的厚度和氯化铁溶液的浓度。胶层薄,渗透的氯化铁溶液多,则腐蚀深度深;而腐蚀液浓度越大,渗透速度越慢。所以,为了获得层次丰富的画面,需根据胶膜的厚度,选用不同浓度的腐蚀液。

进行腐蚀时,一边旋转置于腐蚀机上的滚筒,一边向胶膜浇淋腐蚀液,边浇淋边用排笔刷,最初用浓度为44°Bé ~42°Bé 的溶液从抗蚀膜最薄(阳图最暗调)的部位开始腐蚀,逐次浇淋浓度为38°Bé、37°Bé 的溶液,最后用浓度为36°Bé 的腐蚀液腐蚀最明亮的部分。为防止空白部位出灰影,并使画面增加厚实感,还需作1 ~2min 的"倒杯腐蚀",即退回到上一杯浓度的溶液进行短暂腐蚀。腐蚀完成后用清水冲洗滚筒,后用汽油擦去滚筒表面防蚀膜,并以盐酸溶液清洗版面,吹干。

为提高耐印力,可再行镀铬。

四、凹印机

(一)平压式凹印机

1. 手工操作的凹印平压机(见图3 -40)。上下置有两个铁滚筒,中间有一个铁平版台,下面有齿轮转动。

印刷时先把印刷版放置于平台上,在版面擦墨,并用布擦去平面上的剩墨,把上面的铁圆筒转到一定的程度,在版面覆一张润湿的纸,用手转动旋柄,使上部铁滚筒压印于印版,通过强压将图像的印墨转移于纸面。

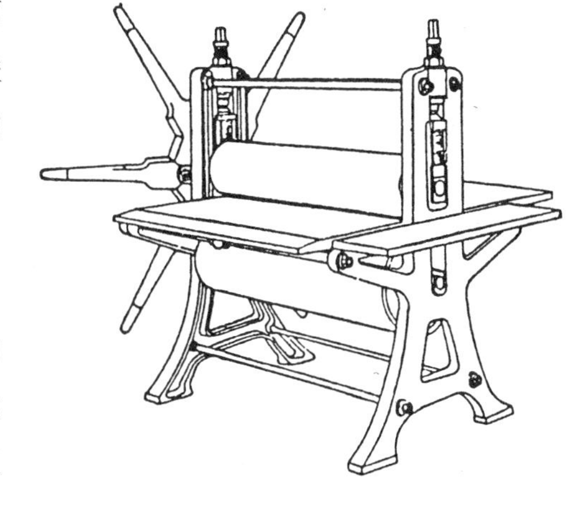

图3 -40　平压式凹印机

2. 电动式平压机。

此机印刷过程的上墨、擦墨和压印操作均为电动,手工续纸每小时可印2000 张。但此机压力不易全面均匀,精细印纹难以印出,仅适宜于线条凹印。

上海商务印书馆在1927 年开创照相凹印工艺后,引进了德国20 世纪初期制造的全张全名凹印机,即是此类型的凹印机。

(二)圆压式凹版印刷机

1. 手工操作凹印圆压机。

此机类似于打样机,加压改用圆滚筒。印刷时,一人滚墨于凹印版,一人用布除去版面余墨,一人用手掌把版面擦净,一人随即铺敷印纸,盖上呢衬垫,之后用手转动轮盘,使印版受压通过包有厚呢之压印滚筒,然后揭起印纸,用粗纸隔衬送木架干燥,每小时可印200 张。

2. 电动操作凹印圆压机。

电动操作的凹印圆压机，分小电机、大电机两种。小电机的结构、印刷工艺与手摇机相似，唯改进之处是不用手摇操作，改为电动。每小时可印 400 张左右。大电机也称四角平台凹印机，在印刷过程中，可同时装置四块凹印版于四角，由电力传动连续作 90 度轮回运转，以供轮流上墨、擦墨、铺纸，压印及取纸的各工序连续工作，此机每小时可印 600 张左右。

（三）轮转式凹版印刷机

轮转式凹印机，用自动飞达代替手工摆纸，印版滚筒直经较大，可同时装入二块或四块经电镀为弧形的金属印版。压印滚筒以橡皮布包衬，也有相应大小规格。其他如上墨、擦墨、收纸等工作也变自动，每小时可印对开纸 2000～4000 张左右。如增加上墨装置，也可作多色凹版印刷机。

1935 年，上海中华书局印刷厂引进德国制造的轮转凹印机，从事证券印刷，1954 年我国又引进了民主德国制造的轮转凹印机。我国自 1947 年，由上海建业义华机器制造股份有限公司制成了凹印机后，1962 年上海人民机器厂制成单张纸单色凹印机，1975 年北京人民机器厂制成卷筒凹印机，使凹印机械设备有了长足的进步。

单元组合式轮转凹印机结构如图 3－41 所示。

卫星式轮转凹印机结构如图 3－42 所示。

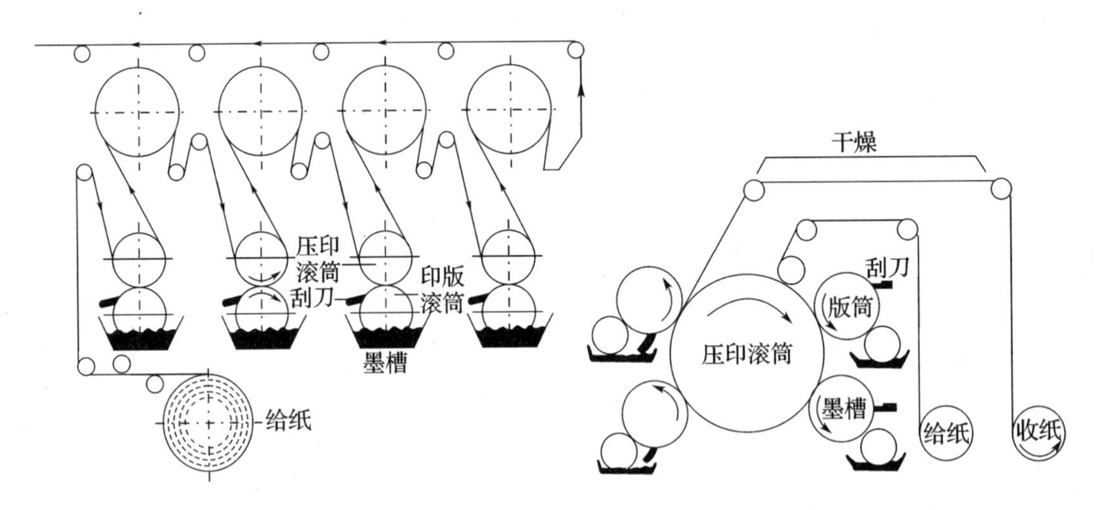

图 3－41　单元组合式轮转凹印机结构示意图　　图 3－42　卫星式轮转凹印机结构示意图

第四节　近代网版印刷

古老的网版印刷技术，因为工艺落后，效率很低，在历史上长时期以来，不被人们所重视。1915 年，美国首先采用感光制版法制作丝网印版，这在网印发展上是个重大突破，它使网印制版工艺前进了一大步。从此，网印得到了迅速发展，并被各行各业广泛应用。日本画家万石和喜政 1917 年留美回日，把这种新的印刷方法和网印版画技法带回国，并进行了研究，于 1923 年取得"聚合制版法"专利，1924 年完成直接感光法制版的研究。至此，网印作为一种印刷术已基本形成，因为它不只是纺织行业的产品后加工的一种手段，而是能用自己独立的印刷产品为社会直接服务了。

我国对近代网印术的应用，最早是纺织印染业。解放前，其他行业很少应用。

一、直接感光制版法

照相网印制版，就是将阳图底版（图影正片）紧密贴合在感光膜或涂有感光胶的丝网上，用强光源照射感光，使感光膜发生光化学反应而硬化，然后用水或乙醇显影，冲洗没有受光部分的感光膜，形成了能透过油墨的镂空图影部分，而留下因光化学作用而变硬部分，成为堵塞非图影部分网孔的版膜。

直接感光制版方法的工艺流程为：

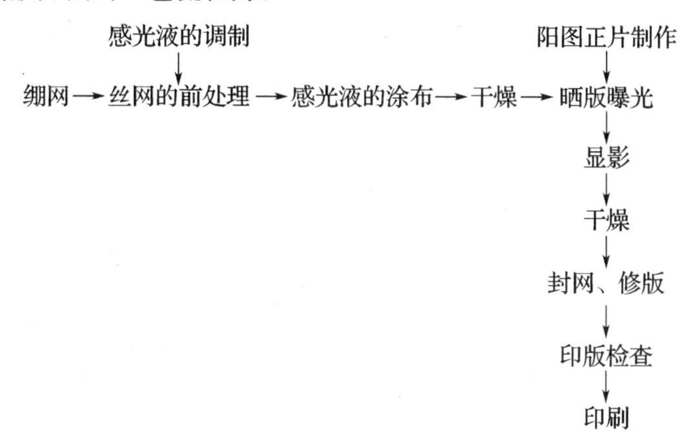

（一）绷网

1. 绷网材料。

（1）丝网。

①网材。

最早用来制作丝网的材料是绢，随着网印技术的发展，化学纤维材料的出现、普及和其他技术的发展，现在大量使用尼龙、涤纶和不锈钢等材料织成丝网。

这4种网材的制版适性和应用范围归纳于表3-1。

表3-1 各种网材制版性能比较

网材	优　　点	缺　　点	应用范围
绢	具有一定的吸湿性，与感光膜的结合力好	耐磨性差 耐化学腐蚀性差 耐气候性差 时间长了易发脆 价格高	目前较少应用
涤纶	伸缩性小 强度大 价廉 耐高温	耐磨性与感光液结合性、印墨通过性均不如尼龙	目前用量最大，因为耐高温，故可用于线路板产品
尼龙	印墨通过性好 回弹性好	伸缩性较大	用做大字体路标、广告等产品
不锈钢	拉伸度小 强度高 印墨通过性好 丝径细	价格高 伸张后不能复原	精细元件 电路板 集成电路

②丝网的结构参数。

a. 丝网孔宽。丝网孔宽，旧称开度，用丝网的经纬两线围成的网孔面积的平方根来表示，即丝网孔内对边的距离，通常以μm为单位。孔宽越小，表明丝网越精细。

b. 丝网目数。又称网目线数、网孔线数，即每平方厘米丝网的网孔数目。由于编织方法不同，丝网的经纬两向的网孔线数不一定相同，一般用两方向上的网孔线数来表示，如120×130线/英寸等。

c. 线径。编织丝网所用线的直径，单位为μm。

(2)网框。

网框是支撑丝网的主要制版材料。

各种材质的网框制版的优缺点归纳于表3-2中。

表 3－2　框材的选择

框　材	优　点	缺　点	绷网方法	应用范围及粘合剂
木	投资少	易变形 不耐用	手工、机械	特大尼龙网版 聚乙烯醇缩醛胶等
铝	稳定 耐用 轻便	成本高	机械	应用最多 多用丁氰胶粘合剂
钢铁	坚固耐用 定型性好	需防锈 搬运费力	机械	不锈钢网用 502 粘合剂

2. 绷网操作。

绷网操作是要把丝网平整地绷紧于网框上。

绷网可用手工或机械进行。

绷网的工艺过程：

(1)首先按照印刷尺寸选好相应的网框。

(2)把网框与丝网粘合的一面清洗干净。

(3)用细砂纸轻轻摩擦，使第一次使用的网框表面粗糙，提高与丝网的粘接力。对于用过的网框，去除残留于其上的胶及其他物质。

(4)先在与丝网接触的面预涂一遍粘合胶并晾干。

(5)拉紧丝网，使丝网与网框紧贴。在两者接触部分再涂粘合剂。

(6)干燥。

(7)松开外部张紧力。

(8)剪断网框外部四周的丝网。

(9)用单面不干胶纸带贴在丝网与网框粘接的部位，起保护作用。

(10)用清水或清洗剂冲洗丝网。

(11)晾干。

(二)晒制网印版

1. 重铬酸型感光胶最早应用于网版印刷制版的感光材料，分以下主要类型：

(1)明胶(动物胶原蛋白)+重铬酸盐。

(2)PVA(聚乙烯醇)+$(NH_4)_2Cr_2O_7$(重铬酸铵)。

(3)PVA+PVAC(聚醋酸乙烯　酯乳胶)+$(NH_4)_2Cr_2O_7$

2. 丝网的前处理。丝网是印版的版基，制版前必须经过适当的表面处理，以增加丝网版基的表面粘附性能。直接制版法对丝网进行前处理的主要目的是去脂。去脂后的丝网可以增强与感光膜结合的牢度。前处理的方法是用洗网剂洗刷丝网。洗网剂一般是20%碱性溶液。丝网面洗刷后阴凉15～30分钟，然后彻底水洗。四角常会残留碱性药品，可用50%醋酸中和，2～3分钟后再用水洗净。

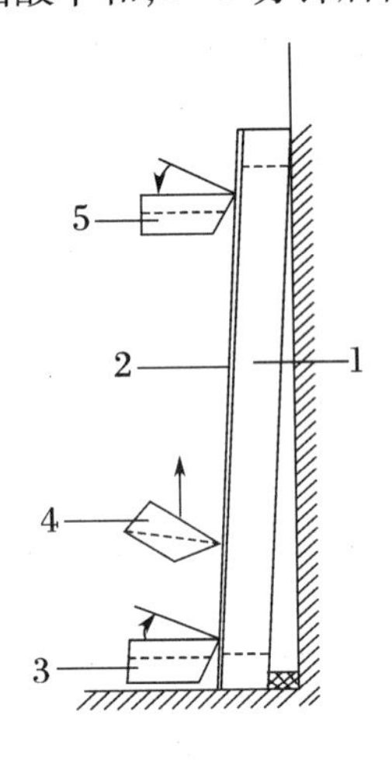

图3-43　刮斗涂布
1—网框；2—丝网；
3—涂布开始时的刮斗；
4—涂布中的刮斗；
5—涂布终了时的刮斗

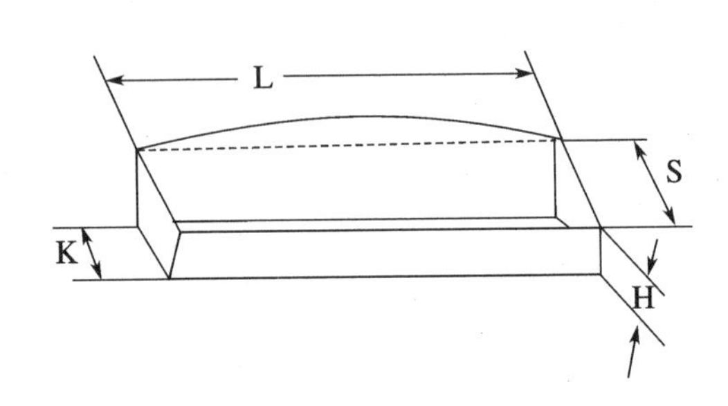

图3-44　刮斗
L—斗长；S—斗口宽；K—斗底宽；H—斗高
斗长有65mm、250mm、300mm、400mm、500mm、600mm等。其斗口宽、斗底宽及斗高分别为65mm、40mm及25mm。

3. 涂布感光胶。感光胶可用手工或机械涂布。涂布时网框斜置一定的角度，由下向上，刮斗口与丝网贴平，用力均匀（如图3-43、3-44所示）使每次得到的胶液层厚度均匀一致。涂布次数视版膜的厚度要求而定。一般情况下，每次涂布干燥后的胶层厚度约为8～12微米。涂布时，同一涂布面相邻两次涂布的方向应相反。一般是丝网印刷面涂布一次，刮印面涂布一次，然后印刷面再涂布二次。感光液胶层厚度最好保持在10～30微米范围内。一般版膜厚度应为丝径的1.25倍，才能保证印迹边缘光洁。在生产实际中，印刷纸张和布类或较柔软的塑料薄膜类承印物时，胶层宜薄些；印金属、硬塑料、玻璃或陶器承印物时，胶层应厚些。

涂胶后必须用热风进行充分干燥。为避免受光，涂胶和干燥作业宜在黄灯下进行，并防止尘埃。

4. 晒版。涂布完毕的感光层干燥后要尽快晒版。晒版使用阳图片密合感光胶层和蓝、紫等光源曝光，曝光后在流水下进行显影。空白部分胶膜除去。

5. 封网和修版。用封网胶涂布非图文部分的网孔，防止溶剂对粘网牢度的破坏，增强丝网边廓的强度。封网胶应具备与丝网粘结力强，耐磨性好，抗溶剂性好，上网除膜方便，无污染等特点。封网时,用毛刷或刮板先在印刷面,然后在刮墨面均匀地涂布。

二、网版印刷

(一)网印机

网印机的分类如表3－3所列。

表3－3　网版印刷机的分类

网版形状	承印物形状	刮印工作台或滚筒的形式		印刷色数与自动化程度	主运动方式	特点用途
平形膜版	平面	滚筒式		单色自动	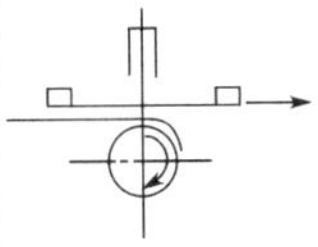	单张纸自动印刷,速度可达3000～4000in/h,可印刷贴花纸和商标等。平－网组合印刷
				多色自动		
		台式	揭书式	单色半自动	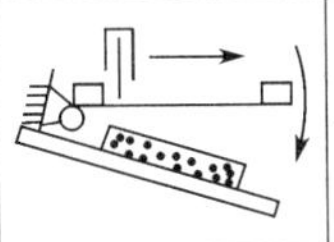	尺寸适应性大、上下料空间大、刚性差、精度低、速度慢;印服装、宣传画、玻璃等
			水平升降式	单色自动	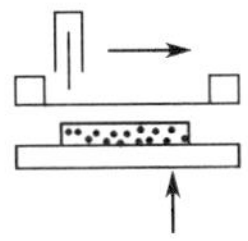	工作平稳、套印精度好,适用于印线路板、电子元件及多色网印
			滑台式	多色自动	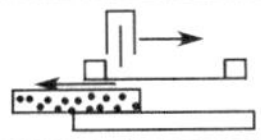	工作平稳、套印精度好,适用于印线路板、电子元件及多色网印
	曲面	工作台:是可调换的附件,以适应不同形状的表面印刷,可以认为其工作台是万能的		单色、双色、多色自动	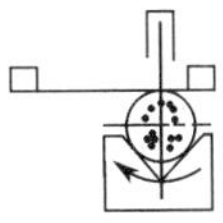	可对平面、圆柱面、圆锥面、椭圆面、球面进行直接印刷。适用于中空塑料容器、玻璃器皿、金属罐等制成品的表面印刷
圆形膜版	平面	平台式		多色自动	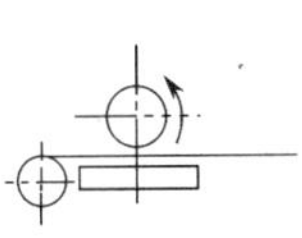	高效、连续,适用于印染行业、陶瓷花纸、薄膜开关等印刷
		滚筒式			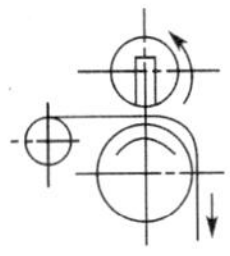	柔－网组合印刷薄软材质的卷筒印刷

(二)刮板

网印油墨是在刮板(刮墨版)的挤压力的作用下,通过丝网印版的通孔,转移到承印物上的。

除手工网印方法采用一块刮板外,机械网印必须有两块刮板,即刮印刮板(刀)与回

(传)墨刮板(刀)交替往返运动完成。当印刷时刮印刮板挤压印墨实施印刷,回程时刮印刮板抬起,脱离网板。

1. 刮印刮板。刮印刮板由两部分组成(见图 3 – 45)。上面为刮板柄起夹具作用,有木制、塑料、合金铝等材料制成,下面为胶条,起挤压印料作用,由天然橡胶或合成聚氨酯材料制成,刮胶的硬度,橡胶多为肖氏硬度 40 ~ 90,聚氨酯多为肖氏硬度 60 ~ 90。

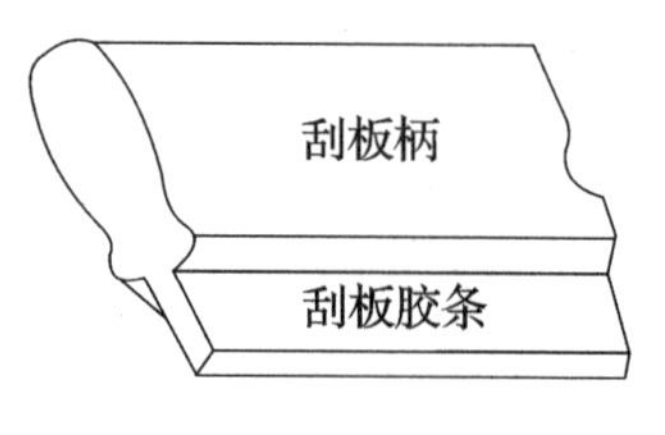

图 3 – 45 刮印刮板的结构

2. 回墨刮板。一般用薄不锈钢或铝板制成,其作用是将刮印刮板挤压到丝网印版一端的油墨刮回到刮印刮板工作的起始位置,同时用印刷油墨堵住图文部分的网孔,以防止网孔内印墨干燥,影响连续印刷。

(三)网印过程

网版印刷的整个运动过程如图 3 – 46 所示,包括给墨、匀墨、接触、网版脱离和收料、干燥等。

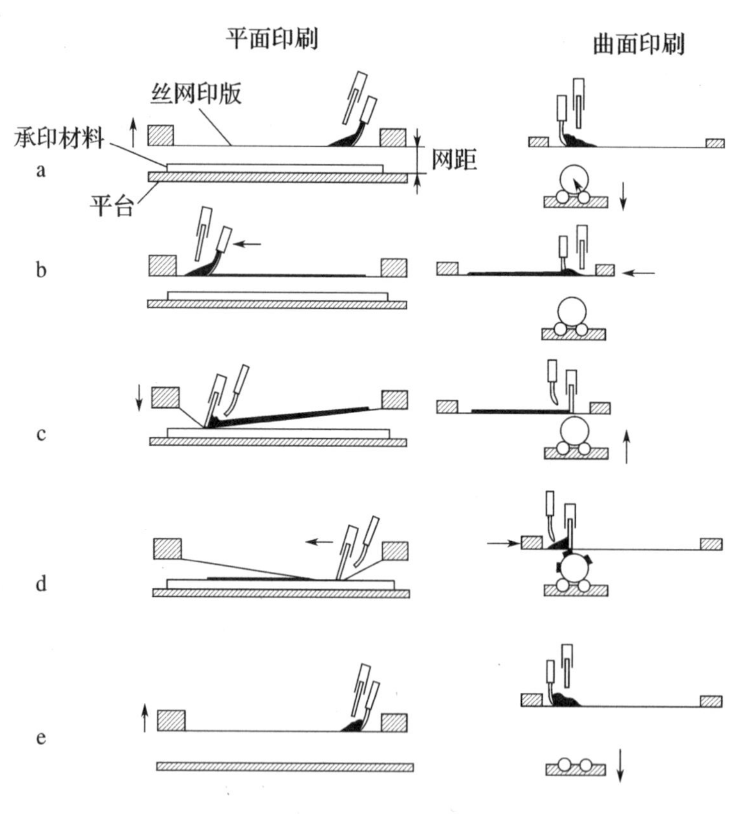

图 3 – 46 网印的运动过程

a. 给墨;b. 匀墨;c. 接触;d. 网版脱离;e. 收料

第四章　中国近现代包装印刷

第一节　传统雕版印刷技术的发展

历经1200多年的发展，到清末，具体讲，19世纪的雕版印刷，无论是工艺技术，应用范围，还是社会效益，均达到了前所未有的水平。尽管19世纪正处于西方近代印刷术的传入和初步发展时期，中国传统印刷及其印刷业的繁荣景象依然如故，只是到了19世纪末，随着我国民族近代印刷工业的崛起，中国的传统印刷业才逐渐为近代印刷业所替代。

除书籍的雕印外，商品广告印刷、契约印刷、各种证券印刷、包装装潢印刷等，仍在广泛地应用雕版技术，而且在技术和工艺上也在不断地改良。

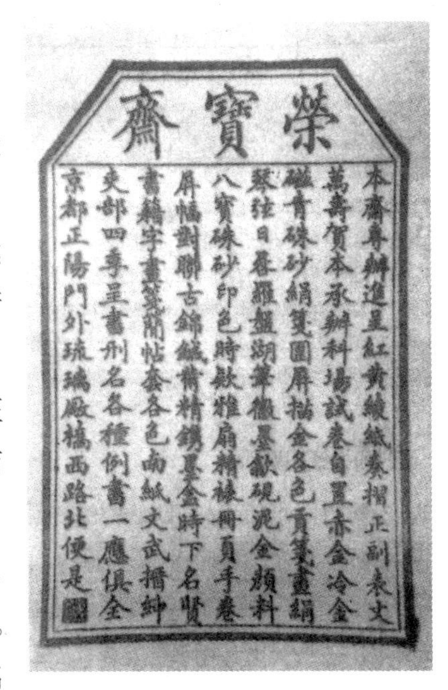

图4－1　清代荣宝斋的包装纸

清朝中后期，资本主义的经营方式开始传入我国，为了竞争和自我宣传的需要，商业性印刷也发展起来。最常见的是在商品包装纸上，印上自己的字号、商品名称、地址和经营内容。中药、茶叶、糕点等商品，广泛采用雕版印刷的包装纸。在中药店的膏药、丸药的包装纸上，还印有药品的性能和使用方法，在光绪年间晋南的一家药店的膏药包装纸上，还印有人体穴位图，说明不同病症应贴的穴位。这种印刷由于批量较大，多采用雕版印刷。（见图4－1、4－2、4－3）。

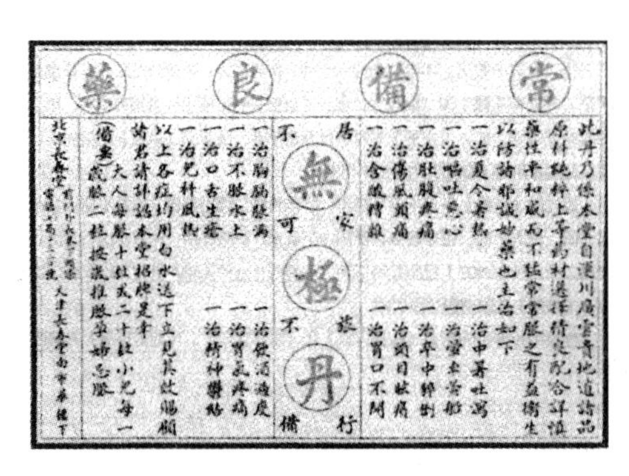

图 4－2　清代北京长春堂印制的药品广告

图 4－3　19 世纪末北京印制的棉布标签广告

第二节　清末民初的包装印刷业

清末民初商品包装，即中国近代包装，是我国产品包装（明代和清代前期，高贵工艺品包装）向商品包装（销售包装）过渡的一个时期。1840 年鸦片战争后，我国资本主义生产方式有所发展，民族工业开始起步。但由于我国民族工业从一开始就备受帝国主义和封建主义的压迫和限制，加上中西科学技术差距的拉大，使其发展极为缓慢。1876 年我国才在四川铜梁建成第一家机器造纸厂，到 1921 年才在天津产生第一家纸板股份有限公司（振华机制纸板股份有限公司），1906 年才在沿海城市出现现代罐头工厂。清代以前的玻璃器物大多是以工艺品问世的，真正做为包装的玻璃瓶，直至清代才逐渐出现。清代各地进贡皇宫的高级香料就是用贴有“鹅黄笺子”，配有“螺丝银盖”的玻璃小瓶盛装的。但玻璃包装工业一直处于半停工状态。至于塑料制品工业，更是空白。这个时期的包装工业发展极不平衡，只有沿海地区几个大城市出现单面瓦楞纸箱、机制玻璃和简单的石版、胶版印刷，主要用以包装灯泡、化妆品和烟、酒。

第三节　民国时期(1912～1949年)的包装印刷业

一、这个时期包装印刷的特点

这一时期在民间,木版、锌版、铜版、铅字排版、石版、胶版等,各种印刷技术在不同的时期、不同的地域同时使用,有了衣、食、住、行、用诸多方面的包装印刷产品。例如:印在食品点心上的红标笺、布匹绸缎纺织品用的印有商标的包装纸纸盒等(见图4－4、4－5、4－6)。

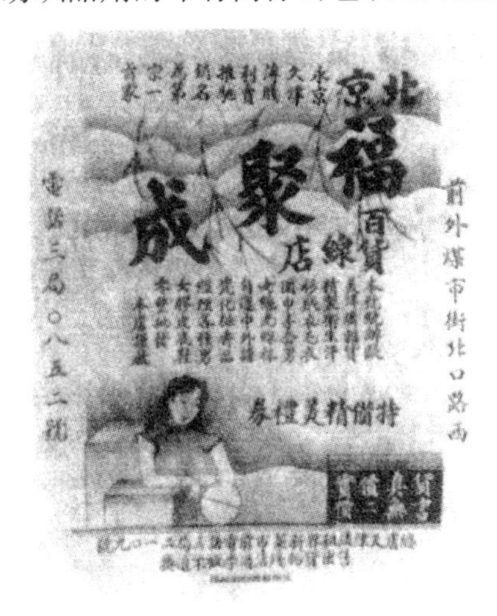

图4－4　民国时期北京福聚成百货店广告

图4－5　民国时期北京老字号鞋店“内联升”的“平步青云”广告

图4－6　凸印“京八件”糕点盒

二、20世纪20年代烟包印刷的发展

20世纪20年代,由于纸烟的迅速传播,香烟牌子、香烟广告、烟包印刷十分盛行。

(一)香烟牌子

《南京条约》签订后,英美等帝国主义国家的坚船利炮炸开了中国的国门,他们同时也把香烟带入了中国(这之前,中国人多抽旱烟,也有人抽水烟、吸鼻烟)。1885年,美国烟草大王杜克父子创办的大美烟草公司来到上海,委托上海晋隆洋行经销他们公司的品海牌香烟,售价每包28文铜钱。为了吸引顾客,每包烟中附有一张说明片,一面印中文,另一面为英文,上面写着:"用品海空烟盒五十只到晋隆洋行换取画图一本。"此画册即《品海小书》,它共有12页,图文并茂,印制精美,内容则是该公司制烟全过程的记录,这就是最早在中国流行的香烟牌子。

最早的香烟都为软包装,并无硬盒装置,这给吸烟者携带和保存都带来不便,于是烟商就在香烟盒内衬上一张厚纸,使烟壳挺硬,便于放在袋中,保持烟盒形状的完整,这张厚纸就是香烟牌子的雏形。

到了后来,烟商为促进销售,在这张厚纸的背面(正面印有图案,如图4-7)印些文字来宣传产品、招徕生意、扩大影响。为了防止香烟牌子散失,一些外国烟商还在牌子背面敷上薄胶,以便粘贴成册。

早期香烟牌子一般有两种规格:60毫米×35毫米和65毫米×50毫米,即收藏界人士所说的标准或小型画片。(见图4-8)。

香烟牌子的形状多种多样,除一般比较流行的窄长方形外,还有圆形、椭圆形、三角形、曲线形、旋转形、立体形、折叠形等等多种形状。所使用的材料也从上等硬卡纸发展到玻璃片、搪瓷片、油画布片、白铁皮片、丝绸绫绢、金箔等各种材料,但这些材料制成的香烟牌子流传至今的已经不多了。

图4-7 香烟牌子图案

图4-8 世界上最早的香烟牌子是1894年英国韦尔斯出品的"世界陆军",又名"步马军",共100片

1904 年(清光绪三十年),上海三星纸烟有限公司为抵制外烟,发行了单色 32 片一套《清末仕女牌九》香烟牌子,在白底上用黑色线条精细描绘清末仕女形象,整个牌子没有一个外文字母,这是国产香烟牌子的鼻祖。

20 世纪二三十年代,是中国香烟牌子发展的鼎盛时期,几乎每个烟厂都发行有自己的香烟牌子。这些牌子的内容十分丰富,上至天文地理,下至飞禽走兽,无所不包。戏曲、小说、体育、美术、建筑、风景名胜、笑话、谜语等等,五花八门、包罗万象,它们真实地展示了当时的社会风貌和民俗风情,具有很高的文化内涵。

(二)香烟广告

广告是介绍商品的一种宣传方式,图像与文字是平面广告的重要"视觉传达要素"。而色彩在视觉传达上要优于其他要素(如图 4 –9)所以广告、宣传画多采用彩色印刷(例如图 4 –10)。

图 4 –9 品海牌香烟烟盒

中国最早的香烟广告是以月份牌的形式出现的。月份牌是 20 世纪初在上海流行的一种融中西绘画于一体的绘画形式,它在中国风靡了近半个世纪,发行量大,普及面广,影响深远。到了 20 世纪二三十年代,上海的报刊业逐渐发达起来,在旧上海的报刊杂志上,香烟的广告最多,也最醒目(如图 4 –11 所示)。

图 4 –10 品海牌香烟进入中国时的宣传画

图 4 –11 月份牌上的香烟广告

(三)烟标

在烟标的发展史中,有的烟标因为烟标文字和图案的稳定不变而深入人心,有的烟标则因为烟标文字和图案的不断革新而变得家喻户晓,给人留下深刻印象。"大前门"和"长城”这两个香烟品牌就分别成为上述两种情况的代表。

“大前门”烟标是中国的著名品牌,已奇迹般地走过了80多年的历程。从烟标的历史看,一种商标能经历50年者已属少见。

“大前门”是英美烟草公司于民国五年(1916)年推出的,曾和“老刀”、“大英”、“哈德门”、“三炮台”诸牌号一起,在上海风靡一时。为了能在华求得更大的发展和争取更大的产销,又少交税款,英美烟草公司采用化整为零的手法,自1934年11月起注册建立颐中公司,继续在上海、天津、青岛等地产销“大前门”,产品遍及全国。1952年4月,经转让和承让协议,“大前门”被收归国有,商标仍为上海、青岛、天津(“上、青、天”)三烟厂共同拥有,直至今日。

“大前门”这个品牌的得名,来自于位于天安门广场南侧的“正阳楼”,北京人俗称其为“前门楼子”。这座建于明永乐十九年(1421年)的城楼,是明清两代北京内城的正门。“大前门”烟标上的图案正是正阳门的雄姿,副图是建于明正统四年(1439年)的箭楼(见图4-12)。

a. 大前门烟包

b. 大前门烟标放大图

图4-12　大前门烟包与烟标

(四)香烟包装印刷工艺的演变

上海英美烟草公司印刷厂的发展,记载了我国香烟包装印刷工艺自彩色石印到金属版直接印刷再到橡胶版间接印刷的发展过程。

1902年以前,浦东花旗烟草公司的香烟盒包装还是彩色石印,英美烟草公司买下花旗厂后置备的印刷机乃是铝版直接印刷机,即以薄铝版代替厚重的石版。

贺圣鼐《三十五年来中国之印刷术》谓:“民国以来,上海浦东英美烟草公司印刷厂乃购多色铝版印刷机,同时套印四色,印数更见加多,印刷纸烟广告品,尤为适用。”并称其为“铝片机”,指明这种印刷机系直接印刷。贺文对“平版印刷机”、“平面印刷机”两词是区别使用的,所以仍应理解浦东厂最初买的仍是铝版放置平台上的平版印刷机,四色套印是四台机器各印一色。民国初年，除英美烟草公司印刷厂外，商务印书馆、中华书局亦曾有铝版直接印刷机。王念航文谓“商务在购办胶版机之前，先有铅皮车”。中华书局1918年“购办全张印刷机两台，一系铅皮车，一系橡皮车”。所谓“铅皮车”实系区别于橡皮车的铝版或锌版印刷机。中华书局1929年拍摄电影胶片（已复制成录像带，现藏于中国印刷博物馆），铝版印刷与胶版印刷是分别拍摄的。铝版印刷机结构不同于胶印机，乃直接印刷，迄1929年还在使用。

采用橡胶版间接印刷，又是稍后之事。贺圣鼐的“民国以来”，与王念航的“宣统元年上海英美烟草公司购小胶版印刷机”在时间上略有出入。

后来上海印刷业习惯使用的金属版材是锌皮而非铝皮，日本称锌为“亚铅”，上海印刷业俗称“铅皮”，把直接印刷的铝皮或锌皮印刷机称为“铅皮车”，把经橡皮布转印的印刷机称“橡皮车”，现在通称“胶印机”。

近代香烟包装与广告彩色图版印刷技术，约在20世纪初最先传入上海，到二三十年代，当时商务印书馆印刷厂、中华书局印刷厂、三一印刷厂、精版印刷厂等，先后采用照相制版技术进行彩图制版印刷，到40年代末，上海的包装彩图制版印刷在技艺上有一定基础。但是，当时由于大部分印刷厂规模小，设备十分简陋，绝大部分工序依靠手工操作，停留在手工作坊的生产方式。

三、马口铁印刷

马口铁印刷发明较早，1870年以前法国已盛行，1872年英人裴拔氏传至英国。20世纪20年代由于上海市场需要，1918年中国商务印书馆用于糖果罐头制作印刷。后上海华成制罐厂（1919年）、华昌制罐厂及康元制罐厂相继以此技术印制罐头盒。最初曾采用石印方法，手工作业，后改用胶印。天津万华印铁制罐厂建于1938年。

（一）铁皮三片罐印刷

三片罐是由罐身、罐盖和罐底3个部分组成。早期罐材多用镀锡铁皮（马口铁），故有铁皮印刷之称。马口铁因为质地坚硬、没有弹性，因此平板罐材多采用平版胶印的方法，用快干墨进行印刷。

制版方法与一般纸张胶印相同，由于罐体和盖尺寸都较小，可在一张薄板上同时印刷多个相同图案。

早期采用平台式印铁机是采用手工续料。生产效率低，板料尺寸小，适合于印刷短版活（见图4－13）。

三片罐印刷制罐工艺流程为：

马口铁除尘、去皱处理→内涂料印刷→烘干→打底涂料印刷→印刷底白→干燥→印刷图文→干燥→上清漆→干燥→裁切→罐身连接→内喷涂→翻边(缩颈)→上盖(低)

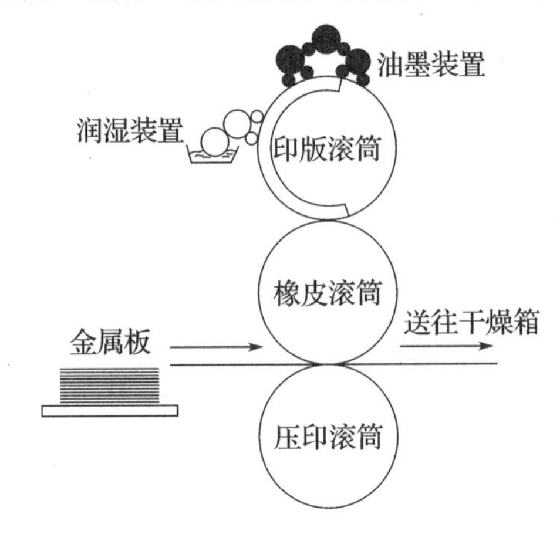

图4－13　马口铁平版印刷机示意图

1. 制版工艺要求。印铁的照相制版基本上与一般印刷中的照相制版相同。针对马口铁印刷的特点,也有其特殊要求。

(1)选用理想的网屏,确保阶调良好再现。由于网点复制的特点,在铁皮印刷中,暗调和中间调区域有两次极为明显的阶调跃升,印刷品的中间调跳级变深,暗调急剧变化并级,尤其是使用方形点网屏更为明显,而菱形点或圆形点网屏,中间调的突变现象比方形网点有所缓解,网点扩大值也小,对印铁调子再现比较有利。网屏线数的选择也对阶调再现产生影响,一般网线越细,网点扩大值越大,复制则较为困难,而粗网线网点扩大较小,对无吸收性的铁皮印刷的网点扩大过度的缺陷也有所弥补。

(2)减少色数,采用标准三原色工艺复制印刷。多色印刷,增加了套印次数,容易发生套印不准、摩擦损伤等现象,且耗费工时、原料,提高了成本,产品生产周期长、色彩不鲜艳,次品多。用标准三原色工艺取代多色版的专用色、辅助色是较为理想的复制工艺。

(3)白色版的应用在印铁中是必不可少的。先把铁皮印成白色,然后才能在上面印出精美的图案。一般印铁是满版印白,但有金色印刷时,注意金色下面不能垫白,否则达不到金色醒目的效果。做白版时,要考虑到白版与金版的结合部分,相互间要压一线,防止在印刷后露出白边。

(4)因为印铁后要加工成型,所以制版时要留出咬口或焊口,在考虑咬口、焊口的情况下,要把图案居中,否则易造成图案偏离中心,尤其是方形桶,一面偏离一点,另一面会偏离更大,造成图文太偏。

2. 印刷前涂底处理。

(1)内涂。

在铁皮里面(即成型品内侧),由于将与盛装物接触,需涂布一层保护涂料,以保护铁皮不受所装物的侵蚀,同时保护盛装物不受污染。内涂料必须无毒、无味,不与内装物产生化学反应,内涂后要行干燥处理。

(2)打底。

指在铁皮的外面(印刷面)涂布或印刷一层白色油墨,将不需要金属光泽的地方加以遮盖,以使印在白色上的彩色更加鲜艳,还可利用白墨的极性基因增加铁皮表面吸附油墨的性能。外涂白墨的柔软性及附着牢度要好,以适于后工序的冲压加工。光泽要优良,高温烘烤后不能变色,干燥后再行印刷。

3. 印刷特点:

(1)铁皮胶印中,应采用硬性橡皮布及硬性衬垫,否则会使网点再现不良。印刷机应具备足够的精度,并要严格控制滚筒的包衬。

(2)干燥装置。铁皮材料不具有吸收性,不论涂层或印刷墨层均为湿润状态,必须进行充分干燥。

(3)印刷油墨。由于铁皮不具有吸收性,且印刷后的铁皮需经机械加工成型。所以印铁油墨与普通胶印油墨有不同特性。例如油墨的耐热性、耐溶剂性、耐蒸煮性、耐机械加工性、耐光及耐气候性等。

4. 金属板印后加工。

(1)涂罩光油:

涂罩光油的作用是增加印刷图文的表面光泽,同时保护印刷表面。罩光油的种类有:①三聚氰胺树脂与醇酸树脂混合物。②环氧树脂、尿酸树脂、乙烯树脂混合物。其技术指标:粘度为40~50s(4#杯/20℃);涂层厚度:0.38~0.54mg/cm^2。分为光泽、半光泽、亚光和皱纹加工等。使用的设备为涂布机或上光机。

(2)裁切。

据印刷版式要求,将多联罐身裁切成单张,裁切机分手动和半自动两种机型。

(3)罐身连接。

三片罐对接合工艺要求较高,早期采用的方法是锡焊接合法。

锡焊法。采用铅锡焊料,熔融接合罐身纵缝的方法。由于焊料中含有一定比例的铅,对内容物会有一定污染。锡焊法罐身制造工艺流程如图4-14所示。

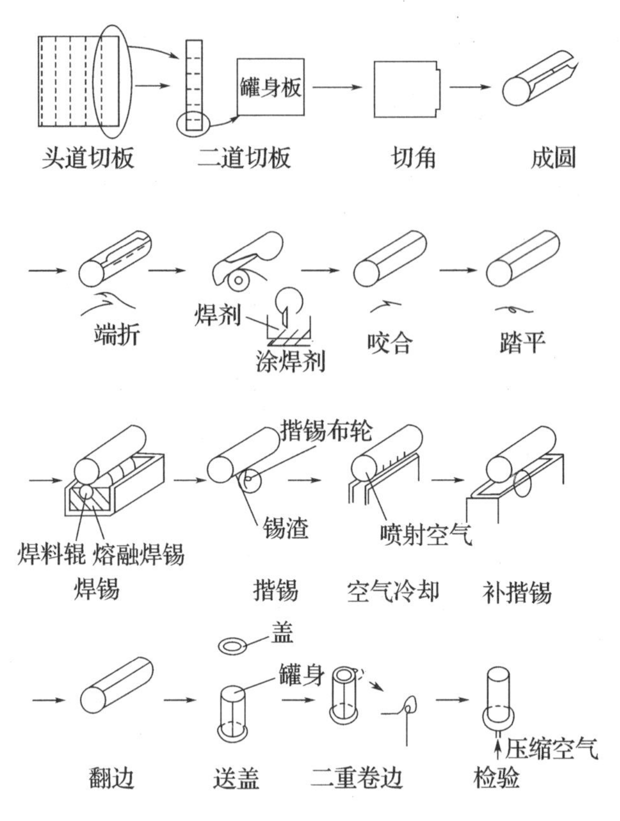

图 4－14　锡焊法罐身制造工艺流程

(4)制成各种形状器具。

20 世纪 20 年代开始,除纸烟盒的包装印刷品大量印刷,同时还出现了新产品—印铁香烟包装盒。既有方盒,也有圆筒盒(如图 4－15 所示)。

糖果、牙粉、饼干的包装盒也形式多样(如图 4－16 所示)。

图 4－15　印铁香烟包装盒

图 4－16　印铁茶叶包装盒

四、火柴盒印刷

伴随着香烟大量生产，火柴（当时由于洋人引入，称为洋火）的生产，使火柴盒（火花）这一包装印刷产品也十分盛行（如图4－17所示）。

图4－17　火花印品

火花印刷工艺与当时香烟印刷技术接近，多采用石版印刷或胶印技术。

五、商标印刷

上海的商标印刷起源于20世纪30年代，初期是由几位黄杨木雕工人尝试刻制钢版从事小商标贴头，如袜封口、雪花膏瓶贴、中西药贴等印刷。到30年代中期，开始采用铜锌版和钢雕刻版，印刷各种铝箔纸贴头，并运用凹凸压印工艺，成批印制各类商标贴头。当时有印刷厂（所）五六家，职工近50名。1946年至1948年，上海包装印刷业获得了一定的发展，从事商标印刷的印刷厂（所）达到近百家，职工近千人。不少厂成为专业厂，有的能够运用图版彩印和凹凸压印结合的工艺印刷产品。但由于厂家分散，规模小，工艺设备落后，并没有形成完整的体系。

六、硅酸盐制品贴花纸转印

（一）硅酸盐制品与贴花纸转印的概念

1. 硅酸盐制品。

玻璃、陶瓷和搪瓷等统称硅酸盐制品。陶瓷制品表面的透明釉就是玻璃质，搪瓷表面的珐琅瓷则是加有填料的不透明玻璃质。因此，玻璃、搪瓷和陶瓷实质上是同一类承印物，都是装饰玻璃（玻璃的主要成分为SiO_2）。

2. 贴花纸。

采用各种印刷方式,将图文印在涂胶纸或塑料薄膜上制成转移贴花纸。使用时将贴花纸贴于被装饰的物体表面(平面或曲面),通过印墨的转移而得到图文的印刷方式称为(贴花纸或转印纸)转移印刷。贴花纸方式具有印刷幅面大、生产效率高、图纹精细、装饰效果好、对异型器皿造型适应性广等优势。

(二)硅酸盐制品贴花纸的发展

18 世纪,英国人使用雕刻铜凹版制造出简单的陶瓷贴花纸,开创了间接装饰新工艺,从而,印刷术就成为装饰陶瓷制品的重要手段,从 19 世纪末开始,以工业规模印刷陶瓷贴花纸。

1921 年,日本的田中株式会社将这类转移贴花纸传入我国,打破了我国几千年来手工彩绘的装饰方法。1929 年,民族工业家顾德润和董伯英首先在上海兴办贴花纸厂,最初只装饰搪瓷制品,1933 年始用于陶瓷(如图 4-18 所示),而大量装饰玻璃则到 20 世纪 80 年代才开始。我国的硅酸盐制品贴花纸随印刷技术的引进、普及和提高,经历了三个不同层次的发展阶段。

(三)早期石印胶纸贴花纸

1933~1966 年期间,我国使用石版(原始平版)印刷机生产贴花纸,单机日产量最多 3000 张,工人劳动强度大,产品质量低下。制版靠人工描点分色做原版,在裱有胶纸的纸基上印刷油墨连结料,撒上颜料粉,人工擦拭,并黏附于印迹之上,清除多余颜料,经氧化干燥,再行印刷(最初,在朵花上罩印一层连结料)。与一般彩印产品比较,贴花纸的印刷工艺独特,制作过程繁琐,关键是硅酸盐颜料是带色的细“砂粒”,若调成彩色油等印刷会损伤石版上的花纹,所以,采取了先印油墨连结料,再擦颜料粉的特殊工艺,其技术难度远大于一般彩印。

图 4-18　陶瓷贴花瓶

七、揩(擦)金

在印刷品上印刷金、银色彩,好比披上了一件闪光的金属彩色的外套,能增强印刷产品的艺术效果。尤其适用于包装装潢材料、商标的印刷。适当地点缀金、银色彩,不仅可以增加图文的色彩效果和光泽效果,而且还可以突出印刷品的主题,起到画龙点睛的作用。

金、银色应用于装潢工艺,在我国已有悠久的历史,古代不少艺术品采用刷金、刷银或镶金、镶银工艺,在雕塑、绘画艺术上得到较多应用,三四百年前的明朝时代,在商品生产上广泛运用金银闪光色,最明显见效的是在瓷器上的移植。直到 20 世纪 20 年代以后,近代包装装潢有了发展,金、银色才开始移植应用于包装印件,最早采用的是揩金工艺。

揩金工艺是以一定的浆料(多为粘结料)印(多为网印)好字迹或图案,趁其未干敷上金黄色金属粉末,任其粘附后,把多余的粉末揩刷去,呈现金色的文字或图案。

八、烫印

烫印是用加热、加压方法将粘结料熔融后,把各种烫印材料烫粘到各种物品(纸张、皮革、织品等)上,取得理想的装饰图文。

(一)金属箔烫印

金属箔即用金属延展或用金属粉末制成的薄金属片(厚度在200μm以下的金属材料称为箔)。用金属箔装帧图书,在我国已有好几个世纪的历史了,15世纪末就曾流行用赤金箔装饰书籍,后来采用金属箔烫印封面的越来越多。

金属箔的种类有赤金箔、银箔、铜箔和铝箔几种,其中赤金箔使用较多,使用时间也最长,到现在有一些有价值的贵重书籍仍用赤金箔烫印,而一般书刊本册的金色均用电化铝代替了。

1. 赤金箔及其烫印加工。赤金箔是用纯金延展成的极薄的箔片烫印材料。赤金外表十分华丽、质地柔软、化学性能稳定,不容易氧化而失去光泽,而且延展性能是金属中最好的一种,烫印所用的赤金箔其延展的厚度仅有1μm左右。金箔是采用敲打、辊压方法制成的。其包装方法是一层金箔一张毛边纸,然后装入硬纸盒内,再进行大包装。

采用赤金箔进行烫印难道较大,需要有一定的操作技能和经验。烫印赤金箔方法如下:

(1)先将赤金箔连同垫纸一起,根据所烫印迹的面积大小,裁切成适当尺寸,放入纸盒内待用。

(2)铺金操作。金箔薄而轻,一遇气流(较大的呼吸、说话可能使金箔造成浪费)金箔就会卷曲成团无法铺在版上而浪费掉,因此铺金要特别小心注意。

铺金的操作顺序是:a. 先将上烫版加热到一定温度,版面朝上;b. 再将涂好助粘料的书封壳放置在规矩内;c. 赤金箔铺在上烫版上面,铺金时左手夹住一团棉花球,右手拿医用镊子轻轻地将金箔上面的毛边纸掀开扔掉,再将下面的金箔连同金箔下的一张纸一起夹住,准确地铺在烫版上;d. 铺上金箔后用左手的棉团将金箔压实,使其牢贴在烫版上,完成铺金操作。

(3)烫金的烫版均为活动式,即烫版可以抽拉、翻个。操作时将铺好金箔的上烫版翻个,版面朝下,放入烫金机的上板槽内,经压烫后,使金箔贴烫在预先放好的书壳封面上,完成烫印赤金箔的操作加工。烫赤金箔的时间与温度参见表4-1。

表4-1 烫印温度、时间参考表

烫印材料＼时间温度＼面料	PVC涂布面料		织品、皮、纸张		漆布		软塑料覆膜	
	时间（秒）	温度（摄氏度）	时间（秒）	温度（摄氏度）	时间（秒）	温度（摄氏度）	时间（秒）	温度（摄氏度）
赤金箔	1～2	100～140	1～2	120～150	1～2	100～140	2～3	80～110
银箔	1～2	110～145	1～2	130～160	2	120～145	2～3	90～120
铜箔	1～2	110～145	1～2	120～150	2	120～140	2～3	90～120
铝箔	1～2	110～145	1～2	120～150	2	120～140	2～3	90～120
色片	1～2	100～140	2～3	120～150	2～3	100～140	2～3	80～110

（4）烫后再将书壳上多余的赤金箔清理干净，清理时可用竹板或纱布等轻擦印迹周围，使其印迹清晰干净，但不可将印迹擦坏。

用赤金箔烫印的封面，可以长期保存，但与封面材料要匹配。我国和其它一些国家遇有高档有保存价值的书籍仍选用赤金箔作为烫印材料。

2. 纯银箔及其烫印加工。纯银箔是以纯白银经延展成箔的烫印材料。白银质软延展性仅次于赤金，因此纯银箔比赤金箔略厚。白银外表华丽、化学性能较稳定、宜长久保存，但价格比金便宜得多，也是一种贵重材料。在没有电化铝箔以前，银色的印迹都是用白银制箔烫印的。

银箔的加工、包装与烫印加工与赤金箔基本相同，但银箔较厚，烫印时较赤金箔方便省事。银箔的使用历史也很长，使用数量却很少，因此一般有保存价值的书籍的装饰均以用金为主、用银为辅。

3. 铜箔及其烫印加工。在用树脂或蜡类物质侵润过的透明纸基上，压上一层树脂粘结料，并在上面涂撒预先磨碎的黄铜粉，再用胶辊将其压均，待树脂粘结层干燥后，铜粉成为薄片状，即制成铜箔烫印材料。铜箔的包装形式与色片相同。铜箔制成后表面呈金黄色，很像黄金，故又称假金箔或假金片。铜在空气中易被氧化而变成暗褐色，烫印后的图文不耐久。铜箔比金、银箔都厚，厚度一般为0.3mm左右，烫印铜箔时，因铜箔的铜粉是涂撒在纸基的树脂胶（或虫胶）层上被粘结的，粘不牢时会脱离散掉，有时还会出现烫后脱落掉粉等现象。

在没有电化铝箔以前，烫印金色除使用金箔外就是使用铜箔，由于铜箔有许多缺点，使用量很少。铜箔的烫印与色片近似，烫印温度与时间参见表4-1。铜箔的烫印压力要比一般烫料的压力大，烫印版也要厚些，以使烫后印迹压的深一些，凹进书壳封面里，才能减少铜面被摩擦掉的机会。铜箔也是片状不宜自动烫印，只能用手动式烫印机一个个地加工。

4. 铝箔及其烫印加工。铝箔是用金属铝直接压延成薄片的一种烫印材料。在没有电化铝箔以前，除用白银烫印银色外，均用铝箔代替，因此也称假银箔。铝的质地柔软、延展性能好，具有银白色的光泽，如果将铝压延后的薄片，用硅酸钠等物质裱糊在胶版纸上，制成铝箔片，还可在上面印刷油墨，作为各种高级包装纸使用。铝箔本身易氧化颜色变暗，摩擦触摸都会掉色，因此不宜用在长久保存的书刊封面上。铝箔的烫印加工方法和要求与铜箔基本相同，其烫印时间、温度请参见表 4－1。

（二）色片烫印

色片是一种在玻璃等平面光滑物体上，沉积一层颜料和粘合材料等混合涂料层，经干燥后剥离于纸上包装好的烫印材料。

色片的生产有近 70 年的历史，均是手工操作。色片专用于烫印精装书封壳。在没有色箔以前都是用这种材料烫印各种带有颜色的印迹的。色片的特点是制作简单易加工，颜色鲜艳，烫迹厚实饱满、色质纯正，但由于色片无支撑体，易破碎不易保存，不能作自动连续的烫印操作。使用色片烫印图文有很好的效果，一些设计有很多色的高档书籍，都采用色片进行烫印。其主要原因就是颜色反映真实，遇光后不易反射、易查阅。

1. 色片的制作。色片的制作均是手工进行，分为三个工序：

（1）选择涂料沉积板。制作色片首先要选择和准备一块面积相当的（一般为 400 × 200mm 或 600 × 300mm）玻璃等平面光滑的板材，并要检查有无砂眼气泡等，再用清水洗净（可在板材上先涂布一层蜡液使其更易分离），晾干后待用。涂布板的表面不能有尘土和纤维毛等脏物。

（2）调配色粘料。色片的色粘料的主要原料有：颜料——包括各种所需用的光色料、无光色料，主要作用是呈现颜色；粘合剂——树脂胶、虫胶或松香胶等，主要作用是粘结颜色和与被烫物的微软连结；填料——钛白粉（酌用）；溶剂——工业酒精；蜡液（可用可不用），主要作用是使色片干燥后易与板材分离剥下。

将各色粘料配制好、调制均匀待用。其稀稠的程度应以既能烫印牢固，又易剥离、不破碎为宜。

（3）沉积涂布色粘料。

①将清洁涂布板放置在平面的工作台上。

②将调好的色粘料，均匀地倒或涂在版材上，进行均匀的沉积和涂布。

③沉积的色粘料与板材的面积、涂布的厚度相适应，一般厚度大致在0.3mm左右。

④涂布沉积后仍平放干燥，完全干燥后剥下放在预先准备好的纸张上，每剥一张色片

垫一层纸(垫纸的幅面与色片规格相同),完成色片的制作加工。

2. 色片的包装。色片制成后,由于无支撑体易破碎,因此包装时要用扁形纸盒贮放,每一盒有规定的数量(盒的规格比色片略大 10~20mm),再进行成箱的大包装。在每一扁盒和每一大包装纸箱的表面标清颜色和加工日期等,以方便使用者选择。

3. 色片烫印。

(1)根据所烫面积大小,将色片裁切成适当规格,并要轻拿轻放避免色片破碎。

(2)烫印时将裁好的色片放在应烫印迹表面进行压烫,烫后将多余的色片修掉,使印迹清晰干净。

(3)烫印温度请参见表 4-1。

(三)烫印助粘料

烫印助粘料,指由于烫印材料本身无粘结能力或粘结能力不够,烫印粘不上印迹时,将烫印材料粘结在被烫物上所用的粘结料。

在实际工作中金属箔和色片类烫印时,必须使用助粘料,因为这些烫印材料本身无粘结能力,或粘结能力差。在烫电化铝箔或色箔时遇有烫不上时,在其它条件都正常的情况下,也可使用助粘粉或助粘液,达到烫印牢固的目的。

1. 粘料粉。粘料粉指粉末状的助粘料,常见的有三种:

(1)松香粉。松香粉是从松树干上采割而得的树脂经粉碎而制得的,主要成分是松香酸。松香是一种黄色结晶玻璃状物质,不溶于水,溶于酒精、乙醚等有机溶剂。松香遇热后熔化,粘结能力很强,但性脆。松香粉撒涂在被烫物上,能充分进入被烫物的孔隙,在加热加压的条件下,松香粉熔化而将烫印材料烫粘在被烫物表面上。其使用方法如下:

①使用时将松香粉撒涂在应烫位置上,方法有两种:一种是用棉纱蘸粉涂抹;另一种用网式工具撒涂。

②松香粉只适合在烫印织品类封面时使用,因为织品类表面有纤维孔隙,粉状粘料涂在上面可以渗透到织物内部,经烫压后有良好的粘结效果。

③松香粉不适合在漆布、皮革、PVC 等光滑的物体上涂抹使用。因为粉末本身滑动性较大,涂在光滑体上由于操作时的晃动等,都会使粉末脱落或移动,影响烫印加工。

④使用松香粉不宜涂抹过多,应以少而均匀为宜。

(2)蛋白粉。蛋白粉是助粘粉中的另一种,它是用禽蛋的蛋白制作的。蛋白质是一种高分子化合物,溶于水,具有一定的粘结能力,但在强酸、碱和有机溶剂作用下会产生沉淀;在高温、高压、搅拌、振荡、紫外线照射下性能也会发生改变,如加热到60℃后蛋白就变成不透明、不溶于水的固体(凝结)了。

蛋白粉可以自己制作，其方法是：先将禽蛋黄剔出，再将余下蛋清放在一个光滑干净的贮器中，凉干后用臼砸成粉末，越细越好，即可使用。使用时应注意以下两点：

①制作蛋白粉要根据所用数量，不宜过多，因为蛋白易繁殖细菌而引起腐败。蛋白中含有氨基酸，在空气湿度较大时易于潮解、粘度下降。

②使用方法有两种，与松香粉相同，同时也不宜在光滑体上涂抹。

（3）烫金粉。烫金粉是市场上出售的一种粘料粉。它是将松香、虫胶等物质，按一定比例配好混合在一起制成的粉末状的烫印粘结材料。

烫金粉购来后就可使用，不需要添加任何其它成分。这种烫金粉使用方便，可以在一定时期内贮存，但价格略贵，使用方法与其它粘料粉相同。

2. 粘料液。粘料液指液状助粘料，常用的有两种：

（1）虫胶。虫胶又称紫胶、干漆等。虫胶主要成分是光桐酸的酯类，不溶于水，溶于酒精和碱性溶液，微溶于酯类和烃类。虫胶性质柔软、受热能软化、温度较高时分解。由于粘结性能较强，可做烫印材料的良好粘结剂。虫胶液内的酒精涂在光滑的物体上还可以去污脏。其使用方法是：

①使用前10小时先将虫胶加入酒精内侵泡，方法是：先将虫胶砸成碎片块放入一定数量的酒精内，并将瓶盖密封好。酒精与虫胶的比例一般为每500克酒精放100～200克虫胶。

②10小时以后虫胶与酒精混合成液状胶体，即可使用，用前要摇晃或搅拌均匀。

③使用时用棉花团蘸抹，涂在应烫印位置上即可。

④虫胶是液体状使用，且有褐色，只能用于光滑体（如漆布、皮革、PVC涂料类）的表面，切忌在织品类上涂抹使用。因为褐色的虫胶涂抹在织品料上后，渗透到织物缝隙内，会使织品变色或有胶痕，造成封面脏污报废。

（2）蛋白液。除去粉状蛋白粘料可用于烫印外，还可以将蛋白液直接涂抹在面料表面，以粘结烫印料。其方法是：将蛋白液从禽蛋中提出后，用棉花团直接蘸抹，涂在应烫印迹上。

蛋白液除易繁殖细菌外，还易干燥，使用中不要过多提取，要随使用随提取，不得存放。

（四）手工烫印

手工烫印，即用手工操作烫赤金、银箔和压凸凹不平火印的加工。手工烫印是特殊加工的最后操作过程。

特装封面的烫印，由于书册批量少及要求的不同，一般不适于机器加工，均以手工操作为主，即用特制的带有各种图案式样烫印烙铁或烙辊，经加热到一定温度后，在有烫料或无烫料的书封表面,根据要求任意地烫印各种字迹、花纹图案。手工烫印的操作难度大,要求烫印时对不同工作物所掌握好时间、温度、压力,以保证烫印的效果,加工中稍有不慎就会出现整本书册返工现象。操作时分烫书背和封面两种:

1. 烫印书背。

烫印书背(即腰部)的字迹和图案时,要先将需烫印的书册,用夹书板(或夹书机)夹紧,书背外露并朝上固定。如果烫金(或银)箔,可先将书背部的应烫位置涂抹一层粘料粉(或液),再将经加工后带有印字或花纹图案的特制烫印烙铁加热到一定温度后铺上烫料,直接在书背需烫位置上用力来回压滚,直至将烫料牢固地压烫在上面(图 4－19A、B)。

当遇有"竹节"的书册,应在烫印前用代有细直线条的烙铁铺上赤金箔,沿"竹节"凹下的棱线进行压烫,使"竹节"更为突出,然后再烫印字迹或花纹图案。

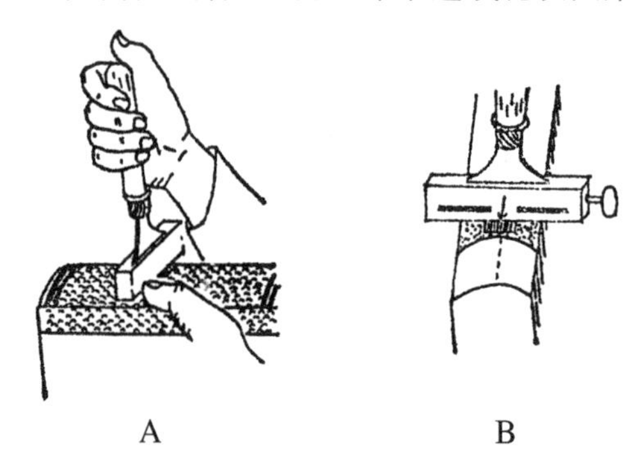

图 4－19　用特制烙铁进行手工烫印
A. 选择位置　B. 烫印

2. 烫印书封表面。

烫印书封表面时,将需烫印书册平放在工作台板上,并将上前方固定(也可用手按住),以避免烫印时移动,然后依要求在封面上烫压各种字迹、花纹图案,其操作方法及过程与烫印书背基本相同。

烫印所用的烙铁(或烙辊)形状多种多样,基本有长、圆形两种(图 4－20),其中圆形烙铁还分单、双边,缺口花纹等式样,可根据要求进行选择。烙铁的材料一般均用铜所制,因为铜耐热性较强,质地柔和,很适用烫印的加工。

操作时要求:烫印烙铁要保持干净光滑,加热时按所需温度,上、下不得超过10℃左右,最高温度不超过100℃;手工烫印在操作时要稳、准、压力得当,并要一次成功,中间不得停断。烫印完毕,要进行检查清理,将多余的烫料清除掉,并保证所烫印的图案清晰、光滑,符合质量要求。检查无误,掀开封壳的上、下面,将环衬上的垫纸取下。

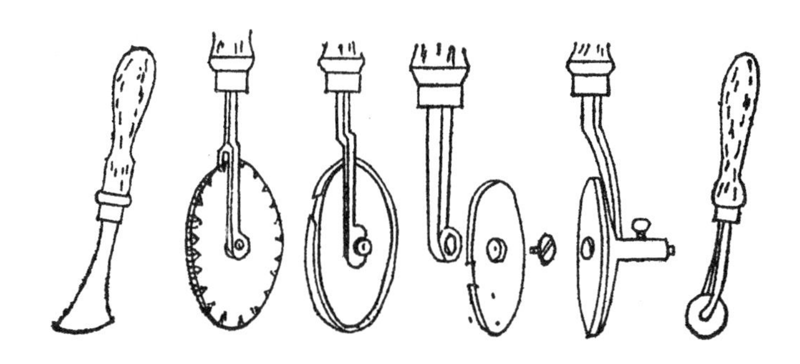

图 4-20　各种手工烫印所用烙铁式样

第四节　本时期包装印刷业状况小结

旧中国的包装印刷业集中在上海，主要以仿制洋人的牌子为主，印制标签，都是手工业作坊，规模很小，设备简陋。主要以圆盘机、方箱机、鲁林机印刷的凸版印刷为主，以及以石印机为主的少数平版印刷，没有形成一定规模。

第五节　中国 1949 年前涉及包装印刷的部分机构

1. 李翰西瑞安石印所。浙南瑞安李翰西、李墨西兄弟约于光绪二十一年（1895 年）从日本留学回国，倡办实业，在瑞安北门外开设太久保罐头厂和丝袜厂。为印刷罐头商标和招帖，从日本购回三号石印机一台。

2. 天虚我生开石印局。别署天虚我生的陈碟仙（1879～1940 年）钱塘人，1902 年在杭州开设石印局，1918 年后在上海开设家庭工业社，在无锡、杭州开设改良手工造纸厂，利用造纸厂，附设印刷制盒厂。

3. 香港开新公司。港澳地区的维新派，除出版报纸外，又于 1902 年成立经营新闻出版事业的开新公司，总管理处设于香港中环，在广州十八甫设立分支机构，专事经营“编辑、出版、报刊、发刊的书、承造小型印刷机、字粒、广告”等业务。

4. 共同印刷株式会社满州支店、新大陆印刷株式会社。共同印刷株式会社满州支店开设于 1933 年 12 月，创建人小川庆治。扩建后，1938 年改名为大陆印刷株式会社。1939 年转为日本凸版印刷株式会社的子会社，增设胶印部。1940 年又并入小东亚印刷所。太平洋战争爆发后，日军退役少将陇上米造任社长，工厂直接为侵华战争服务，制造炮弹壳和火药引信等。1942 年至 1943 年间，并在苏家屯、辽宁设立工厂，在新京长春等地设立出张所。印刷设备有胶印机 8 台，三十二页、二十四页、十六页、八页等铅印机 15 台、铸字机 20

台，职工人数最多时近千人，印刷各种图书、杂志、电业局小报、画报、年画、香烟盒、牙粉、啤酒商标等。

5. 三一印刷公司。金有章、金有成1927年创建于上海。当时上海彩印业已从石印走向胶印。三一公司创办伊始就购置全张胶印机两台，继又添置双全张自动胶印机及全张照相制版设备和照相凹版（影写版）设备，并聘留法归国的柳溥庆总管技术。产品以印制古今中外名画、历史人物为内容的条屏、地图、杂志封面为主，并承印债券股票、香烟包装、商标等。

6. 鼎新印制局。山东临沂陶哉娇、虞松如、宋砥和等人为印刷《鲁南日报》，1933年在县城开办鼎新印刷局。设备有四开机一台，圆盘机二台，石印机一台和铅字架等。工人20余，在临沂专署印刷部设立之前，是当地规模最大的印刷所。印刷局除印刷日报外，曾印刷出版《临沂县志》，并承印广告，家谱、启事等印件。

7. 开远文渊书局。云南开远县是一农业小城镇，经济文化落后，迄无印刷局所。1936年始有蒙自人罗茂春、郝开国合伙开设的文渊书局购置手动石印机一台，代客印制五彩商标广告、喜帖、学号讲义、歌曲等，后石印部分扩展为文渊五彩石印处。

8. 陆鸿兴制盒所。纸盒纸箱制作是印刷业一个组成部分。早在光绪中期，上海已有手工制盒作坊数十家。光绪二十六年（1900年）成立有行业组织纸盒公所，会员百余户。最早一户为谁，无资料可查。光绪三十一年（1905年），老城厢有恒新纸盒作开设，制作糕点鞋帽等物的包装盒。开设于北站区的陆鸿兴制盒作是由手工作坊发展为现代化企业的典型，1958年改组为地方国营金星制盒厂，继之，并入其他印刷所，发展为有胶印设备，能印制彩色图案包装纸盒、瓦楞纸盒，并兼营图版印刷业务的金星印刷厂。又陆续吸收公私合营后提篮桥、普陀、静安、新成区大量小印刷所，制盒作、木作和几家小机修厂，包装装潢机械厂，共230余户，发展成为有电子分色机、四色胶印机、模切机、粘盒机流水生产线的，能完成多品种小批量加工的重点包装企业上海人民印刷十一厂。

9. 中国凹版公司、上海凹版公司——上海凹凸彩印厂。凹版雕刻家沈逢吉1931年在上海与友人王兆年、鲍正樵创建中国凹版公司，承印浙江地方银行钞券和各种有价证券。沈逢吉1934年重病，1935年1月逝世，中国凹版公司歇业当在1935年前。

鲍正樵脱离中国凹版公司，于1933年9月独资另设上海凹版公司，雕刻地方银行钞票原版，并雕印有价证券、商标等。1956年公私合营后，与许良友凹凸彩印厂（许良友当时已是20家印刷所雕刻工业社组成的中心厂）、精美凹凸彩印厂合并，成立上海凹凸彩印厂。

10. 综艺照相制版社。康际文、康际武1931年1月创办于上海南市寿祥里，“1936年日寇入侵本社，即迁至静安寺路”（据上海档案馆馆藏同业公会表格，详情待查）。在北平琉璃厂设有分社。制版设有木制照相机两部、镜头 2 只、玻璃网屏 10 块及其他设备。经营铜版、锌版、三色版制版业务，职工 20 余人，在行业中规模较大，技术力量较强。50 年代接受小厂 10 余户，改组为上海照相制版厂，归属上海印刷工业公司管理，康际武任该工业公司副经理。

11. 上海软管制造厂。沈肇基 1931 年创建于海防路，是我国第一家牙膏药膏用软管专业制造厂。有轧管印刷设备 20 台，职工 60 人。50 年代以前，系以铅锡为制管原料。其制法是：先将铅、锡分别熔化，淀清后浇成铅条和锡条，次将锡条轧成薄片，覆于铅条上轧成铅锡复合片材，冲成所需大小的圆坯。再冲压成锡层在里的管状体，裁定长短，滚罗丝，印底色（一般为白色打底），印各色商标，烘干后送收货单位。

1933 年后，有多家软管厂开设，并自设压制胶木盖工段。又如，信德工厂因业务萧条，即专为好来药物公司压制来料加工的黑人牙膏软管，成为好来药物公司制管部。后又出现牙膏厂内设软管车间，如英伦香料厂设专制本厂生产迪蒙牙膏软管的车间，后以生产力有余，承接外来软管冲制任务。

50 年代后，软管改用铝材，手工化生产工艺亦有改进。

12. 永祥印书馆。光绪二十五年（1899 年）陈永泰独资创建于上海宁波路安乐坊，初时有圆盘机 3 台，工徒 4 人，承印零件表格，后发展以铅印书刊为主要业务，并经营帐簿纸品文具等。1942 年改组为股份有限公司，设编辑部和发行所于福州路 380 号，又增设凹凸彩印厂，跨了几个行业，参加书商业公会、铅印同业公会和文具仪器业公会。董事长许晓初，总经理陈安镇。曾出版《文艺春秋》月刊，《文艺春秋丛刊》，收有自然科学、社会科学图书 40 种的《青年知识文库》，世界儿童文学名著缩写本的《文学小丛书》及钱君匋著《西洋近代美术史》，孔令境著《庸园集》，杨寿清著《中国出版界简史》等。印刷厂设于陕西南路，50 年代初有全张米利机、对开米利机、四开机、三色版机、方箱机、圆盘机 14 台，切纸机两部及划线、烫金、订书等设备。1956 年，以永祥印书馆为中心，联合新利印刷所等 19 户小厂，组成上海人民印刷十三厂，又于戏鸿堂印刷纸号等 43 家小厂合并，组成人民塑料印刷厂，新厂建在上海市郊朱行镇，是目前国内最大的塑料印刷企业，拥有各种设备（摄影、电子分色、电子雕刻、吹塑、凹凸平印刷、复合、分切、制袋等）731 台（套）。

13. 巨成印刷所。初名巨成号，粤人李晋臣 1900 年独资创办于上海棋盘街泗泾路，是 1 户只有两台脚踏架、1 部 20 寸小切纸机、5 担铅字的小型零件印刷厂，惨淡经营到 50 年代初，始终未得扩充，欣逢 1956 年公私合营高潮，并入中国药业用品社中心厂，1987 年，与黄浦区邑庙区卢湾区嵩山区百余家每户只有店员数人的小印刷所联合并入以飞达凹凸彩印厂为中心的上海人民印刷八厂。人民印刷八厂是由前述四个区 154 户小厂作坊先组成 8

个中心厂，又于1956年到1978年分三个阶段组成现有396台(套)先进设备并有专业工程技术人员50人的被印刷界尊为样板的企业。

14. 锦花贴花印刷厂。1929年开设于上海。为顾德润(曾去日本学美术印刷，后任商务印书馆绘图部主任)和实业家张维椿所创办的石印工场。1932年"一二八"毁于日军炮火。30年代后，上海出现贴花印刷社多家，多是1台石印机、工徒数人的小厂，顾秋水开设的中国贴花印刷公司规模较大。产品用于陶瓷、搪瓷、玻璃、金属制品和木器等装饰和商标。工艺与一般石印法相同，区别在于非直接印刷于器物表面，而是从印成的贴花纸转移到器物上，所以套印色序同一般印刷相反，遮盖力强的色墨后印。为了图案能从纸基上剥离并附着于器物上，印前在纸基上涂布一层阿拉伯树胶，印刷完毕覆盖亚麻仁油一层。因瓷器需入窑煅烧，色粉为无机颜料，旧时石印法是每色先以亚麻仁油印刷图纹，次将色粉涂布图纹上，继续印刷第二色……。锦花等贴花厂社以瓷贴花为主要业务，所以行业间通称为瓷贴花厂。50年代，上海几家瓷贴花厂迁往景德镇。国内各地陶瓷厂自建扩建贴花厂，并推广胶印及网版印刷，石印贴花纸法已淘汰。

15. 西北印刷厂。是阎锡山创办的官办企业，前身是成立于1933年的山西绥靖公署印刷厂，1934年移交西北实业公司，改组为西北印刷厂。阎锡山早有印钞企图，当他1928年统领晋冀察绥平津之时，就控制了财政部北平印刷局，委派心腹担任局长和主要业务人员，印制了晋绥冀三省钞票和未及发行的"国家银行"钞以及发给军队使用的"流通券"。反蒋失败，于1930年退守山西时，心腹局长将山西省钞母版带回太原。1932年筹建绥署印刷厂，通过禅臣洋行、礼和洋行由国外购得全张胶印机1部，对开胶印机4部，号码专用凸印机3部以及裁纸机等，因南京政府统制凹版印刷机进口，遂由专门人员依北平印刷局样机绘制图纸，交太原兵工厂制造15部。改组后的西北印刷厂，设在太原大北门外兵工路，设有图案、雕版、电镀制版、照相、印刷、平版、凹版、铅印、制盒、制墨10系。资金总额30万元，年产值12万元。为盐业银号印制钞票500万元，土货券100余万元，还印刷各县银号的兑换券、信用合作社的信用合作券，晋华烟厂的烟盒、各种书画、碑帖、军用地图等。

16. 抗日战争开始后，部分铅石印设备随军转移到临汾，成立阵中日报印刷厂。后又转移到陕西省宜川县。当时有各种印刷机械36部及照相设备等。1938年底，印制了山西省银号10元券。为保密计，印刷厂改名晋兴出版社。留在太原的部分，被日军改为军管理第十四工厂，主要设备全被日军运走，计胶印机4部、凹印机15部及烫金、制盒、装订、照相等设备。

日本投降后，晋兴出版社迁回太原，接收的10多部凸印机，也都因超度使用损坏不堪，工厂仍恢复西北印刷厂名称。1949年后，数厂合并，定名山西省印刷公司。

17. 生生美术印刷公司。孙雪泥 1912 年创建于上海。初建时为石印，1920 年置胶印机。孙于 20 年代初以出版发行画家张光宇、鲁少飞编绘的《生生画报》在出版界显露头角。后赴日本、新加坡考察，归来后，印制日历、画片、彩印绢扇、纸扇（孙是苏州纸扇业创始人，并在松江、苏州开设扇竹制造厂）。并承接冠生园食品厂、唐拾义药厂包装广告等。“八一三”后，发行抗日月历、抗日画片、（由爱国资本家项松茂题字，项后遭日军枪杀）。生生美术公司 1932 年后聘上海著名制版技师沈文元主持生产业务，使公司得以发展巩固。沈氏培养了一批技术人员，子女均从事彩印制版，印刷界誉为“沈家门”。沈文元 1948 年为四明山浙东解放区购置印刷器材，曾遭当局通缉。（孙雪泥、沈文元事迹参见《中国印刷工业人物志》第二卷）。

18. 英美烟公司及其印刷厂。据《上海文史》第 46 辑载文，英美烟草公司是 20 世纪初世界最大烟草垄断组织。由英国的帝国烟草股份有限公司、奥格登股份有限公司与美国的美国烟草公司、大陆烟草公司、美国雪茄公司、统一烟草公司 6 家企业于 1902 年组成。当年，在上海浦东买下花旗烟草公司的一家小厂，建立了在中国的基地——驻华英美烟草公司。为缓和与中国的矛盾，拉浙江兴业银行等购买该公司股票，以宣传有中国人投资。1934 年，驻华英美烟草公司改名颐中烟草公司。该公司到七七事变前，建成 11 家卷烟厂、6 家烤烟厂，6 家印刷厂，1 家包装材料厂，1 家烟草机械厂。

1911 年建上海浦东的印刷厂和 1913 年建上海通北路的首善印刷厂，1905 年在汉口建厂，1909 年在沈阳建厂，1921 年在天津建厂，1923 年在青岛购地建厂房、仓库和办公楼。浦东烟草印刷厂购进橡皮机，是上海有胶印之始（此句据王念航《彩印业创建史话》，刊于 1951 年上海彩印工业同业公会会刊《彩印工业》）。烟草公司各地印刷厂的设备和技术，当时在各地印刷厂中都是领先的。

英美烟草公司重视广告宣传，除利用马路、火车站竖立大招牌，印刷广告性很强的日历、月份牌，还在香烟盒中附装美女画片和历史故事人物画片，还出版《北清烟报》，刊载闻见录、新小说等。

贺圣鼐《三十五年来中国之印刷术》述及：“民国十三年上海英美烟草公司印刷厂艳羡彩色影写版之精良悦目，遂遣照相师奥斯丁氏（Austin）等三人赴荷兰莱顿（Leiden）荷兰影写版印刷公司（Nederlandsche Rotogravure Maalschappij）学习彩色影写版印刷术。翌年携机来华举办，适遇上海发生五卅惨案，英美烟草公司营业骤跌，以致彩色影写版无以进行，其所购得之机器，则让渡于商务印书馆。”

上海的首善印刷厂 1934 年后改称颐中烟草公司印刷厂，1952 年改称上海烟草工业印刷厂。

《天津出版印刷志》载:英商布赖森于1921年创办大英烟草公司并附设印刷部,厂址建在当时特三区河沿路。1934年改为颐中烟草公司印刷部。1937年印刷部独立,定名为首善印刷公司,建有二层楼厂房2500平方米,拥有9台胶印机和全套照相制版设备以及烫金机4台、切纸机8台等配套设备,有中外雇员197人。除主要承担烟草公司烟盒包装及宣传品的印刷业务,每月印刷1.5万箱卷烟所使用的包装纸盒外,并大批接印外活。1941年,该公司被日军接管,日伪当局利用该公司设备大批赶印伪钞。日本投降后,英方又收回该公司。1952年成为天津卷烟厂的印刷车间。

19. 华成印铁制罐厂。成立于1919年,迟于商务印书馆有马口铁印刷后一年。厂址在上海爱多亚路(今延安东路)西首。设备齐全,有职工200余人,是二次世界大战前国内印铁行业中最大的工厂。

20. 大理的石印铺。大理于8世纪至13世纪时辖云南全境。11世纪始有雕刻印刷。最初出现的石印是1920年大兴昌药房开的石印铺。1923年后,有石新书局等开业。

21. 泼墨石印馆。四川什邡人冷益湘1921年前后在县城开始泼墨石印馆,印刷公文用纸、信笺、雪茄烟包装等。

22. 青岛祥瑞行印务馆。黄县人张伯祥1925年在青岛创建祥瑞行印务馆,设备简陋,专印火柴商标。1927年后发展为大型彩印厂,重金从外地聘请制版印刷技工,更名祥瑞行美术印务馆。除印制布牌商标、广告画、月份牌外,更大力印制年画。1937年"七七"事变前,印务馆拥有胶印机、大小石印机、刷金机、裁纸机等设备44台,职工150人,印务馆每年印制年画数十种。1938年1月,日军侵占青岛,以印制抗日宣传品为罪名,逮捕张伯祥等13人,并以4万元强行收买价值10余万的资产,更名为新民报印务局。1945年日本投降后,为国民党接收,改名为正中书局青岛印刷厂。

23. 柳州同人石印社。1926年初,刘均生在弓箭街开设同人石印社,有学徒2~4人,为香竿街的郭万福、仇同吉、覃福顺、吴万德几家香铺印线香招牌纸以及云片糕招牌纸和其它包装纸,是广西柳州第一家石印社。嗣后有觉非石印社,生盛昌印务局等开设。

24. 厚生火柴印刷厂。1926年成立于上海徽宁路,有对开胶印机1台、落石架2台、切纸机1部。专为厚生火柴厂印制商标。职工14人,厂长张守仁原是商务印书馆排字工。

第五章　新中国成立至改革开放前(1949～1978年)的包装印刷业

中国的印刷业,是在长期遭受战争破坏的薄弱基础上发展起来的。这个基础就是战争年代解放区建立的印刷厂和全国解放初期接收的官僚资本印刷厂以及沿海各大城市的小型私营印刷厂。

1949年中华人民共和国的成立,是中国近代印刷进一步普及与提高阶段的开端。50年代初期,社会安定,国民经济开始恢复这一切都极有利于印刷事业的发展,并且为以后进一步普及与提高,奠定了一个良好的基础。

一、政府重视。1949年11月,中央人民政府设置了领导全国出版工作的国家机关——出版总署,总署设有机构专管印刷事业。出版总署于1949年10月和1950年8月先后两次召开全国新华书店工作会议和全国出版工作会议,会议通过了出版、印刷、发行分工专业化,分别成立人民出版社、新华书店总店和新华印刷厂总管理处的决议。从此,中国的印刷工业走上了有领导、有计划发展的广阔道路。

二、调整改组。随着经济文化建设的发展,经过调整改组,逐步形成以书刊印刷、报纸印刷和包装印刷三个系统为主的印刷工业体系。到1951年4月时,已建立起第一批分布在北京、上海、西安、长春、沈阳、天津、武汉、重庆等地的12家国营新华印刷厂。

第一节　20世纪50年代的包装印刷业

20世纪50年代初,由于我国国民经济处于落后状况,包装印刷不仅没有形成一定规模,只有在沿海几个工业城市里有一些承印商标、标签、纸盒、纸盒之类的作坊式小印刷厂。据统计,上海到1956年公私合营之前,这类小厂有900多家,拥有两三台圆盘机、五六个人就是一家工厂。

20世纪50年代初,在国家对书刊印刷业进行调整时,把当时承印商标、社会零件的大量私营小印刷厂,都划归各省、市地方的轻工业局或手工业局管理,这就明确了这些小厂的归属,也便于在利用、限制、改造的同时,自愿结合、实行联营,为日后逐步改变厂小和过于分散的局面。

1956年,国家在对私营工商业的社会主义改造的活动中,对私营印刷厂采取了分别对待的政策,有计划地对其进行改造。对历史比较悠久、规模比较大、设备也比较好的私营印刷厂,例如上海商务印书馆印刷厂、中华书局印刷厂、北京京华印书局、北京京华胶印厂、上海艺文印刷厂等实行公私合营,以充分发挥其专长。另外一些私营厂进行合作化。实行公私合营和合作化后,在京、津、沪、沈阳、武汉、广州、重庆等大城市出现了一些初具规模的专业或兼业包装、商标印刷厂,这是发展包装印刷业的一次大组合,是向专业化和工业化生产发展的一个良好的、重要的开端。

经过整顿,有的地区或厂已达相当规模,例如1956年的上海,全市从事包装印刷的就有902家私营印刷厂和一家国营的上海市印刷二厂,职工总数已达到6279人。公私合营以后,成立了24个中心厂,归属上海市出版印刷公司领导。但是,厂家仍然显得十分分散,并且几乎全部都是手工操作。这也是包装印刷产品过于繁杂,难于实行工业化所致。1958年进一步实行了经济改组,把设备与技术适当组合,实行专业化生产,成立了上海凹凸彩印厂和飞达凹凸彩印厂,专门从事包装装潢印刷。北京市在各区工业局所属厂的基础上调整建立了商标印刷一厂和二厂。

20世纪50年代,是印刷业的一次大分工,包装印刷初步形成一定规模,但是由于受当时经济发展条件所限,商品包装印刷无论在商品流通过程,还是在消费者的心目中,都还处于次要地位,包装印刷的产品主要是商标、标签、纸盒、纸箱一类的纸质印刷品。由于商标一类印刷品不像书刊那样,规格、印数都不稳定,所以当时一般又称这类印刷品为零件印刷。

解放初,我国的包装印刷主要采用凸印,平印很少,凹印几乎空白。印刷设备陈旧。凸印主要是圆盘、方箱等印刷机。平印则多为石印机,只有少量单色胶印机。绝大多数设备要手工操作,有的甚至靠人手摇脚蹬,劳动强度很大,生产效率低,至于包装需要的上光、烫金、模切等设备更是无人生产。

1956年生产资料所有制的社会主义改造基本完成以后,我国的包装印刷业对落后的生产设备不断进行革新。首先是将人力制动的印刷机改为电力拖动。接着对手工作业方式进行改革。1958年上海革新出自动续纸的圆盘印刷机,1959年武汉革新成功自动续纸的平台印刷机。以后,上海革新出自动续纸胶印机,北京等地还利用平台印刷机改装为上光机。对于烫金、压凸、模切等工艺设备也相应进行改造。所有这些对于充分利用旧设备、提高生产效率、减轻工人劳动强度起到了很大作用,因而很快在全国得到普及与推广。但总的看来,在20世纪50年代凸印仍占统治地位,平、凸、凹三种印刷方式的比例没有发生多大变化,圆盘印刷机和方箱印刷机仍然是主要的印刷设备。

几种常见的凸版装潢印刷机的特点及适用范围如表5-1所示。

表5-1　常见的凸版装潢印刷机特点及适用范围

机器型号	特　点	适用范围
R401型 (鲁林机见图5-1)	压印力大,输墨装置优良,适应性强,用途较广	信封信纸、商标、烟盒、书刊封面、插图、美术图片、样本等
R801型 (圆盘机见图5-2)	人工输纸、结构简单操作方便,应用较广	信封信纸、各种样本、插图、发票单据、电化铝烫印等
TR801型 (立飞见图5-3)	机身占地面积小,结构紧凑,动作灵活,印刷压力均匀,输墨装置合理	尤其适合于使用胶版纸、铜版纸印制面积较小的中高档产品。如书刊封面、插图、精美样本,包装贴头等
DT402型 (卧飞见图5-4)	承受的压力大,印品墨色均匀,字迹清晰,套印准确,对纸张的适应性强	可适宜印刷各种规格的凸版纸、胶版纸、铜版纸、白板纸、招贴纸等。可印制书刊插图、广告说明、包装商标、产品样本、美术画片等
TY401型 (一回转)	机器运转平稳,可用较大压力,印迹清晰、套印准确、自动化程度高,每小时可印400印	可印制彩色画片、广告、商标等
TY4201型 (四开双色一回转)	有两套输墨机构,一套为轮转印刷系统,一次可印刷两色或单色;结构紧凑,动转平稳,压力均匀,套印准确	可印制书刊插图、精致图片、高质量的商标及实地印刷品

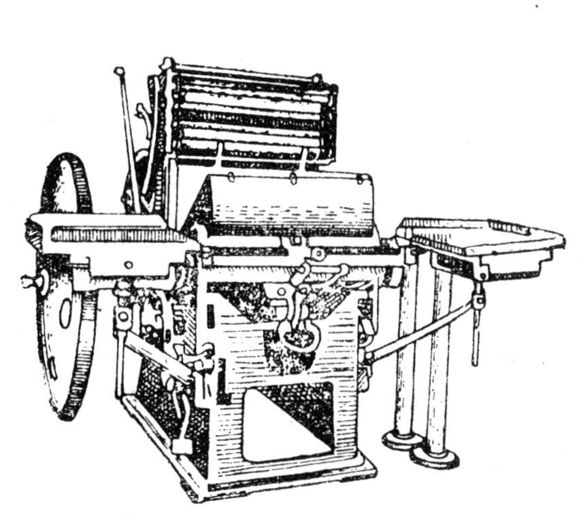

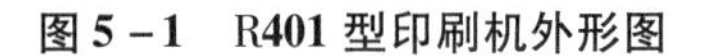

图5-1　R401型印刷机外形图

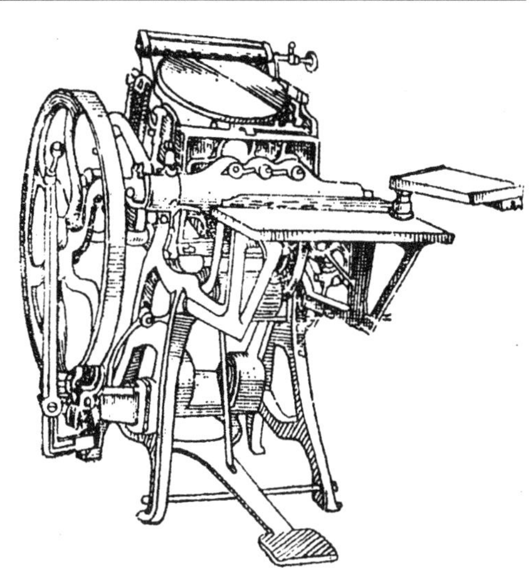

图5-2　R801型印刷机外形图

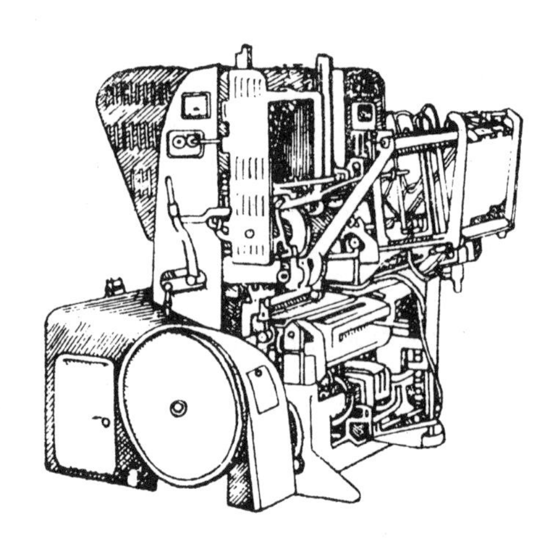

图 5－3　TR801 型立式凸版印刷机外形图

（TR801 停回转凸版印刷机简称“立飞”，是一种机身小巧、结构紧凑，适用于印刷小型印刷品的凸版印刷机，能够承印最大版面为 440×280 毫米。印版与压印滚筒相压运转也是圆压平型，不过版台是立式，与地面成垂直，与旋转的压印滚筒作上下往复运动，旋转一周，停止一次，由于这个特点，故称为立式停回转凸版印刷机。）

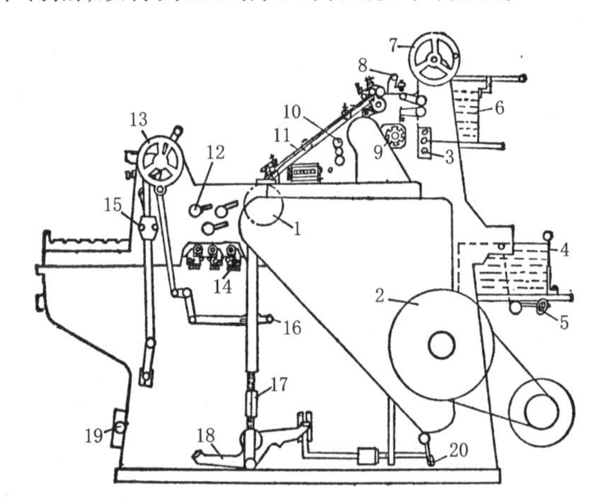

图 5－4　DT402 型凸印机结构

1—压印滚筒；2—飞轮；3—停车按钮；4—收纸台后档规；5—收纸台升降手轮；
6—纸堆；7—纸堆升降手轮；8—吸气杆；9—吸气杆摇摆度调节手轮；
10—气门开关；11—输纸台；12—搁胶手柄；13—墨斗轴手轮；
14—刷墨胶轴承架；15—接墨胶调节螺母；16—出墨辊控制手柄；
17—压印杆调节螺杆；18—滚筒脚踏；19—电气开关；20—脚踏刹车

（DT402 型凸版印刷机简称“卧飞”。该种机器承印的最大面积为 415×590 毫米，印版与压印滚筒相压运转时圆压平型，与一回转凸版印刷机的机械结构有相似之处。但由于主机的传动和压印滚筒的功能较小，版面承受压力和速度受到一定限制。

第二节　20世纪60年代的包装印刷业

1960年以后的10年间,我国的包装印刷业虽然经历过曲折,仍然获得较快的发展,特别是经过1962年的调整,包装印刷的专业化加强了。一些专业的商标印刷厂的规模扩大,生产也获得显著提高。随着轻工、纺织、食品以及外贸商品对于包装印刷在数量上、质量上的要求不断提高,全国大中城市专业商标印刷厂的数量增加了。1965年北京市手工业管理局根据本市的情况,成立起全国第一家包装印刷的专业公司——北京市包装装潢工业公司,向加强包装印刷业的专业化管理迈进了一大步。

20世纪60年代以后,旧式的圆盘印刷机、方箱机逐渐被淘汰,而八开、四开平台印刷机等成为主要设备。同时,随着我国印刷机械制造水平的提高,八开立式和卧式凸版印刷机陆续应用到包装印刷上。由于包装装潢越来越多的采用网线图案,以彩印为主的商标印刷厂,开始增添和更新胶印设备。凹印工艺开始在包装印刷业应用,我国第一台塑料薄膜专用的轮转凹印机于1967年由上海包装印刷业试制出来。凸、平、凹三种印刷方式的比例开始发生变化。包装印刷专用的上光、烫金等设备陆续为一些大的商标印刷厂自己制作使用。照相制版工艺无粉腐蚀方法也陆续被采用。不少包装印刷企业开展技术革新活动,例如上海人民印刷七厂从1958年起,职工开展了技术革新活动。1959年,试制成功调金油,将手工揩金改革为印刷机印金;1963年,革新成功电化铝烫印机;1964年,革新成功用于包装印刷的凹版轮转凹印机和凸版间接印刷机(干胶印)。许多厂在不同程度上进行改造与扩建,并引进设备,兴办新厂。例如上海第三印刷厂1964年从日本引进了立式凸印机,1965年从德国引进卧式凸印机同,上海第一印刷机械厂1968年从德国引进了第一台海德堡凸印机,并开始了与这些机器同类型的国产机的试制。

1966年,"文化大革命"开始,商品包装被当作"封资修"的货色,被遭批判。包装印刷一度冷落萧条,濒临被取消的境地。不少商标印刷厂被迫停工停产,北京市包装装潢工业公司被撤销,使刚刚起步的包装印刷业又走向了低谷。

第三节　20世纪70年代的包装印刷业

1972年8月周恩来总理亲自过问商品包装工作,并作了重要指示,包装印刷工业又有了新的起色。

首先在凸印方面,北京、上海、天津、沈阳等地不少印刷厂,纷纷制造自动化和生产效率比较高的立式和卧式凸版印刷机，1974 年左右，还从国外进口了一批设备。这时期，八开立式、卧式以及四开一回转平台印刷机便成为包装印刷方面的主要设备。其次是使用塑料薄膜一类包装材料的日益增多，加上糖果包装采用机械、凹印塑料薄膜与糖果纸发展很快，京、津、沪等地的一些印刷厂制造了一批凹印设备，最初是 1－2 色，后来发展到 4－6 色，有的机器还能够进行双面印刷，或烫蜡、分切、复卷等作业。胶印工艺及设备越来越为包装印刷业所重视，不仅原来的胶印厂加快了改造的步伐，一些只从事凸印的工厂也添加了照相制版和胶印的设备。一些大的商标印刷厂对高档的彩色网线印件开始采用胶印代替凸印三色版，上光、烫金等配套设备已有专业机械制造厂生产、使用的单位日益增多。

第四节　本时期包装印刷业状况小结

中国的包装印刷工业，由于历史形成的原因，起步较晚，信息闭塞。早期印刷方式以凸版印刷为主（占 70% 左右）、胶印很少（如上海英美烟草公司、北京新华印刷厂、美术印刷厂）、凹印几乎没有；印刷产品以纸包装为主；这个时期中，虽有发展，但是很慢，长期以来存在着三个不适应，即与整个国民经济发展不相适应；与轻工、食品、饮料、医药、服装、化工等工业发展不相适应，与出口商品配套要求不适应。其发展一直落后于其他工业，成为国民经济中一个薄弱环节。我国商品在国际市场上处于“一等商品、二等包装、三等价格”的状况，长期没有改变。

第五节　本时期主要研制、应用的项目简介

一、金银墨印刷研制成功

揩金工艺采用手工操作，并有粉尘污染，存在一定缺陷。上海凹凸彩印厂与 1959 年试制成功调金油，将手工揩金工艺改革为印刷机印金（银）工艺。

金、银色墨泛指具有金色或银色的油墨。经过印刷过程，将图文印迹转移到印刷品上，形成具有金色、银色光泽的图文。金墨是由铜粉色料与调金油料（连接料）调和制成的。印刷的图文金光闪闪，尤其是印在优质印刷物的油墨层表面，效果更好。印刷应用的银墨色料是由铝粉、配上调银油料（连接料）调和后制成的，应用于包装装潢印刷。由于银色较为素雅，应用范围不及金色广泛，但是，包装装潢印件采用银色作为底色，再印其他透明色墨，不论是原色、间色或复色，都可得到良好质感的珠光色，别具风格。

金银色墨印刷工艺应用于包装装潢印刷，增强了商品包装的艺术效果，提高了商品的竞争能力，所以具有广泛的发展前途。由于金、银墨印刷工艺适应性强，生产成本不高，经济效益较好，因此愈来愈多地被包装装潢印刷采用。金、银墨印刷不仅用作文字、线条的衬托点缀，而且可用作实地满版主色，都能取得良好效果。

（二）凸版印金工艺

在包装装潢印刷中，凸版金银墨印刷的产品有：各种糕点盒、烟酒标贴、精制样本等。

1. 金银色墨材料。

金、银油墨由两个部分组成：金粉、银粉和连接料，辅助材料。金粉、银粉等有色金属粉末颜料起到反映色素的作用；连接料和辅助材料是连接色料、改善印刷适性的物质。金属色料与连接料、辅助材料搅拌在一起，就制成了符合印刷适性要求的金墨或银墨。

（1）金墨的特性。金墨由金粉和连接料组成。

金粉的成分为铜、锌和铝的混和物，以铜为主，简称铜金粉。由于铜质本身的色泽不同，以及含锌、铝配比不同，金粉具有的色泽也不同。一般情况下，含铜量在90%以上，色泽偏红，称为红色金粉；含铜量在80~90%之间，色泽带有一定红色，称为青红光金粉；含铜量在80%以下，色泽偏青，称为青光金粉。

（2）金粉质量技术指标。考核金粉质量的技术指标有目数、光泽反射率、视比容和水面遮盖率等主要项目，其他如：

①目数。金粉细度以“目”为计量单位，即以筛选时所使用的筛网上每平方英寸所具有的筛眼数来确定。例如：用每平方英寸800个筛眼的筛网所筛下的金粉为800目金粉。目数愈高说明金粉颗粒愈细，反之金粉颗粒就愈粗。

②光泽反射率。反映金粉在一定光照射下的光泽强度，是金粉质量的一个重要指标。它可以由光泽测试仪器确定，一般金粉光泽反射率在24~39%之间，而较好的金粉光泽反射率在40%以上。

（3）调金油。金墨的连结料是调金油，主要成分是酚醛树脂、醇酸树脂、植物油和矿物油。其作用一是使金粉顺利传递，转移牢固附着于承印物，二是保护金墨图文的光亮。

（4）金墨的调配。除了使用商品金墨外，自行配墨时可选用下列配方：

①调金油配方：亮光浆，调墨油，邻苯二甲酸二丁酯（增塑剂），红燥油。

②调金油50%，加入50%800目或100目金粉调合成金粉。

需注意：调合金墨放置时间不能超过3~4小时，避免金粉在油脂内时间过久，与空气接触氧化变质，失去金色光泽。

（5）银色油墨调配。除了使用商品成品银墨外，也可采用银粉（银浆）与调银油混合调制成银墨。调制的银墨也必须随调随用。

调银油配方为：

酚醛清漆	70%
亚麻仁油	30%

银浆是由铝粉（铝粉含量93%，铁含量0.5%以及适量的油脂）和调银油调配而成的。

调配印刷银墨时，一般按下列配方调制：

银浆	50%
调银油	47%
红燥油	3%

先将银浆和调银油搅拌均匀，再加入燥油，继续搅拌均匀后即可使用。

2. 印刷。

（1）妥善处理实地版与文字版的压力。实地满版与文字版、线条版拼印时，由于同一印版不同版面的印刷压力与墨量要求不尽一致，两者往往难以兼顾，除了在设计制版时应作妥善处理外，可以分别制版，分别印刷，这样有利于提高印刷质量。

（2）底色。印金、印银之前，一般先印一次底色。以提高金、银粉的印刷效果和光泽效果。金墨的底色，一般用遮盖力强又与金粉色相近的中黄色油墨、或淡黄色油墨印刷。如用铜版纸印刷，最好选用透明黄油墨打底，效果更好。用中黄或透明黄作底色，油墨中可加入少量的剩余墨，既可利用旧墨，又可提高光泽。底色油墨中可加入少量的干燥剂，其干燥时间应根据印金墨的实际需要而定，一般控制在半个工作班次到一个工作班次之间为宜。金墨的最佳套印条件，是待底色墨层将干燥而又未完全干燥时。

（3）设备的选择。在进行金、银墨印刷时，印刷压力对产品质量有很大的影响。一般应用圆压平式平台印刷机，因为这种机器对印刷面的压力比平压平式印刷机来得均匀，印出的金、银墨结实不虚浮，表面平整。

（4）装版。印版应采用金属底托，将印版固定在版框内，印版要装得平整、牢固、准确。装版时要对滚筒的包衬进行一一调整，印刷压力一定要均匀。

（5）墨辊的选用。墨辊是印刷机传墨系统的主要机构，墨辊的质量好坏，以及墨辊的正确使用和保养，对金、银墨的印刷产品质量影响极大。

金、银墨印刷要选用柔软而富有弹性，表面光洁又平整的墨辊，不能使用表面硬化、龟裂、老化的墨辊。在操作中，要合理调节墨辊的压力，相邻的传墨辊之间应有良好的接触，着墨辊与印版之间的压力应保持轻而均匀，避免产生糊版现象。

（6）印刷压力的调整。凸版金、银墨印刷的压力要严格控制，印版与纸张必须保持良好的接触。压力过大会使纸张背面有凸痕,同时油墨受到过大压力也会从印迹边缘挤出,使图案变形或糊版。压力过轻会使印刷品不光洁,不醒目,实地不平服,图文不清晰。

印刷机的速度与压力也有关系,当印刷机速度增大时,可适当增加印刷压力,因为印速增大,版与纸张的接触时间缩短,加大印刷压力,才能使印版与纸张接触良好,油墨顺利转移。

特别是在进行银墨印刷时,由于银墨颜料颗粒粗,印刷时必须调节压力,否则容易糊版。

二、凸版冷排工艺研制成功

(一)汉字照排机

应用照相原理,在感光材料上感光排版,叫做照相排版。

照相排版从根本上甩掉了熔铅铸字,不用热源,所以又称“冷排”。

冷排的工艺流程比之热排大大缩短,有利于提高排版效能,有利于快出书多出书。冷排再配合感光树脂版或涤纶版代替铅版,不仅可以从排版到印刷完全革掉铅合金,减少公害,而且可使凸版印刷机的印刷速度加快,有利于印刷生产力的提高。

早在30年代,我国汉字照排机已进入研制阶段,可惜由于诸多的原因未能推广。

1962年,上海劳动仪表厂研制成功我国第一台手动式汉字照排机(劳动牌HUZ-1型见图5-5),并从1966年成批生产,并逐渐推广、普及开来。

图5-5 HUZ-1型照排机外形图

手选式照相排字机简单地说,是打字机和照相机的结合。

照相排字机,是把由玻璃字模板组成的整副字模版框作左右、前后移动,将所要选出的文字、符号移到拍摄口位置,供主透镜拍摄。实际操作时,左手握住字模版框架的移动把手,推动字模版框,右手握住操纵杆揿动操纵按键,并带动快门进行曝光,所选取的文字就能拍摄在暗箱内的感光材料(照相纸或胶片纸上)上。每完成一次拍摄过程后,拍摄镜头或暗箱滚筒就在机械带动下移位一次,准备接受下一次的拍摄。操作者在进行拍摄时,必须按原稿逐字逐句拍摄。待拟定面积拍摄完后,把感光材料取出送暗室进行显影、定影处理,再经水洗、干燥后,就得到一张(或称一页、一面)阳图文字(白底黑字)供照相制版用的排版稿。

HUZ－1型手选式照相排字机装有20个不同焦距的主透镜，能根据需要，将字模版上的每一个文字作20种不同规格的放大或缩小；同时，在主透镜通道柱面还装有一个变形透镜，可对字体进行长体、扁体、斜体等变形处理。

手动照相排版工艺的主要缺点在于改版困难，给推广工作带来困难，逐渐为蓬勃发展起来的电子排版、激光照排所代替。

（二）半电子式照排机研制成功

1970年，一机部下达重点科研项目，由一机部通用机械研究所、上海中华印刷厂、复旦大学、上海印刷技术研究所等单位参加研制，于1973年底完成机组组装。（ZZPZ－701型）即照排二代机诞生了，这种机型属半电子式照排机。

所谓半电子式照相排字机，包括三个主要组成部分：纸带穿孔机（包括手工操作文字键盘）、程序设计计算机和自动照相排字主机。这种型式的照相排字机的操作靠机械和光学系统来实现。

使用半电子式自动照相排字机排字时，第一步工作主要是由人工按原稿要求在穿孔机的键盘上找到所需要的文字，按下字键，通过打孔机打出穿孔纸带。打出的纸带被凿成由8单位数字排16孔（称二进制）的文字座标码和动作指令码组成的"控制程序"。第二步是将穿孔纸带送到装有读出装置，如光电读出器输入的电子计算机，再由光电阅读器输入主机按指令要求在感光胶片上拍摄成像。主机用闪光源，圆筒形字库在旋转中进行拍摄。该机字模库共收容四种字体各6804个单字，平均拍摄速度为420字/分，错字率为0.1%，至此，照相排版跨入了以电子计算机和电子技术为基础的现代印刷术日趋成熟的历史新时期。

（三）感光性树脂凸印版的研制

感光性树脂版，是20世纪50年代以后才出现的新型印版。它与照相排版技术相结合，不仅大大提高了制版的速度，而且彻底废弃了已沿用几百年的铅合金印版，形成了一套不用铅合金排版的冷排系统。它的出现，使凸版印刷又重新获得了生机，并为其开辟了新的发展途径。

感光树脂凸版的制作过程如下：

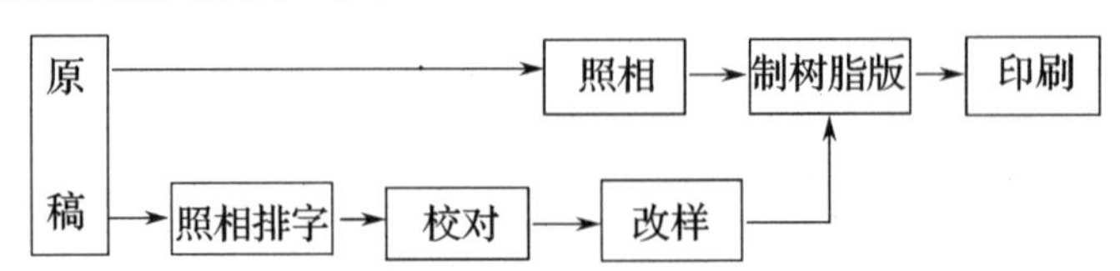

1. 感光树脂版的组成和分类。感光性树脂版，是利用感光性树脂，在光线的作用下，迅速发生光聚合和光交联反应，生成不溶于稀碱、醇或水的网状结构高分子聚合物，未感光

部分溶于稀碱、醇或水,制成印版。

感光树脂版种类较多,但概括起来可以分为液体固化型树脂版和固体硬化型树脂版两大类。

(1)液体固化型树脂版,简称液体树脂版,感光前为液体,感光后变成固体。固体硬化型树脂版,在感光前为硬度不高的固体,感光后,固体的硬度大幅度提高。

(2)液体树脂版或固体树脂版,均由树脂、交联剂、光引发剂(或称光敏剂)和阻聚剂,以一定的比例配制而成。

2. 液体树脂版的制版工艺(如图5-6所示)。

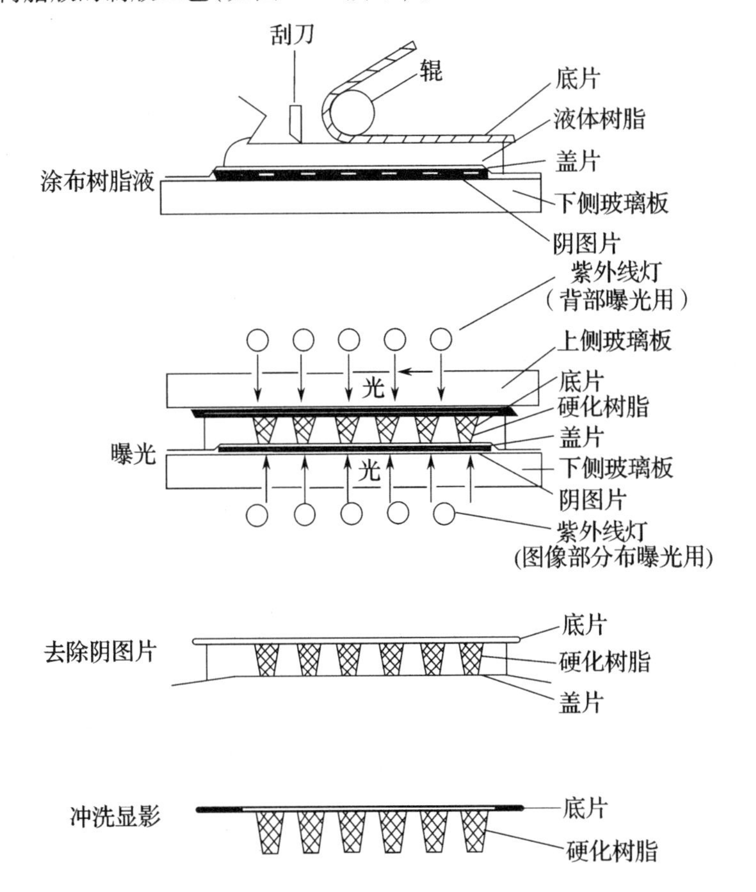

图5-6　液体感光树脂版制版工序

液体型板材的成型和曝光过程是在同一专用设备装置上完成的,技术难度更高。这种成型曝光设备由光源、涂布器(包括片基辊、料斗)、机架等组成(见图5-7)。首先要完成板材涂布成型。

(1)铺流是将配制好的感光树脂,注入曝光成型机的料斗中。感光树脂从料斗流出时,料斗顶端的刮刀,将流出来的感光树脂刮均匀涂布在涤纶薄膜上,成为一定厚度的版材。

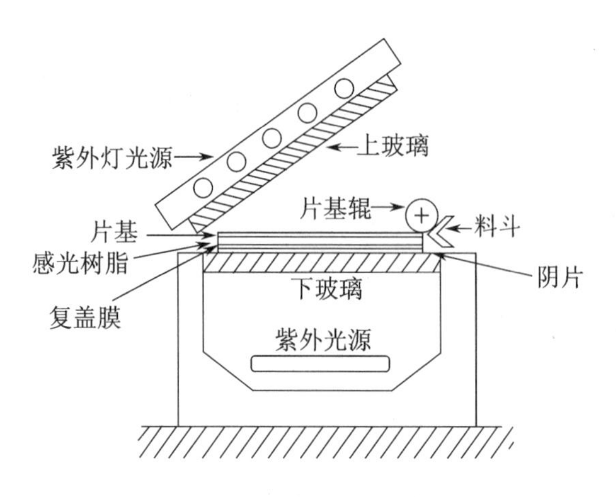

图 5－7　曝光成型机的结构简图

（2）曝光。先进行正面曝光，后进行背面曝光；也可以先进行背面曝光，后进行正面曝光。正面曝光时间一般约为背面曝光时间的 10 倍。

感光树脂，在 300～400nm 的紫外光照射下，发生光化反应，故选用紫外光丰富的光源如：黑光灯、高压水银灯等最为适宜。

（3）冲洗。把曝光后的树脂版上的塑料覆盖薄膜剥去，放入冲洗机内用稀的氢氧化钠溶液冲洗，冲洗机的结构如图 5－8 所示。所用碱液的浓度为 3～5‰，温度约 35℃。

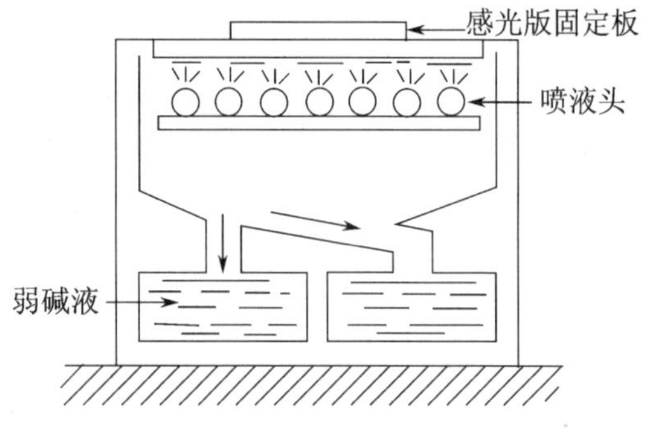

图 5－8　冲洗机结构简图

冲洗过程中，未感光部分的树脂被溶解，片基上只留下感光硬化图文部分。

（4）干燥和后曝光。用红外线干燥器，将冲洗干净的树脂版干燥。然后进行整体版材的最后曝光，使印刷部位和非印刷部位都得到充分曝光，增加版面的坚韧度，达到感光版面相对定型。烘干、后曝光装置由光源、热源、鼓风机等部件组成。

感光性树脂凸版和金属凸版比较，特点是，便于同照排字相配合，制版过程简便，工作场地清洁，制版设备费用低廉，因此国外使用这种版材的印刷厂日益增多。感光性树脂版首先由美国在 1957 年试制成功，德国的感光性树脂版于 1968 年问世。日本在 1963 年开始研究，1969 年以后制成液体树脂版。此后，新品种相继出现。

我国 20 世纪 70 年代开始感光树脂版的研究，各地印刷科研单位和企业分别成立了试制小组，做了大量工作，最早取得成果的是北京、天津和广东等省、市，随后各省市纷纷学习改进，特别是文化部出版局召开两次非金属新版材交流会后，使得感光树脂版的研究试制在70年代达到高潮。但是由于缺乏长期计划,大家都在低水平上重复,未能大量投产。

三、应用无粉腐蚀铜锌版工艺

由于包装装潢越来越多的网点图案,凸版照相制版开始大量采用无粉腐蚀铜锌版工艺,淘汰了沿用已久的粉尘污染严重的撒红粉铜锌版腐蚀工艺。

1948年,美国DOW化学公司发明高速无粉腐蚀机(如图5-9所示),用镁合金作版材,曝光后的铜版经高温烘烤后再放入无粉腐蚀机中,约8分钟即可制成印版。与红粉法不同之处在于,腐蚀液中除硝酸外还加入一种表面活性剂,腐蚀是硝酸和表面腐蚀开始,锌版感光胶膜上附着的表面活性剂保护膜附着力强,不会被酸冲掉,而没有感光胶膜的部分附着的表面活性剂附着力弱,容易被酸冲掉,锌版受到腐蚀,产生的热量使表面活性剂不断向四周扩散,锌版形成一定深度和坡度的图文结构,如图5-10所示。

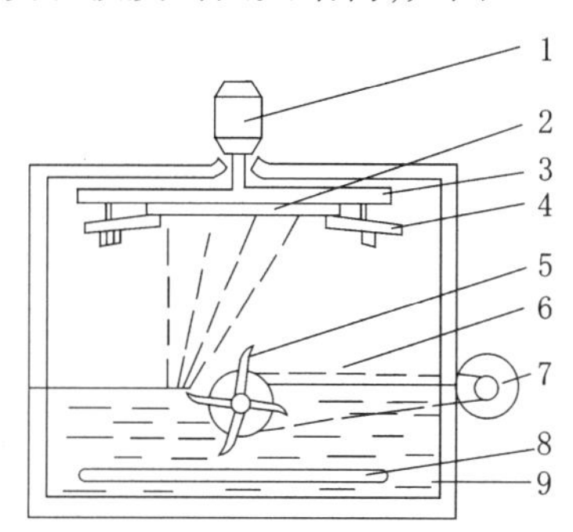

图5-9 凸版腐蚀机结构图

1—电机;2—被蚀印版;3—工作台;4—夹具;5—叶轮;
6—皮带;7—电机;8—冷却装置;9—腐蚀液

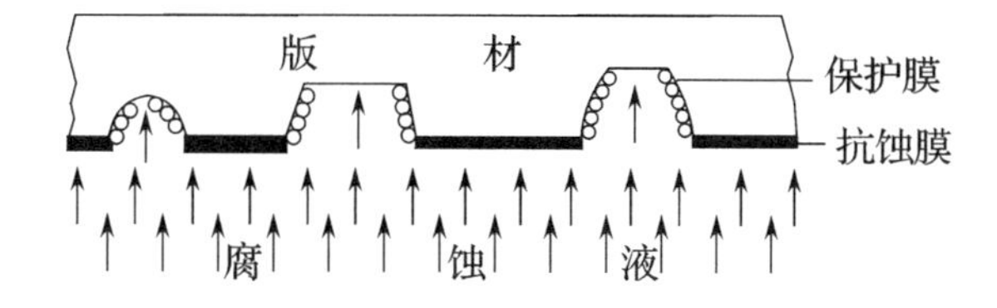

图5-10 无粉腐蚀法示意图

我国采用无粉腐蚀铜锌版工艺是从20世纪60年代初开始。北京印刷技术研究所从国外引进无粉腐蚀机,由该所研制出添加剂配套使用。后来中国印刷公司组织广州锌片厂,上海有色合金厂,生产出供无粉腐蚀法使用的微晶锌版,由营口机械厂生产无粉腐蚀机,使无粉腐蚀锌版工艺于20世纪70年代得以在全国推广。

1959年,138部队、中国科学院印刷厂等单位试制成功无粉腐蚀铜版,其方法是在波美30°的三氯化铁溶液中加入二硫化钾醚和乙烯基硫脲作为保护剂。铜版曝光显影后也要经高温烘烤(260℃左右),已形成一层珐琅膜来更有效的保护图文部分。

四、印铁工艺的改进

(一)印铁工艺实现了自动化

60年代初,上海人民机器厂造出JT1101型印铁机,实现了印铁自动化。以后,重庆、南京等地的机械厂生产出烘房设备,从而使进料、印刷、烘干、翻转、堆放等工序组成完整的印铁生产线。

印铁制罐,作为包装工业中的一个专门行业在主管机关的支持下,经过多年改造,已使得设备陈旧、技术落伍、工艺老化、生产能力不足的状况,有了很大改善。也使自身体系得到逐步增强,产品不断更新换代,保持了印铁制罐产品在市场的兴旺。

(二)印后加工新工艺

1. 粘接法。

随着制罐工业的发展,比较便宜的制罐材料无锡薄钢板(镀铬铁)的出现,出现了采用有机黏合剂粘接罐身纵缝的方法。

在镀铬板的端部涂上约5mm宽的尼龙系黏合剂,成圆时,使涂有黏合剂的部位重合后加热到260℃,然后充分压紧,使接合处的黏合剂熔化再冷却。

粘接法与锡焊法相比有下列优点:不用焊锡焊缝,罐内食品不受焊锡料中锡、铅等重金属污染;节省了昂贵的锡;可以采用满版印刷,无空白焊区,外形美观。

2. 熔焊法。

20世纪60年代末期美国首先采用搭接电阻焊焊接罐身纵缝的方法,通过电阻焊使薄钢板自身熔接而达到纵缝密封。成为制罐技术的一次重大改革。

熔焊法的优点有:

(1)罐身不用焊锡,根本杜绝了铅、锡等重金属对罐内食品的污染,而且节省了金属锡;

(2)焊缝密封性好,且强度高;

(3)焊缝重叠宽度小,节省原材料,彩印面积大,外形美观;

(4)生产率高,一台自动焊缝机完成罐身焊接,大罐(φ153mm)可达50~80罐/min,一般罐(φ50~90mm)最高可达600罐/min.

缝焊的主要原理是利用一对上下配合的电极辊轮,在轮上开有沟槽,槽内有一条压扁了的铜丝作为移动电极(如图5-11所示),当薄钢板搭接后,以上下电

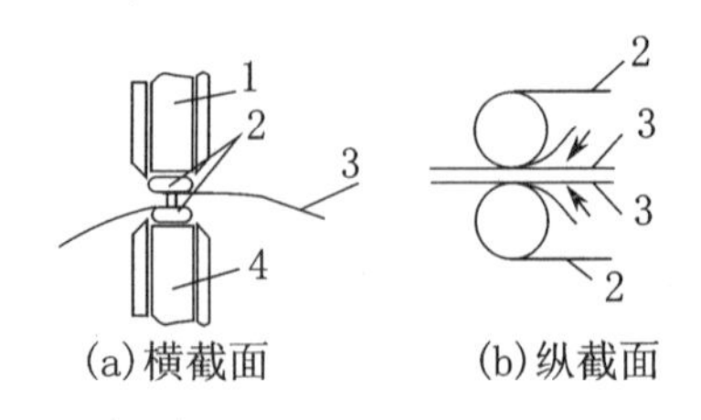

1—上焊接辊轮;2—铜丝电极;
3—罐体;4—下焊辊轮

图5-11 缝焊机铜丝电极工作原理

极压紧通电,由于薄钢板的电阻比铜电极的电阻高得多,因而在被焊钢板接点上,有较高的界面电阻,引起接点上的增温,薄板间的电阻随之迅速增加,这两种作用导致搭接纵缝的温度上升近1500℃,搭接处的金属变软溶化,并通过上导辊的加压,冷却后即成紧密、均匀的焊缝。

除上述方法外,还可采用激光焊接等方法来达到纵缝金属熔接。

五、传统立体印刷工艺研制成功

(一)传统立体印刷工艺的研发

1964年北京立体印刷厂在邱发奎厂长的带领下,根据一张日本立体卡通画片,开始了开发立体印刷工艺的工作,经过3年的悉心钻研,于1967年获得成功,当时应用于钥匙环、儿童文具尺、钟表面装饰等产品(如图5-12所示)。

图5-12　传统立体印刷印品

1967年7月1日国家领导人李先念同志还在中南海接见了研制组主要人员。

(二)立体印刷原理

立体印刷,是利用一种光栅板使图象景物具有立体感的一种印刷方法。又称为光栅板法,或三维空间印刷。

立体印刷是由专用照相机对同一景物从不同角度通过柱镜光柱板拍摄成底片,经制版印刷后,在每张印刷品上覆合上与拍摄时完全一致的透明塑料光栅版,光栅使图象断面的像素差位聚焦而形成具有前后远近之分的立体彩色图片。当人眼通过柱面光栅板观察图象时,由于光栅的折光作用,有一图象进入左眼,另一图象进入右眼,左右眼视角不同,通过视觉中枢的综合,便产生了图象的立体感。

如拍摄的透明底片与透明光栅片覆合,可以得到透视型立体照片。

光栅(柱面透镜)产品的特点在于能在一个平面上营造出有相对景深的立体空间,或者在一个相对静止的画面里制造出有动感的图案内容。

如图5-13所示,柱面透镜光栅是一块由许多柱面并列组成的透镜板。将每个小柱镜的焦距与柱镜板的厚度设计成相等的距离。柱面透镜光栅具有分像作用。

柱面透镜的分像原理如图5-14所示。如果有一条线段L,用柱面透镜分别在A、B、C、D四个位置上进行拍摄,在焦平面上相应地得到四个像a、b、c、d。

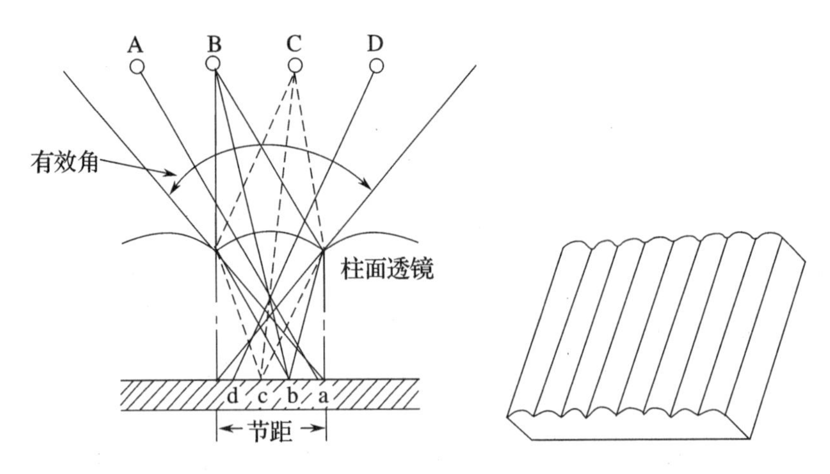

图 5－13　柱面透镜的分像原理　　　图 5－14　柱面透镜光栅

当人的眼镜通过柱面板观察图像时，必然有一图像进入左眼，另一图像进入右眼，通过视觉神经的综合，便看到了有立体感的图像。

以上对 A、B、C、D 四个方向进行了说明，一般地要在图中有效角的范围内进行连续分像，在这个角度中，人眼变化位置都可以看到立体图像，所以这种方法也称作任意视点立体显示法。

有效角和柱面透镜的节距 D、厚度 t、凹凸透镜的半径 R 等均由适当条件决定。

(三)传统立体印刷的工艺

立体印刷的工艺步骤：

立体摄影→制版→印刷→复合柱面板。

1. 立体摄影。

目前常用拍摄立体印刷原稿的方法有两种，即圆弧立体摄影法和快门移动法。

(1)圆弧移动摄影法。

把柱面透镜板直接加装在感光片的前面，用一台照相机进行拍照，照相机的光轴始终对着被摄物的中心。照相机运动的总距离以满足再现图像的要求为准，一般控制在夹角 3～10°。照相机感光片前的光栅板与感光片随机同步移动，每次曝光都会在光栅板的每个半圆柱下聚集成一条像素，当相机完成预定距离，像素则布满整个栅距，经冲洗可得立体照片(如图 5－15 所示)。

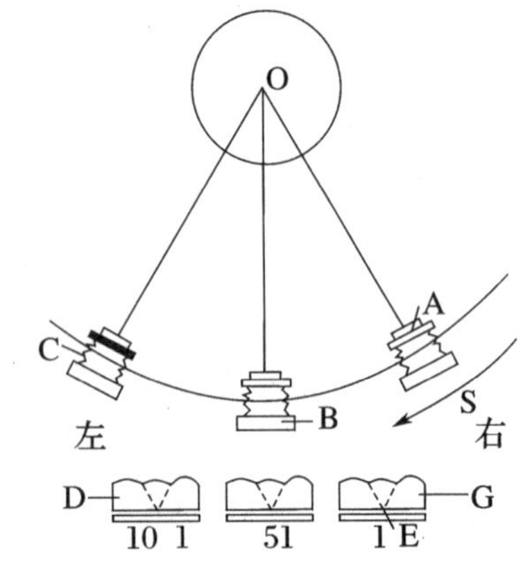

图 5－15　圆弧拍摄

(2)快门移动摄影法。

这种拍摄方法的特点是相机、被拍摄物都不移动，采用特制的大口径矩形镜头，快门从镜头的一侧移到另一侧的距离为60mm，相当于人两眼的间距，同时紧贴于感光片前的栅板也相应移动，移动的距离为一个栅距即0.6mm。

2. 制版。

立体印刷可以考虑的版式（如表5－2所示），可以看出以珂罗版最为适宜，但不易大批量生产，所以采用平版胶印。

表5－2　立体印刷工艺比较

版式	立体感	制版	印刷精度	耐印力	比较
珂罗版	良好	调子不稳定	良好	低	立体感优，不宜大量生产
平版胶印	良好	良好	良好	高	立体感优，制版稳定，宜大量生产
照相凹版	良好	套印精度差	不良	高	立体感良好，多色印刷效果差
凸版	良好	细网线制版困难	良好	低	细网线制版困难，版易污化

制版要点：所拍摄的立体图像底片，用电子分色机或直接加网照相工艺进行分色。

3. 立体印刷的三项要求与五大要素。

（1）立体印刷的三项要求：

①以胶印技术为主，印刷用铜版纸定量不低于250g/m²。

②印刷墨色纯正、耐高温、干燥快。

③加网线数不低于300lpi或采用珂罗版制作。

（2）立体印刷的五大要素：

①数据统一。原稿、像素数据及印品图像始终与柱镜光栅栅距保持统一，避免由于数据之差在成品图像中产生干涉条纹，影响视觉效果。

②套印准确。像素与光栅的误差不得超过0.0001‰。因为任何一个色版的偏离，都会在光栅复合时，产生明显的异色图像虚影，使全图色、像离异，无法观赏。

③层次丰富。印刷网点清晰、饱满、密而不糊、疏而不丢、如网点失控，会造成密度两极分化，影响图像立体与空间的理想再现。

④严禁伸缩。严格控制印刷品伸缩量，是确保立体图像完美再现的关键。印刷图像伸缩，会脱离光栅栅距的制约，造成图像视觉定位的改变，出现反像、错像和视觉上的眩晕感。

⑤调整网线角度。立体印刷用各色版网线角度之差应小于普通胶印，如300lpi的网线角度为K37.5°、C37°、M20°、Y22.3°，目的是使网点组合在柱镜光栅柱面中，形成色线横向排列，保证色像层次的均衡过渡，避免由于网线角度与垂直的光栅条纹相等而产生撞版，出现龟纹，影响彩色立体图像的平衡再现。

4. 复合柱面板。

柱面板的复合方法有以下两种：

(1)平压贴合法。使用冲压机，在柱面透镜成型的同时，把氯乙烯粘附在印刷品表面，冷却制成(如图5－16所示)。

(2)滚筒贴合法。如图5－17所示，长卷的氯乙烯薄膜预先充分加热与印刷纸重叠，从金属模棍与压印滚筒之间通过，同时粘合柱面透镜。这种方法生产能力强，适合大量生产，但与平压贴合相比，膜的再现性稍差。

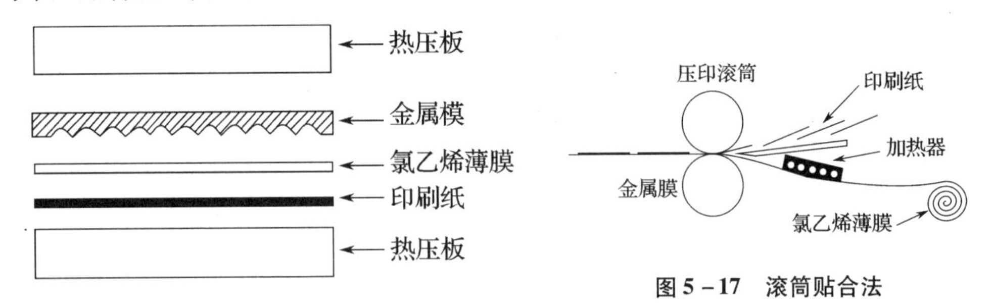

图5－16　平压贴合法

图5－17　滚筒贴合法

(六)立体变画印刷

在立体印刷品中，还有一种变换观察角度产生动感的变画产品。多应用于文教用品、儿童玩具。

变画印刷品的制作原理和方法基本与前述相同。首先在拍摄原稿照片时，分别拍摄两个画面，即初始画面A与最终要变出的画面B，再分色得两套分色片。在拷贝阳图时需分两步曝光，即先在A底片(阴片)密合A线片，放上感光片后，吸气、曝光，取下A线片和A底片，换上B线片和B阴图分色片，把刚曝过光的感光片再次放上，吸气、曝光。如图5－18所示，经显影、定影，得到一张既有A线又有B线的阳图片。

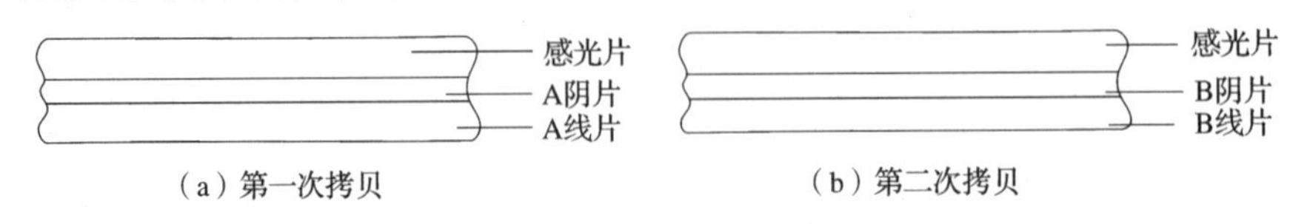

(a)第一次拷贝　(b)第二次拷贝

图5－18　两步曝光拷贝示意图

晒制印版、印刷、复合柱镜板后就可得到从一个方向可看到A像，变换角度可看到B

像的变画印品(如图5－19所示)。

图5－19 动画立体图片

六、塑料薄膜印刷工艺研制成功

(一)塑料薄膜专用轮转凹印机开发成功

自60年代初,随着塑料工艺的发展,我国的食品、服装、工艺美术等行业相继采用印刷装饰的塑料包装。塑料制品的印刷是印刷工作者面临的一个新课题。为了探索在塑料制品表面顺利印刷,并使其质量得到保证,我国印刷科技人员做了大量研究工作。

1966年开始采用铜锌凸版印刷方式,在聚乙烯、聚丙烯吹塑薄膜上进行印刷,但印刷牢度不佳、色彩不鲜艳、质量不够理想、手摆铜锌凸版印刷只适用于数量少、图案简单、要求不高的产品。

我国第一台塑料薄膜专用的轮转凹印机于1967年在上海试制成功,之后,京津等地也先后制造了一批凹印设备,最初是1~2色,后来发展到4~6色,有的机器还可进行双面印刷或分切、复卷等作业。

例如:陕西印刷机器厂生产的AXJ60400卷筒料卫星式六色凹版印刷机,适用于聚乙烯、聚丙烯、聚氯乙烯、玻璃纸等薄膜的印刷,能够在薄膜正面印刷四色为卫星式,反面印刷两色为单元式,通过牵引装置使两者联动起来,具有结构简单,操作方便的特点(如图5－20所示)。

AXJ60400凹印机的主要技术规格:

印料最大宽度 400mm

印刷最大宽度　390mm

印版滚筒直径　80～200mm

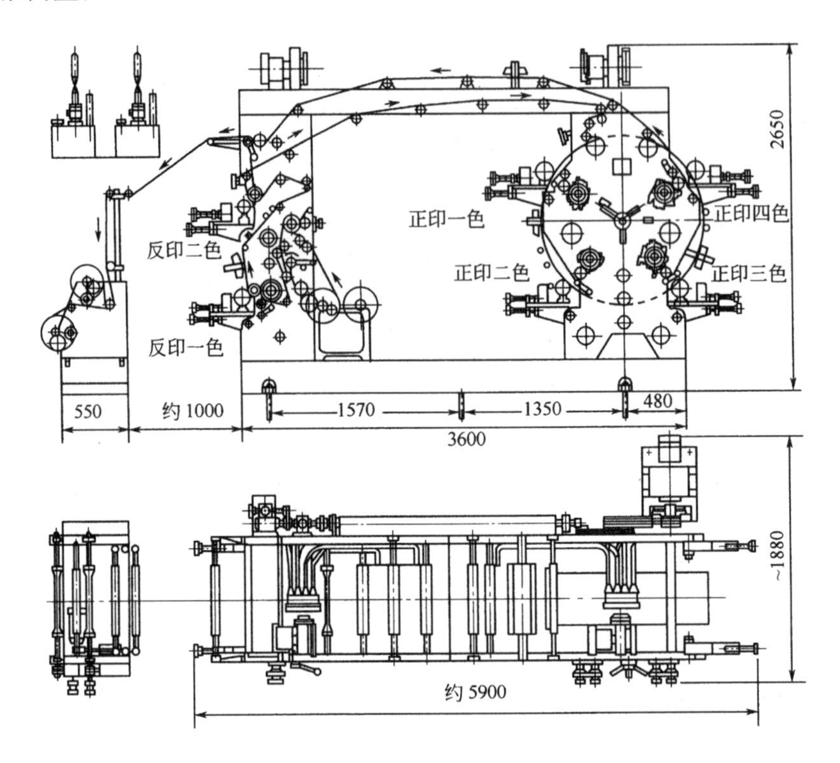

图 5－20　AXJ60400 卷筒料卫星式六色凹印机(单位:mm)

设计这种混合印刷结构的主要原因是卫星式所有的印版滚筒是按印刷工位均匀排列的。为了保证每色印后的干燥时间,各印版之间要有一定的距离,所以印刷机色数越多,压印滚筒越大,机体相应增大,六色印版滚筒体积就会太大,给机械加工和维护保养都带来困难,也给套准带来不利因素。所以国内外卫星式多色凹印机,大都将正印和反印分成不同形式的印刷单元。

(二)塑料薄膜印前处理技术突破

要在塑料薄膜上获得良好的可印性,薄膜的表面张力应高于油墨的表面张力。聚丙烯、聚乙烯薄膜对印刷油墨的粘附性很差,印刷前必须对薄膜进行表面处理。上世纪 50 年代上海人民塑料厂曾采用重铬酸盐化学处理工艺,1964 年,改用霓红灯变压器和臭氧发生器高频高压电晕处理方法,但由于前者存在废液污染,后者存在噪音大等问题,均不理想。1973 年,该厂试制成功薄膜吹塑,处理连续生产工艺和晶体电晕处理设备,使薄膜处理和印刷牢度赶上国际先进水平。

电晕处理是当塑料薄膜刚刚吹塑时,让其经过一个高频高压放电的电场,使其表面状况发生变化。经过这样的处理,薄膜的表面张力就可以由原来的 3.0×10^{-2}N/m 左右提高

到 3.8×10^{-2}N/m 以上,高的可达 4.0×10^{-2}N/m,对印刷和复合大有好处。

电晕处理的示意如图 5-21 所示,其处理的主要原理如下:

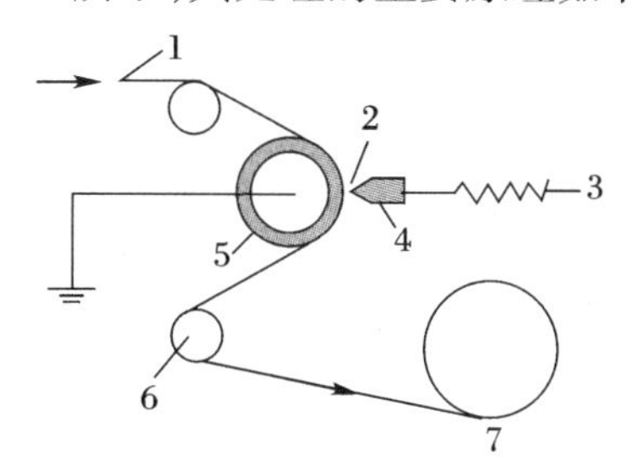

图 5-21　电晕处理示意图

1—塑料薄膜　2—电弧放电　3—高频高压电源发生器

4—电极　5—绝缘辊　6—导辊　7—收卷装置

(三)多层复合包装材料设备试制成功

为美化商品包装,使出口商品在国际市场上赢得荣誉,1973 年,上海人民塑料厂试制成功挤出复合工艺设备以及透明纸聚乙烯复合包装材料。其中有:适合包装食品、糖果、方便面条等商品的复合材料;有适合包装颗粒商品如菊花晶、麦乳精和药品的复合材料;也有适合包装药物、牙膏、化妆品、果酱、皮鞋油等商品的多层复合包装材料。

1. 复合技术的特点与应用。

将两层以上的薄膜层合到一起的工艺称为复合。与提高印刷品表面光泽的覆膜(纸-塑复合)加工不同,复合主要用于改善作为包装材料用的印刷品的性能,使各单层薄膜的优点都集中到复合薄膜上。

图 5-22 所示为典型的复合薄膜结构。由纸、铝箔、聚乙烯构成的层合膜是复合膜的主要品种。在包装工业中,常用缩写的方式表示复合薄膜的结构。例如:纸/PE/铝箔/PE,写在前面的是外层,写在后面的是与产品接触的内层。外层纸可提供拉伸强度以及印刷表面,铝箔提供了阻隔性能,聚乙烯在这两者之间起黏合作用,内层聚乙烯使复合材料能热合。

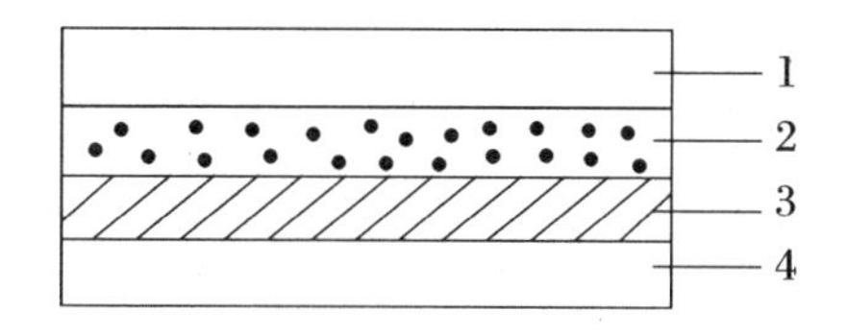

图 5-22　复合薄膜结构示意图

1—纸(刚度);2—聚乙烯(黏合剂);3—铝箔(阻隔层);4—聚乙烯(热封层)

常见复合材料的构成及用途见表 5-3。

表5-3　复合材料构成

复合材料的构成	主要特点	用途
PT + PE	防潮,阻气	方便面,点心,其他
OPP + PE	防潮,防水	方便面,点心,其他
PET + PE	防潮,防水,阻气,加热杀菌	豆酱,酱油,煮沸用熟食
低/AC(AD)/Al + PE	防潮,阻气	佐料,粉末汤料
PT + PE + Al + PE	高度防潮,阻气	粉末汤料,粉末桔汁,药品等
PET/AC(AD)/Al + PE	高度防潮,阻气,防水,耐煮沸	蒸煮用,烹调后的食品

注:PT——普通玻璃纸;PE——聚乙烯;OPP——拉伸聚乙烯;PET——聚酯;Al——铝箔;AC——底层粘合剂;AD——粘合剂。

2. 复合常见方法。

复合的方法主要有湿式复合法、干式复合法、挤出复合法、热熔复合法等。

(1)湿式复合法。湿式复合法(图5-23)是将纸张类的透气性材料与其它的非透气性薄膜或铝箔进行复合。先在薄膜上涂布合成树脂乳胶,然后与纸张进行复合,经加热干燥器干燥,最后进行复卷(如图5-23所示)。

湿式复合用的粘合剂多为水溶剂型,所以没有耐水性。因此此方法只适用于包装干燥食品。

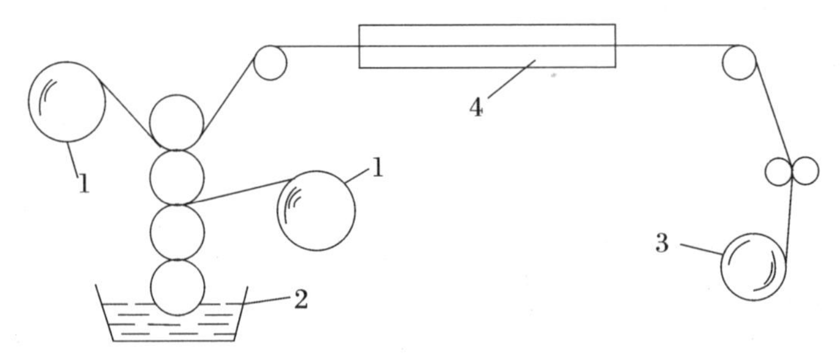

图5-23　湿式复合机

1—给料;2—粘合剂;3—复卷;4—干燥器;5—夹压辊

(2)干式复合法。这是将各种同类薄膜进行复合的方法(如图5-24所示)。首先将粘合剂涂布在薄膜上,通过加热干燥器使粘合剂干燥后,再与其它薄膜进行复合。

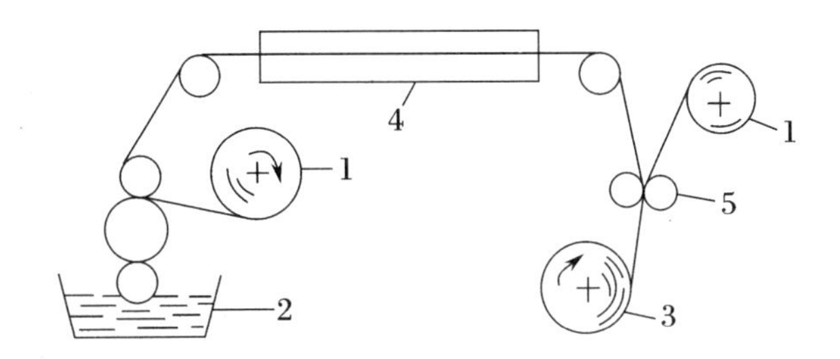

图5－24　干法复合机

1—给料;2—粘合剂;3—复卷;4—干燥器;5—夹压辊

(3)挤出复合法。在薄膜的表面上,由T型挤出头将经过加热的聚乙烯(PE)树脂等挤出,以涂布成层合的层次。或如图5－25虚线所示,用挤出的PE作为粘合层进行复合。

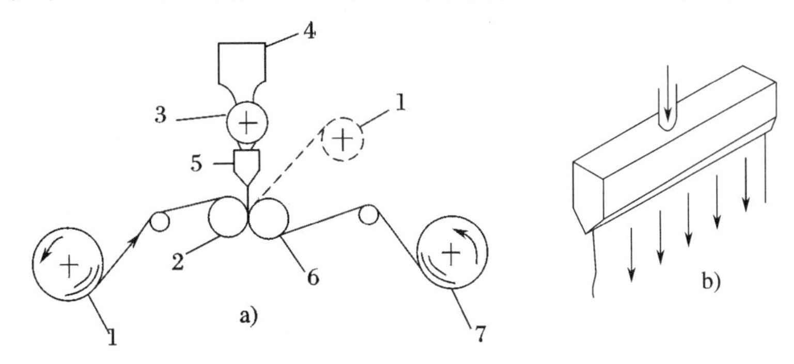

图5－25　挤出复合机　上－原理图　下－T型挤出头

1—给料部;2—夹压辊;3—挤出辊;4—料斗;5—挤出头;6—冷却辊;7—复卷

国内常用预涂复合机的主要参数如表5－4所示。

表5－4　国内常用预涂复合机的主要参数

技术参数＼复合机	河南省印刷装帧技术工艺工厂HZ－920型液动红外双腔油温复合机	温州光明KDFM770、900、1000、1200型覆膜机	上海龙腾机械制造有限公司FMS－10A复合机	浙江温州复合机
复合最大宽度(mm)	900	770、900 1100、1200	1020	800
复合工作速度(m/min)	2~20	0~20	20	20
复合工作压力(MPa)	8~20	—	—	—
复合工作温度(℃)	85~105	60~130	50~80	80~180

电动机总功率（kW）	2.05/380V	0.4、0.55 0.75、1.1	4.5	1.1
电热器总功率（kW）	4.5/220V	2.4、3.6(/220V) 4.8、5.4(/38V)		6
外形尺寸（mm×mm×mm）	3000×1900×1600	1150×1100×1400 1350×1100×1400 1550×1250×1450 1750×1250×1450	2100×1550×1300	1250×800×200
整机质量(kg)	1850	260、380、480、600	1000	390

七、凹印制版新技术的应用

(一)喷胶腐蚀凹版制版工艺

喷版腐蚀凹版即网点照相凹版,其网穴结构为大小不等,深度相同(如图5－26所示)。

1. 滚筒的脱脂去污。除油采用50%甲苯和50%醋酸乙酯的混合溶剂或碳酸钙粉末糊。除氧化膜采用2%盐酸、4%氧化钠,5%醋酸的混合酸或砂膏。

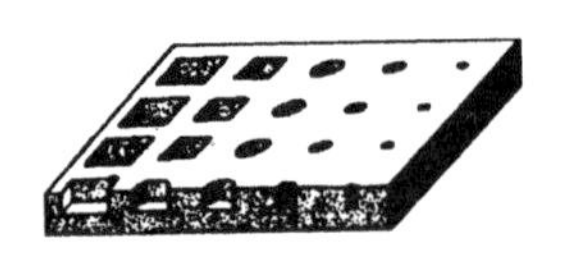

图5－26　网点照相凹版结构

2. 喷胶。为使滚筒表面涂布一层均匀的感光胶,而采用喷枪喷涂的方法。喷胶时只要按滚筒周长调节旋钮使滚筒产生转动,喷枪就从滚筒一端移向另一端。整个喷胶操作只要喷涂一次(如图5－27),见感光胶喷涂方式示意图。

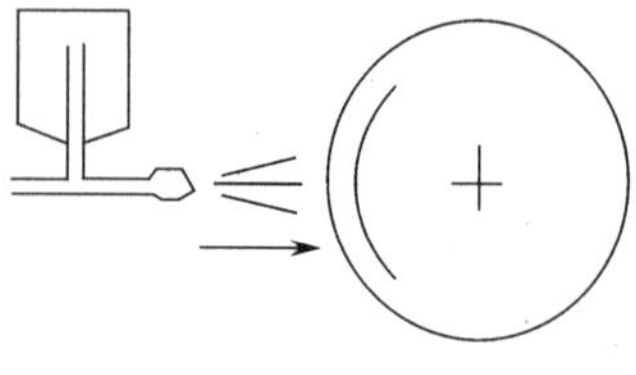

图5－27　感光液涂布方式示意图

喷胶工艺参数:

感光胶:稀释剂5∶3

喷嘴与滚筒表面距离7～10厘米

喷射空气压力0.6～0.8大气压

喷胶量　40毫升/²米

滚筒转速(表面线速度)80米/分

胶液温度　15～25℃

相对湿度　50～80%

要求在每天喷第一只滚筒前试喷一下,检查压缩空气内是否含有油和水。

3. 曝光。把加网阳图软片包裹在滚筒上,并用聚酯薄膜拉紧,转动滚筒,通过6000W水冷氙灯贯穿整个滚筒长度的细长光窗狭缝中,进行曝光(参见图5-28)。

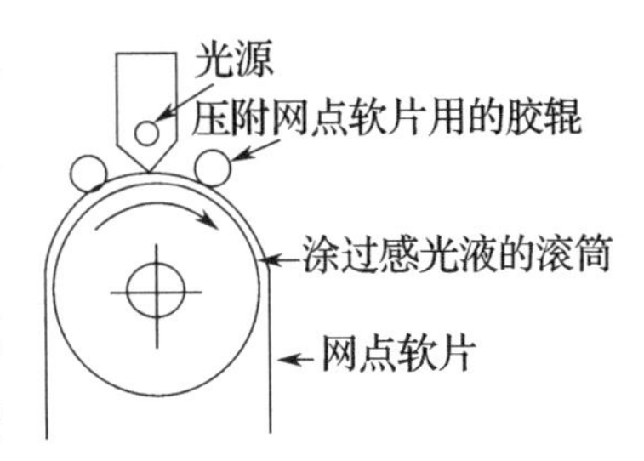

图5-28　晒版机工作原理

4. 染色显影。为便于目视检查曝光后图像的质量,把整个版面胶层都染上颜色,然后用温水显影,未硬化部分胶膜溶于水;而硬化胶膜不溶于水,以浮雕形式存留于滚筒表面。染色时间一般为45秒左右,显影时间为2分钟。

5. 填版。腐蚀之前,要把滚筒表面图像和文字以外不需要腐蚀的地方,用沥青覆盖起来,使其不被腐蚀。

6. 腐蚀。通常,凹印滚筒采用三氯化铁溶液进行腐蚀,而新工艺通过电解腐蚀机,对滚筒进行腐蚀,形成凹印印版。这种腐蚀机结构较简单、稳定、易控制、价格比较便宜。电解腐蚀机用聚氯乙烯材料制成电解槽和电解贮液槽,用不锈钢作阴极,滚筒作阳极,电解液的主要成分为氯化钠和氯化铵,电流接通就开始腐蚀。在电解腐蚀过程中,阳极铜失去二个电子,变成二价铜离子而进入电解液,二价铜离子在阴极上得到两个电子,在不锈钢上析出铜。

电解时工艺参数:

电解液pH值　1~1.3

电解液温度　19~24℃

电解液波美度　10±1Be°

二价铜离子含量　5~7克/升

阴阳极距离　3.5cm

电压　8~10v

滚筒转速(表面线速度)80米/分

7. 脱膜。腐蚀结束后,用有机溶剂清洗沥青和耐蚀膜,再用碳酸钙粉末清洁滚筒,最后用混合酸和清水冲洗滚筒。

(二)电子雕刻凹版的制作

电子雕刻凹版,是60年代以后出现的新型凹印版,它利用电子回路雕刻原理,在铜滚筒表面上直接雕刻出网点,制成凹版。图5-29是西德赫尔公司制造的K-200型凹版电子雕刻机结构简图。

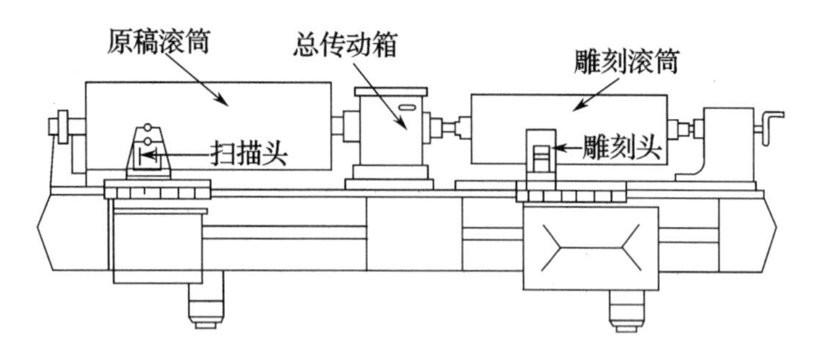

图 5－29　电子雕刻机结构示意图

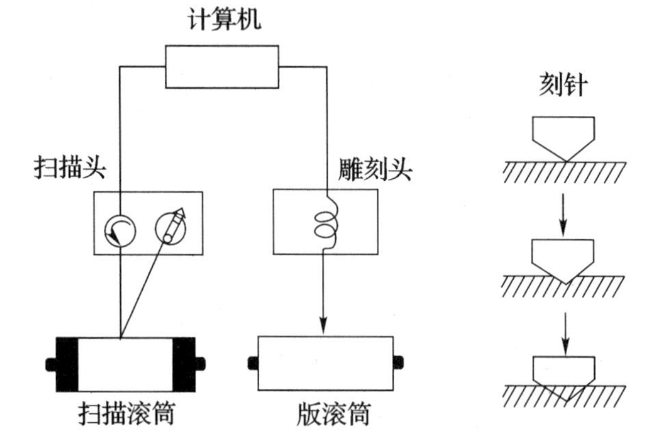

图 5－30　电子雕刻机工作原理示意图

图 5－30 是电雕机工作原理图，利用光电管扫描头接收来自原稿的反射光，由于原稿色调深浅不同，按其反射光的强弱转换为电流的强弱，在经过光电倍增管，将电流加强到可操纵刻刀或炽热钢针时，在版材即可进行不同深度、不同面积的网穴雕刻（如图 5－31）。

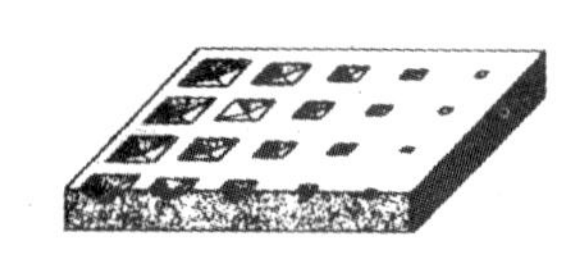

图 5－31　电子雕刻凹版结构

用电子雕刻机雕刻凹版，其制版过程如下：

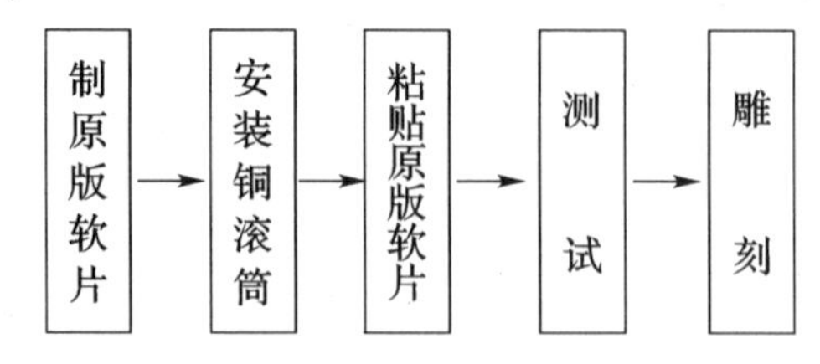

（1）原版软片的制作。凹版的电子雕刻机用原版为连续调的反射阴图，采用伸缩小的白色不透明的聚酯感光片拍摄而成。

（2）安装印版滚筒。雕刻前，将铜滚筒表面的油脂、灰尘、氧化物清除干净，用吊车将铜滚筒安装在电子雕刻机上。

（3）粘贴原版软片。将原版软片平整无皱地粘贴在原稿滚筒上。

（4）测试。对原版阴图的高光、暗调各个层次进行测试，规定网线线数，确定网点的雕刻图形。

（5）雕刻。扫描头对原版进行扫描时和扫描头同步的雕刻针便在滚筒表面进行雕刻。

八、照相制版新工艺的应用

1. 两翻阳图平凹版工艺。

在50年代后期，印刷厂普遍推行一干一湿两翻阳图平凹版新工艺。第一次用全色干版或软片分色4张连续调阴图，经修正后第二次用湿版再翻拍成加网阳图。该工艺简化了操作，提高了图像的清晰度和印刷品的复制质量。

2. 明胶干版取代湿片。

随着照相两翻阳图版工艺的应用，20世纪60年代初，北京新华印刷厂研制成功明胶干版到1964年全部淘汰了落后的湿片操作。接着，上海、沈阳等大城市印刷厂相继制作干版，逐步取代了湿片。这是我国照相制版技术的一次大变革，不但提高了质量和效率，而且保护了工人的身体健康。

20世纪60年代初，汕头感光化学厂在原北京印刷技术研究所等单位协助下，研制成功我国照相分色制版用的分色片和网点片。从此开始形成使用国产感光材料的一套照相分色制版的工艺体系。

3. 直接加网分色工艺（直挂工艺）。

（1）直挂工艺的优点。

60年代，欧美、日本等国已普遍应用直接加网照相分色技术。这种工艺相比间接加网分色工艺有明显优点：

①由于感光软片和网屏紧密接触，减少了玻璃网屏加网时光的衍射和光损，轮廓实、清晰度高，质感强，层次丰富，特别是高调细小层次反映更好。

②在分色过程中可充分利用各种蒙版，进行色彩修整，压缩反差，校正色差，减少人工修整，提高分色效果。

（2）直挂工艺方法。

直接加网分色工艺是通过接触网屏或玻璃网屏在分色的同时进行加网的制版工艺。工艺流程如下：

原稿 → 蒙版 → 滤色片 → 灰色接触网屏 → 加网分色阴图

直接加网分色法，减少了照相次数，缩短了制版时间，提高图像的清晰度，但是层次再现上不及间接法好，特别是暗调部分。

①蒙版制作。应用于直接加网分色得蒙版，多采用彩色蒙版，它既能修正色彩又能修正层次。将其装到照相机上后，分色时，不需更换，容易套准。蒙版的制作如下：

接触曝光→呈色显影→定影→漂白定影→水洗→干燥

以彩蒙为例。主要制作过程如图 5－32 所示。

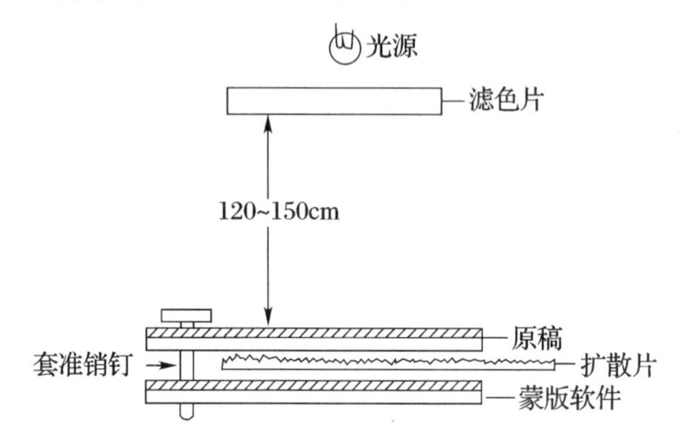

图 5－32　彩色蒙版的制作示意图

②原稿与彩色蒙版蒙合后置于照相机的透射原告架上，光源前加装滤色片，成像面上装置感光软片和接触网屏（如图 5－33 所示），经曝光后，显影、定影加工，即得加网分色阴片。

接触网屏是由胶质材料为片基的薄膜式网屏，因其使用时需与感光材料密合接触而得名。接触网屏上均匀分布着密度由高到低连续变化的虚晕点，每个网点的中心密度最高，越向边缘，密度越低（如图 5－34 所示）。

③直接加网分色需采用高倍率的短焦距放大镜头如 EL－Nikkon。网屏线数根据印刷条件及使用的纸张而定。胶印一般使用 150 线/in 或175 线/in。网屏角度，一般将最显眼的色版定为 45°，其他两色版与此各相差 30°，最不明显的黄版角度则可插入这些角度之间，差 15°即可。

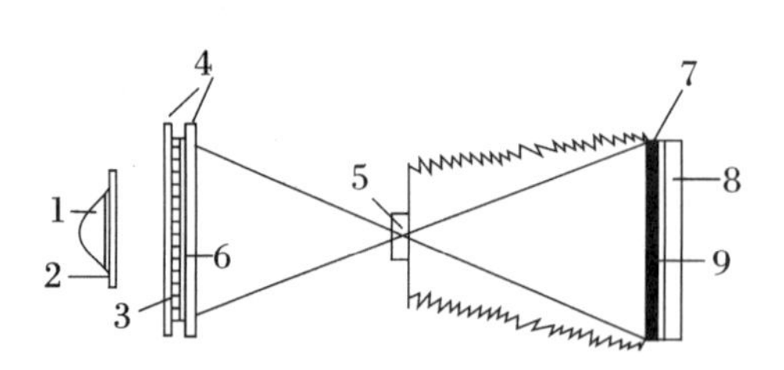

图 5－33　直接加网分色工艺示意图
1—氙灯；2—滤色片；3—蒙版；4—玻璃；5—镜头；6—天然色片；7—接触网屏；8—吸气板；9—特硬感光片

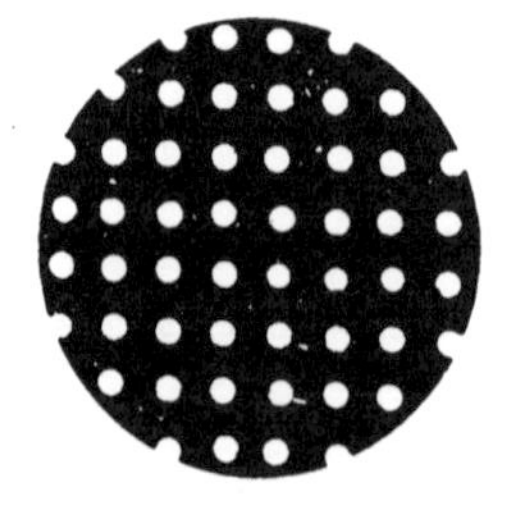

图 5－34　接触网屏

1958 年,上海、北京等地曾试制过直接分色加网技术,并试制过一些产品。同年,民主德国二位印刷专家在上海访问时,亲自指导制作了一张画稿《快乐的娜嘉》,取得了很好的效果,但由于当时受照相制版光源、高反差感光材料,接触网屏等条件的制约,进展甚微。

70 年代初,在上海、北京两地的印刷技术研究所和上海复旦大学光源实验室、南京特种灯泡厂、北京新华印刷厂、上海市印刷十一厂等单位共同努力下,制造了灰色接触网屏,新型 1000W 镝钬灯、8000W 脉冲氙灯等新型制版光源和吸气板、高反差明胶干版等感光材料,使直接加网分色工艺在京、沪等地分别研制成功。1977 年,京、沪、辽、陕四省市召开照相制版直接加网分色经验交流会,进一步推广和普及了此工艺。

4. 四色制版的发展

我国自采用照相制版工艺以来,习惯使用六色制版印刷,即黄、红、蓝、黑,加上浅红、浅蓝(有些产品还用一些专色)。这样印刷周期长、原材料损耗大,成本高,质量也受影响。

70 年代中期,与外国技术交流逐渐增多,电子分色技术和直接加网工艺日益成熟,同时纸张、油墨质量的相应提高,人们对四色制版印刷的好处有了新的认识。北京、上海、辽宁等地积极对四色制版的理论进行研究,并在实践中对四色制版的阶调、点形、用墨色相的控制等方面都取得了一定的经验。不但在一般产品中广泛应用,而且在一些重点产品中见到成效。例如 1201 厂印制的《解放军画报》,坚持采用四色制版工艺印刷。

1977 年中国印刷公司召开了全国四色制版印刷经验交流会,推动了四色制版向深度和广度发展。

九、电子分色制版系统的建立

20 世纪 60 年代,北京新华印刷厂引进电子修版机。70 年代初,北京新华印刷厂引进电子分色机。上海于 1973 年开始引进电子分色机,并迅速在制版生产中占有重要地位。1973 ~ 1976 年,北京仪器厂、北京印刷技术研究所和中央工艺美术学院印刷工艺系试制了电子分色机并生产出合格产品。

由上海延安机器厂会同有关单位试制的 DFS - A 型电分机,性能接近国外同类机器水平,其特点是能用国产感光材料。

电子分色机的引进和电子制版技术的应用,是我国彩色图像制版的一次跃进,使我国的彩色图像制版技术进入了一个崭新的阶段。

早期的彩色分色制版技术多采用照相制版。照相制版采用蒙版的方法进行图像彩色和层次校正,还要经过手工拼版、修版、其工艺复杂、速度和质量均取决于人工的技巧和经验。

电子分色机简化了许多繁琐工序，它可以扫连续调，可以扫阴图加网，也可以一次直接扫阳图版，有的机型还可以一次扫两色或四色，效率比过去沿用的照相制版大大提高，在质量上，它可以逼真地再现原稿的层次和色调，使图像清晰、层次丰富、校色正确，只要原稿质量好，可以不用或少用人工修版。

电子分色法，是利用电子回路的原理，进行原稿分色。它和利用光学原理的照相分色不同，是用光电转换的关系对原稿进行点扫描，将原稿的光讯号转换成电子讯号，在彩色电子计算机上显示出来，操作者根据制版要求，进行调节，然后把调节的正确讯号，再转换成光讯号，记录在感光片上（如图5－35、5－36所示）。

电子分色法，在工艺上是照相和修版的综合。

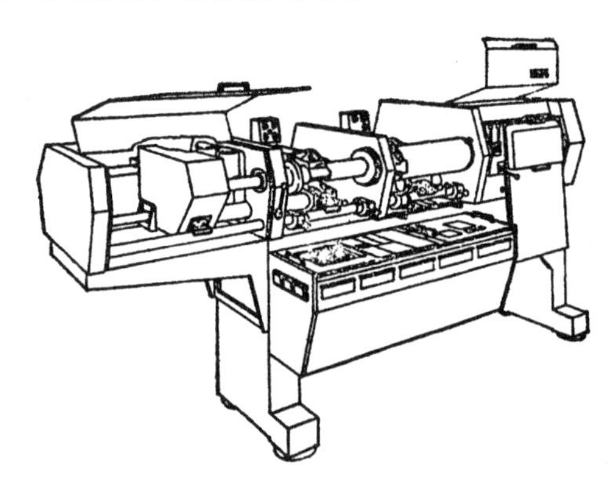

图5－35　DC－300型电子分色机结构示意图

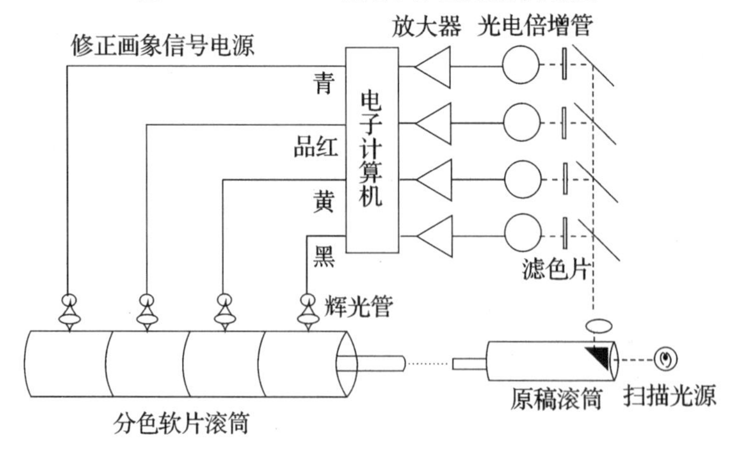

图5－36　电子分色机工作原理

十、数据化、规范化制版工艺的探索

20世纪60年代初期，原北京印刷技术研究所提出照相制版科学化的课题，强调照相修版合一的观点，使制版印刷工作者对规范化、数据化有了初步认识，进而在照相、晒版、打样等工序采用基本测试手段。

20 世纪 70 年代,由于采用分色机和各种新型照相放大机为主的新工艺,同时大多采用四色制版,使图像制版进入一个新的历史时期。这就需要改变工人几十年来以经验为主的操作方法,使各个环节的操作做到数据化和规范化,建立以新设备新技术为主的一套新的制版工艺体系。1977 年,北京新华印刷厂提出了制版工艺规范化和数据化的一些做法,经过努力,初见成效。上海出版系统部分胶印厂同时进行了探索,上海市印刷一厂的电分数据工艺流程初具雏形,在制版生产中开始发挥作用,其他各地印刷厂也进行了这方面的探索。

十一、硅酸盐制品贴花纸转印技术的改进

(一)胶印大薄膜贴花纸

20 世纪 60 年代中期,我国开始采用手工胶印机生产贴花纸,淘汰了笨重落后的石印机,提高了生产效率,改善了工人的劳动强度,但是,仍需人工擦粉,污染严重。70 年代初期,在生产技术上做了两项重大改革,并推出一种新型颜料。

1. 由人工擦粉改为调墨印刷,杜绝了污染,减少了职业病,同时,又能使用全自动胶印机,产量大幅度提高。

它是在一种经过特殊加工处理的承印材料上进行印刷的。其加工工艺方法是:选用 180 克道林纸为基纸(可反复使用),然后用石花菜或魔芋粉的水溶液,在基纸上裱糊上一层拷贝纸(拷贝纸可以揭下),再经过刷粉、刷胶、轧光,即可用于印刷。印刷完成,将印有图案纹样的拷贝纸从基纸上揭下来,即为花纸的成品。

贴花前,先将印好的图案纹样按朵剪下,然后用含有少量的阿拉伯树胶水溶液,将纹样面挨瓷,粘贴于瓷面上,并用橡皮刮刮平,到实。待干,将贴有花纸的器皿浸入水中,待拷贝纸上的胶层容化,轻轻揭去拷贝纸,图案纹样即转移到瓷面上。

将贴好花纸的陶瓷器皿表面的胶污擦干净后,方可入窑彩烧。转移贴花纸的实物结构如图 5 – 37 所示。

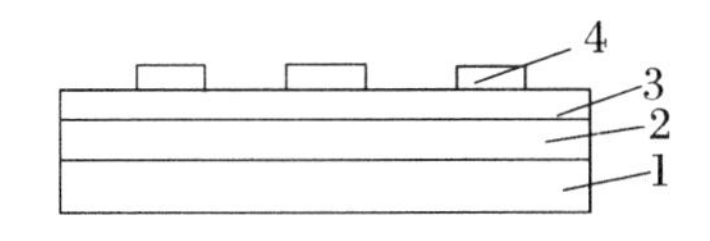

图 5 – 37　转移贴花纸

1—道林纸;2—考贝纸;3—胶层;4—印刷层

2. 以聚乙烯醇缩丁醛大薄膜代替了胶纸(薄膜贴花纸),贴花纸的成品率及贴花利用率均明显提高。

这是一种以聚乙烯醇缩丁醛薄膜为印刷载体的陶瓷贴花纸。

首先为180克道林纸上，热合上一层聚氯乙烯薄膜材料为基础（可反复使用）。而后，在聚氯乙烯薄膜表面，涂布一层聚乙烯缩丁醛的酒精溶液。为了涂布均匀，需分两次涂布（干后涂第二次），使其形成一层厚度约为0.01mm的薄膜。待印刷完毕，将印有图案纹样的薄膜揭下，即为成贴花纸。

使用时，先将薄膜按朵剪下，膜面挨瓷，用含有少量酒精的水溶液粘贴，然后用橡皮刮刮平，刮实，擦净即可入窑彩烧。

薄膜贴花纸的实物结构如图5－38所示：

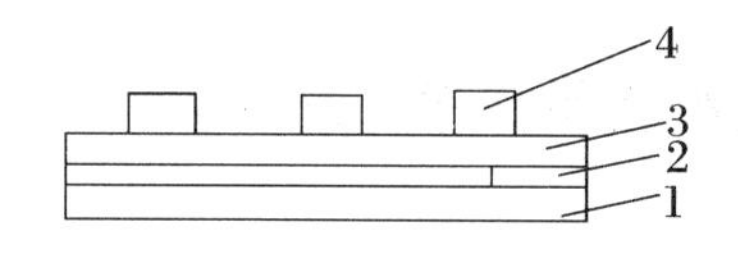

图5－38　薄膜贴花纸

1—道林纸；2—聚氯乙醇薄膜；3—缩丁醛薄膜；4—印刷层

（二）陶瓷贴花纸颜料

陶瓷贴花纸所使用的颜料是以金属氧化物为着色剂的无机颜料。根据陶瓷颜料的不同性能和烧成温度，主要可分为釉上颜料（低温颜料），釉下颜料（高温颜料）。

1. 釉上颜料。

釉上颜料，是一种在成瓷釉面上进行装饰的颜料。主要由着色金属氧化物和低温溶剂所组成。彩烧温度一般在780℃～850℃之间。经过彩烧，颜料牢固地溶着于釉面上，并发色纯正，光亮。

一般情况下，釉上颜料是可以相互调配的，但不同系列的颜料，由于溶剂的不同，调配后经彩烧，可能对发色有一定的影响，特别是镉硒类颜料，不可与其它颜料调配。

2. 釉下颜料。

釉下颜料是由着色金属氧化物和母体矿经混合、煅烧、粉碎而制成，一般用于陶瓷釉下装饰。烧成温度在1280℃～1360℃之间。受高温影响，颜料发色较不稳定，且缺少鲜艳的红色，在一定程度上影响装饰的范围。

3. 釉中颜料。

釉中颜料又称高温快烧燃料，是20世纪70年代发展起来的一种新型陶瓷颜料，它的颜料品种比釉下颜料丰富，又解决了釉上颜料铅熔出对人体的危害问题。烧成温度在1060℃～1250℃之间，烧成时间大约在1小时左右，在此温度下，釉面开始软化熔融，颜色浸入釉中，故名釉中彩。

十二、包装印后加工工艺新开发

（一）上光

1. 上光涂料的研制开发。

上光加工是改善印刷品表面性能的一种有效方法，通过上光涂料在印刷品表面的流平、干燥成膜，不仅可以增强印刷品表面的平滑度，光泽度，而且可以起到保护印刷图文的作用，因此被广泛应用于包装装潢、大幅广告、招贴画等印刷品的表面整饰加工中。

我国上海在20世纪40年代中期，就已出现了一些小手工作坊，采用简陋的设备从事印刷品表面的上光加工，如人工用排笔醮着桐油在印刷品表面刷涂，然后晾干以增加印品的光泽。

随着上光加工的不断普及，上光涂料的研制和开发越来越受到印刷、化工等相关行业的高度重视，上光涂料已由最初的简单品种，发展为氧化聚合型上光涂料，溶剂挥发型上光涂料。

2. 半自动辊涂式上光机

这类上光机的送纸（输入），收纸（输出）是人工操作，结构比较简单，投资少，使用方便。适合专业上光厂使用。

半自动上光涂布机主要由印刷品传输机构、涂布机构、干燥机构以及机械传动、电器控制系统组成，基本结构如图5－39所示。

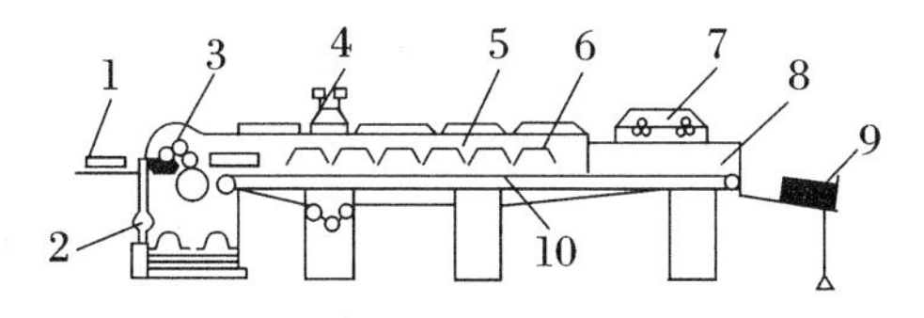

图5－39　上光涂布机结构图

1—印刷品输入台；2—涂料输送系统；3—涂布机构；
4—排气管道；5—烘干室；6—加热装置；7—冷却送风系统；
8—冷却室；9—成品台；10—印刷品输送带

（二）覆膜技术

覆膜技术诞生于50年代，首先为美国陆军所采用。国内覆膜工艺应用于20世纪60年代中期，当时主要应用于毛主席著作封面的表面整饰加工。

印刷品覆膜，是将聚丙烯等塑料薄膜覆盖于印刷品表面，并采用粘合剂经加热，加压后使之粘合在一起，形成纸塑合一的印刷品的加工技术。早期采用现用现涂粘合剂的即涂覆膜工艺，即涂型覆膜机也多用手工输纸的半自动设备（如图5－40（a）所示），进口机型多为全自动型。

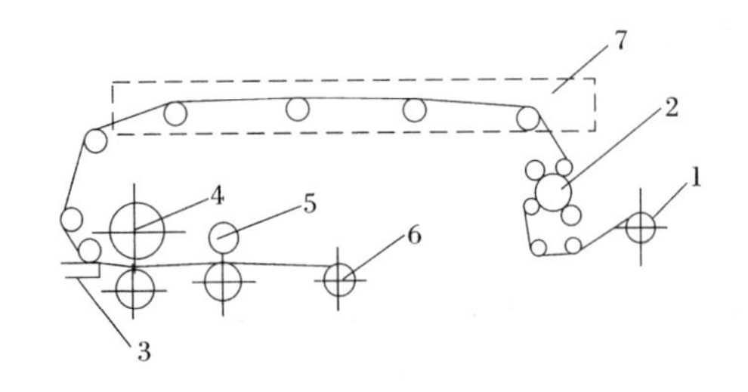

图5－40(a) 即涂型覆膜机结构简图
1—塑料薄膜放卷部分;2—涂布部分;3--印刷品输入台;
4—热压复合部分;5—辅助层压部分;
6—印刷品复卷部分;7—干燥通道

图5－40(b) 薄膜印刷品

经覆膜的印刷品,不但光亮增加,色彩鲜艳,明显地增加了印刷品的艺术效果,提高了印刷品的身价,而且对印刷品起到了保护作用,使之耐水、耐潮、耐光、耐磨擦和防污染。如图5－40(b)所示。

(三)凹凸压印(压凸)

1. 凹凸压印的效果。

在第二章中曾经提到,早在17世纪中叶,我国就有拱花工艺的产品,即在纸张压出凸花。凹凸压印简称压凹凸、压凸。是一种不用印墨,而利用一对精确吻合的凹版与凸版,在较大的压力作用下,将印刷品压出浮雕状图文的加工方法(如图5－41所示)。这种方法多应用于商标、纸盒、贺卡、瓶贴等印刷品的加工,效果生动、美观、主体感强。凹凸压印是印刷工艺百花中一朵奇葩。

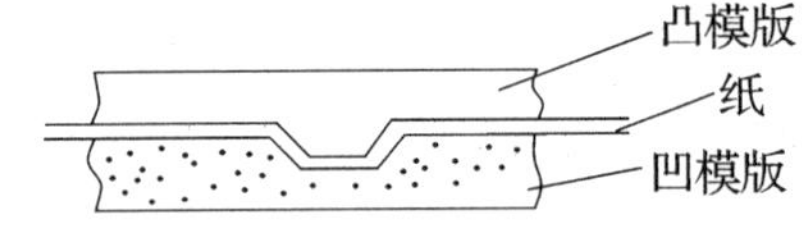

图5－41 压凹凸示意

凹凸压印工艺在我国运用和发展已有半个多世纪,从20年代开始,在我国逐步形成一个独立的工艺体系。解放后,有了更加广泛的运用,1956年出版我国第一部宪法(外文版),封面国徽先用凹凸版压印,取得了良好的效果。1958年上海创作《石榴刺绣》凹凸雕刻工艺,发扬我国民族传统,金线刺绣十分精细,达到可以乱真程度,也是一件具有世界先进水平的精品。以后一些年来,凹凸压印工艺较为普遍的在商标包装装潢、书刊、月历、年历卡等印刷品上得到运用(如图5－42)。目前我国是世界上凹凸压印工艺用得比较广泛的国家,在世界上处于领先地位。随着印刷工业的发展,凹凸压印工艺将发出它更加灿烂的光辉,在包装装潢上的应用将会有更大的发展。

图5－42 凹凸压印包装盒

2. 凹凸压印工艺。

早在20世纪初便产生了手工雕刻印版,手工压印工艺。20世纪40年代,发展为手工雕刻,机械压凹凸工艺,早期盛行的是石膏凸版(模)工艺。到20世纪90年代发展为新型的高分子凸模、机械压凹凸工艺。

凹凸压印的工艺流程为:制凹版→制凸版→凹凸印。

(1)制凹版。

凹版的制作方法有雕刻法、化学腐蚀法和化学腐蚀与雕刻共用的综合法,基本操作程序如下:

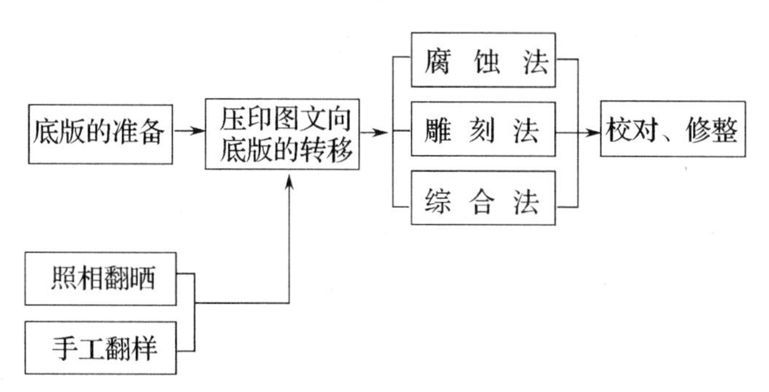

①底版的准备:阴版制作前,首先应根据被加工印刷品的特征及要求合理选用底版。一般加工图文简单、凹凸压印产品数量少可选用锌版;加工图文复杂、凹凸压印产品数量大可选用铜版或钢板。

②凹凸图文向底版的转移:凹凸图文向底版的转移早期采用照相翻晒、手工翻样法。

a. 手工翻样法。

手工翻样方法依其使用的材料不同又可分为多种方法。例如:根据印刷好的成品图样,用透明材料将所需凹凸的部分以划针正确、精细地描刻出划痕,然后再在画痕上均匀地涂布炭粉,并将其固定在涂布了一薄层白广告色的版材上,施以一定的压力,使图文翻印到版材上;再例如:将版基均匀的涂布一层红丹粉,将所需凹凸图文描在特殊的纸上,再反印到版材上;如果需要凹凸的图文线条简单,还可以采用描红的方法将描红纸(越薄越好)直接粘贴在版材上。

手工翻样方法,成本低、周期短,适用加工精度要求不高,凹凸压印图文简单,层次较少的印版。手工翻样的版材仅适用于雕刻制版法。

b. 照相翻晒法。

照相翻晒方法是在版基上均匀涂布一层感光胶,将软片(通过原稿照相获得)密覆于版基表面,通过曝光、显影后得到图文转移后的版材。此种方法中采用的感光胶依化学腐蚀液种类不同而不同。

照相翻晒方法操作简便、劳动强度低,精度高,适用于各类复杂程度不同的原稿。照相翻晒后的版材适用于化学腐蚀和雕刻制版法。

③雕刻、腐蚀。

一般采用铜板做版材（厚度为 1.5 ~ 3mm），雕刻刀具按不同用途分为尖刀、平刀、圆刀、排刀 4 种。刀具宽度为 0.3 ~ 0.5cm、长度为 10cm，雕刻深度需根据纸张承受压力程度到不破为宜，一般深度控制在版厚 50% 左右。厚纸，过细的刻纹压印效果差；薄纸，过深的图面压印易碎。一个图面的轮廓要有一个由浅入深或由深入浅的坡度，从而达到整个印面和谐统一，主体突出、层次丰富、立体感强。

为提高制版效率，降低劳动强度，往往采用腐蚀与雕刻结合的方法制作凹版，通常先采用照相深腐蚀的方法，即以感光性物质涂于铜板面，用阳图软片药膜面相对密合曝光后，浸于三氯化铁的溶液中蚀刻到一定深度。由于腐蚀后图文深度是一致的，轮廓不明显，层次较差、版口呈毛糙状，所以需要再行雕刻加工，根据具体图文要求，采取相应的雕刻手法，例如，画面图案呈圆形（水果、动物等），雕刻时需将版口修成圆形；若是文字线条图案，则版口宜修成直边；为了突出立体造型，有时把版口修成斜面。

（2）凹凸压印机。

目前实际使用凹凸压印机有两种：

①平压平立式压印机。一般凹凸压印承印版面较小，受压较轻的印件，可采用平压式凸版印刷机，其中以鲁林机较为适宜。如果承印版面较大，受压较重的印件，可采用对开平压式压痕机。平压平立式压印机由于平压冲击力大，印件凹凸轮廓层次较好，但机速较低（见图 5－43）。

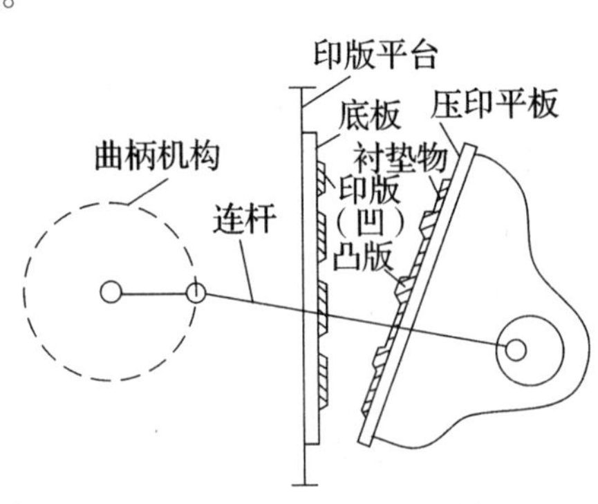

图 5－43　凹凸压印机结构示意图

②自动圆压平卧式压印机。它的机身结构与一回转平台凸印机基本相同，就是去除墨斗墨辊装置。圆压平卧式压印机由于运转阻力小，机速较高。但由对圆压平式的压力冲击力小，印件凹凸轮廓层次不及平压平式压印好。

（3）制凸版。

以制作好的凹版为母模，复制一块与凹版完全吻合的凸版。复制工艺有两种，一种是传统的石膏凸版工艺，一种是新型的高分子凸模工艺。

①石膏凸版工艺。

a. 将雕刻凹面印版配上合适的金属板，中间衬入一层卡纸粘牢，它的厚度与一般印版一样。

b. 凹面印版的定版地位尽量居于铁框中间，防止受力不平衡或版面走动，支撑点的地位必须选得适当,枕塞松紧要适宜。

c. 铁框放入版台地位时,需将紧闭螺丝扣紧,防止上下左右发生松动。

d. 压印平板(或压印滚筒)糊上1张八号黄版纸,面积应大于印版四周两三公分左右,用胶水涂匀粘牢,平服不弓。

e. 用墨辊在凹面印版揩匀油墨,进行试印,对版面不细之处,必须先在凹面印版背部基本垫平后,再在平板部位匀垫。

f. 对版面轮廓层次较多部分按层次深浅程度,用宝塔型垫法按层剪贴垫实。然后再上层粘贴与印面大小一致的黄版纸,洒水浸湿,开机连续试轧成凸面纸型。

g. 在剪垫层次基本形成凸面纸型的基础上,铺上石膏层,(切忌省略剪垫这一步,光靠石膏层补足是不耐压的)石膏层采用细净石膏粉拌入胶水调和,厚度以拿起不会掉下为宜,版面小用量少则可厚些,版面大用量多则薄些。石膏浆容易干燥,在用较薄石膏层时,应使干燥时间适当延长,便于版面大的印件进行操作。

h. 石膏层铺面方法有两种,一种可将石膏浆直接铺到剪垫凸面纸型上,再盖一张薄型纸;另一种可将石膏浆均匀地刮在薄型纸上,然后盖在剪垫凸面纸型上。铺石膏层时准备工作必须安排充分,操作要快而利索,防止石膏层干硬铺面不匀而返工。

i. 当石膏层铺面将干未干时进行凹凸试轧,事先在凹面印版轻刷火油以防粘坏。然后由轻到重用手盘动飞轮试轧,开始时用慢速,避免石膏层受力过猛迅速铺开,将会发生凹凸不足现象。等到石膏层完全干硬完型后,才可用正常车速压印。

j. 试轨凹凸压印图样,如有不符合质量要求的,可以再用薄石膏层进行修补,直至达到质量符合要求。当石膏层基本干硬时,立即将不是凹凸印面的四周石膏层用刀细致刮清,然后校正针脚规矩地位,复上一层牛皮纸,以便于输纸压印。

②高分子材料凸版工艺。旧工艺制作凸模所用的石膏,实际上为熟石膏($2CaSO_4 \cdot H_2O$)。其粉末混水后有可塑性,不久即硬化,硬化后的石膏质地很脆,经不起重压,为了增加石膏的机械强度,在配制石膏糊时,往往用阿拉伯胶代替水,但这样却延长了石膏的硬化时间。传统的凸模复制工艺复杂费时,即使技术熟练的工人操作,夏天也要1~2h,冬天为3~4h。为了改变这种落后状况,研制成功用高分子材料代替石膏,变机上复制为机外预制的新型凸模。新材料的选择,要求必须是机械强度好,成型快速方便,能使用一般的双面胶粘合。根据以上要求,选择高分子合成材料中的热塑性塑料是理所当然的。综合比较表5-5中所列各种材料的性能,聚氯乙烯和聚苯乙烯都是比较理想的,但聚苯乙烯质脆,裁切不便,最终选择了来源最丰富,价格最低廉的聚氯乙烯。

表 5-5 常见热塑性塑料的性能比较

性能 塑料品种	粘流温度/℃	弹性模量/Pa	一般物性（室温）	与橡胶型粘合剂的粘结强度
聚乙烯（低压）	100～130	0.12	软韧	差
聚丙烯（等规）	170～175	0.125	硬韧	较差
聚氯乙烯（硬质）	165～190	0.250	硬韧	较好
聚苯乙烯（无规）	112～146	0.325	硬脆	好

热塑性塑料的成型方法常有注射成型、挤出成型，真空成型等。模压成型属二次成型，即将塑料板材与模具重合后，放入具有加热及冷却系统的压机内，通过调节温度与压力，得到与模具形状一样，凹凸相反的制品。这种成型方法具有模具可变性大，控制简单，操作方便等优点。具体工艺如下：

a. 表面清洗。将裁切好的聚氯乙烯板进行表面清洗，去除毛点、油污。阴模板和模框也作同样清洗。

b. 涂脱模剂。在阴模板、聚氯乙烯板的接触面涂刷脱模剂。常用的脱模剂有硅脂、硅油及二者的混合物。

c. 装框上机。将阴模版、聚氯乙烯板装入模框内，盖上盖板，送入压机。注意必须将聚氯乙烯板置于阴模板的上方，阴模板四周与模框壁之间应留有适当空隙，以便让多余的熔融状料液流出。

d. 升温加压。升温前适当加压使被压物密合，当温度达到预定值后加压。压力大小应视版面大小、图纹深浅、线条粗细有所变动，一般应控制在 100～300kg/cm^2。

e. 冷却脱膜。当温度冷却至室温后卸压、脱膜。

f. 裁切检验。将图纹以外的边角裁切后，经检查无缺陷，即告完成。

4. 凹凸压印。

定好规矩，将印好的印刷品放入凹版和凹版之间，用较大的压力直接压印。当印刷品为较硬纸板时，可利用电热装置对铜（钢）凹版加热，以保证压印质量。采用电热板压凹凸，不能用木条、木斜块填空和紧版，以免因木条受热变形而发生散版事故。宜用铝条、空铅和铁版锁等金属性材料。调整好压力，压印平台要校平，污染物要清理干净。

(四)模切、压痕工艺

包装装潢要求具有各种奇异的造型构图,以增加印刷品美观和效果,一张平面的包装装潢印刷品,需要经过模切压痕加工,用模切刀将不需要的纸面部位去除,用线模将需要折弯部位压成线痕,经过加工后成为立体型的包装装潢印刷品(如图5-44)。

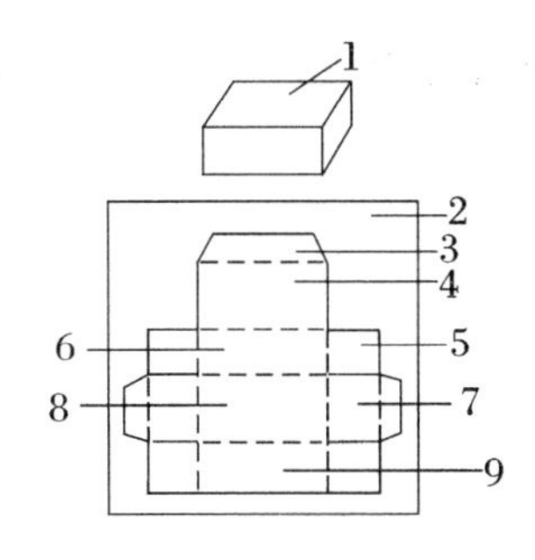

图5-44　包装纸盒成型、结构示意图
(……压痕线-模切线)
1—成型纸盒;2—纸盒基料;3—插舌;4—盒面;5—接口;6—盒背;7—盒腰;8—盒底;9—盒腹

模切压痕的加工对象主要是印刷纸制品。例如各种包装纸盒、产品商标、艺术产品等,其中以不同档次的包装纸盒加工量最大。

模切压痕工艺是根据设计的要求,使彩色印刷品的边缘成为各种形状,或在印刷品上增加某种特殊的艺术效果(如图5-45所示),及达到某种使用功能(如图5-46所示)。

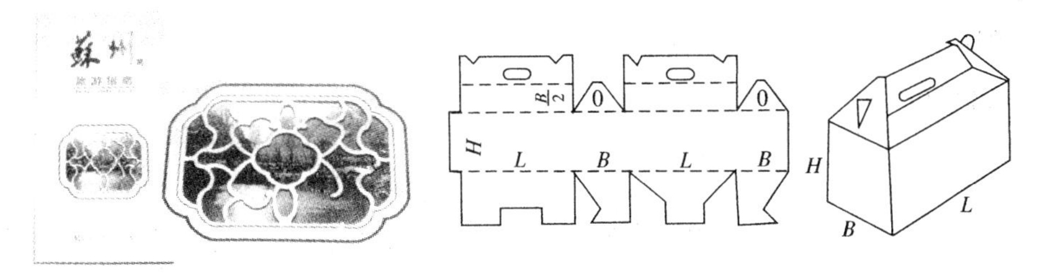

图5-45　镂空模切产品一例

图5-46　手提式纸盒

以钢刀排成模(或用钢板雕刻成模),在模切机上把承印物冲切成一定形状的工艺,称为模切工艺。利用钢线通过压印,在承印物上压出痕迹或留下利于弯折的槽痕的工艺称为压痕工艺。

1. 模切压痕版的结构。

模切用的印版,实际上是带锋口的钢线,其高度约为23.8mm(比印刷铅字略高),铡切成最大的成型线段把钢线在夹具(屈角机和屈圆机)上弯成各种所需要的形状,再组排成“印版”。经过压印,使承印物裁切成要求的形状。压痕用的印版也是钢线,高度比模切用的刀线略低(约低0.8mm),没有锋口,排组成“印版”后用其压印,使承印物表面出现痕迹。一般是把模切用的钢刀和压痕用的钢线嵌排在同一块版面上,使模切与压痕作业一次完成。

模切压痕版的制作,俗称排刀。所谓排刀是指将钢刀、钢线、衬空材料按规定的要求,拼组成模切压痕版的工艺操作。排刀中钢刀、钢线被铡切并拼组成形来制出所要求的冲模结构,钢刀和钢线由衬空材料定位,沿着切割刀两边粘有橡皮用来在切割之后立即从切割刀上快速脱出印刷品。其各组件作用及原理如图 5 - 47 所示。

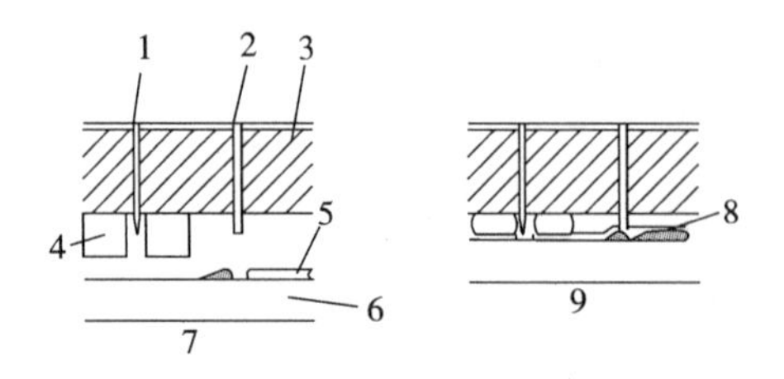

图 5 - 47　模切压痕印版各组件作用及原理图

1—钢刀;2—钢线;3—衬空材料;

4—橡皮;5—垫版;6—模压机底板;

7—脱开;8—印刷品;9—压合

在热排工艺盛行的年代,模切压痕版的制作同样采用钢刀、钢线与衬空材料(空铅、衬铅、铅条)拼排的工艺,随着热排工艺的淘汰,模切压痕版的制作也改为胶合木板底板开槽、镶入刀、线的工艺。

2. 空铅衬空材料排刀工艺。

空铅衬空材料排刀工艺流程如下:

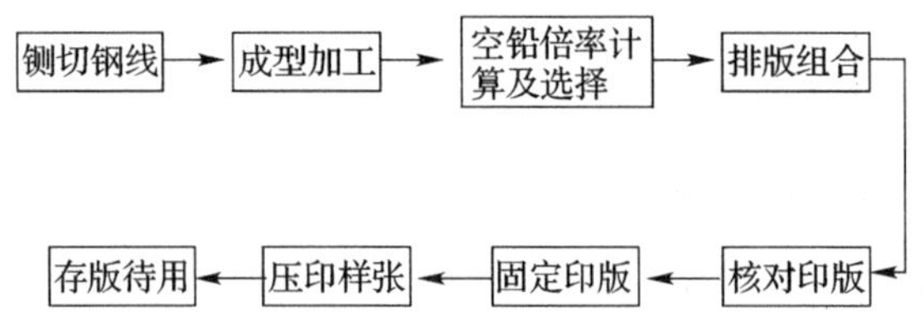

金属空铅排刀中,要求操作人员能够灵活自如的正确运用各种规格的衬空材料,排出的压印版不能在模切加工中松动或串线。尤其是在排制各类几何图形时,既要保证图形规范,又要保证松紧适宜。一版多图时,相互之间要一致,不能因所加空铅倍率不同,而产生差别。另外,刀线版排成后印版对边各点的垂线要等距,以利于固刀线版时夹紧、固牢(如图 5 - 48 所示)。

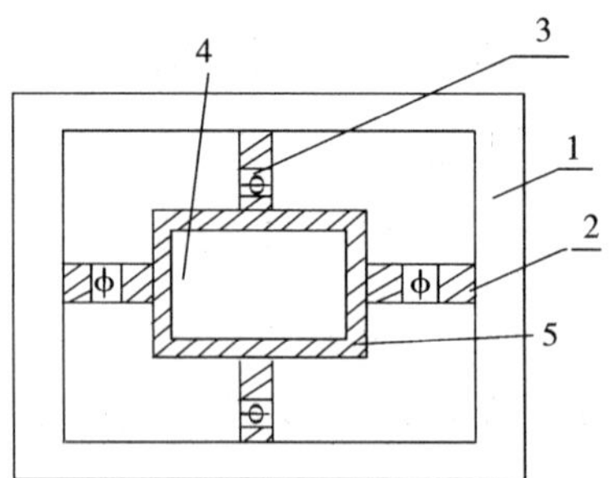

图 5 - 48　印版固定示意图

1—排刀铁框;2—衬空材料;

3—固版锁;4—印版;5—木条

常用空铅、铅(木)条规格及互用关系见表 5 - 6、5 - 7。

表5-6　铅(木)条规格表

铅条规格	相等于铅空	铅条规格	相等于铅空
6.5625点	五号对开加五号八开	2.625点	小五号三开
6.00点	小四号对开	2.625点	五号四开,二号八开
5.25点	五号对开,二号四开	2.25点	小五号四开
4.50点	小五号对开	2.00点	六号四开,三号八开
4.00点	六号对开,三号四开	1.3125点	五号八开
3.50点	五号三开,二号六开		

注:每点等于0.35146mm。

表5-7　分数、倍数空铅规格表

类型	材料＼点数＼字号	2号	3号	4号	5号	小5号	6号
分数空	全身	21.00	16.00	14.00	10.50	9.00	7.875
	对开	10.50	8.00	7.00	5.25	4.50	3.9375
	四开	5.25	4.00	3.50	2.62	2.25	1.96875
	六开	3.5	2.666	2.33	1.75	1.50	
	八开	2.625	2.00	1.75	1.31	1.125	
倍数空	全身	二倍双连	二倍双连	二倍双连 二倍半	一倍半 二倍双连 二倍半	一倍半 二倍双连 二倍半	一倍半 二倍双连 二倍半
	对开			一倍半	一倍半 二倍双连 二倍半 三倍	一倍半 二倍双连 二倍半	一倍半 二倍双连 二倍半 三倍
	四开	一倍半	一倍半		一倍半 二倍双连 二倍半	一倍半 二倍双连 二倍半	一倍半 二倍双连 二倍半

3. 多层胶合木底板开槽工艺。

(1)加工产品尺寸规格的确定。

①精确计算包装内径尺寸规格。任何一个商品包装的内径尺寸,必须根据所装商品的最大外形尺寸来确定,同时还应了解所装商品的不同特点。由于各种商品的形状、品种、性质各不相同,对包装的要求也不同。

单个商品包装材料内径尺寸的计算方法为：

内径规格：长度 = 商品最大外形宽度 + 长向公差系数；

宽度 = 商品最大外形宽度 + 宽向公差系统；

高度 = 商品最大外形高度 + 高向公差系统。

复数商品包装材料的内径尺寸计算方法为：

内径规格 =（单个包装外径尺寸 × 排列数）+（1mm × 排列系数 − 1）+ 公差系数。

②公差系数的选择。由纸张厚薄、横直丝缕和包装盒的内在联系等因素确定的一个数据，称为公差系数。一般情况下，长度与宽度的公差系数取 3 ~ 5mm，高度的公差系数取 0 ~ 2mm。

选取公差系数时，必须有全面的考虑，除纸张的伸缩外，对不同产品应有不同要求。如：对服装等可压缩性物品公差系数可以取小些；对玻璃器皿、仪表、食品等不可压缩的物品，公差系数应取大些。

③规格的决定。包装材料内在尺寸选择与内在的联系，关系到盒子形成后结构是否合理，造型是否挺括、美观、庄重。

包装盒、罐、筒等装潢材料的内径规格确定以后，即可以内径尺寸为基础，选取外层规格。包装材料外层长、宽、高的尺寸都要各大于内径长、宽、高一层或二层纸料的厚度。

包装盒各部位规格确定后，可以采用打样试装成型的办法验算，核对规格的合理性，艺术性。

（2）绘制产品黑白稿。

黑白稿也称放样图（如图 5 − 49 所示），有盒子的各种精确尺寸。一般由美术设计人员设计绘制。要求线条横平竖直，非常精确。应采用高度精确的绘图台和绘图仪。

（3）绘制拼版设计图。

根据放样图和可印刷的最大纸张尺寸进行拼版设计。为了节约纸张，便于机上自动清除废边，要注意盒与盒尽可能拼接成单刀切。

包装粉状产品的纸盒，其上胶盒舌应保证完全密缝，盒芯之间要一刀切开。如果这些盒舌高度相等，盒芯拼排时应相互靠紧，

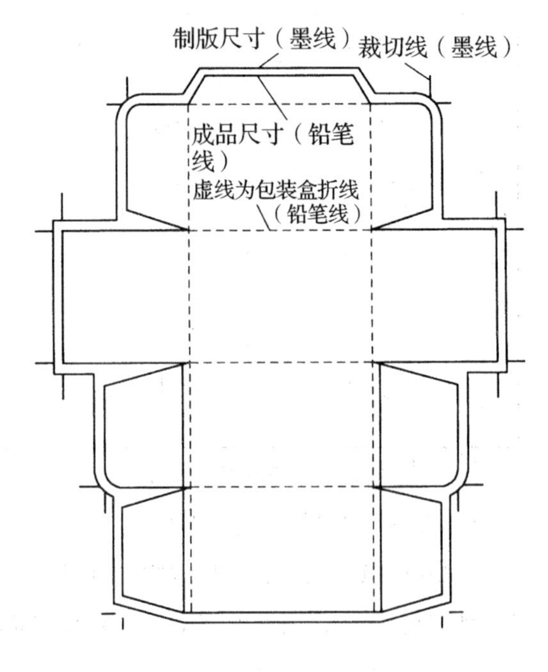

图 5 − 49　纸盒黑白稿

使中间没有废边(如图5－50)。有时,需要用不同的颜色印刷,把盒芯同盒芯隔开。

关锁盒舌不相等的盒芯拼版时应注意不要浪费纸板。为此,小盒舌的角度应稍作修改,使盒芯能相互靠紧(如图5－51)

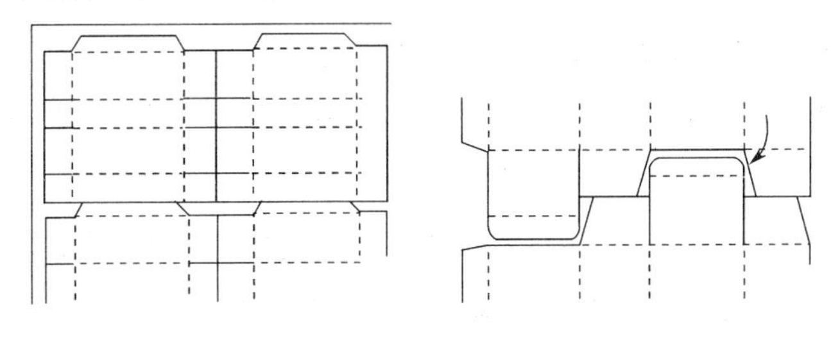

图5－50　一刀切拼版　　　　**图5－51　小盒舌盒芯拼版**

在描图纸上绘好标准放样图后,其余各联拼版最好用连晒机拷,以保证高度精确(也可一联一联在描图纸上绘制,但各联之间往往有误差),如图5－52所示。

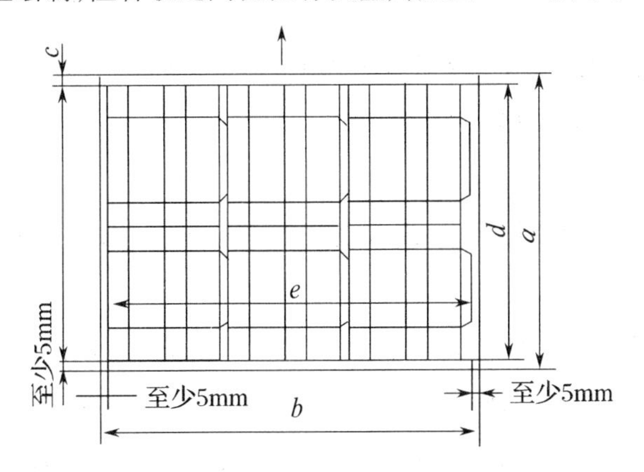

图5－52　拼版设计图

为了保证在制版过程中模切版不散版,要在大面积封闭图形部分留出2处以上不要锯断,这个位置通常叫做过桥,过桥宽度对小块版可设计成3～6mm对大块版可留出8～9mm。

(4)晒软片。

把拼版设计图送照相室晒制软片。一式两份,一份交制版部门制作印刷版,另一份送排刀间制作模切版。这样能保证模切版和印刷版一摸一样,到模切时能精确套准。另一方面也能保证时间,印刷车间印好时,模切版已经做好,立即可以上机模切。

(5)转移拼版设计图。

把拼版设计图转移到胶合板上。

①传统画版工艺。先将印样图模切的轮廓用复写纸描画在薄白纸上,如果印样是薄纸可直接描画,而后将画好刀切版轮廓的图样用白乳胶粘贴于胶合板上,待干燥后即进行锯

板。这种方法费工费时，制作精度差。

②照相复制。照相复制比较精确，但需要有专用的晒版机。可以用普通的晒版机改装，使之适于木板晒版。感光方法有：

a. 在木板上涂一层紫色的感光液，曝光后显影、冲洗和定影。

b. 在木板上贴普通的晒图纸，用日光或日光灯曝光后，用碱水显影，此方法简易适用。

（6）底版开槽。

①手工木板锯槽。制作方法是：先在木板上画图，然后根据图形在木板上用齿锯界出刀缝，再根据刀缝弯刀，最后装上刀、线，制成手工木板刀模。其优点是比铅块刀模结实，改善了铅块刀模容易松散、变形的缺点，可提高使用次数。缺点是手工界木板的刀缝不直，复杂图形不准确，多重排版时，每个界出的图形不统一，重复性不好，且制版效率低。

②机械界板刀模槽。先在木板上画图，然后用机床界缝。机械界缝的第一步是在每个线条和桥位起止点处钻孔，以使锯条顺利进入木板；第二步，锯条进入后在画好的线条上界缝，然后也是根据刀缝弯刀，再装上刀、线即可。

（7）刀具成型。

模切刀排刀前，先将模切钢刀、钢线按设计打样的规格与造型，分成若干成型线段，然后进行刀型加工。

刀型加工时，整个图形轮廓的刀口以尽量少拼接为宜。必须拼接的刀口，选择适当的拼接位置，以不影响造型美观为原则。

刀具成型后，一般是不宜铡切的，因此，在成型前，必须计算好单位钢刀（线）的准确长度，再进行弯曲成型。

刀具成型加工时，不论弯曲成任何弧度，都必须使钢刀或钢线的刀口与刀底（铁台）相互平行（同等弧度），不允许有歪斜。只有使刀口与刀底相互平行，才能使钢刀或钢线刀锋面上的各点都处于同一平面，获得相同的压力。因为任何斜面的垂直线总是短于原来的直线距离。成型后，斜边部分的压力就轻，而且无法用垫版的方法来调整（纠正）。

（8）排刀。

根据设计规格和造型，画好规格样，确定用刀要求，并与印刷图文核对无误后，才能正式开始排刀操作。根据印刷品的咬口规矩，确定模切版面的排刀位置。

（9）装版。

将压痕模切的印版固定在模切机版框上，并按规定位置定位。调节好模切压痕的效果，使模切产品符合设计要求的工艺过程，称为装版。

装版的操作工序为：塞橡皮→铺压印平版→糊平版→垫版→定规矩位置→试模切→检

查模切质量→签样投产。

在钢刀的刀缝和刀沿塞进橡皮,利用橡皮的弹性作用,将被模切的印料从刀口间推出,避免钢刀被嵌牢而影响操作的方法,称为塞橡皮。在生产实际中,模切用的橡皮一般分硬性、软性两种。

4. 底模版制作。

为了使包装纸盒(箱)的折线更清晰、漂亮,折叠后无皱折和裂痕、盒(箱)形更准确,人们使用一种与刀模配套的底模(置压印板)。

传统底模材料通常采用牛皮纸粘在钢质底板上。牛皮纸软、容易手工化槽,但不耐压、压痕压得不透。也可采用各种变压器绝缘纸,如绝缘合纤维板、硬化纸板、酚醛塑料胶纸板等。常用纸板厚度有0.3mm、0.4mm和0.5mm三种。绝缘纸很硬,需用专用开槽机。锯片厚度取决于线槽的宽度,一般在1.0~2.4mm范围内选择。

5. 模切机。

早期应用的模切机均为平压平式的。

平压平模压机的版台及压切机构形状都是平板状的,当版台和压板的平面在垂直位置时为立式平压平模压机,卧式平压平模压机的版台和压板工作面均呈水平位置,下面的压板由机构驱动向上压向版台而进行模切压痕。

平压平模切机是用得最多、最普遍的一种模切机,可用于各种不同需求的模切。既能模切瓦楞纸板(厚度在5mm以下)、卡纸、不干胶,又能模切海绵、橡胶产品、金属板材。

立式平压平模压机如图5-53所示。

工作时,版台固定不动,压板经传动压向版台而对版台施压。

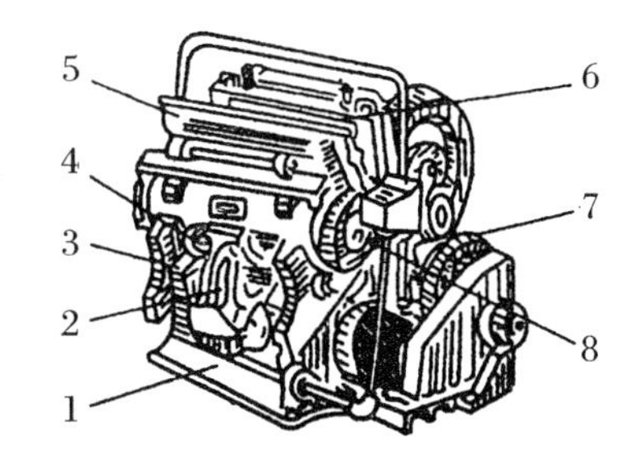

图5-53　立式平压模压机

1—机座;2—曲张滑槽;3—平导轨;4—圆柱滚子;5—压板;6—模切版台;7—电磁离合器;8—连杆

6. 清废与糊盒。

清废是在模切后去除不需要部分的边角料的作业,早期采用手工清废,即用木锤敲打钢刀、钢线以外部分,再用手撕去边角线。早期糊盒也采用手工(浆)糊盒。

(五)电化铝箔烫印新材料

1. 电化铝烫印箔。

电化铝箔是一种在薄膜片基上真空镀一层金属箔而制成的烫印材料。电化铝箔可代替金属箔作为装饰材料,以金色和银色为多,它具有华丽美观、色泽鲜艳、晶莹夺目、使用方便等优点,适于在纸张、塑料、皮革、涂布面料、有机玻璃、塑料等材料上进行烫印。

电化铝箔是60年代中由日本、英国传到中国的。引进后的第二年(1965年)上海、北京、福建等地先后投入生产,此后全国各地几十个厂家相继生产这种电化铝材料。

电化铝的结构如图5－54所示。

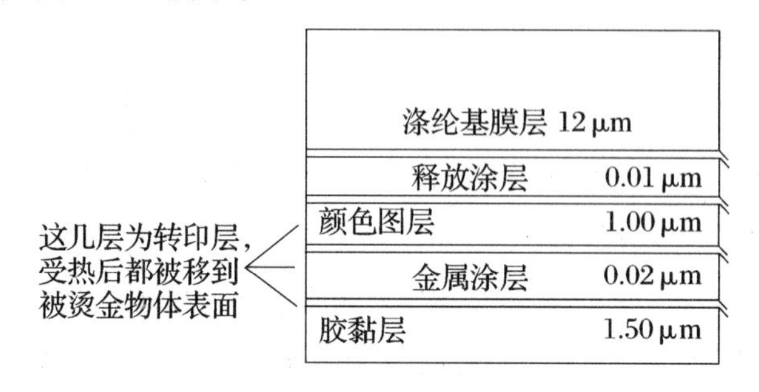

图5－54 电化铝的结构示意图

生产电化铝箔真空镀铝是主要环节,镀铝的质量如何,直接影响电化铝箔的质量。真空镀铝在真空镀膜机上经过抽真空、镀铝、检测三部分连续完成。

真空镀膜机是对涤纶薄膜上的颜色层,进行高真空喷铝的机器,称为“真空镀膜机”。真空镀膜机分为三个组成部分:抽气系统、镀膜系统和测量装置(见图5－55)。

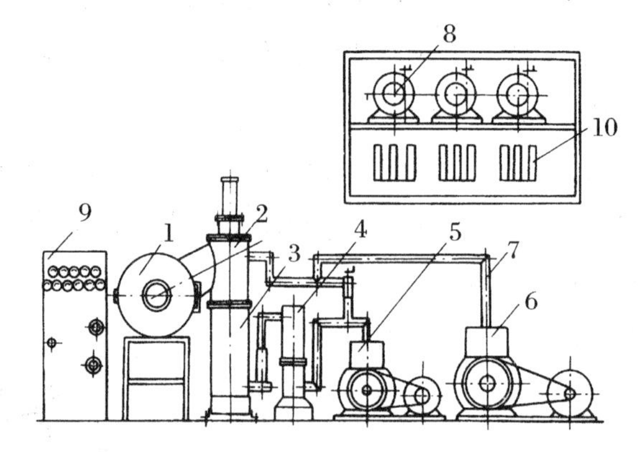

图5－55 高真空镀膜机组示意图

1—真空室体;2—大板阀;3—油扩散泵;4—增压泵;
5—2X－5机械泵;6—2X－7机械泵;7—管道;
8—感应调压器;9—电器控制箱;10—变压器

(1)抽气系统。由2X－7型旋片式真空泵、2X－5型旋片式真空泵、KY－600型高真空油扩散泵、油蒸发气增压泵组合成一个抽气系统,并与涂膜系统(或称真空室体)密封衔接。抽气系统的作用是抽去镀膜系统内的空气,使之达到喷铝所需要的真空度。

抽气时,先由2X－7真空泵预抽镀膜系统,达到初级的真空度(26.67Pa),然后由增压泵、扩散泵继续抽气,使镀膜系统达到高的真空度(6.67×10^{-2}Pa)。至此,镀膜系统开始对涤纶薄膜上的颜色层进行高真空喷铝。

(2)镀膜系统。主要由蒸发送铝、卷膜等部分组成。这些部分全部安装在密封在机室内,称为“真空室”。

真空室有3个蒸发源,每个蒸发源都由1组正负电极和石墨坩埚组成。石墨坩埚固定在电极上,当电极通电时,电流通过石墨坩埚时遇到大的电阻,产生热量,使石墨坩埚燃烧发热,温度可达1000℃。这时,送铝装置将铝丝准确连续不断地送至石墨坩埚温度最高的热点上,铝丝就熔化了(从固态转变为液态),温度继续升高时,铝分子就自由地向上朝涤纶薄膜颜色层上蒸发(从液态转变为气态)。当铝分子分布在整个涤纶薄膜颜色层上时,就逐渐凝聚成光亮、均匀的铝层。涂布好颜色层的涤纶薄膜由卷膜机械控制。当涤纶薄膜连续通过蒸发源时,铝分子就连续向涤纶薄膜上喷液。

(3)测量装置。用来测量真空室内真空度高低的仪器,用FZh－1型复合真空计。真空度愈高,喷镀出来的铝层愈光亮、均匀。

2. 烫金机。

早期常用国产电化铝烫金机是手摆平压平式烫印机,其机身结构与平压平式凸印机基本相同,不同的是去除了墨斗、墨辊装置,改装上电化铝上下收卷辊(如图5－56所示),烫印速度为1000~2000张/小时。

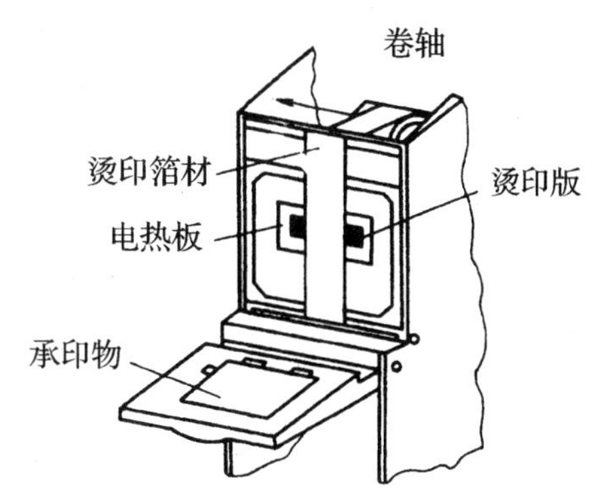

图5－56　手摆平压式烫印机

国内有几个印刷机制造厂作为定型产品来生产。上海第四印刷机械厂的P801TY型烫印机,在各印刷厂使用较为普遍。

十三、改变了我国瓦楞纸箱生产的落后面貌

(一)我国瓦楞纸箱业的发展

我国瓦楞纸箱行业起步较晚,1954年我国才开始推广瓦楞纸箱,(较美国晚60多年),而且技术起点非常低。从手工糊制到单机加工,直到目前的现代化大型瓦楞纸板自动流水生产线,走过了艰苦的历程。从1955年由青岛地区几个纸制品生产小组合并建立的青岛纸箱厂于1963年制作出第一只出口商品包装纸箱——青岛啤酒纸箱开始,进入70年代,纸盒、纸箱生产飞跃发展,大大小小的纸箱厂遍布城乡各地,产品质量也大大提高。1974年青岛纸箱厂和北京纸箱厂率先引进了日本1.6米宽瓦楞纸板生产线及印刷开槽机,滚筒模切机等全套生产设备,开创了我国纸箱行业采用国外先进技术工艺、设备连续化生产瓦楞纸箱的先列,改变了我国纸箱行业只靠单机生产的落后局面。

(二)瓦楞纸板

瓦楞纸板是制造各类瓦楞纸箱(盒)的基材。

瓦楞纸板是由瓦楞机压制的瓦楞芯纸(剖面呈波浪状,类似瓦楞)上粘合面纸而制成的高强度纸板。

瓦楞纸板的受力基本上和拱架相似,具有较大的刚性和良好的承裁能力,并富有弹性和较高的防震性能。其机构如图 5-57 所示。

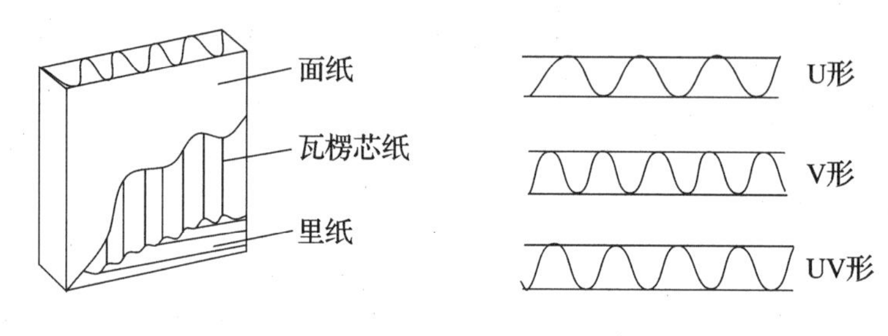

图 5-57　瓦楞纸板结构　　图 5-58　瓦楞形状

瓦楞芯纸由瓦楞原纸加工而成。面纸和里纸材料多是牛皮箱板纸或箱板纸。由于加工时面纸和里纸常用同一种箱板纸,所以一般对面纸和里纸不加区别。

瓦楞的形状与瓦楞纸板的抗压强度直接有关。根据瓦楞纸芯的形状,瓦楞纸板可分为 U 形、V 形和 UV 形,如图 5-58 所示。

U 形瓦楞纸板的伸张力好,富有弹性,吸收的能量较高。在弹性限度内,压力消除后瓦楞仍能恢复原状。

V 形瓦楞纸板的抗压强度较好,不过当压力超过其所能承受的限度后,瓦楞会迅速遭到破坏。

UV 形瓦楞纸板的性能介于 U 形和 V 形之间,应用广泛。

瓦楞纸板的性能除与瓦楞形状有关外,还与瓦楞的规格有关。一般分为 A 型、B 型、C 型、E 型、各种瓦楞的规格如表 5-8 所列。

表 5-8　楞型及楞板不同方向受压比较

楞型	楞峰高度/mm	楞数/m	楞板平面受压	沿楞横向受压	沿楞纵向受压
A	4.5~4.8	120±10	4	4	1
B	2.5~3	170±11	2	2	3
C	3.5~3.7	140±10	3	3	2
E	1.1~1.2	320±13	1	1	4

瓦楞纸板依组成类型,可分为单面单楞瓦楞纸板、三层瓦楞纸板、五层瓦楞纸板等,如图5－59所示。

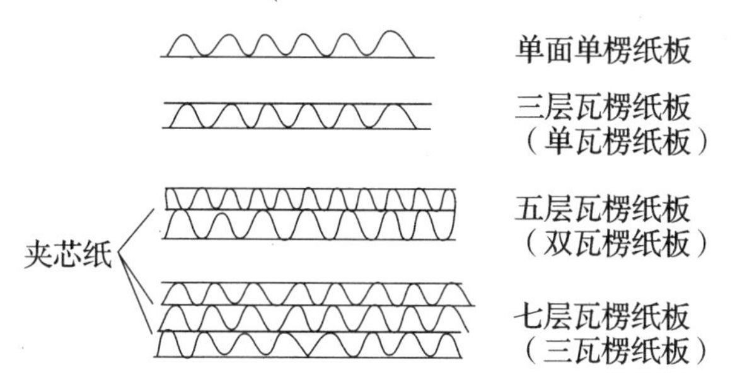

图5－59　瓦楞纸板的种类

单面单楞瓦楞纸板由一张面纸和一张瓦楞芯纸粘合而成,很少单独作为外包装用,多作为内包装及包装衬垫。

三层瓦楞纸板(单瓦楞纸板)是在一张瓦楞芯纸两面各粘一张面纸而成,多用于中包装或小型外包装纸箱。

五层瓦楞纸板(双瓦楞纸板)由面、里及夹芯三张纸和两张瓦楞芯纸粘合而成,顺序为面值、瓦楞芯纸、夹芯纸、瓦楞芯纸、里纸。一般采取A－B型楞组合,也可采取A－C型、B－C型、A－E型、B－E型组合。五层瓦楞纸板比三层瓦楞纸板具有较大的强度,装裁稳定,允许制成较大规格的裁重量大的纸箱。

七层瓦楞纸板(三瓦楞纸板)由里、面、夹芯、夹芯四张纸及三张瓦楞芯纸粘合而成。楞型通常采用B－A－B型,也可采取B－A－A型、C－A－C型、B－A－C型组合。七层纸板具有横向、纵向压缩强度一样的特点,也可纵向强度增加,而纸板的厚度减薄。主要用于重型商品的包装。瓦楞纸板现正朝高强度、低克重、多楞型、高质量方向发展。

(三)瓦楞纸箱的后印工艺

瓦楞纸箱的后印工艺是在瓦楞纸板上进行印刷,印后加工的工艺。即生产加工分为两步进行,即先在瓦楞纸板生产线上生产出瓦楞纸板、接着在印刷开槽机上连续进行印刷,开槽、压线、切角等加工,完成图5－60所示的箱坯,接合后成为纸箱。

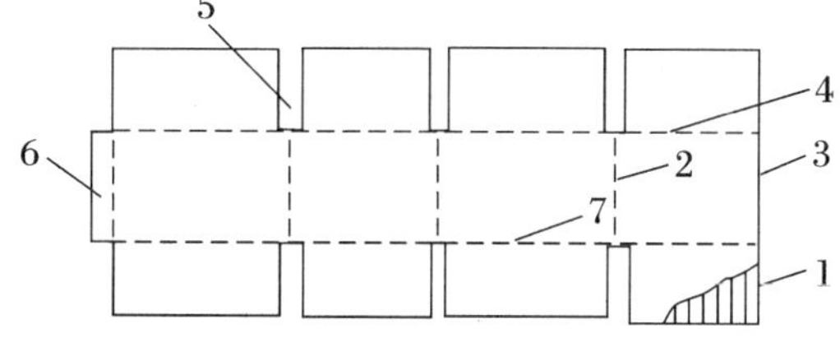

图5－60　瓦楞纸箱箱坯结构

1—瓦楞方向;2—纵压线;3—切断边;

4,7—横压线;5—开槽;6—搭接舌

早期的瓦楞纸箱印刷工艺多采用两种印刷工艺：

1. 网版印刷。

2. 柔版印刷的橡胶版印刷工艺。

橡胶版的制作分为两种：

(1)手工雕刻橡胶版。

手工雕刻橡胶版的制作过程如下：

勾描原图 → 往橡胶版转拓原图 → 刻板

手工雕刻橡胶版的具体操作是：先用铅笔在描图纸上勾出图样，把图样原图转拓在橡胶版材上，用刻刀刻制成版。

这种方法最简单，多用于瓦楞纸箱或纸袋的文字或简单图案的印刷。

(2)复制橡胶版。

用天然或合成橡胶，经过加压成型制成橡胶版，制作过程如下：

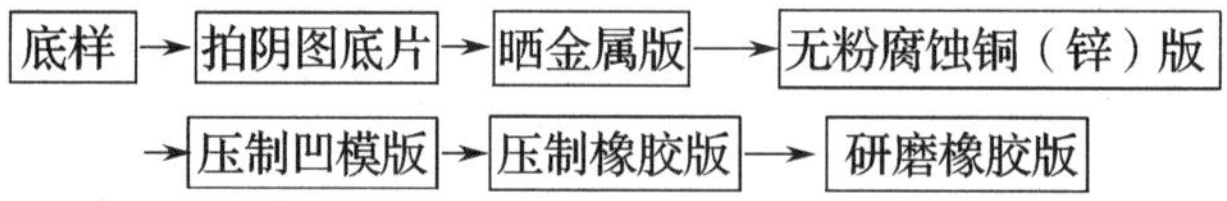

底样 → 拍阴图底片 → 晒金属版 → 无粉腐蚀铜（锌）版 → 压制凹模版 → 压制橡胶版 → 研磨橡胶版

复制橡胶版的具体操作是：①画制设计底样。②用无粉腐蚀法晒制铜或锌金属凸版。③用压型机压制凹形纸模板。即在金属铜(锌)凸版面撒布或涂布脱膜剂后与纸型贴合，推入压型机加热加压制取凹形纸模版。④通过凹形纸模版压制橡胶版。具体方法是：加热加压后，未加硫的橡胶版即软化，被压进模板里，连续加热、加压、加硫，橡胶被硫化变硬后揭下橡胶版。⑤加工橡胶版。即用研磨机研磨橡胶版背面，以保证印版的精度。

印刷开缝机一般为双色印刷(如图 5－61 所示)。国产 ZH－1324 型双色印刷开槽机，印刷长度为 1300mm，纸板宽度为 2400mm，机速 120r/min。

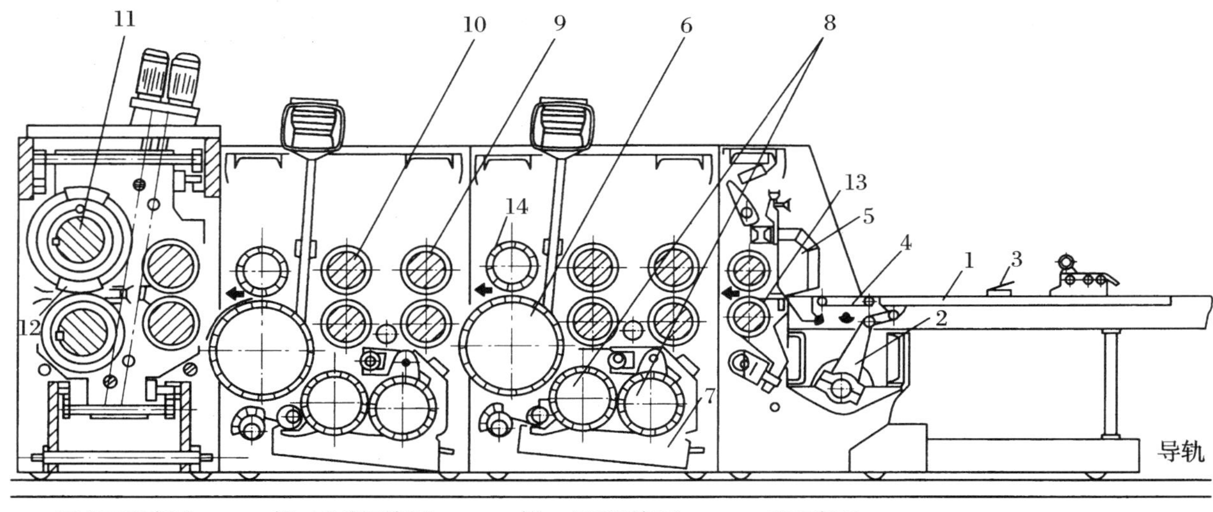

图5-61　瓦楞纸板软印双色印刷开槽机

1—送纸台；**2**—踢入送纸器；**3**—送纸板；**4**—抽吸送纸系统；**5**—限位板；**6**—印刷滚筒；**7**—油墨槽；**8**—匀墨辊；**9**—牵引辊；**10**—压线装置；**11**—转轴；**12**—切角、开槽刀；**13**—送纸辊；**14**—压力辊筒

十四、软管印刷

1946年,上海人民印刷厂(原名上海凹凸彩印厂)革新成功用于包装印刷的凸版间接印刷机,主要应用于金属软管印刷。

软管容器简称软管,狭义的定义是"可被挤压的筒状容器",以其自身的收存性、保质性、携带性等优点与其它容器并存。

(一)金属软管(冲压软管)

金属软管是最早的软管类容器。它是利用金属可塑性加工制成的金属挤压软管。最初是用手动冲床制作的铅压制软管。在1851年左右,美、法制成绘画颜料用的铅、锡软管。随着制造技术的提高,设备、材料等的改进,进入了批量生产。从1892年起随着牙膏用锡软管需求的增长,开始大量生产金属软管。

1947年前后经历了战后锡价高涨和锡铅合金时代,到1952年铝牙膏软管成为主流。以印刷、涂布、加工技术的提高,高性能涂料的开发为背景,金属软管得到进一步发展,包括医药品、粘合剂的工业用品和化妆品等。1971年开始出现加入香辣调料的食用铝软管。至今,除颜料、粘合剂以外,几乎均转向食用软管这一新的领域。

软管主要用于包装膏状和半膏状产品有小到4ml的眼药膏、大到500ml以上的油墨、油漆软管。

铝质软管密封性好,可以保护内装物不受外界空气及污染物的侵害,保护内装物在较长时间内不变质,尤其用于药品包装方面防潮和抗氧化优点更显著。软管内壁涂上涂料可以大大提高软管的抗酸、碱等的腐蚀能力。

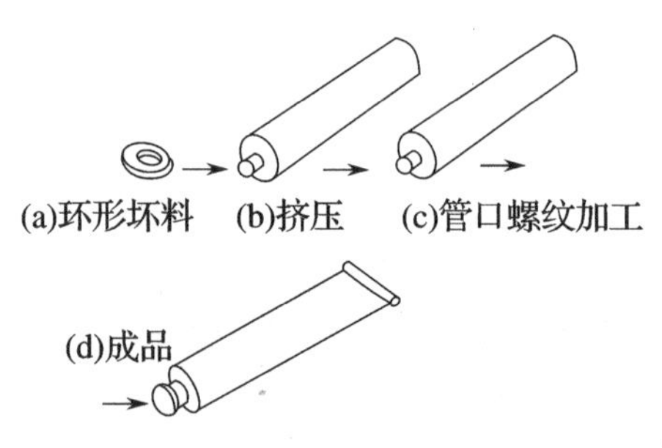

(a)环形坏料　(b)挤压
(c)管口螺纹加工　(d)成品
图5-62　金属软管的加工过程

铝质软管的加工过程如图5-62所示。用铝料坯在压力机上经冲模挤压成管状,尾部按所需的长度修剪。由于冷挤压产生加工硬化须进行退火处理变成质软的管子,内壁涂以环氧型涂料,烘干,外壁彩色印刷,最后上盖。管子的另一端是敞开的,装入内装物后压平卷两折,形成封口,可以隔绝污染。食品软管装进内容物后进行高温杀菌。

(二)金属软管的凸版间接印刷(干胶印)

凸版间接印刷即凸版胶印,如图5-63所示。在凸版胶印系统中,保留了轮转凸印的印版滚筒及轮转胶印中的橡皮滚筒及其输墨装置。吸收了凸印中印版图文凸起、使用寿命长的特点,保持了胶印的良好压印性能,与凸印和胶印相比,由于不用垫版和润湿,减少了印刷设备的非生产停机,降低了纸张和印刷机工作准备的费用。此外,间接凸版保证印刷过程的稳定性,使耐印力提高。

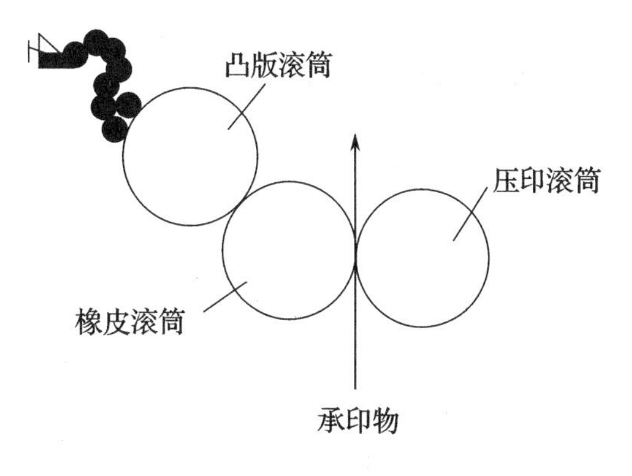

图 5-63　间接凸印

(三)软管印刷

软管印刷在印刷图文之前需先在软管表面印上白墨或其他底墨。软管印刷机的结构就是根据这种特定工艺而设计的,分印底色和印刷图文两部分。其工艺路线为:印底色→干燥→印图→干燥,其生产线如图 5-64 所示。

印刷部分多采用卫星式结构,配有打底色及烘干装置,并有自动退壳及故障停机等装置,底色印刷机构应有与其他机构分开,并在中间加装红外线装置。

各组印刷传墨装置将油墨传递给凸版印版,各个印版的图文墨迹都转移到橡皮滚筒上,然后由橡皮滚筒一次性将印刷图文压印在软管外壁。软管印刷图文一般为实地,多色套色互不重叠。印刷时,橡皮滚筒旋转一周,完成 2 支软管的印刷,压印滚筒旋转 1/4 圆周,软管套在回转圆板的心轴上,本身不自转,只是和橡皮滚筒接触后才通过摩擦实现转动。

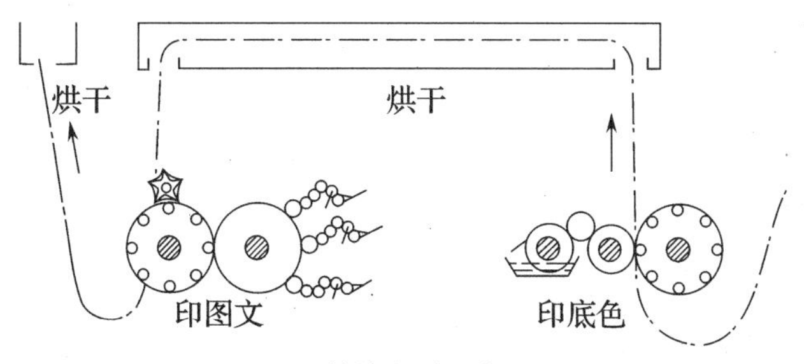

(a)软管印刷示意图

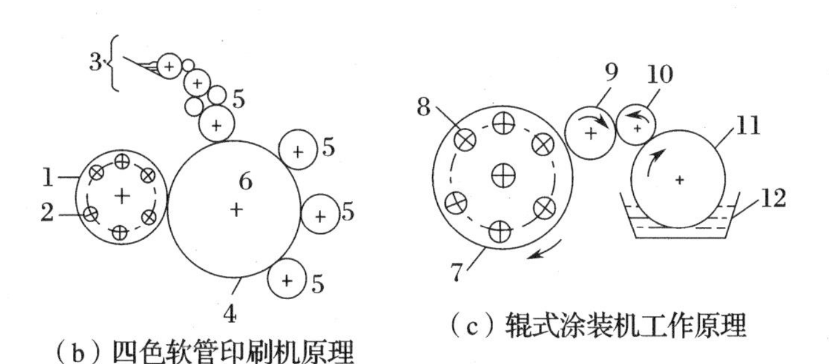

(b)四色软管印刷机原理

(c)辊式涂装机工作原理

图 5-64　金属软管凸版胶印生产线

1—回转圆板;2—心轴;3—输传墨装置;4—橡皮布;5—印版滚筒;6—橡皮滚筒;

7—回转圆板;8—心轴;9—涂布辊;10—传料辊;11—出料辊;12—涂料斗

十五、胶凸合印新工艺

此项新工艺由上海人民印刷七厂于1965年始应用，为包装装潢印刷创出了一条新路。

顾名思义，胶凸结合印刷工艺就是将胶印和凸印两种印刷方法结合起来。

胶(平)版印刷具有较好的还原性，能形象逼真地反映实物原有的特色，色调柔和、网点清晰、层次丰富，而凸版印刷则色彩鲜艳、光泽度好，实地墨层厚实丰满，文字笔画刚劲有力，因此，采用胶凸结合印刷工艺，印制那些既有彩色照片、文字、线条、实地图案的包装产品就很合适。其工艺要点有以下5条。

1. 从设计开始最好能考虑到胶印和凸印的套印位置拉开，留有空间，多些扣套，少些严套防止胶凸之间的套印不准。

2. 制版时，对胶印和凸印结合严套的产品，一般以印色为基础，将凸印版墨稿根据图案位置贴到胶印的底片上，当产生新的底片时，再将凸印部分挖掉去做凸印版，这种方法称为胶凸结合工艺的照相制版"拼挖法"。

3. 对胶印和凸印结合的部分，在深浅颜色反差较大的前提下，深色印版可采取吃一线的方法，防止纸张收缩所造成的套印不准。

4. 印刷顺序应采用先胶印后凸印的方法。因为如果先进行凸印，凸版版面大多数是实地，尽管油墨经滚筒压力后，部分连结料颗粒渗透到纸张中，但仍有少量的颗粒留在表面，经后工序胶印后，整个版面受压剥离，降低了油墨的吸附牢度，影响产品质量。另外、胶印中使用的酸性润湿液，会降低印品表面的光泽度，尤其是印金、印银产品。如果胶版先印，因胶版是网点成像，成色墨量小，且凸版印刷为局部版面受压，对产品质量影响小。

5. 胶印是圆压圆的印刷方式，而凸印多是圆压平的印刷方式，两种印刷方式在所印产品图文相同的情况下，胶印图又有所扩大(印版伸长现象)。因此，只有改变滚筒包衬，才能达到套印准确、改变衬垫最好的方式是：把橡皮滚筒上的包衬转移到印版滚筒上，可以缩短印刷图文的长度，增减量基本相等，但必须严格控制在一定范围内，否则，对印刷的耐印力及网点变形等都会产生不良的影响。

第六章　中国改革开放第一个十年（1978～1988年）包装印刷业的发展

随着国家工作重点的转移，国民经济的发展，人民生活水平的不断提高（例如：20世纪80年代普遍开花的超市需求）和对外贸易的扩大等因素，人们对商品包装和装潢印刷的要求越来越高。

第一节　政府部门采取三大举措

自从党的十一届三中全会以来，党中央和国务院对我国印刷技术装备工业的发展极为重视。

一、成立印刷技术装备协调小组

20世纪80年代，为解决出书难和改变我国印刷工业落后面貌，在姚依林、胡乔木、张劲夫、邓力群等领导同志的关怀下，在当时的国家经委成立了以范慕韩同志为组长的印刷技术装备协调小组，统一领导，协调印刷工业的技术革新、技术改造，制订了印刷技术装备发展规划，并列入了国家计划，同时提出了指导我国印刷技术进步的十六字方针："激光照排，电子分色、胶印印刷、装订联动"，为我国印刷工业带来了前所未有的发展机遇。

针对包装印刷产品结构和产品质量与轻工、食品、饮料、医药、家电等行业的发展不相适应的状况，确定把积极发展胶印、巩固凸印及开发凹印、网印、柔印等特种印刷作为技术改造重点，以适应出口和各方面的需要。为此，国家在政策上和资金上对包装印刷业给予大力扶植。拨专款支持印刷技术改造，以点带面，推动印刷技术改造，并对于列入重点技术改造项目单位进口的印刷技术装备给予免征进口税，这些措施对我国印刷工业技术，装备水平的提高起到了巨大的推动作用。

二、成立轻工业部包装印刷联合总公司

20世纪80年代初，为改变包装印刷工业"散、乱、小"的局面，轻工业部组建了轻工业

部包装印刷联合总公司,协调包装印刷工业的发展。总公司成立后、从国家申请了2000万美元的外汇额度,用于改善包装印刷工业的技术装备条件,在当时政企不分的时代背景下,总公司承担了轻工业系统包装印刷工业的行业管理职能,从生产计划、投资项目、产品评优、企业升级以及产品标准制定等各个方面为包装工业的大发展奠定了基础。

三、横向经济联合给包装印刷业带来了活力

推动经济联合是实现对内搞活的一个重要方面,早在1980年7月,国务院就发布了"关于推动经济联合的暂行规定"。1986年3月国务院又发出了"关于进一步推动横向经济联合若干问题的规定",即30条,就有关横向经济联合的一系列重要问题,提出了明确的原则和要求。

联合体各成员单位结合实际,发挥各自的长处和优势,向总公司提供物资、外汇、资金、场地、为联合体做出贡献。例如吉林省二轻分公司仅1987年就向总公司提供近4000吨文化用纸,总公司用这批纸再向有关部门串调铜版纸,然后再调给各印刷厂使用。贵州向总公司提供铝锭,用来加工铝箔供复合包装印刷厂使用。又如上海凹凸彩印厂积极与江苏丹阳乡办集体企业——丹阳彩印厂联营,丹阳彩印厂生产铝箔纸,但印刷任务不足,通过联合,上海凹凸彩印厂摆脱了长期以来铝箔供货不足的被动局面。上海凹凸彩印厂将更换下来的设备和厂内承担不了的中、低档印刷业务转给丹阳厂,使丹阳彩印厂的印刷业务也大大增加,外流的印刷任务又回来了,成为江南乡镇企业的一颗明珠。

第二节　大规模技术改造

"六五"(1981~1985年),"七五"(1986~1990年)以来是建国后包装印刷行业技术改造规模最大、范围最广、投资最多的时期。10年来,由上级安排技术改造和基本建设项目就有150多个,投资20多亿元。

由原国家经委印刷技术装备协调小组专项安排给包装印刷业四个项目:山东造纸总厂西厂年产2000平方米不干胶生产线;上海凹凸彩印厂引进英国整页拼版系统;大连东洋凹印制版、沈阳市印刷二厂引进电子分色机、拼版生产线。

据不完全统计,10年来,包装印刷业引进生产线及设备主要有:电子分色机402台(套);单张纸多色胶印机400台;电子雕刻机50台(套);凸版印刷机1000台;整页拼版系统7套;单、双色印铁生产线35条;多色柔印机125台;不干胶标签印刷机250台;纸箱、纸盒生产线300条;彩色细瓦楞生产线6条;食品、饮料瓶(罐)生产线80条;纸,塑复合(七

层）饮料生产线2条。

10年来，陆续引进日本、意大利、法国、韩国、澳大利亚等国的软包装生产线近200条，年产软包装材料近20万吨，使中国在短短10年里，软包装产品的包装质量一跃由原来的单层PE膜包装，发展到具有各种特殊性能的多层复合膜包装，如包装物的表面设计、印刷质量、遮光性、阻气性、耐低温性、高温杀菌性等特殊包装产品，都得到了广泛的应用和发展，并基本接近和达到国外同类包装产品的质量水平。

从德国、日本引进海德堡、曼罗兰、高宝、米勒、三菱重工、小森、秋山等公司的多色胶印机400台（套）（主要用于包装印刷企业）。

此外，还相应引进模切、压凸、压痕、烫金、上光、贴面、紫外线（UV）干燥、全息印刷等专业设备。

由于引进了一大批国外的先进技术与装备，使企业增强了发展后劲，不论从企业管理水平到企业整体素质，发生了巨大变化，使沿海与内地的布局更趋合理，差距不断缩小。

经过技术改造，不仅使设备陈旧，工艺老化、生产能力不足的状况有了很大改善，也使原来落后的包装印刷工业初步形成了具有一定规模，门类比较齐全的行业，而且向现代化前进了一大步。

20世纪80年代是中国印刷工业迅速发展，新老印刷技术不断更替的时代，印刷技术变革的特点也反映在包装印刷中。凸印低速机陆续被淘汰，代之的是高速、自动立式、卧式平台机。凸印的比重在下降，而平印、凹印比重在上升，上光、模切、烫印电化铝等印后设备的自动化程度也有所提高。包装印刷正处在由手动到自动、由低速到高速、由凸印到平、凹印，由一机单色到一机多色，由一般彩色到高档彩色印刷的急剧变革之中，由金属版凸印向柔性版印刷的过渡也开始了。

20世纪80年代是我国引进电分机的巅峰时代（见表6－1）。

表6－1　电分机的引进时间（截止1991年底）

时间	台数	占比
1964~1970年	2台	0.5%
1971~1975年	16台	4.0%
1976~1980年	43台	10.9%
1981~1985年	220台	55.7%
1986~1991年	114台	28.9%
合计	395台	100.0%

电子分色技术改变了制版的落后面貌,使产品真实地还原原稿,并根据需要进行纠色,用实物拍摄的彩色照片取代手工绘画、使原稿和印刷品的质感、真实感浑然一体、大大提高了产品质量,并大大缩短了制版周期,这是制版工艺革命性的变革。整页拼版系统可用电脑设计图案,具有任意合成,剪辑、移位、变换形状、改变颜色等功能,故而引进整页拼版系统,应用于制版标志着我国包装印刷在制版领域里已接近国际先进水平。

六色胶印机,多功能 UV 印刷机是由计算机自动控制的,是 80 年代国际上最先进的胶印设备,采用酒精润湿新工艺,使印刷品鲜艳,网点清晰,6 个颜色一次完成,每小时印数达 1 ~1.2 万张,适宜印制各种高档商品包装。

总之,在进入 20 世纪 80 年代以后,随着我国改革开放和国民经济的迅速发展,我国包装印刷工业在短短的几年间,也得到了飞速发展,在印刷行业中形成了异军突起的局面。

由于调集社会零件印刷和纸盒生产等方面力量,据 1980 年全国 19 个省、市的不完全统计,从事包装印刷的工厂计有 139 家,职工 6300 余人,年产量近 335 亿印,产值 7 亿 8 千万元。一些颇有实力的包装印刷厂相继成长起来。中国的包装印刷业出现了前所未有大好局面。1982 年时包装印刷的年产值还低于书刊印刷,时隔 10 年,包装印刷的产值已是书刊印刷的 4.5 倍,自比亦增长了 8 倍多,成为中国印刷工业中发展最快、实力最强、产值最高的一个领域。

据 1987 年《中国印刷年鉴》公布的统计数字:至 1986 年底,全国已有包装印刷企业近 1100 个,职工总数达 25 万 2000 人;年总产值 24 亿 2600 万元;年利润近 4 亿元;至 1987 年底,通过综合各方面有关资料看,若把乡、镇和社、队所办的包装印刷企业全部统计在内,全国的包装印刷企业总数可能超过 3500 个;职工总数近 35 万人,年利润近 8 亿元。

行业的总体技术水平已达 70 年代国际水平,沿海地区和主要大城市已达 80 年代初的国际水平(边远地区还停留在五六十年代水平)。

第三节 印前工艺发生巨大改观

一、发生了一场深刻的技术革命——汉字信息处理技术

国外 20 世纪 50 年代计算机和电子技术就引入到印刷工艺,而汉字如何输入计算机字库是一个最大的技术难关。

1974 年 8 月,四机部、机械部、中科院、新华社和国家出版局联合向国务院提出了“汉字信息处理系统工程“开发项目,简称“748”工程。周恩来总理亲自听取了汇报,1975 年该

项目列入了国家科技发展计划。在以王选教授为代表的一批科技工作者的辛勤研制下，越过国际Ⅰ、Ⅱ、Ⅲ代照排机，直接研制成功了能处理汉字信息的第Ⅳ代激光照排系统，1980年研制出的样机印出的第一本样书《伍豪之剑》。1980 年 10 月 25 日，邓小平在此书上予以批示："应予支持"。后来该项目继续得到国家计委和经委的支持，得以转化成商品和实现产业化。

二、包装印刷的印前工艺发生了巨大变化

20 世纪 80 年代以前，包装印刷的印前系统从原稿设计到照相制版等工序，基本上是靠手工和半手工操作，设计效果差、制版周期长，成为印刷生产过程中的薄弱环节。

为了解决制版的薄弱环节，一大批包装印刷厂在 20 世纪 80 年代以后，先后从日本、德国、英国等引进了 200 多台电子分色机。北京的商标印刷厂、上海凹凸彩印厂、武汉印刷厂、沈阳市胶版印刷厂等分别从以色列引进赛天使公司、英国克劳斯菲尔德公司、德国海尔公司生产的具有世界一流水平的整页拼版系统。为了解决凹版（塑料复合包装印刷）制版问题，先后在山西运城、北京、天津、上海、大连、东莞、广州、深圳、武汉、石家庄等地上了 256 条美国俄亥俄公司和德国海尔公司电子雕刻生产线和 6 台激光雕刻生产线。

第四节　包装印刷产品质量明显提高

由于横向经济联合，企业技术改造步伐的加快，装备水平的提高、新技术的采用，迅速改变了产品结构，产品质量明显提高，花色品种迅速增加。在 1986 年度轻工部优质产品评比中，北京商标印刷二厂的凸印产品——四季男套装大盒被评为第一名，1987 年该厂的人参蜂皇浆礼品盒被评为第一名。武汉印刷厂 1986 年凸印产品——黄鹤楼烟条盒被评为第 2 名。上海人民印刷八厂 1986 年凸印产品——贵州董酒盒被评为第三名，1987 年凸印产品——贵州陈年茅台酒礼盒被评为部优产品。1988 年这个厂印制的由贵州包装公司胡延熊设计的中国特级安酒包装，以其独特的民族风格，突出的印刷效果，荣获 15 届亚洲之星和国际包装的最高荣誉法国巴黎世界之星大奖，为国家赢得殊荣。同年，从瑞士引进的烫金模切机，在国内首次试验成功了一次性大面积烫金、折光、压痕工艺，运用到出口商品包装印刷上，如：使茅台酒、汾酒等礼品盒金碧辉煌，更为富丽华贵（见图 6－1）使这些产品提高了身价。该厂在 1988、1989 两年里，连续为第六十三、六十四和六十五届中国出口商品交易会赶印了数万册精美的样本。

上海人民印刷七厂在美工设计方面有较为丰富的经验，在凹凸雕刻方面享有较高的声

誉，印刷质量精美。在1980年12月轻工部召开的全国轻工包装装潢评比会议上，该厂设计、印制的“五加参酒”、“富贵福禄寿”、“气压式热水瓶”盒子，被评为优秀奖，“拨弦琴”等3种盒子被评为表扬奖。在1980年10月召开的五市一厂包装装潢印刷经验交流会上，该厂印制的“五加参酒”盒子，“玉液思酒”瓶贴、“公鸡”贺年卡被评为优秀样张。该厂1984年被评为全国优秀包装产品的《金猫奶糖》包装盒，是一件具有高度凹凸压印艺术性的作品。它的图案结构中间椭圆部位是一只猫和一卷毛线，用朱红底衬托，四周部位用大面积电化铝烫印后再印墨斑图纹，然后整幅运用凹凸压印工艺进行艺术加工。制成包装盒后，人们不会感觉到是在纸上加工完成的，而好似印铁产品，但又大大超过印铁能够达到的水平。奇迹是如何产生的呢？原来它是创作人员充分运用我国传统的凹凸压印技艺将猫的特色刻画得维妙维肖，栩栩如生，立体感强。猫的细毛用尖刀精刻，深入浅出，疏密有序；猫的眼、鼻、耳部分用平刀、尖刀结合，层次丰富，形象逼真。再配上一卷粗中有细的毛线和四周花纹图案完美结合，总体上构成了一幅十分完整的艺术作品。

1988年，该厂为各种出口外销商品印制的包装达8亿印，占全厂总量的73%，如：为利华有限公司配套包装的“力士皂”纸，如果国内不能印，则要从泰国和马来西亚进口。该厂积极印制出“珍珠型光泽印刷包装纸（见图6－2）”，1988年共印制8000万小张，仅此一项，就可节约外汇130万美元。1988年7月该厂中标承印法国投标的“世界时装苑”中文版的高档杂志印刷业务（见图6－3），这是第一本在中国印刷的外国杂志。该杂志全部彩色画面，用纸克数重，印刷开面大，墨量浓，画面跨页拼接多，印刷难度相当高，印后用户非常满意，为国家争得了荣誉。由此改变了过去我国大量产品样本和说明书及广告宣传品等高档印刷品，流到香港地区印刷制作的局面。再如与香港荣丰印刷纸品有限公司合资经营的津港彩色瓦楞印刷厂生产的彩色细瓦楞纸包装印刷，质地精美、图案逼真，轻便牢固。1987年春季广交会上“荆江牌”热水瓶由于采用了彩色细瓦楞纸包装产品成为热门货，为出口创汇做出了贡献。

图6－1　汾酒盒
（大面积烫金折光，压痕）

图6－2　珍珠墨印刷
“力士皂”包装纸

第五节　本时期包装印刷业状况小结

这阶段通过技术改造,一些骨干企业先后引进国外先进技术与设备,使它们的工艺技术及装备从20世纪四五十年代的水平迅速提高到国际20世纪70年代末80年初的水平,增强了后劲与竞争力,为逐步改变我国商品在国际市场上长期处于“一等产品、二等包装、三等价格”的落后状况做出了贡献。

这个期间,我国包装印刷工业虽有很大发展,但仍存在着三个不适应,仍然是国民经济中的一个薄弱环节。

图6-3　法国“世界时装之苑”中文版杂志

第六节　本时期主要研发应用项目简介

一、新产品开发

1979年广东罐头厂引进瑞典砖型复合无菌包装设备,生产利乐包软包装,用于饮料灌装生产(如图6-4),1984年我国软包装迅速发展起来。

利乐包复合材料结构为:

PE(聚乙烯)/印刷层/纸板/PE/AI/PE。

1984年广东省中山市包装印刷工业(集团)公司开发的铝箔(真空镀铝)复合包装新产品,填补了国内空白,由于减少了进口,

图6-4　砖型软包装盒

为国家节约了大量的外汇。仅茶叶袋包装替代进口这个产品，两年就节约100万美元。

1986年天津印铁制罐厂，从意大利引进一条皇冠盖生产线，当年立项，当年引进，当年投产，8个月便收回了全部投资。

二、柔性凸版印刷起步

柔性版印刷是特殊的凸印方法。我国《印刷技术标准术语》（GB 9851.4—90）定义柔性版印刷是使用柔性版，通过网纹辊传递油墨的印刷方式。柔性版印刷原理图如图6－5所示。

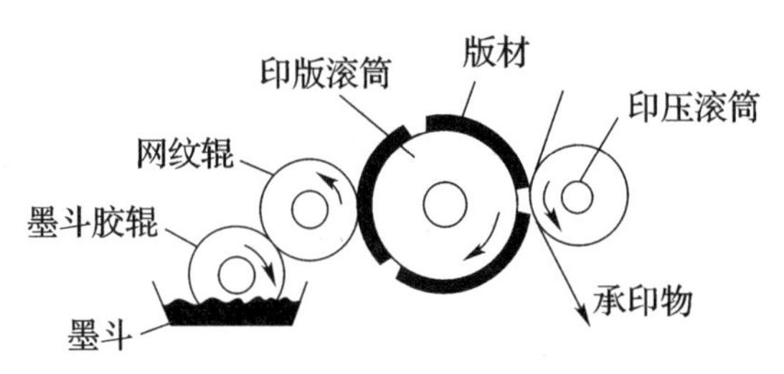

图6－5　柔性版印刷原理

（一）柔性版印刷的特点

柔性版印刷虽属凸版印刷范畴，但有以下显著区别：

1. 传统凸印是依靠九支以上传墨辊以转动和串动的运动方式匀墨，再把墨传到印板上，柔性版印刷只有简单的墨斗辊和网纹辊完成匀墨和传墨功能。

2. 凹印印版滚筒和压印滚筒之间的压力，高达2942.1～3432.5Pa（30～35kgf/cm^2），平印印刷橡皮滚筒和压印滚筒之间压力为490.4～588.4Pa（5～6kgf/cm^2），柔性版印刷基本上是无压印刷，因此对低质纸也能承印。

3. 凸版印刷的墨层厚度一般为2～5μm，凹印可达10μm，而柔性版印刷介于5～10μm之间，印品墨层厚，色泽明亮。

4. 凸印所用油墨粘度较大，柔性版印刷油墨粘度小，可以循环使用。

5. 光敏柔性版是一种光敏橡胶型的印版，具有柔软、可弯曲、富于弹性的特点。肖氏硬度一般在25～60，对印墨的传递性能好，特别是对醇溶剂印墨。这是肖氏硬度75以上的铅版、塑料版、光聚版无法相比的。

6. 采用轻印压进行压印。

7. 供柔性版印刷的承印材料非常广泛。

（二）柔性版印刷的发展

柔性版印刷原称为“苯胺印刷”，苯胺印刷的确切开始使用日期已无从考证，有的资料说源自德国，有的资料说源自1890年英国，但实际公认的第一台苯胺印刷机是1905年英国人豪威研制的,此发明于1908年12月7日授予英国专利16519号。在之后的一个世纪的时间里,柔性版印刷的发展经历了三个时期。

1. 阿尼林印数时期(20世纪50年代以前)柔性版印刷发明之初,英文原名为Aniline Printing,音译为阿尼林印刷,意译为苯胺印刷,这是由于当时使用苯胺染料制成的挥发性油墨而得名,由于当时采用手工雕刻橡皮版,只能印些大字、大色块、简单图案、简单粗糙的产品,以致此技术徘徊了30~40年。

2. 橡皮凸版印刷时期(50年代至70年代)。

50年代以后,柔性版印刷取得了重大突破。首先是颜料油墨的使用。由于苯胺油墨有毒且气味强烈,印刷颜色虽很鲜艳,但易褪色,所以改用了无毒的溶剂型和水基墨,在环境保护方面有了重大改善。

另一个重大突破是使用了网纹辊传墨系统,这种给墨法的供墨系统由墨斗、网纹辊和

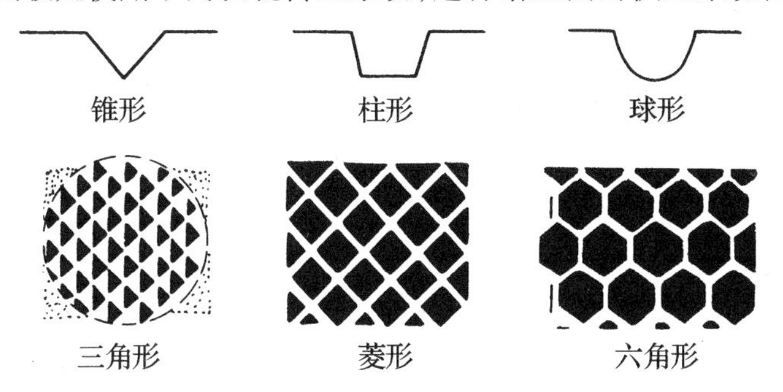

图6-6　网纹辊的网穴形状与结构

着墨辊组成,其中网纹辊是一个金属滚筒,在其精确的圆柱表面上刻(电子雕刻)满网纹(约每英寸内刻有100~800个着墨孔网穴,见图6-6)传墨时,首先油墨覆满网纹辊的网穴内和表面,经着墨辊的挤压或使用刮刀去掉表面多余的油墨后,将网穴内的油墨传到印版上,使印版得到一个全面且均匀适量的油墨量。短墨路的网纹辊传墨系统使柔性版印刷机结构简化,印刷质量更加稳定。

3. 感光性柔性版时期(20世纪70年代以后)。

1960年,美国杜邦公司率先开发感光性柔性版,使柔性版印取得了又一重大突破。

感光性柔性版与感光树脂版相似,也分固体型和液体型两种,也是通过光交联反应引起见光部位硬化,所不同的是版材必须具备类似橡胶的弹性。

(三)柔性版印刷机

1. 层叠式(对滚式)柔印机。

这类印刷机由4~6色单组组成,可以正反面同时印刷,适宜承印一般卷筒纸张、塑料薄膜(如图6-7)。

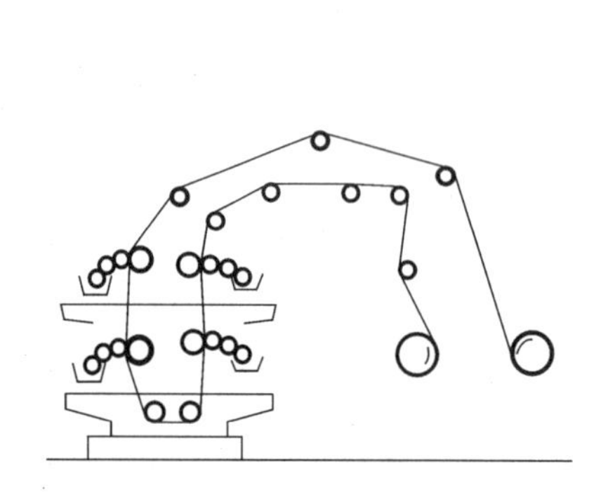

图 6－7　层积式柔性版印刷机

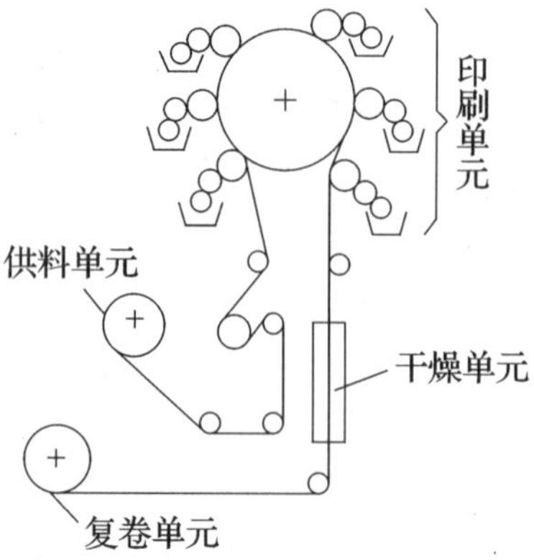

印刷单元
供料单元
干燥单元
复卷单元

图 6－8　卫星式柔印机结构简图

2. 卫星式柔印机(如图 6－8)。

这类印刷机由 4 色单组围绕同一轴(压印滚筒)运转多色套印准确度较高。这种机型经过各个印刷单元的走纸路线是不能改变的,所以只能进行单面印刷。

3. 排列式柔印机(如图 6－9)。

这类印刷机由多色单组组成,最多可达 6 色以上,每一色组之间的纸张运转是处于平面状态,可以保持拉力比较均匀,适宜承印硬质薄纸、厚纸印件,并且可以与配套加工设备组成不同用途的印刷机。

后加工单元
供料单元
上置式印刷单元
复卷单元
干燥单元

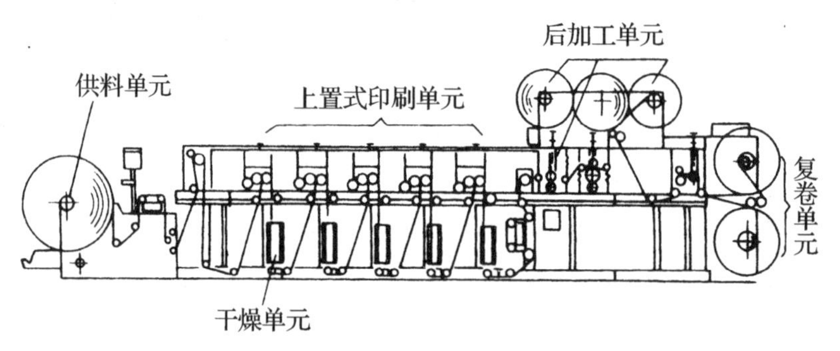

图 6－9　排列式柔印机结构简图

我国柔性版印刷技术起步较晚,20 世纪 80 年代中期,开始从中国香港、中国台湾等地购买了简易的层叠式柔版印刷机,形成了中国柔性版印刷方式的初级阶段,对我国纸袋和软包装印刷起到了推动作用。

三、网版印刷发展迅速

网印是一种老工艺新发展的方法,尽管在和平、凸、凹四大印刷总量中所占比重很少,但在进入 20 世纪 80 年代后,其发展速度却是在前列。

随着改革开放的发展,我国与国外的交往、交流频频增多,了解的国外网印信息越来越多,同时网印技术的发展也引起了国家和各级政府的重视,在有关领导的关心支持下,各行业相继派出技术人员到国外学习或进修,早期派员到国外学习的单位,就北京而言,有北京市印刷技术研究所、中国印刷科学技术研究所、北京无线电厂、北京纺科院研究所等单位。1982 年底,北京市印刷技术研究所学习人员带回了日本各行业的网印样品及网印器材,如黄白色涤纶丝网、铝合金网框、环保型制版感光乳胶、感光性菲林膜片,和用不同工艺、感光材料制作的网印版样品及工具器材。当时在全国网印联络中心和北京印刷技术研究所领导及全体同志的积极推动下,借用北京胶印厂场地和国内收集的网印样品,举办了一个小型展示会,受到国内网印界同仁们的欢迎和赞誉。由于国内改革开放后生产力得到不断发展,各行业产品不断需要网印,同时随着各国网印业的专家来访、传授先进网印工艺技术,我国业内人士的热情支持和推广应用,使当代世界上先进的网印工艺技术被各行各业所采用。欧美(包括日本)网印原料、设备通过香港这个窗口,进入到中国大陆。国外的产品进入内地,促进了中国网印技术的迅速提升。

网版印刷从上世纪 80 年代初,有了突飞猛进的发展,出现了前所未有的繁荣景象。在电子、纺织、印染、陶瓷、玻璃、塑料等行业的企业内部都设有网印车间或班组,另外,还有如雨后春笋般涌现出来的、新成立的集体所有制的网印专业工厂和网印个体专业户,有的地方,网印成了乡镇居民办个体工商业的重要从业门路。网版印刷的这种急剧增长,是因为网印具有工艺简单、投资小、见效快的特点,适应了商品经济发展对产品包装、产品说明、商品标志都要印刷的需要。

80 年代末,中国内地的网印机械产品已初步形成系列化、配套化,但以低挡次、手动、半自动为主。

四、UV(紫外线)固化油墨印刷技术

现代印刷正向快速、多色一次印刷的方向发展,对油墨也就提出新的要求,油墨要在印刷机上不干,而印到印品上要能迅速干燥才能符合印刷厂连续印刷的要求。目前,在快干型油墨中发展最快的是紫外线光固型油墨(即 UV 油墨)。UV 油墨的最大特性为无毒、瞬间硬化类。这类油墨在印铁、软管、卷筒类印刷中最能发挥它的特长,效果也最显著。

UV 是英文 ultraviolet ray 的缩写,即紫外线。紫外线为不可见光,是可见紫色线以外的一段电磁辐射,波长在 10 ~ 100nm 范围内。通常按其性质的不同又细分为以下几段:

真空紫外线(vacuum UV),波长为 10 ~ 200nm。

短波紫外线(UV - C),波长为 200 ~ 290nm。

中波紫外线(UV - B),波长为 290 ~ 320nm。

长波紫外线(UV - A),波长为 320 ~ 400nm。

国际上,用手工业生产的紫外线一般是长波紫外线 UV-A,简称或统称 UV。

(一)UV 油墨的组成与光固原理

紫外光固化油墨的主要成份包括光聚合预聚物、感光性单体、光聚合引发剂、有机颜料及助剂等。

UV 涂料中的光引发剂经紫外线辐射后产生游离基或离子,这些游离基或离子与预聚体或不饱和单体中的双双键起交联反应,形成单体基团,从而发生聚合、交联和接枝反应,使树脂(UV 涂料、油墨、黏合剂等)在数秒内由液态转化为固态,此过程称为 UV 固化。影响紫外辐射深层固化的主要因素有紫外线的能量、UV 涂层的厚薄、固化距离(一般为 10~15cm)、固化速度、工作环境(一般为 15~25℃为宜)。

(二)UV 油墨的发展史

UV 油墨大约是在 20 世纪 60 年代初期由美国研制出来。60 年代末 UV 油墨在美国就已经开始了工业化生产,它是适应环境污染法规的要求和应用领域日趋广泛的需要而产生的。开始只使用于商业小活件纸印刷,后来逐步扩大到纸盒、包装纸、标签、金属箔、马口铁等及各种塑料基质上的印刷应用。

早在 20 世纪 70 年代,我国上海和天津两大油墨厂就开始研制印刷用 UV 油墨,但因原材料缺乏,光源和固化设备不能配套,故未能产业化。

我国从 20 世纪 80 年代初期,开始加快了对 UV 油墨的研制速度,部分印刷厂先后从国外引进了 UV 固化印刷设备。在印铁行业中天津印铁制罐厂从英国引进了第一条 UV 固化三色印铁生产线;在印纸方面,也陆续从日本引进了四色、六色 UV 固化高速纸盒印刷机生产线和不干胶商标印刷生产线。

五、微胶囊油墨印刷技术

(一)微胶囊制备技术

微胶囊制备技术是近 40 年来发展起来的一门新技术。它是在物质(固、液、气态)微粒(滴)周围包敷上一层高分子材料薄膜,形成极微小的胶囊(如图 6-10 所示)。

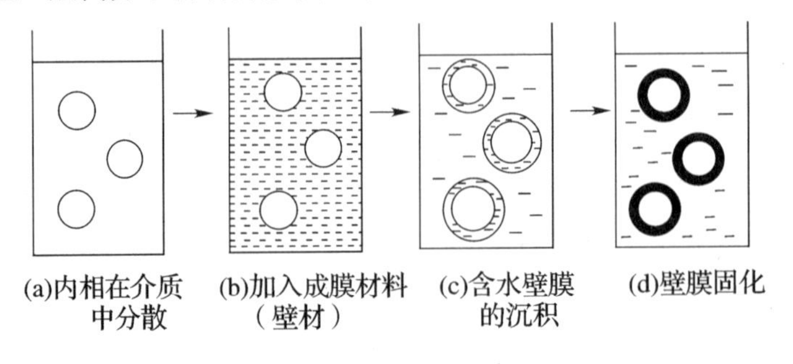

图 6-10 微胶囊的形成过程

(二)发泡油墨

发泡印刷是采用微球发泡油墨,通过网印方式在纸张或织物上印刷,可获图文隆起的印刷品,除可增强装饰艺术效果外,还可赋予盲文阅读的特殊功能,应用日益广泛。例如,在书籍装帧中的应用,国外普遍将发泡印刷应用于印刷书籍封面和装帧材料,它不仅色彩鲜艳,图文醒目,而且经久耐用,成本低廉,文字和图案可表现出自然的浮凸效果;在包装装潢中的应用为,在塑料、皮革、纺织品等包装上印刷,外观、手感、透气、透湿、耐磨、耐压、耐水、色泽等方面都有其独特的长处。

上世纪80年代,北京新华印刷厂和盲文印刷厂共同协作研制成功发泡油墨。

发泡油墨的结构与发泡机制。发泡油墨是采用微胶囊技术制备而成。在微胶囊中充入低沸点溶剂,经过加热,低沸点溶剂受热气化,可使微胶囊体积增大到原体积的10~30倍,将此种微胶囊配以适当的连结料制成发泡油墨(见图6-11)。

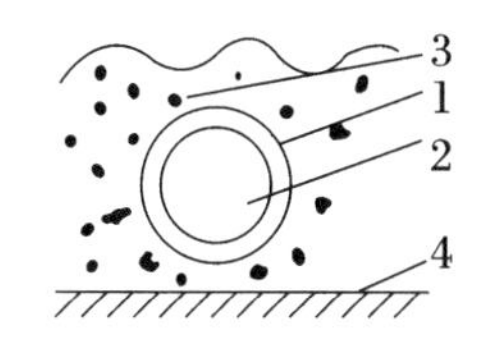

图6-11 发泡油墨结构示意
1—囊壁;2—低沸点溶剂;3—连结料;4—承印物

(三)香味油墨

将香料封入微胶囊中,配以适当的连结料制成香味油墨,网印于承印物上(常用于织物印刷),遇外力,胶囊破裂,香料散发出香味。

六、珠光油墨印刷技术

(一)珠光油墨装饰的特点与应用

采用珠光油墨可以使印品具有珍珠、彩贝光泽和质感、闪烁五彩缤纷的虹彩效果。

珠光印刷通过人们个性化的设计和印品质感的有机结合可以使纸张、薄膜和金属箔等基材表面出现一个靓丽的色彩空间。现已广泛应用于挂历、名片、壁纸、贺卡、艺术品、纺织品以及高档包装的印刷。利用珠光颜料调配成的油墨印刷效果独特,具有较强的立体效果和艺术感召力。而且珠光网版印刷对于承印材料并没有严格的要求,可以在各种不同的材料上印刷,印品具有多姿多彩的光、色以及珍珠光泽效果。珠光油墨由于其自身的安全性特别适合于食品、药品、烟酒的包装装潢印刷,典型例子为化妆瓶底色和电子元件印刷仿银字符。而且利于环保,可以再生重复使用。

(二)珠光颜料

珠光颜料,是一种装饰性颜料,如天然角鳞片、氧氯化铋、砷酸氢铅、碱式碳酸铅以及60年代出现的氧氯化铋等。这种颜料,已广泛地应用于化妆品、塑料、油墨、造纸、皮革、纺织、陶瓷、建筑装饰材料等方面。然而,天然角鳞片价格昂贵,来源有限;砷酸氢铅、碱式碳酸铅等有毒；氧氯化铋比重大，难于悬浮在各种基料的浆液中，从而限制了它们的使用。

近年发展起来的多层金属氧化物包膜云母珠光颜料（简称云母珠光颜料），是以云母为载体的。大多数云母矿源不适合做云母颜料，只有水磨小粒干白云母（粒径在10～100μm）才适合制造云母颜料。它基本无色，折光指数为1.55，与普通的基料有相似的折光指数，比重小，很容易分散在基料的浆液中，并且具有无毒、耐光、耐气候性好等优点，因此，一出现很快就得到推广应用。云母珠光颜料，利用云母片的反射或闪光效应，使其颗粒表面具有珠光色彩。金属氧化物的包膜不仅可以提高云母表面的耐光、耐气候性，而且可以通过调节包膜厚度来获得多种干涉色彩。例如，用二氧化钛包膜云母，二氧化钛膜的厚度为60nm时，颜料的干涉色为银白色，透射色呈无色；厚度为90nm时，干涉色为金色，透射色呈紫色；厚度为115nm时，干涉色为红色，透射色为绿色；依次随厚度的增加为128、143、170nm时，干涉色分别为紫色、青色、绿色，透射色分别为黄色、橙色、红色。另外，如用有颜色的金属氧化物进行包膜，亦可获得闪光的呈该金属氧化物颜色的片状颜料。

新型云母钛珠光颜料，它的主要性能指标如下：

1. 规格：

325目（1～60μm）、400目（1～40μm）、800目（0.1～15μm）。

2. 品种：

（1）无机着色——珍珠白、金粉、砖红、普蓝、绿金、淡黄……

（2）有机着色——银灰、萤光桔红、红粉、蓝粉、绿粉、黄粉……

（3）干涉色粉——金、紫、红、蓝、绿……

（三）印刷要点

1. 印刷材料的选择。珠光印刷的承印物一般为纸张和塑料。用于珠光印刷的纸张，光泽度要好、平滑度要高，以玻璃卡纸、铜版纸、压光白纸板为好，胶版纸次之。凸版纸因吸收性强，不能充分显示珠光效果。

2. 珠光油墨的调配。云母钛珠光颜料适用于多种油墨体系，实际上凹印和凸印的一些连结料体系都可以分散云母钛颜料，如乙烯类共聚物可用酮做溶剂，聚酰胺和丙烯酸类共聚物可用酮作溶剂，硝基纤维素类可用酯作溶剂。一般珠光颜料与连结料的比例为1∶1，在干油墨中珠光颜料的量占10～25%。

珠光油墨还可用调金油和珠光颜料调合而成，一般的配比为1∶1，调好的珠光墨，以有亮光油那样的流动度为宜。

调配珠光油墨时，注意不要采用剪切力大的混合器，如砂磨、石磨、球磨和三辊磨等，这些设备会破坏或剥落包覆的薄膜，而降低或破坏珠光光泽。可用螺旋或桨状搅拌器把珠光颜料或糊状物分散到油墨的连结料中,最好先用溶剂或连结料预湿珠光颜料,温和地搅拌,这样可以得到不会聚集的分散体。

珠光油墨要有好的流动性,以便在印刷时让薄片颜料与印刷表面有一平行取向的过程,使珠光颜料能显现出最佳的珠光效果。

3. 印刷机的选用。用于珠光印刷的机器,应以实际印版的大小来选择。如果小版放在大机器上印,墨台大,吃墨量小,会使珠光墨传递不良,出现糊版、堆墨现象。

4. 印刷胶辊的选用。用于珠光印刷的胶辊要软而有弹性,以利充分而又均匀地涂布珠光油墨。

5. 实地印刷。实地印刷所需压力较大。有时珠光油墨需要多次印刷,才能达到所要求的珠光效果。

6. 凹版珠光印刷。采用凹版进行珠光印刷,建议使用30~40线/cm的网线,最好是30线/cm,腐蚀深度35~40μm。

7. 柔性版珠光印刷。可采用30线/cm的网纹辊。

七、传统折光工艺

(一)折光工艺的特点与应用

折光是在烫印有电化铝箔或镀铝纸等镜面承印材料表面借助密纹压凸工艺压出不同方向排列的细微凹凸线条,这些线条对光的不同反射使印刷品更加光彩夺目,富丽堂皇,富于立体感(见图6-12)。机械折光是一种不同油墨而能产生具有金属光泽的凹凸图像效果的工艺。折光印刷品具有独特的迷人效果。它充分利用喷铝纸富有金属光泽的表面,随着受光的变化或视觉角度的改变,使图文有新颖耀眼的动感、栩栩如生。折光装饰的印刷品让人有新颖、精美、华贵感,而且具有防伪作用。在烟包、烟盒、化妆品、玩具包装上得到较广泛的应用。

图6-12　折光图

(二)传统折光工艺

压痕线块采用直线分割块面,不同块面用角度变换表示。由不同方向的直线或曲线按一定规律排列组成的几何图案(如三角形、四边形等),在光照射时折射光的方向出现不同,由此会使印刷品表面产生闪耀光泽感,因此,线条成为影响折光效果的基本要素。特别要严格掌握线条间隔的设计,一般在0.15mm左右为宜。线条排列形态,如图6-13所示。

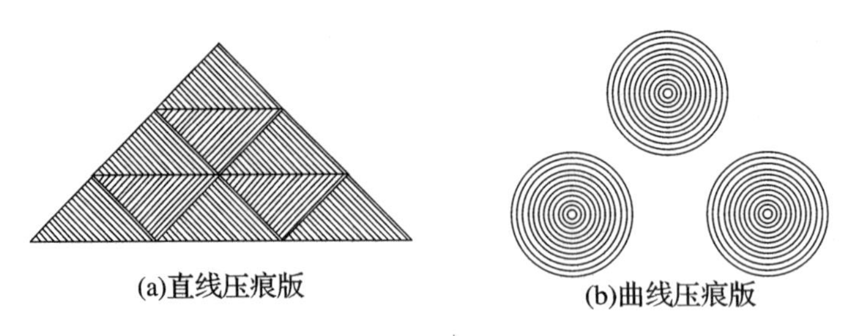

图6-13 折光压痕版画稿

用不同方向的线条来修饰不同的画面和物体,可使折光印刷品产生若隐若现的艺术效果。一般画面主题宜采用45°或135°的线条来表现,大面积区域以采用90°或0°的线条表现为宜。对于彩色图像则要考虑折光线条和彩印加网线角度相匹配,以避免出现龟纹。另外,折光线条的角度选取不宜过多,否则,会给制版工序带来许多麻烦。一般地,一个产品采用4~6个角度为宜。

机械折光是通过电子雕刻或腐蚀的方式,将折光纹理图案刻在金属版上,然后用很大的压力将折光纹理图案转移压印到承印物表面。机械折光可以采用圆压平或平压平的方式。圆压平的方式适合于大面积、大批量的作业;平压平方式适合于局部小面积、小批量的作业。

八、铝箔印刷

(一)铝箔的特性

所谓箔,在金属材料方面是指经过特殊加工后的金属薄片,这种薄片的厚度在0.2mm以下的叫箔。由于制箔使用的金属材料不同,为显示其属性,故在箔字前加上金、银、锡、镍、铝等以示区别。

铝箔作为包装材料,具有许多优良的性能,铝箔表面具有银白色的金属光泽,通过印刷装潢可使其具有良好的展示效果。

铝箔对水、水蒸汽、各种气体、芳香物质和光线具有高阻隔性,可防止内容物吸潮,气化变质,不易受微生物和昆虫的损害,因此可用于防霉、防菌、防虫害包装。铝箔可以耐高温蒸煮和其他热加工,并且具有很好的耐低温性能,适用于冷冻包装,铝箔易于加工,适宜于自动包装机械使用,便于印刷、层合、压花等。

铝箔作为阻隔材料,其阻隔性在很大程度上取决于箔材的厚度,厚度越小,产生针孔的可能性就越大,阻隔性越差,而厚度增加又会增加成本。实践表明,厚度为9~12μm的铝箔是最实用的复合包装用箔材。

铝箔的缺点是耐折性差,易起皱,而且折破裂强度较低,不能受力,所以一般不单独使用,要与纸、塑料等制成复合材料,使上述缺点得以改善和补偿。

(二)铝箔纸贴标印刷工艺

早期的铝箔纸是由铝箔和纸基贴合而成的。故两面性能差异很大,主要表现在受环境温湿度变化易产生卷曲变形。

铝箔纸贴标凸印工艺。早期铝箔纸贴标的印刷以凸印为主,其印刷要点如下:

1. 采用铜锌版制版。

2. 采用双版叠印工艺,分两种做法:

(1)两次平网版相叠。第一次以150线/英寸、15°角、80%以上的网点版打底;再用150线/英寸,45°角,80%以上网点版相叠,以得到均匀厚实的墨层效果,在金色铝纸上印白色墨时,多采用此工艺。

(2)第一次用150线/英寸,45°角,80%以上网点的网版印刷,第二次用实地版。这种方法用在图版面积较大,压力设备负荷不足的情况下采用。另外当实地版上有反白字时,必须采用此工艺。

3. 版托必须采用加工精细的金属版托。

4. 油墨种类如:树脂型胶印快干油墨,印铁油墨、混合墨(胶印墨:塑料墨=1:2)。

5. 印刷机:选用圆压平印刷机为宜。

6. 压印滚筒包衬:采用中、硬性包衬为宜。

7. 边缘效应(印迹边缘墨色深于中间部分如图6-15a所示。)克服方法:采取"贴扦卡"工艺如图6-15所示。即把扦卡(厚度在0.12~0.2mm间)贴在衬垫压痕上面积范围要比印迹边缘缩小0.5~1mm,如图6-14(b)所示。纸张凸印中衬垫贴一张扦卡即可。达到6-14(c)压力情况,铝纸印刷,需形成6-14(d)"宝塔型"帖扦,达到6-14(e)的压力均匀状况。

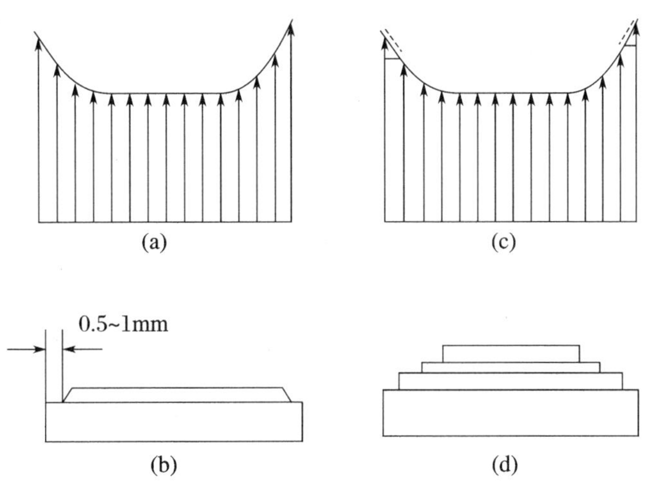

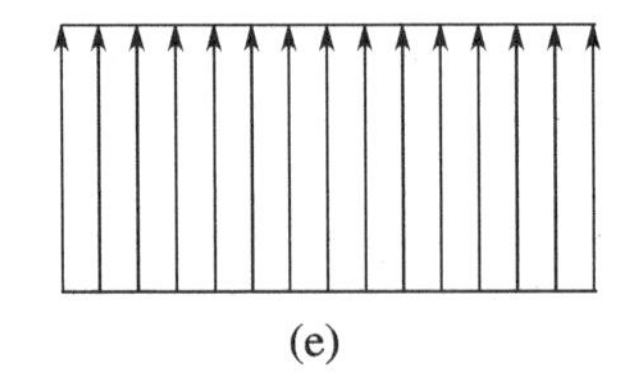

(e)

图 6-14 贴扦卡作用示意图

(三)铝箔纸商标彩色胶印工艺

虽然凹印工艺在油墨干燥速度、实地及平网密度和长版经济方面具有突出的优势,但是多色胶印机在处理中、短版印件中的灵活高效仍然是众多商标彩印厂的理想选择。

(1)选择合理配置的胶印机。由于铝箔印刷工艺往往需要进行一至两次基层涂布印刷。因此,选择机型应至少为五色胶印机,或五色加上光,六色和六色上光的机型,以适应各种专色印刷的需求。例如海德堡新型超霸 SM74-5+LX 五色加上光加长收纸胶印机。其印刷色序应用实例为:第一、第二单元印刷不透明白色;第三单元印红色;第四、五单元分别印黑和金;上光单元则用于水性涂布,并通过加长收纸通道进行红外和热风干燥。

另外,由于铝箔纸在张力、静电、油墨吸附性、干燥度等方面有很苛刻的要求,印机飞达装置需配置离子化吹风机,用以消除静电;双张控制器的设计也需进行调整,以不影响铝纸表面外观平整度,印刷中必须减少用水,又需保持一定的墨辊温度加速油墨干燥。

(三)药用盖口材料铝箔印刷

1. 药用盖口材料铝箔。

目前在药品包装行业盛行用铝箔与塑料硬片对片剂进行外包装,被称为"水泡眼"包装,也称为泡罩包装。它的装药过程是将药品置于经吸塑成型的塑料硬片的凹坑(称为泡罩或水泡眼,如图 6-15 所示)内,再用一张经过印刷文字后,并涂有表面保护剂,在另一面涂有黏合剂的铝箔与塑料硬片粘接封合而成,从而使药品得以保护。在这里铝箔是密封在药品塑料硬片上的封口材料,通常称为盖口材料。

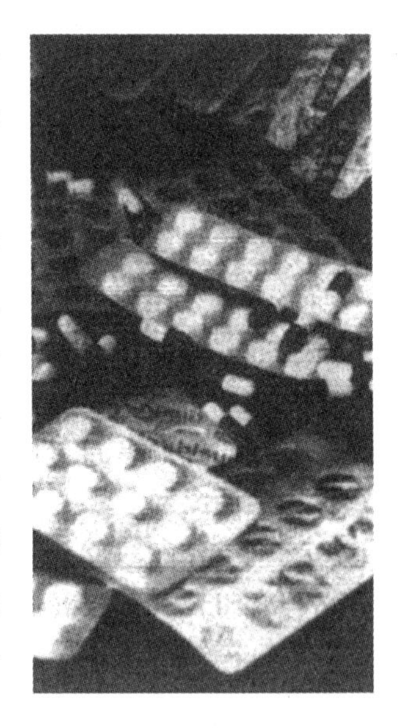

图 6-15 药品的泡罩包装

对药品包装用铝箔检测的主要指标有:铝箔的针孔度,黏合层的热封强度,保护层的黏合性,保护层的耐热性,破裂强度,挥发物和易氧化物及重金属含量、异常毒性等。这些检测指标的认定可以保证药品用铝箔包装具有很好的阻隔性、卫生性、热封性和一定的机械强度。

2. 铝箔印刷。

（1）适用印刷方式。

铝箔多采用凹版印刷工艺。

（2）适用印墨。

从药用铝箔的印刷工艺和药品包装的特殊要求上考虑，油墨必须具有对铝箔有良好的黏附性能，印刷的文字图案清晰牢固，溶剂释放快，耐热性能好，耐摩擦性能优良，光泽好，颜料无毒，油墨内的化学成分不会迁移污染所包装的药品，实用黏度能符合铝箔印刷工艺的要求。综合考虑这些因素，现在市场上适用于铝箔印刷的油墨主要分为两大类：第一类是醇溶性聚酰胺类油墨，目前国内已有厂家生产出铝箔凹印专用聚酰胺类油墨，在200℃以上的高温热合实验中，印刷文字图案仍然清晰不变色。第二类是以氯乙烯、醋酸乙烯共聚树脂和丙烯酸树脂为主要成分的铝箔专用油墨。

3. 印后加工。

药品包装用铝箔印刷，在铝箔印刷文字图案后还须涂一层油墨保护剂，再在另一面涂上层黏合剂。

（1）涂布油墨保护剂。

在铝箔表面涂保护剂的目的是防止铝箔表面印刷层被磨损，防止在机械操作收卷工序时外层油墨与内层黏合剂接触而造成包装时药品的污染。

目前使用的保护剂多数是溶剂型的，其主要化学成分大致含有：硝基纤维、合成树脂、增塑剂、增溶剂、助溶剂、稀释剂等。

（2）在铝箔表面涂布黏合层的作用是让铝箔与塑料硬片热合后能黏合在一起，使药品被密封起来。

目前，主要应用溶剂型黏合剂，单组分胶的主要成分是天然橡胶或合成橡胶，双组分黏合剂是聚氨酯胶黏剂，由主剂和固化剂构成。

九、网印薄膜移花纸

硅酸盐制品在人们日常生活中扮演着非常重要的角色，其制品种类繁多，有碗、盘、杯、瓶、坛、缸等单体品种，也有餐具、茶具、咖啡具、酒具、文具、屏风等配套品种，涉及到日用品、建筑、电子待业等领域。艺术制品可提高人们的审美情趣，装点人们的生活。

随着我国市场经济的迅速增长和印刷技术的多元化发展，印刷技术以特殊的装饰效果代替了传统的手绘等非印刷技术，在硅酸盐制品生产中起重要作用。网版印刷以其墨层厚实、立体感强、有较高的遮盖力、可采用各种特种油墨对曲面承印物进行直接印刷或转印，而成为最常用的美化、装饰手段。

20 世纪中期,以引进日本第一台全自动网印机为契机,贴花纸的产品结构急剧转变,网印贴花纸的产量与日剧增,花纸年产量由解放初期的 30 万张发展到 3 亿张。在各大厂引进自动网印机的同时,也先后引进自动连晒机,自动晒版机,自动显影机以及电分机等。一时间,自动机网印贴花纸、手工网印贴花纸、网印大膜贴花纸、网印移花薄膜贴花纸、以及胶印—网印相结合的贴花纸纷纷上市。

装饰玻璃也在 20 世纪 80 年代大量应用。

(一)网印贴花纸工艺流程与特点

1. 工艺流程(见图 6－16)。

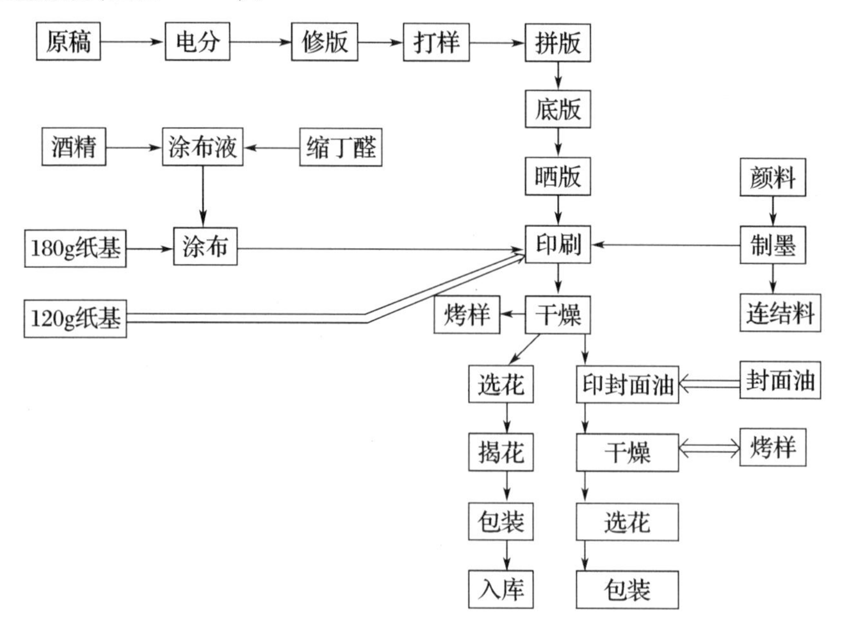

图 6－16 贴花纸网印流程

2. 印刷特点。

印刷原理与一般彩印相同,只是在工艺上尚难以大量采用三原色原理进行四色印刷,多采用下列特殊操作:

(1)利用彩色并置。在彩色阶调印刷过程中,用不同角度的阶调印刷版进行四色印刷,复制在承印物上后,不同色相的色点就会出现两种表现形式,一种是色点并置,一种是色点重置。通常,四成点以下的色点有并置现象,五成点以上的色点有重置现象。在一般彩印产品中,两种现象效果相同,都能反映出第三种色相的视觉效果。所谓并置,就是色点间互不相连。重置则是色点间有不同程度的叠压。在印刷转移贴花纸时,不能采用色重置,以防这类颜料的不透明性和高温下发生化学变化,从而引起的色相变化等弊害。巧妙地运用色点并置的套印方法,可以达到预期的彩色复制效果。

(2)利用颜料的有限互混性。硅酸盐颜料的制备过程中,同种色相的颜料可以使用多种发色的化学元素,因此分类时常冠以元素的名称。例如,蓝色有钴蓝、钒锆蓝,黄色有锡钒黄、铬锑钛黄等。这就为利用其有限互混性提供了一定依据。例如,铬锑钛黄适于同铬绿、锰铝粉红以及大多数不含锡的颜料相混合;锰铝粉红适于与钒锆黄相混合。在不能重置的情况下,充分利用该类颜料的有限互混性,两两混合成间色和复色进行调墨印刷,是常采用的一种较成熟的工艺。

(3)利用拼色版印刷。这是当前国内外印刷这类贴花纸广为使用的一种传统的生产工艺。拼色版印刷起源于平印贴花纸擦粉法。擦粉法是通过平印机上的各色版先将调墨油印在纸基上,然后撒上颜料粉,人工擦拭并使之黏附于调墨油上。这种工艺只能采用拼色版印刷,如果采用一般的叠印工艺,便无法控制颜料的混合比,从而也就难以获得理想的色相。拼色版印刷的实质是专色版专用,就是将各分色版按专色逐一印刷,拼合一起达到复制目的。例如,一支花朵分别制成红花、绿叶和黄色花蕊三种色相的版面,如果红花、绿叶有深、中、浅层次,再分别制成深、中、浅红版和深、中、浅绿版。印红花时,用深、中、浅红色版,绿叶或黄蕊亦如法炮制,这样一来,各色相互不干扰,同种色相的深、中、浅色版可叠色套印,不会出现任何弊害,色点重置或并置均无影响。不难看出,利用这种工艺印刷贴花纸时,每幅画面一般至少要套印 5 ~ 8 次,多者达 20 余次,通常都要 10 几个色版,为此,硅酸盐颜料厂家生产的颜料多达百种。

(二)陶瓷小膜贴花纸网印工艺

小膜贴花纸是一种水转移薄膜贴花纸,属于陶瓷贴花纸的第三代产品(第一代是胶水花纸、第二代是大膜花纸)。国外生产、使用的几乎全部是小膜贴花纸,如日本、欧美、韩国等国家。国内一些外资企业、合资企业及部分企业已高速发展这类更新换代产品,从而提高企业竞争力。

1. 产品的性能特点及工艺参数。

(1)小膜贴花纸的性能特点。该产品的承印物在印刷过程中有着墨力强、点线清晰、阶调细腻等特点,在使用上薄膜有较好的强度和理化稳定性,膜挺而不脆,有很好的柔软性,在贴花操作上花纸不易变形,色墨不易脱落,适用装饰比较复杂的陶瓷器型,是制作高档金花纸的唯一途径,特别是经彩烧后画面色彩更加明快鲜艳、色泽光亮,为降低铅、镉溶出量起到了很好的作用。

(2)小膜贴花纸产品结构。

①产品的载体选用 $150g/m^2$、$170g/m^2$,有一定吸水性能的纸基上涂上水溶性胶层,对载体的工艺要求是有适度吸水性,要有很好的平整度和表面光洁度。

②用网印机在承印物的胶层上印制陶瓷贴花图案(陶瓷色料+连结料),再在每个图案上印一层由丙烯酸树脂制成的封面油,这种工艺制作的花纸俗称“小膜贴花纸”(如图6-17)。

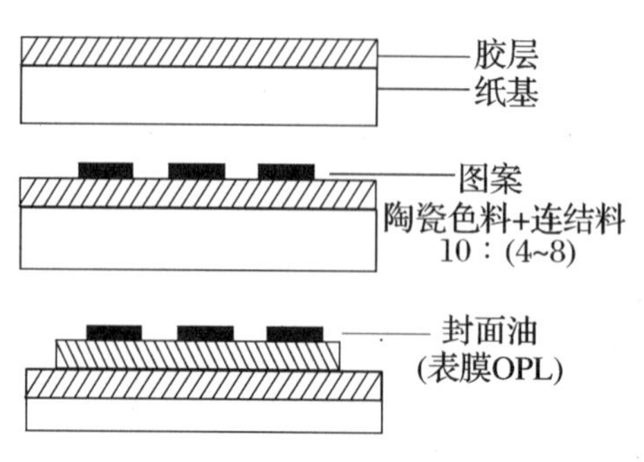

图6-17　小膜贴花纸结构

(三)平、网结合印刷工艺

1. 平、网结合印刷工艺的特点:

(1)胶印法画面再现性好。胶印由于网点相对精细,其半色调画面更接近连续调画面,表现画面细腻,细微层次再现好,对于画面上远景再现性好。

(2)网印法再现画面的特点。墨层厚、色彩鲜艳,表现画面近景质感强,通过印刷亮光油墨和消光墨的亮暗对比,使画面更富有立体感。

2. 平、网印结合工艺实施方法:

(1)区位不同。对画面先进行分析,以风景画为例,对于远景的山、天空、云、雾和细微层次变化丰富的区位都可用平印来再现,对于大面积实地或层次的更深变化的部位,以及近景质感要求较高的树、草、石等都可用网印来表现。

(2)画面层次。首先对平印、网印再现画面阶调特点进行分析。根据感光材料的特性曲线及印刷油墨阶调再现的曲线绘制出印刷画面的阶调再现曲线,横坐标是原稿密度,纵坐标是印刷品密度,以等效中性灰或黑版为例,如图6-18所示。

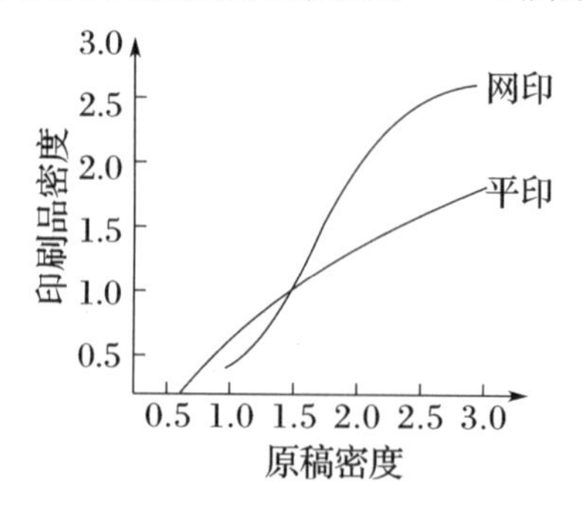

6-18　平印与网印密度比较

标准原稿反差值为2.0,有些可达3.0,但平印油墨一般只能达1.6左右,同时平印网屏的宽容度、阶调性决定平印画面浅而平。网印油墨实地密度可达2.6~3.0,甚至可达3.5,但加网后由于网孔大小及油墨、印刷工艺特性决定网印色调一般为15%~85%,画面层次并级(如图6-19所示)。这就使得亮调部分层次和暗调层次丢失,相对平印,画面层次深而崭。

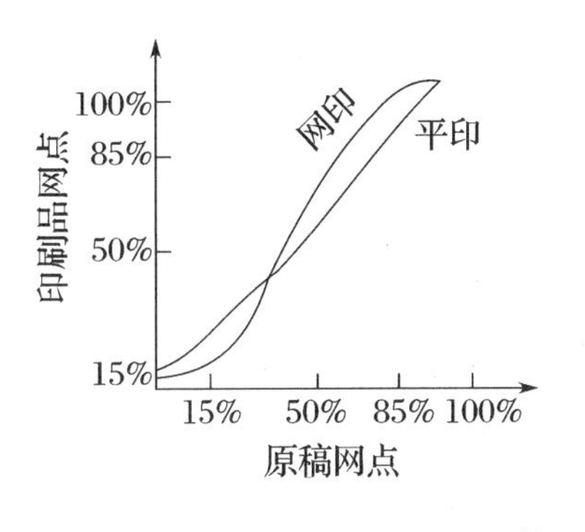

6-19　平印与网印点阶调再现比较

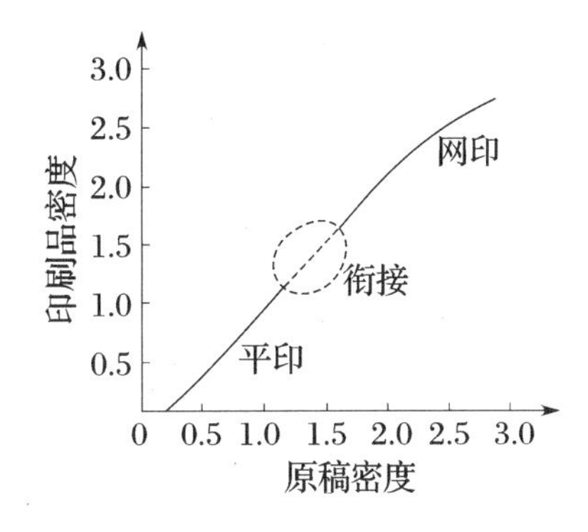

图6-20　平、网结合阶调再现

根据以上特点,在平、网结合制版中要结合各自特点,用平印再现画面亮调部分,保证亮调的层次,用网印再现暗调,使画面有更深的密度,可以接近或超过透射原稿。两种工艺配合使用时,要注意使画面层次阶调连续,避免衔接不当(见图6-20)。

(3)平、网结合版式要求。根据印件规格尺寸要求预制有十字线(+)、角线(⌟)、切线,起定位作用。在规线上可标有叼口位置、走纸方向,印刷时,平印、网印的机器协调叼口、侧规位置。

十、喷雾印刷(喷花)

(一)概念

根据美术设计的图案花样制成镂空模版,把花版紧贴在制品表面上,用喷枪通过花版的镂空处把彩色瓷浆喷射到制品上,经烧制后制成各种各样不同色调和不同深浅颜色的美丽画面。

(二)喷花花版的制作

1. 镂空花版的制作。

(1)分版。根据产品的造型、花样的面积、画稿的构图、着色的浓淡层次等特征,将设计图稿分成几套花版。

分版时,在画面上作上标记,使每套版都按标记进行套印。

(2)刻纸。将半透明的油纸或塑料膜覆在画稿上,按拟定的套版数分别刻出镂空版型。

(3)复版。把分色版样覆盖在铁板上,对准标记,用海绵蘸上印墨,按花纹色彩分别沾印。

沾好印墨花纹的铁板全部浸没在保护层溶液里，取出淋干（约半小时左右），待酒精全部挥发后就可将花纹处的保护层用汽油擦洗掉，以便进行腐蚀。

保护层溶液的配制比例：

虫胶漆片	1
香蕉水	0.3～0.5
酒精	6～8

虫胶漆片用酒精溶解后，用100目以上的筛滤去杂质，用沉淀法取上层的溶液使用。

（4）擦花和烘黄。保护层干燥后，用脱脂棉蘸上汽油擦洗，有印墨的花纹处，除去全部印墨露出铁皮，不得碰伤花纹处的保护层，将擦好的版子经温度120～200℃、时间约半小时左右的焙烘，使保护层牢固。

花版冷却后，检查花纹是否受损，保护层是否完整，可用化学漆溶液或清漆进行描绘修补。

（5）腐蚀。将版放置于腐蚀机中，以38～42°Bé、液温40℃左右的三氯化铁腐蚀液进行腐蚀，30min左右即可将花纹处腐蚀透。

取出腐蚀好的花版，浸在7～10°Bé的碱液中，约数小时后待防护层完全溶解。用清水洗净，经过整修或加固制成花版。

2. 网眼花版的制作。

用一块铁丝网焊上金属边框，根据设计图案花纹，将白漆点涂在非花纹处的网眼上，干燥后即成。

（三）喷花印刷

1. 喷枪（见图6－21）喷印。

嘴枪是喷花工序的主要工具，搪瓷喷花一般采用双扳手一号喷枪。使用时把喷枪接上压缩空气，用中指扣住扳手，即打开气阀带动针子伸缩，这时进气管的压缩空气将粉罐内的釉浆推送出口呈雾状。喷花用的气压通常在392.266～490.332kPa（4～5kgf/cm^2）。

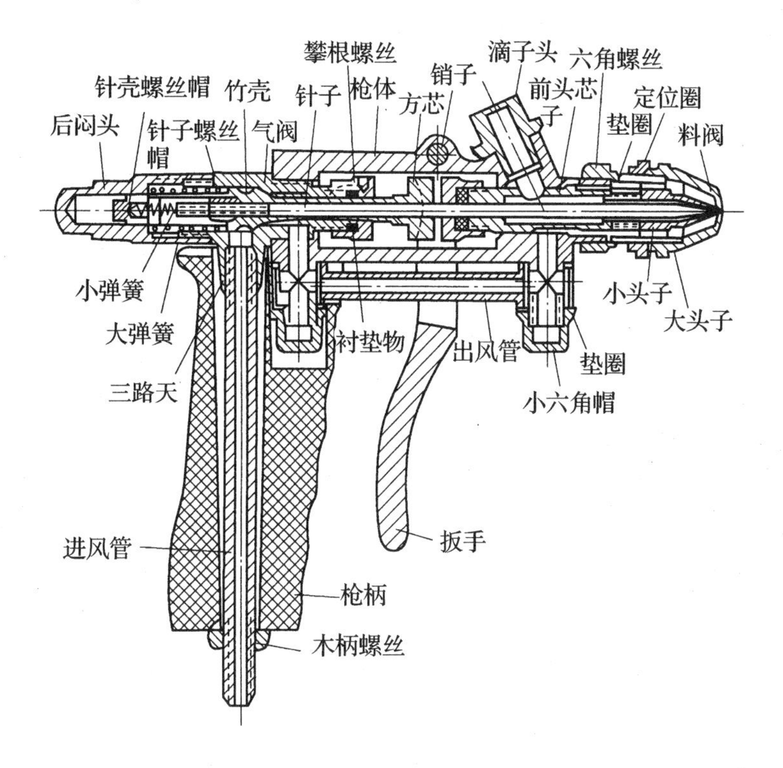

图 6－21 喷枪结构与零件图

电控喷枪是由电流的通、断来控制的,用于电子程序喷花机。

2. 半机械喷雾机(见图 6－22)。

半机械喷雾机是将制品放在托盘上转动,凸轮带动机械阀喷出色釉浆,机体装上喷枪、存粉罐及吸尘装置,可减少硅尘,降低劳动强度,提高产量。

喷花法是搪瓷装饰最常用的传统装饰工艺。

喷花法不仅工效低下、花色单调、精度不高,而且由于装饰用的搪瓷彩色色釉含有大量的铝、硒、镉等稀有金属,在喷涂时色釉粉尘大量进入空气,不但大量浪费原材料,而且严重污染空气,危害喷花工人的健康,生产中漂洗下来的污水又造成环境污染。

搪瓷装饰后来多采用贴花纸转印工艺。

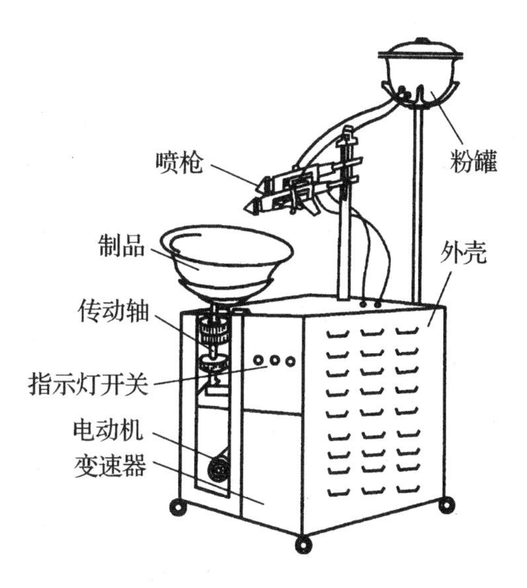

图 6－22 半机械喷雾机示意图

十一、包装印后加工工艺新进展

（一）上光设备

1. 全自动辊涂式上光机。

全自动辊涂上光机采用自动连续送纸，收纸有能自动撞齐的收纸台。全自动上光机具有上光油自由循环系统。由于上光速度加快，烘道的温度要提高，因此采用红外、热风或电加热混合干燥（如图 6－23）。

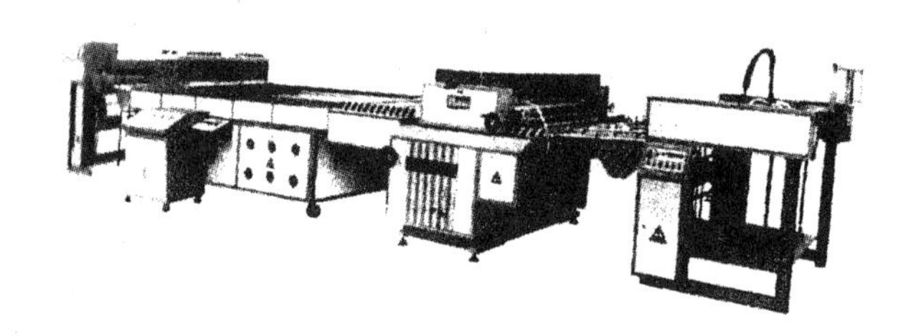

图 6－23　华威公司 RHW1200 全自动上光机

2. 涂料压光工艺是通过涂敷热塑性压光涂料并与压光机械相结合的上光方法。先用普通上光机在纸品表面涂敷压光涂料，待干燥后再到压光机上借助不锈钢光带热压，冷却后剥离，使印刷品表面涂膜形成镜面的高光泽效果。

涂料压光适合高档商标、产品说明书及艺术图片、明信片等印刷品上光，也适合包装用白板纸印刷品上光，以取代价格昂贵的玻璃卡纸。

涂料压光机的主要结构如图 6－24 所示。

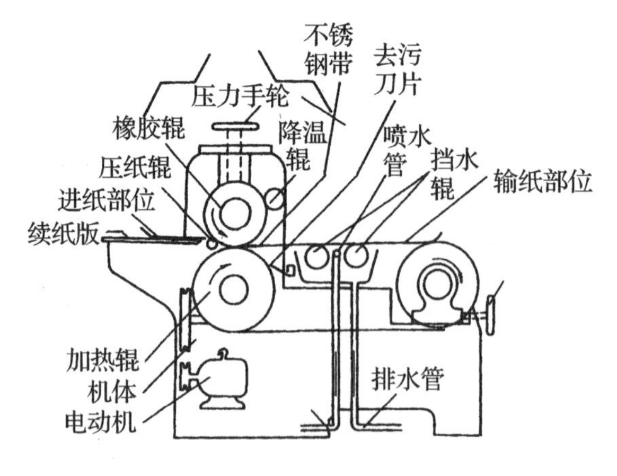

图 6－24　涂料压光机示意图

（二）预涂覆膜机

预涂覆膜操作是采用已经预先涂布好粘合剂的塑料薄膜，只要进行热压，便可完成覆膜，故也称干式覆膜。

预涂覆膜机由薄膜放卷，印刷品自动输入、热压复合、自动收卷四大部分组成。与即涂覆膜机相比，不需要黏合剂涂布、干燥部分，所以具有结构紧凑、体积小，造价低，操作简便，效率高等特点。

例举 HZ－90 型覆膜机工作原理如图 6－25 所示。薄膜材料成卷存放于进料机构的送膜轴上，开机前应将薄膜按规定前进方向经水平光辊、调节光辊、弯形胶辊、导向辊后，与从送料架上通过输送带送来的印刷件一起经加热辊筒及橡胶辊进行热压合后，至收料机构的收料轴上。当开动收料机械的电动机并调好变速机械，使收料转轴按要求转速转动并拉动已覆膜印刷件，则薄膜按上述线路向前输送。

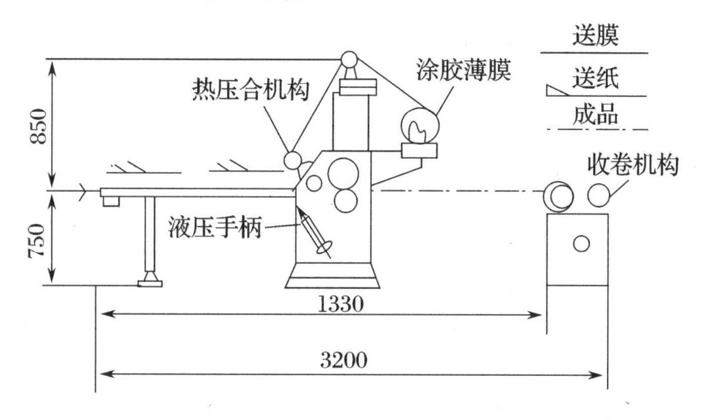

图 6－25　HZ－90 型覆膜机工作示意图

该机配套有：温度自动传动传感显示仪表，能自动调节温度。同时配有调速、紧急刹车，两套薄膜校正、修边、切边等设置。

此机广泛应用于课本、各类书刊封面、图片、广告、产品样本、文件、卡片、包装纸盒等产品的装潢。

（三）模切机

1. 卧式自动平压模切（烫金）机

自动平压模切机主要由给纸单元、平压平模切单元、自动收纸单元三部分组成（见图 6－26），带烫金机还有烫金单元，带清废机则有前清废及全清废单元。

图 6－26　全自动平压模切机示意

自动模切机的给纸原理与自动胶印机的结构基本相同，该单元由分离头、输纸板、前规、侧规、副给纸等部分组成。纸垛上升和进纸自动进行，卡纸吸嘴的高度与角度均可调节，以保证送纸的准确性。输送机构中设有双张控制，给纸异常时自动控制停机装置。

2. 商标模切机。

由于经济的发展和市场竞争的需要，各种新型的标签不断涌现。其中包括纯铝箔啤酒瓶封口帽标和镀铝纸啤酒瓶标贴；采用铝箔、PE 涂层纸、PP 或其他材料制成的各种盖材（如酸奶盖、快速面碗盖、民航用饭盒盖等）；采用 PP、PE、PS 或其他材料制成的塑料容器模型成型标贴等。这些标贴由于套准精度要求高、材料特殊等原因很难用传统的模切机（包括联机模切机在内）进行生产，而应采用专用模切机进行加工。将外形不规则的（如椭圆形）标签在按最大外形（高、宽）裁切成方形有半成品后，装入商标模切机，用专用模切刀准确模切成型。商标模切机如图 6－27 所示。

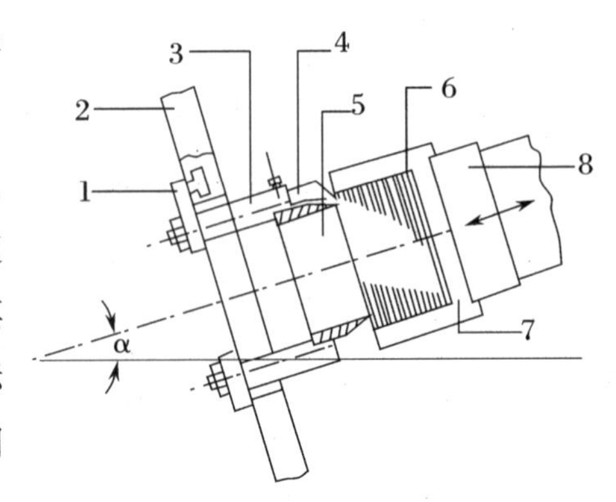

图 6－27　商标模切机示意图
1—压板；2—环形槽板；3—支臂；4—切断刀；5—模切刀；6—半成品；7—V 形给料槽；8—模切头

商标模切机的模切刀安装和调整很方便，是借助一个铝块进行的。把一张裁切成方形的半成品粘在铝块上，把模切刀准确地放在模切线上，然后用压板将刀固定在铝块上。将铝块、模切刀、压板装好后，一起放在给料槽上，利用铝块上的磁铁固定在给料槽上。然后调整支臂，利用压板环形槽压紧模切刀，松开压板并取出铝块，模切刀即可开始工作。

（四）压花机

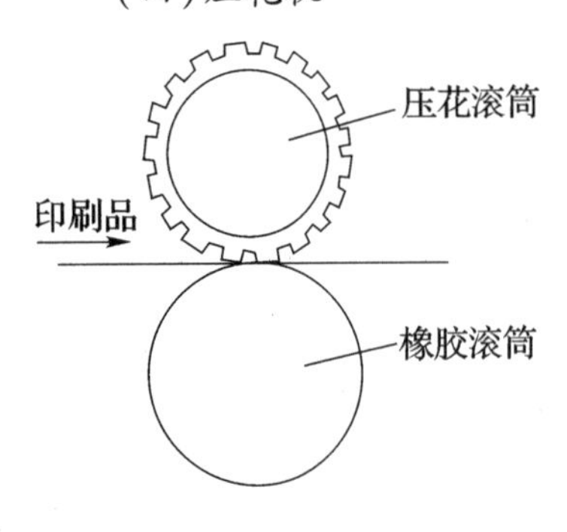

图 6－28　压花示意图

在纸板等表面压制不同纹理的花纹的加工称为压花（如图 6－28 所示）。压花加工多采用专门的压花机完成。压花机一般由压花滚筒和橡胶滚筒上下排列组成。压花滚筒用无缝钢管制成，表面用机械雕刻或化学腐蚀处理出各种花纹，如羊皮纹、橘皮纹等，为使滚筒表面防锈耐磨镀有铬层，滚筒内部通冷水使压制的花纹冷却定型，保证压花效果，又可保护橡胶滚筒。

橡胶滚筒是无缝钢管外包耐热橡胶制成的。一般采用肖氏硬度 85～90 的橡胶，滚筒表面要求平滑，不粘带布毛或树脂粒，使用一段时间，橡皮受热易发生膨胀，又因杂质混入而引起凹凸不平，需在车床上削或磨修。压花滚筒两端轴上装有一套丝杠提升加压机构，用以调节压花滚筒与橡胶滚筒间的线压力。

(五)瓦楞纸箱预印贴面机

为了避免瓦楞纸板印刷搓板故障(如图6－29所示),提高瓦楞纸盒(箱)的印刷质量常采用胶印精细印刷面纸(表纸)然后再与细瓦楞纸板进行贴合的贴面工艺(覆面工艺)。贴面机的结构如图6－30所示。

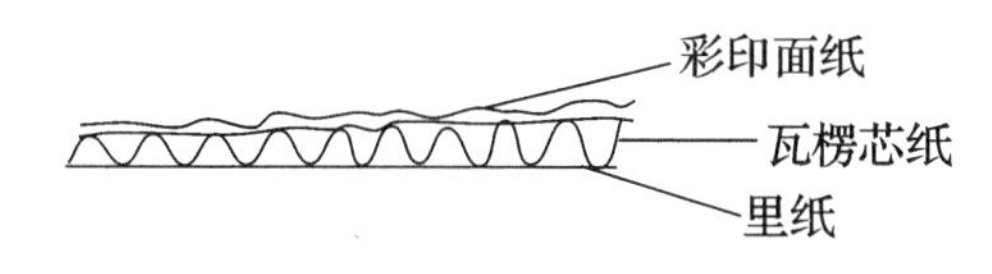

图6－29　搓板故障

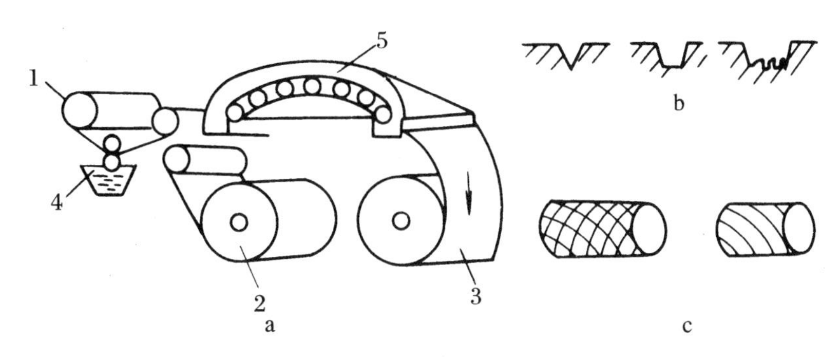

图6－30　印刷表纸与细瓦楞纸板的贴合(覆面工艺)
a—覆面机结构示意;b—涂料辊网格结构示意;c—涂料辊示意;
1—卷筒印刷品;2—卷筒纸板;3—成品;4—涂料辊;5—烘干箱

(六)压凸工艺的改进

传统的压凸工艺是采取制凹版,用石膏压成凸模,来完成压凸工艺。此工艺成本低,压印一般较大笔画的图文效果很好,对细笔画的产品不大理想,后经印刷行业的科技人员对压凸工艺从材料、工艺的改进作了大量工作,曾采用钢模、塑料、树脂版等,均是为了解决压凸质感和缩短周期;但有的工艺复杂凹凸版模成本高,有的工艺简单凸模易坏等。

1. 压凸模版的改进。

把原用的凹版(锌版等)改为凸版,解决了大笔画又有细小线条或花纹的产品的一次压成难题,特别是对需要修饰为浮雕层次模版更为方便。

具体作法是将原用的凹版(凹模)改为凸版(凸模)代替石膏模并使凸模变成正像版。对压印工艺同时进行改革,将原凹模版位置改为粘纸板三层或贴石膏于底托上。但需注意纸板用双面胶粘好后需弄潮湿。把凸版模粘于工作平台上调节好所需压力、开动机器反复压印数次,使纸板定型,达到压凸工艺要求后就可正式压印。这样改进后,压凸质量提高,操作也简单方便了。

2. 压凸设备的改进。

过去，不少印刷厂是在平压平式印刷机上压凸的，效率比较低。如果采用在圆压平式印刷机上压凸，效率将有很大提高，可获得可喜的经济效益。具体操作程序如下。

(1)选定一台平时印刷较正常的圆压平式卧飞机，把滚筒下面的平纸毛刷和滚筒原包衬去掉，裁一张 60×56cm 规格的胶印机用薄锌皮，先在 60cm 长一边距边缘 1cm 处画一条横线，按此线弯成 90 度折，这样就可包滚筒了。放一张 300g 卡片纸，再把锌皮弯折的一头放入滚筒夹板内夹紧，慢慢点动开关，待滚筒紧轴转到上面时拉紧锌皮，用电钻连紧轴某一平面一起钻上几个眼，攻上丝，上好螺丝就行了。

(2)同平时上版一样把锌凹版上好。打样时一定要把一张 300g 卡片纸放在印刷好了的纸张下面一起让滚筒大牙叼好，注意垫版时压力一定要轻而平整，以印的纸张上能看出图案就可以，然后松开版锁从版下面再拿出一张卡片纸(以上讲到的二张卡片纸的目的是为了待打上石膏后，使滚筒包衬的厚度基本上同滚筒肩胛的高度相平)，把版上的油墨擦净，把印刷胶辊去掉。

(3)先把一张 60g 比较粗糙的纸切成比版面略大几厘米，一面粘上一层双面胶纸(如没有胶纸刷上一层白乳胶也可)，同时把二张赝皮纸切成比版面大 1cm 左右，放到一块玻璃板上，四角拉平，把调好的石膏(一定要用桃胶调石膏)用墨铲抹在粘好的纸上面，平均厚度 1mm 左右，再快速地把粘有胶纸的那张纸粘有胶的一面向上平放到石膏上面(定好叼口的一边一定要对齐)，连玻璃板一起拿到上版台上，双手把抹好的石膏层平放到上好的版上(石膏层比版的叼口边大出一点就可以)，滚下滚筒开动机器使滚筒转速一致的转动一周，把压出的多余石膏去掉，落下滚筒再压二次，到此全部工艺过程就完了。如果发现凸版有轻的地方(这样的情况很少)，只要用一块稍大点的薄纸抹上一层薄石膏压一下就行了，为了使凸版面的耐压次数提高，最好使滚筒转动时始终处于下降状态。

3. 压凸精品例举。

一件好的印刷品适当应用凹凸压印工艺，好比锦上添花，大大增加印刷效果。例如 1982 年中国印刷年鉴刊印一种《恭贺新禧》贺年片，采用铝纸裱卡图案上一只雄鸡昂立正在啼叫，精神抖擞。创作人员在雄鸡身上进行艺术加工，运用凹凸压印工艺，将雄鸡的特色刻划得维妙维肖，栩栩如生，呼之欲出，立体感强。艺术处理十分出色，鸡的细羽毛用尖刀精刻，层次丰富，既有每个部位特色，又有整个块面格调，和谐统一，恰到好处。鸡的锦羽毛用平刀、尖刀结合方法深入浅出，分清

图 6-31 雄鸡凹凸压印贺卡

每根锦羽毛及相互交叉的关系,分清羽芯与羽毛层次,把错综复杂的图面刻画得淋漓尽致。鸡的头部嘴与眼仅几毫米地位分清几个层次。更难得的是鸡冠用平刀,排刀结合方法雕塑出桔皮皱纹,把鸡冠特点表现得十分逼真。鸡的脚趾部位用圆刀、尖刀结合方法,雕刻粗壮有力,表现雄鸡昂立稳健。这一贺年片是一件成功的凹凸印刷品,它的成功不仅是创作设计好,还在于善于运用和发挥凹凸压印工艺的特色,十分难能可贵,是一件具有世界先进水平的精品(见图6-31)。

(七)色箔烫印材料

色箔也称粉箔,是一种在薄膜片基上涂布颜料、树脂类粘合剂及其它溶剂等混合涂料而制成的烫印材料。用色箔烫印可形成各种颜色的图文。

色箔的研制生产晚于电化铝箔,80年代,由北京和上海印刷研究所试制成功,主要产地是上海。色箔的生产主要是为了代替色片的生产与使用。其特点是:颜色种类多、选择范围广,可作自动的连续烫印加工,浪费少、易运输贮存。但由于色箔的色层较薄,与色片相比,不如色片烫印后的颜色鲜艳、厚实饱满。

1. 色箔的结构。

色箔是直接在基膜上涂布涂料,色箔有两层、三层、四层几种。

(1)两层色箔的制作方法是:

第一层为基膜层。基膜是浸过蜡的半透明纸,其作用是支撑涂料。由于浸蜡纸本身经加热加压后易与涂料层分离,故可代替脱离层。

第二层为涂料层。涂料由颜料、树脂(或漆片)、钛白粉和工业酒精混合制成。将涂料涂布在浸蜡纸上即完成色箔的加工。两层色箔的制作,省工、省料、易加工、成本低。

(2)三层色箔的制作方法是:

第一层为基膜层。基膜一般为12~16μm厚的聚酯薄膜(或半透明纸),作用是支撑涂层,便于卷筒连续加工,便于贮存和运输。

第二层为脱离层。脱离层的涂料为有机硅树脂或蜡液,其作用是使色粘层在烫印时能迅速脱离基膜而被粘结在被烫物上。脱离层要有良好的脱落效果,否则会造成烫后的颜色发花、不均等质量问题。

第三层为色粘层。色粘层是以颜料为主体加入粘结剂、醇溶剂和其它填料等,按一定比例混合组成的涂层。色箔的各种颜色主要取决于这一层的涂布,如常用的红、黄、蓝、绿、黑等,均是按使用要求配制、涂布而制成的。色粘层不但有颜料显示其颜色,而且因加入了粘结剂等填料,故又能通过烫印的热压,使其牢固地粘结在被烫物的表面。

(3)四层色箔一、二层的制作方法与三层色箔的制作方法相同,第三层为色料层,第四层为胶粘层。采用四层的方法制作色箔是为了填补色粘层中粘结料不足的缺陷。这种方法增加了一个胶粘层,可以保证烫印时的粘着力,使色箔牢固地烫粘在被烫物上。

2. 色箔的性能与烫印。色箔的种类很多,又因制作工艺、批次等不同,在使用中一定要掌握好性能与用途。色箔是一种烫印薄膜,以基膜分类,有聚脂薄膜和纸质薄膜;以配制色粘层的连接料分类,又有水溶性箔和醇溶性箔。有的箔适宜压印大面积图案,有的适用于小面积图文,还有带有花纹图案的箔,因此必需根据需要选择。

十二、不干胶印刷

(一)不干胶标签的优点

标签是表示商品名称、标志及属性的印刷品,是作为宣传、推销商品的手段之一。标签的装潢设计和印刷质量对商品起着举足轻重的作用。

传统的标签印刷是由印刷机将图文转印到普通纸或涂胶纸上,然后由切纸机或模切机分割成一定规格尺寸,最后在标签背面涂上浆糊等粘接剂贴在商品表面上。一张成品标签往往要由许多工序来完成,质量不稳定,易污染商品或操作者。

随着造纸工业的发展,出现了一种新型标签印刷材料——不干胶纸(膜)。由于不干胶材料的表面基材在印刷后很容易地剥离基纸,且有一定粘性,使粘贴方便牢固、耐热耐潮、不易老化、不污染商品等优点。

从 20 世纪 40 年代美国开始生产不干胶材料起,到 70 ~ 80 年代不干胶材料在各领域得到了广泛的应用,为适应社会对不干胶标签的需求,一些国家先后设计了各种规格型号的不干胶标签印刷机及自动贴标机,从而使标签的印刷及粘贴实现了专业化、联动化。标签印刷机供料一般采用卷筒纸形式,烫金、多色印刷、覆膜(或上光)、模切、切断收纸一次完成,自动化程度很高。由于使用树脂版材,制版周期短操作方便,对环境无污染,一般中小厂家都有条件自行制版,所以标签印刷发展较快。

在印刷方式上标签印刷机正由单一印刷方式向组合印刷方式发展,一般具有两三种印刷方式,操作者可根据用户的要求和产品具体情况,选用最佳组合方式。如大面积半色调套印时,实地部分可选用阶调平网的柔性版印刷,使油墨快速干燥,避免粘连;高低调则采用凸版印刷,用较大的着墨量来增加色彩效果,以提高产品质量。而间歇式输纸的设备,一般采用凸版印刷加网版印刷,而连续进给的圆压圆式设备组合方式不限。

随着市场经济的发展,特别是包装行业和防伪行业的需要剧增,国内标签市场近几年保持着持续高增长的势头,年均增长率均保持在 15% ~20% ,是其它包装印刷行业无法比拟的,全国有 4000 多家从事标签印刷的企业,年产量达 10 亿 m^2。

(二)不干胶的结构

不干胶由3个基本单元组成,即表面基材、压敏胶层(黏结层)和基层(包括硅油和剥离层),如图6-32所示。

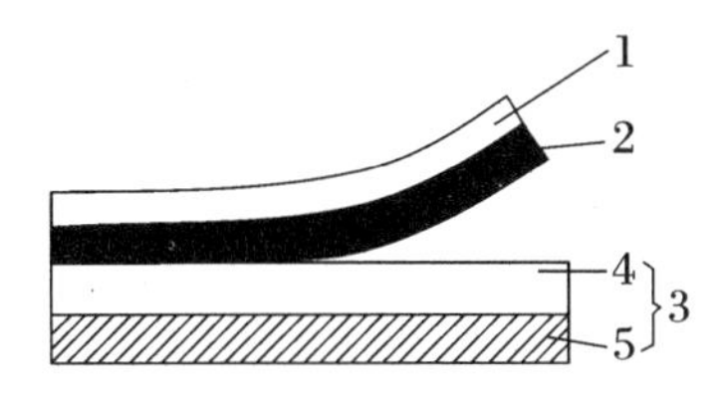

图6-32 不干胶印刷材料的结构

1—表面基材;2—压敏胶层;3—基层;4—硅油;5—剥离层

1. 表面基层(印刷面)。

不干胶表面基材的背面涂有粘合剂,经印刷模切后揭取贴附在商品上。表面基材所使用的材料很多,如下所列:

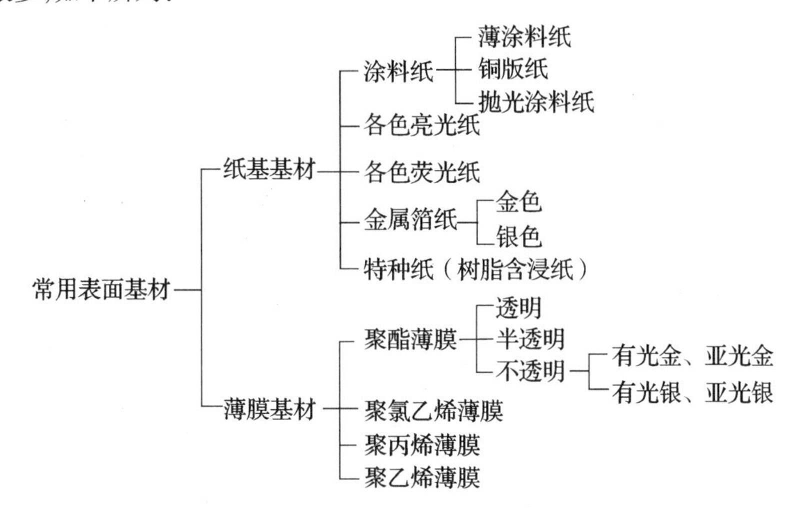

(三)不干胶印刷方式

我国自1979年首次引进标签印刷设备以来,不干胶印刷技术发展较快,主要设备、技术、工艺和材料均来自日本、美国和台湾地区。国内不干胶印刷仍以凸印为主、柔印次之,少量用胶印。标签印刷设备国产化进程也较快,其主要生产厂家及产品概况如表6-2所列。

表6-2 国内部分标签印刷机生产厂家及产品概况

生产厂家	型号	印刷方式	压印方式
太行印刷机器厂	LYBQ4230标签印刷联动机	凸印	圆压平

宜昌印刷机械厂	YBQ480 四色商标印刷机	凸印	平压平
淮南印刷机械厂	TPZ801 自动标签印刷机	凸印	平压平
沈阳组合夹具厂	TYJ210 不干胶标签印刷机	凸印	平压平
太行印	180DLH 高速全自动烫金四色商标印刷机	凸印	平压平

不干胶印刷设备分为平压平、圆压平、圆压圆 3 种,3 种压印方式比较如表 6－3 所示。

表 6－3　3 种压印方式比较

项目	平压平式	圆压平式	圆压圆式
压印原理图示	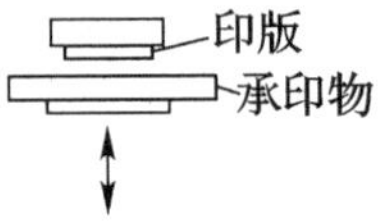 印版 承印物	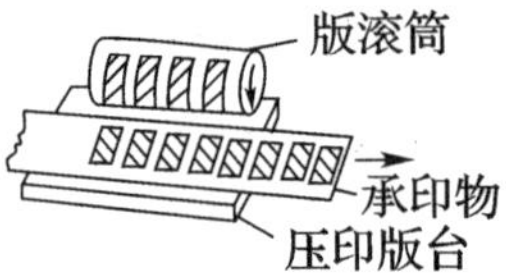 版滚筒 承印物 压印版台	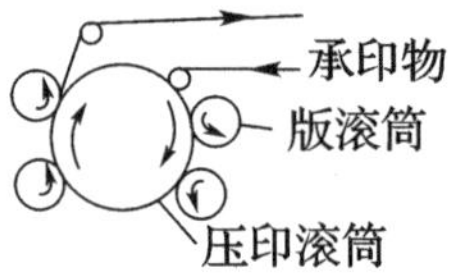 承印物 版滚筒 压印滚筒
印压	平压	线状	线状
版	不动	旋转	旋转
纸	不动	不动	动
印刷方式	间歇	间歇	间歇或连续
版材	任何材料底基的光敏树脂版或铜锌版	尼龙片基的光敏树脂版	光敏树脂版
套色	套色较准确	套色误差较大	套色准确
烫金	烫金面积较大,会影响印版尺寸或模切成型尺寸	烫金面积较大	无烫金
层次版印刷	网线分辨率可达 120 ~ 133 线/in,技术水平较高的可达 150 线/in,由于是平压平,印版间压力大,网点易变形,影响图像的再现性	网线分辨率最高可达 150 ~ 170 线/in,由于是线接触,无需太大压力,图像再现性较好	套版印刷时网线分辨率可达 150 线/in,线接触,压力小,油墨容易转移,图像再现性好
实地印刷	不适于大面积实地印刷	很适应。由于线接触,油墨容易转移。特别是印实地	很适应。应控制墨量防止油墨不干带来质量问题

（四）不干胶标签的半切工艺

不干胶标签的模切工艺不同于纸盒和纸箱的全切方式（即切断）；它要求模切刀片只切断面层材料，底纸仍保持原有状态，并将标签以外的废料剥离，这就需要采用半切形式的模切工艺（如图 6－33 所示）。

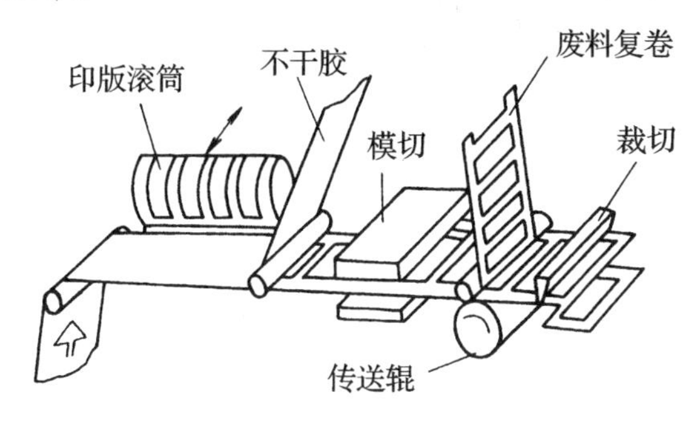

图 6－33　不干胶标签模切过程示意图

十三、条形码技术

（一）条形码（简称条码）

“条码”是 20 世纪迅速发展起来的一种计算机数据输入手段，由于其具有准确、快速、经济、方便之特点，已渗透到计算机管理的各个领域，我国于 20 世纪 80 年代开始研究条码技术，应用到各个领域的自动化管理之中。

条码是随着商品经济的发展，商品流通的繁荣和商品销售方式的变化而产生的。它是一种由许多经济发达国家共同组成的国际物品编码协会颁发，被各个会员国所认可的统一商品包装标签，相当于商品的身份证。可反映出商品的类别、厂商、质量、金额，出厂日期和流通时间等许多信息，在商品的生产、销售、储存和检查交流方面起重大作用。是联系世界各地生产制造商、出口商、售货商和顾客的纽带。

国际编码协会的 EAN 系统由条形码符号本身、条形码识读装置、计算机及接口组成，即包括商品信息的输入和输出，如下所示。

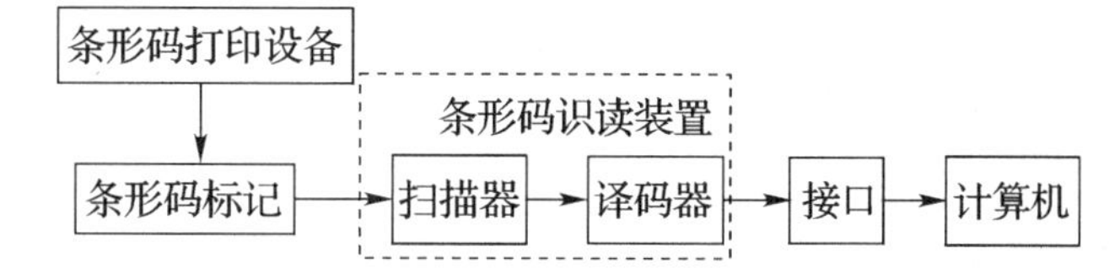

商品条形码是由一组粗细不同的线条及一组阿拉伯数字共同组成，如图 6－34 所示。

(a)通用商品条形码标准版

(a)通用商品条形码缩短版

图 6－34　通用商品条形码

通用商品码 13 位数字的含义如图 6－35 所示。

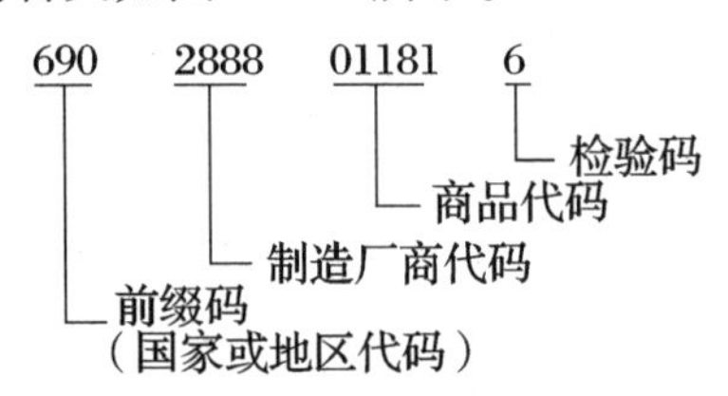

图 6－35　通用商品码 13 位数字的含义

（二）条形码印制

条形码标志的设计印刷流程如下

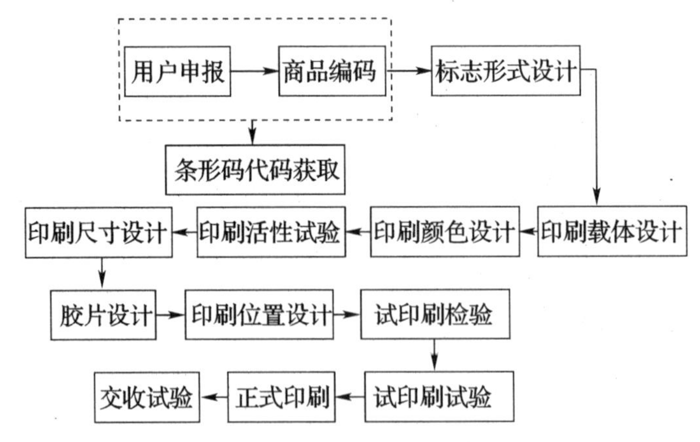

1. 条形码印制方式

条形码印制方式基本上有两类：一是采用传统印刷设备大批量印刷复制，又称商业性的条形码标签生产；二是由计算机或微型计算机控制，实时打印条形码标签和条形码文件。

2. 条形码印刷的质量要求。

对条形码的印制质量要求，在许多国家标准中都有具体规定。因为，只有在印刷条形码达到一定的质量要求，才可供条形码识读系统正确读出。

(1)对条形码符号缺陷的限制。条形码符号是扫描识读的信息源,为保证正确识读,印制误差应降到最低、印制出的条形码应整齐清晰,且条符无明显残缺,空符无多余残留黑点,通常我们称线条符中的残缺为疵点,空符中的黑点为污点。明显的疵点和污点都将导致阅读误差(如图6-36所示)。

为确保条形码识读的正确性,通常规定疵点和污点的最大直径应小于或等于最窄条形码标称宽度的0.4倍;或者疵点,污点所占面积不超过直径为窄条标称宽度的0.8倍的圆面积的1/4。

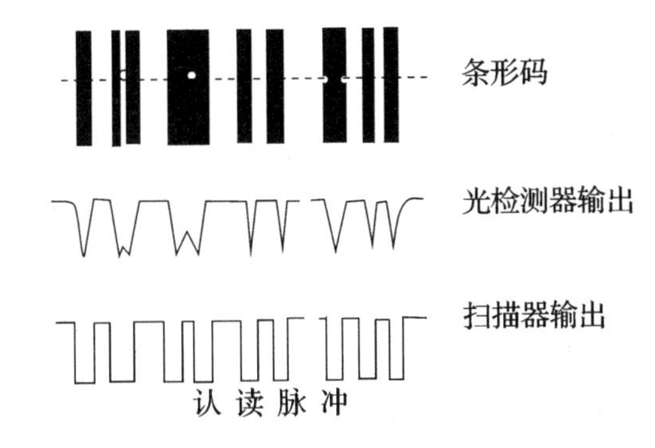

图6-36 条形码符号上的疵点和污点对扫描识读的影响

目的是提高识读装置的首读率、降低译码差错率。

(2)严格控制油墨的色相和色纯度。

PCS值是色差对比度,即印刷对比度,其含义为:

$$PCS=\frac{R_L-R_D}{R_L}\times 100\%$$

式中 R_L——空白反射率;

R_D——线条的反射率。

反射密度是反射率R倒数的对数值,即 $-\lg R$。

在实际应用中,由于油墨色相不纯,会含有过多的红色成分,也会造成印品的反射率升高,降低PCS值,所以要达到理想的反射率和PCS值,就要严格控制油墨的色相和色纯度。

第七节 80年代我国部分包装印刷重点企业

1. 上海人民塑料印刷厂。

该厂隶属于上海包装装潢工业公司。从上世纪50年代就试制各类塑料薄膜包装并自行印刷。1958年,该厂印刷透明纸、塑料薄膜材料的设备是圆盘凸印机。1976年,制成一台凹版轮转印刷机。1980 年，又试制成功五色凹版轮转印刷机，可以正反两面同时印刷。还试产适合包装高温蒸煮食品和包装液体饮料的复合包装材料多种。

2. 上海人民印刷七厂。

上海人民印刷七厂原名上海凹凸彩印厂（1934 年创建），是解放后由 32 家小厂数次改组而成的一家综合性包装装潢印刷厂。隶属于上海市轻工业局包装装潢工业公司。各类专业技术人员 30 余人，其中有高级工艺美术师、工程师多人。固定资产 2700 万元，拥有电子分色机、多色胶印机、不干胶印刷机、自动模切机、糊盒机等设备。是一个具有设计、摄影、制版、印刷、上光、模切、糊盒等较为完整的多功能包装装潢印刷企业。进入 20 世纪 80 年代以后，该厂产品多次获得优秀产品奖，在国际、国内都有一定声誉。

3. 上海人民印刷八厂。

该厂前身是上海飞达凹凸彩印厂，建于 1938 年。有职工 700 余人，固定资产 2300 余万元，拥有摄影、电分制版、多色胶印、不干胶印刷、模切、烫金等成套设备。20 世纪 80 年代后的产品多次获轻工部优质产品称号及最高荣誉奖、包装新产品金奖等。

4. 上海烟草工业印刷厂。

上海烟草工业印刷厂的前身是颐中烟草公司首善印刷厂，创建于 1913 年。1952 年由人民政府接管，改为现名。隶属上海市轻工局食品工业公司。

1963 年推行烟草工业“托拉斯”时，该厂承担全国大部分甲级卷烟商标的印刷任务，以后印刷范围逐步扩大，除承印卷烟包装商标外，还印制食品包装商标、立体图片、轮转凹印商标等。

1978 年建成综合车间，增加立体图片印刷、轮转凹印、采用上光、印光、擦金、烫金、胶印印金、发泡印刷等新工艺。其中立体印刷时钟面板 40% 销售国外，受到欢迎。

5. 北京商标印刷二厂。

1958 年由前门印刷一厂、二厂及北京制本厂印刷车间等 3 个单位合并建成首都第一家包装装潢印刷厂，定名为北京商标印刷厂。1971 年改为北京商标印刷二厂。20 余年几经扩充，到 1980 年有职工 660 余人，各种印刷设备百余台，各类商标产品年产量 7.7 亿印张，年产量比建厂初期提高 8 倍，曾连续被评为北京市红旗厂。1978 年以后，北京市第二轻工局连续授予该厂“产品质量先进单位”的荣誉称号。该厂美术设计人员设计的元鱼酒、鹿茸酒和长城牌白葡萄酒的装潢图案，深受国际友人的赞赏。该厂印制的北京烤鸭包装盒，在五市（京、津、沪、穗、沈）一厂（外贸无锡印刷厂）包装装潢质量评比中，被评为优质产品。

6. 外贸无锡印刷厂。

该厂是一家为出口包装装潢服务的企业，以印刷纸盒包装、商标、画册、样本等产品为主要任务。1980 年时,有职工 670 余人,平均日产平版 16 开彩色版 10 ~ 20 套,月产铜锌版 4000 平方分米,平、凸印年产 7 亿印张。年纸张吞吐量为 6500 ~ 7000 吨。它们自己设计、制版印刷的“银湖牌”、“琥珀牌”出口衬衫包装纸盒,在全国专业会议上被评为优秀产品。

7. 广州市东方红印刷厂。

该厂筹建于 1968 年,以广州市印刷三厂为基础,1969 年并入广州市印刷二、四、五厂,改为广州市东方红印刷厂。该厂承担印铁,印罐头内涂料,印纸产品高档香烟盒,印出口电池、电筒、罐头包装装潢等业务。1980 年有职工 1300 多人,设有 3 个印纸车间,1 个印铁车间,1 个制版车间,1 个机修车间。1980 年年产:胶印 51351 万印,印铁 4346 万印,罐头内涂料 8033 吨,全年工业总产值 3286 万元。

8. 北京胶印厂。

北京胶印厂是北京市出版局所属的中型专业胶印厂,它的前身是京华印书馆北京一厂和北京二厂。

该厂的生产任务是精印画册、书刊封面、科教书插页、年画、挂历、出口商品样本、彩色商标等。

9. 天津市人民印刷厂。

天津市人民印刷厂是大型的胶印专业厂,隶属于天津市第一轻工业局印刷装潢工业公司。该厂的产品质量稳定,印制过大量精美的月历、年画、出口商品样本和高级包装等,还为外商印制了各种彩色印刷品。

第七章　中国改革开放第二个十年（1988～1998年）包装印刷业的发展

第一节　包装印刷业在发展中走向成熟

我国包装印刷工业真正大踏步的发展是在1992年市场经济体制正式确立之后，市场经济体制的确立打破了包装印刷工业发展的掣肘。

随着国民经济整体活跃水平的提高，我国众多产业，如轻工、食品、饮料、医药、保健品、卷烟、化妆品、家电、玩具、服装等都得到了快速发展，并且随着市场竞争的日趋激烈，企业更加重视包装，提高产品附加值，促进销售功能，这些都提高了对包装印刷的市场需求。尤其是随着外向型经济的发展，我国已经成为世界重要的加工和出口基地，中国制造的产品遍布世界，外向型经济的发展要求我国的包装产品同样要达到世界水平。

20世纪90年代初期，改革开放带来的效果，在包装印刷行业尤为显著。1980～1992年，包装印刷工业以年均18%左右的速度增长，工业总产值由1980年的72亿元，增至1992年的637亿元；县以上企业由1980年的5400多家增到1992年的8700多家，其中大、中型企业有200多家，技术改造和技术进步，大大促进了行业的发展，促进了工业产品的外销，使国际人士对我国的印刷业刮目相看，包装印刷行业在国民经济中的排位由1980年的第30位提前到第19位。

20世纪90年代包装印刷在发展中走向成熟。

经过改革开放以来20年的艰苦努力，我国包装印刷工业在现代化的道路上已经前进了一大步，大大缩小了与先进国家的差距，已经形成生产布局比较合理、门类比较齐全、配套比较完整的包装印刷工业体系。到20世纪90年代末，我国包装印刷工业已经发生了一场深刻的技术革命。

一、制版工艺告别"铅与火",走向"光与电"

(一)激光照排系统使印前告别火与铅

王选教授及其团队于1993年研发出应用于高档产品的激光照排系统。

1994年4月,国家新闻出版署在北京召开"北大方正彩色出版系统高档印刷品印刷适性项目鉴定会",成为我国全面推广应用彩色桌面出版系统的开端。王选教授负责的计算机汉字激光照排系统和电子出版系统研究项目,荣获国家最高科学技术奖,这一自主创新技术为中国出版印刷行业带来了告别"铅与火"、进入"光与电"的革命性变革,将载入我国印刷业发展史册。

(二)电分制版转向桌面出版系统

1992年北京国际印刷展将DTP引入中国,并逐步"汉化",几年之后的1995年,电分机高端联网风潮席卷全国。凡有电分机的企业几乎全部走上了这条革新之路,这就是桌面出版系统的威力。电分机这个当年制版业的"王牌"也只能依附于桌面出版系统,才得以在印前制版中继续发挥作用。

电分制版行业20多年来一直是印刷业中技术含量较高、产品附加值较高的行业,随着桌面出版系统的推广应用,电分机走下"神坛",传统制版工艺淘汰出局,印前制版进入新天地。

二、印刷方式发生了巨大变革

过去全国大多数地区的包装印刷企业,拥有凸印设备居多,胶印设备较少,因此,印刷方式也以凸印为主,因而效率低,生产周期长,特别是产品质量差,生产成本高。进入90年代,企业加大了抓技术进步力度,重视引进先进设备,大部分包装印刷企业,除大量使用北人集团和上海印刷包装机械公司等国产的单色、双色以及四色胶印机外,同时还引进了德国、日本、捷克等国家的四色、五色、六色全自动高速胶印机600多台,从而使胶印逐步代替了凸印。为了满足国内外市场对塑料复合软包装和各种纸盒类包装的需要,塑料凹印和纸凹印发展迅猛,90年代初,上海、大连、烟台、青岛、济南、温州、龙口、瞿州、漳州、佛山、龙岩、昆明等东南沿海城市有20多条凹印生产线投放生产。为了配合凹印生产的发展,运城、大连、深圳、东莞、嘉定、厦门、武汉、烟台、哈尔滨等地又引进了美国俄亥俄公司和德国海尔公司的电子雕刻凹版制版成套设备。到1993年,全国已有凹版制版电子雕刻机80多台,年加工凹印滚筒24万只,凹印生产线200多条。此外,还引进了120多条高速多色素柔性版印刷生产线,网版印刷、激光全息印刷、不干胶印刷、曲面印刷、喷墨印刷、胶凸合印、珠光印刷，大面积烫金、非金属蚀刻印刷（磨砂印刷）等也有较大发展。基本完成了由单一的印刷方式向门类齐全的多种印刷方式的转变，其中凸版印刷在整个印刷中的比重已由80年代初的70%左右下降为34%，胶印印刷则上升到37.5%，凹印占17%，柔印占2.5%，其它印刷占7%（网印、曲面印刷等）。

三、开发了一大批新技术，新工艺和新材料

例如：高速粘合联动线、自动模切烫金机、UV上光设备、糊盒设备、纸箱纸板生产线、彩色E瓦楞生产线、印铁制金属罐及易拉罐生产线、双向拉伸聚丙烯薄膜生产线（BOPP）、双向尼龙薄膜生产线（BOPA，佛山独此一家）、聚酯膜生产线（PET）、CPP膜生产线、电化铝印箔系列产品生产线、热烫印箔生产线、电化铝生产线、不干胶生产线、玻璃卡纸、白板纸、铜版纸、玻璃纸生产线、合作创办了凹印用油墨企业、自行研制了生产凹印复合软包装用的胶粘剂，开发了胶印用PS版。

上述新技术、新工艺、新材料的引进和应用，不仅从数量上满足了包装印刷生产的大部分和全部需要，更重要的是提高了印品质量，增加了花色品种和提升了产品档次，促使产品结构得到了合理调整。

四、强化质量管理工作

（一）制订标准、加强检测

轻工部包装印刷联合总公司自1985年开始，5年中抓了强化质量管理的四个方面工作。

1. 各企业分别修订了现行企业内控标准。

2. 组织了瓦楞纸箱，瓦楞纸板及检测方法等六项国家标准和装潢印刷及其检测方法的国家标准的制订工作。

3. 制订了印铁制罐产品的专业技术标准。

4. 各地区还组织企业进行完善工艺标准，工艺操作和工艺监督办法等工作。

从而结束了我国包装印刷产品没有国家标准的历史。

与此同时，还抓了检测中心的工作，加强了质量监督检测手段，1985年先后抓了轻工业部包装科学研究所检测中心，上海轻工系统装潢印刷中心，天津轻工系统瓦楞纸板检测中心，北京轻工系统印铁制罐检测中心和杭州轻工系统塑料软包装检测中心等五个检测中心的筹建工作。一些地区、企业还根据提高产品质量和标准化的要求，争取到了国家一部分拨款，充实了一些必要的检测手段，使企业计量、升级、定级工作取得了进展。

1989 年合同检测中心站先后制订出包装印刷、印铁制罐、瓦楞纸箱等产品质量分类分级规定,经部质量标准司批准后在行业中试行。明确规定质量等级分为 A 级:优等;B 级:良好;C 级:一般;D 级:可用。

实践证明,按上述规定进行质量检测,大家认为有两个好处,一是用科学仪器检测产品的好坏,具有科学性,权威性和公正性。对产品优劣有说服力,容易统一认识,取得一致意见。二是用数据说话,克服人为因素的干扰,能够做到不偏不倚、秉公办事。

(二)印刷质量大幅提高荣获国际奖项

上海人民印刷八厂于 1988 年印刷的由贵州包装公司胡廷熊设计的"中国特级安酒包装",以其独特的民族风格、突出的印刷效果,荣获 15 届亚洲之星和国际包装的最高荣誉——法国巴黎世星之星大奖,为国家赢得殊荣。1988 年、1989 年两年里,连续为第六十三、六十四和六十五届中国出口商品交易会,赶印了数万册精美的样本。一本有 220 页、190 万印的产品样本印刷任务,要赶上广交会会期,印刷周期很短,他们凭借高速胶印机的优势,仅用 10 天左右时间就完成了,印刷质量受到中外客商好评。

上海凹凸彩印厂一贯重视提高产品质量工作,因此,该厂产品质量多年来一直保持了在同行业中的领先地位。1990 年,该厂印制的绿牡丹茶盒在 15 届亚洲包装大会上荣获"亚洲之星"奖;同年"法国时装样本"《世界时装之苑》、《第十一届亚运会特制纪念奖章卡》、"皮鞋包装盒"获部优奖。该厂印制的"中国床罩盒"获中国包装成果金奖","整香菇罐头贴"获中国包装十年成果银奖。1991 年,该厂印刷的高级"礼品彩色包装盒"荣获国优银奖。"七五"期间,该厂有 8 种产品获部级优质产品奖。部分产品质量,如茅台酒,牡丹绿茶、麦氏咖啡、力士香皂、长命牌皮鞋,中华牌香烟(图 7 - 1)等包装印刷以及第十一届亚运会特制纪念卡,返销港澳地区的法国时装样本,直接出口创汇、销往美国的可口可乐广告笔记薄等,产品的印刷质量均已达到国际先进水平。

图 7 - 1　中华牌香烟盒

五、努力改变地域性不平衡状况

例如新疆维吾尔族自治区包装装潢工业公司,开展与周边国家洽谈合作项目,东联西出,在引进国内先进技术的基础上,1992 年,为哈萨克斯坦发展包装印刷业建立了"哈中合资奥林匹克国际广告有限公司，进行了广告制作，彩色印刷、纸制品包装等业务，效果很好，促进了该地区包装印刷业的发展，为改变地域性发展不平衡状况，开辟了一条新路。

第二节　本时期，包装印刷业状况小结

这个阶段，通过新技术、新工艺、新材料的引进和应用，不仅从数量上满足了包装印刷生产的大部分和全部需要，更重要的是提高了印品质量，增加了花色品种和提升了产品档次，促使产品结构得到了合理调整。使我国初步形成了集机械、电子、光学、化工工程于一体，门类比较齐全，能为轻工、食品、饮料、医药、保健品、化妆品、家电、玩具等行业配套的新兴包装印刷工业体系，在国内与社会主义市场经济相适应，市场经济中的各项产品，都有了自己的包装，有的印刷包装还很漂亮。并具备了在国际市场上竞争的能力，改变了“一等产品、二等包装、三等价格”的局面。

在不少产品的包装上，达到或赶上了国际水平，有些达到了国际先进水平。

第三节　本时期主要研发、应用项目简介

一、新开发产品

过去国内日用化工、化妆品、医药等产品包装需要的喷雾罐全部依赖进口。1989 年，天津印铁制罐厂，在全国印铁制罐行业中首先利用已引进的技术装备优势，积极开发新产品——压力喷雾罐，既节约了大量外汇，又满足了出口和国内市场的需求。

上海纸盒十六厂引进卷管机，生产纸罐头、纸茶叶桶等，不仅使产品实现了升级换代，还填补了我国纸容器的一项空白。

20 世纪 80 年代初，全国各地引进了一批挤出复合薄膜生产线，但却只能生产一般产品，而像抽真空袋这样的高档产品都不能生产，国家每年还要花大量外汇从美国、日本进口。深圳百士特塑料彩印有限公司在认真消化吸收引进技术基础上，经反复试验，终于把抽真空袋开发了出来，质量可与进口产品媲美。此外，该公司先后开发了高档塑料挂历、高温蒸煮袋，铝塑多层餐袋，真空镀铝多层复合膜，高透明度 OPP/PE/CPP 复合袋，收缩薄膜标签等新产品。

广东中山市包装印刷工业（集团）公司配合客户开发出果冻、啫喱杯包装膜、益力多瓶盖纸、飘柔牌洗发水及护发素系列产品软包装和特种产品——干酵母包装膜等颇有市场潜

力的新品种。以前这些包装所用材料长期依赖进口。飘柔牌包装膜解决了一般或化工包装材料在液体自动包装过程中无法热封并会腐蚀、渗透的难题,而且密封性能极强,包装好的产品可以承受起一个人的重量。该产品受到了合资方总公司菲律宾、美国等地主要专家的高度赞赏,并积极推荐在其他国家的分公司使用。而特种食品包装——干酵母包装是国内抽真空要求高且要求抽氧充氮的包装,包装质量要求相当高,这项技术开发,填补了我国生产的一项空白。

该公司通过消化铝箔复合生产线及有关生产工艺,开发出窗花纸系列,梭镜膜系列、工艺彩膜等几个新产品。

1991 年,杭州复合彩印厂开发了贴体包装膜、布塑复合基材,商标塑纸;杭州人民印刷厂开发了利用紫外线照射显现标志的高级防伪印刷品;绍兴印刷包装厂开发了利用热反应的防伪标签印刷新技术;东阳市印刷厂开发了贴体包装和珍珠光泽油墨印刷新技术等。

上海人民印刷厂十厂开发出印刷大面积厚纸彩色包装盒的系列产品,先后为中美合资庄臣有限公司生产了“清香剂”等产品系列包装;为中日合资华钟有限公司完成了“袜子”等成品系列包装;为与台商合资的皓盛电子有限公司完成了电话机等产品的系列包装等,均受到客户较高的评价。

另外,该厂开发的珠光印刷工艺,锡箔亮印刷新工艺和大面积烫金折光新工艺,均很好地为上海针织品、丝绸产品的出口配套生产出理想的包装盒。

激光全息图像装饰烫印膜是 20 世纪 80 年代后期国际上推行的先进工艺技术。1992 年,上印八厂从美国新光源公司引进了整套激光全息烫印箔生产线,经过两年多的生产实践,新产品质量已达到美国新光源公司的产品水平。1994 年,该厂将激光全息烫印技术应用于茅台酒、汾酒等酒包装以及化妆品、食品、药品等高档名牌商品装饰上,并起到了防伪作用(如图 7-2)。

1993 年,上海烫金材料总厂引进德国一条热烫印箔生产线,开发出符合国际标准的孔雀 88 型电化铝烫印箔;同时引进了皮革烫印箔软件技术;凹印机采用先进的计算机程序控制,自动对色,生产的木纹烫印箔,填补了国内空白。

1993 年,武汉印刷厂先后试制成功列为国家科技攻关项目、具有当代国际先进水平的“耐高温蒸煮复合薄膜袋”,荣获了轻工部科技成果二等奖。还研制出新型 8G-1 型塑料制品高光涂料和与之配套的红外线上光机,加工生产出式样新颖、规格齐全的礼品手提袋(如图 7-3)。

图7-2　激光全息烫印茅台酒包装盒

图7-3　高光泽塑料礼品袋

二、彩色桌面出版系统在包装印刷上应用

由于照相和电分制版工艺对图像和文字处理脱节，既降低了处理效率和速度，而且还不能保证质量。

20 世纪 90 年代，彩色电子出版系统即彩色桌面出版系统迅速崛起，使传统的彩色电子印前处理发生了很大的变革，这一变革被人们誉为印刷工业的“彩色革命”，这场革命的势头，大大超过了照相分色那场革命。

“桌面出版”作为一个单独的行业出现时，是以解决文字照相和排版为主要目标的。涉及的输出设备只限于激光印字机和照排机；当进入彩色领域时，人们使用“桌面彩色”(Desktop Color)或彩色桌面出版系统 DTP(Desk Top Publishing)来泛指能够完成彩色版面的桌面技术。随着桌面技术的不断成熟，出现了桌面系统与电分机的联网、非胶片过程打样、OPI 服务技术等。“桌面”也不再只是为出版服务，它渗透到包装、广告在内的各种应用领域，从而在文献中开始出现“桌面印前技术”的字样(Desktop Prepress)，以正确反映这项能够统一完成印刷前诸工序的完整技术范畴。

(一)彩色桌面出版系统的结构

彩色桌面出版系统实际上是桌面电子出版和桌面分色两种技术的总称。以工作站或微型计算机为中心，与各种输入输出设备连接，加上相应的软件，集成不同档次与功能的系统。

彩色桌面出版系统的典型结构如下：

输入设备 →	主机系统 →	输出设备
扫描仪	工作站	照排机
电分机扫描部	MAC机	彩色打印机
	PC机	胶片记录仪
	各种软件	电分机记录部

例如,方正彩色桌面系统构成如下:

输入设备:HOWTEKD4000 滚筒式扫描仪。

工作站:AST SE4/66D。

输出设备:AGFA SELECTE5000 激光照排机。

(二)彩色桌面出版系统的工艺流程

彩色桌面出版系统(DTP)的工艺流程如图 7-4 所示。用扫描仪对原稿扫描,并将原稿的光信号转换成电信号,与文字录入信号,图形仪输入信号,图像创意信号一起输入电脑——图文混排工作站,在显示屏上显示出来,操作者根据制版的要求,进行修改,"所见即所得",直至满意,用照排机发排,得到 Y、M、C、BK 四色版。

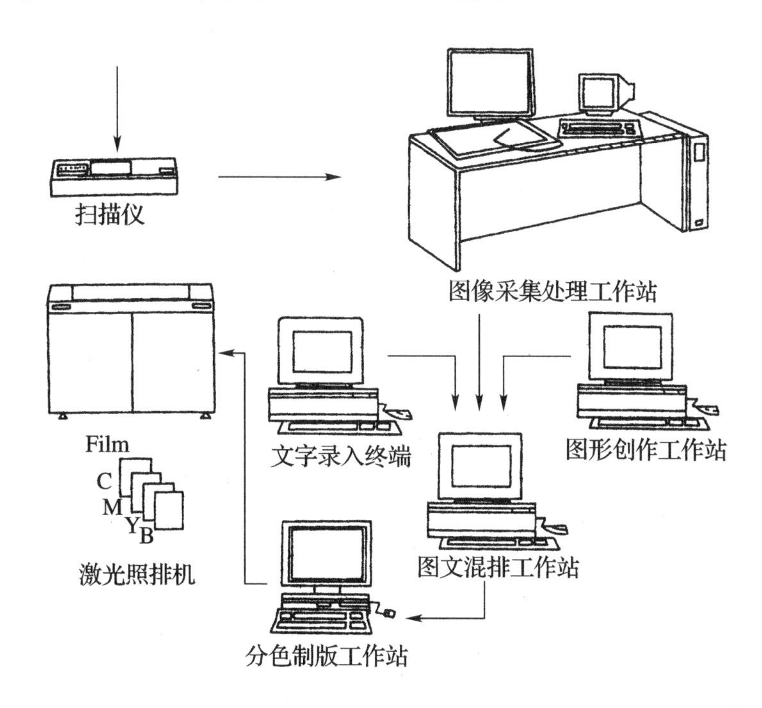

图 7-4 彩色桌面系统工艺流程图

工艺流程分为四部分:图文采集系统,图像处理系统,彩色挂网,图文整版输出系统。

三、预涂感光平版(PS 版)推广应用

预涂感光版是指将感光胶预先涂布在铝版上,并避光贮存,可随时进行晒版的平行版,

简称 PS 版(Pre-Sensitized Plate)的缩写。

PS 版是新型平版版材,具有商品贮存性(保质期在一年左右),使用简便,分辨力高,印刷适性好,耐印力高,无公害等特点,PS 版种类繁多,按成像性能一般分为阳图型(P 型)和阴图型(N 型)两种。

PS 版的版基。30 年代卡勒公司首先发明了 PS 版,其版基是经过皂化的醋酸纤维素片基和纸基,这种版基由于耐印力和尺寸稳定性差,现只用于小胶印版。

50 年代后期出现了金属砂目 PS 版,它采用电解等方法在 0.1 ~ 0.6mm 厚的铝板表面形成砂目。

应用电化学阳极氧化处理在铝板面形成一层 2μm 厚的人工氧化铝层,提高印版耐印力;进行封孔处理,提高养化层的抗碱、抗酸性,并降低氧化层的过大的吸附性;用流延涂布等方法将重氮或叠氮系感光树脂涂布于处理好的版基表面,制成 PS 版。目前 PS 版的生产多采用连续化自动生产线进行。

PS 版按照感光层的感光原理和制版工艺,分为阳图型 PS 版和阴图型 PS 版。

(一)阳图型 PS 版的晒制

目前使用的最典型的阳图 PS 版的感光剂是邻位重氮萘醌类化合物。

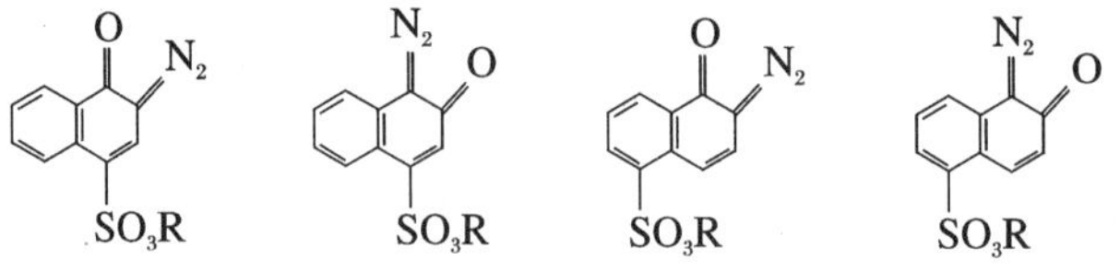

O N_2 SO_3R 2,1,4　　N_2 O SO_3R 1,2,4　　O N_2 SO_3R 2,1,5　　N_2 O SO_3R 1,2,5

上述结构中 1,2,4 和 1,2,5 的感光度较差,故多采用 2,1,4 和 2,1,5。常用作 R(酯化物)的有聚酚、双酚 A、三羟基及酚醛树脂等。

1. 用阳图曝光,空白部位见光,发生分解反应而放出氮气,同时,分子内引起结构重排,产生环收缩,形成茚酮,在水存在下,茚酮被水解成茚羧基。亲水性羧基,在稀碱水溶液中很容易被除去。

2. 显影。不同感光剂的 PS 版,要求采用不同组分和不同浓度的显影液。它一般是和 PS 版配套供应的。

由邻 - 重氮萘醌类感光剂与线型酚醛树脂配制成的阳图 PS 版的显影液,一般采用硅酸钠、磷酸钠、碳酸钠以及有机胺等组成的碱性水溶液。

显影液宽容度可控制在 2min 左右,版面清洁时,显影时间应少些为宜,有利图文部分亲油性良好、网点光洁、完整。

3. 除脏。用毛笔蘸上除脏剂(修正液),描涂多余的感光胶层,将其溶解,快速用水冲洗。

4. 修补。修版有成品供应,在使用前应先将需修补处用清水洗净,最好用2%磷酸液清洗,用热风吹干,之后用干燥的毛笔,蘸上修补液,填补图文缺损部位,然后用热风吹干。也可用阳图型PS版感光树脂描填修补。

5. 阳图PS版的烤版处理。阳图PS版的耐印力一般在10万印左右,为了提高其耐印力,可采用烤版工艺,将版经230°~250℃烘烤,使感光层(未见光交联)发生热交联反应;从线性分子变为网状大分子结构,耐印力可提高3~4倍。

烤版用保护剂是由硼酸盐(有在较高温度下膨胀的特点)、成膜剂(多采用非离子型表面活性剂如平平加等)、润湿剂(多采用阴离子型表面活性剂如十二烷基苯磺酸钠等)组成。

烤版前应将PS版版面上剩余的除脏剂,被溶解的感光层等物质彻底冲净,刮去版面水分,把保护剂倒在版面,用脱脂纱布把保护剂均涂匀于全版面,放入烤版机中烘烤5~8min,取出版自然冷却,进行二次显影(采用显影液清洗),去除保护胶,以防止印版不上墨及油墨乳化。最后风干,提墨,涂阿拉伯树胶。

(二)阴图型PS版晒制

目前,国内应用的阴图型PS版为聚乙烯醇缩对-叠氮苯甲醛感光性树脂。

1. 曝光。用阴图底片密附感光版置晒版机中曝光,叠氮感光剂的感光区域更趋向短波光,所以晒版光源与阳图型相同。图文部位胶膜见光后,感光树脂中的叠氮基首先分解出氮气,生成氮烯游离基,然后由两个氮烯游离基偶合成较大的体型结构分子,失去在原溶剂中的溶解性。

2. 显影。利用表面活性剂的水溶液以渗透作用进行显影,除去未见光的空白部分胶膜。

3. 后处理。

(1)上胶。显影冲洗后的版面应擦保护胶,以保护图文的着墨性能及非图文区的亲水性。如采用NG型(华光)保护胶,上胶应均匀,厚度应适宜,否则上机印刷图文易受墨不良。手工上胶是将显影冲洗后的板材放在干燥、洁净的平台上,用软纱布擦拭表面,将保护胶倒于版面,并用软布擦均匀,擦光即可。

(2)修版。阴图型PS版一般不需太多修版。修版时可用笔或刷将修版剂涂在欲消除的影像部位,保持1分钟,然后用软布擦去。修版后应用水冲洗,重新上胶。

(三)国内PS版的发展概况

国内印刷工业对PS版的研究距今已有40年的历史。1968年,北京化工厂化学试剂研究所在国内首先研制成功了邻醌重氮型的正性感光剂。1969年开始作为商品出售。1969

年至1972年期间，北京化工厂化学试剂研究所和北京新华厂合作，进行过重氮型阴图型PS版的研究，取得了一定的成效。1973年北京印刷技术研究所（现中国印刷科学技术研究所）和北京新华印刷厂等单位开始了PS版的研究工作，1974年上海印刷技术研究也开始了PS版的研究工作。其后，这两个研究所还分别和北京印刷二厂、上海市印刷一厂等单位一起，分别合成了“1.2.4”和“2.1.5”型邻醌重氮型感光剂，并进行了铝版基处理和制版工艺等方面的探讨，在生产中逐步推广使用，取得了较好成效。1986年中国印刷科学技术研究所研制成功我国第一条卷筒铝电解PS版生产线，并采用国产原材料，产品质量处于国内先进水平。

四、凹版印刷发展迅速

（一）国内凹印市场现状

改革开放20多年来，随着市场经济的不断发展，食品、饮料、卷烟、医药、保健品、化妆品、洗涤用品以及服装等行业迅猛发展，对凹版印刷品的需求越来越多。由于凹版印刷的迅速发展，我国印刷方式已发生了明显变化。据统计，我国已从日本、瑞士、德国、意大利、法国、韩国、澳大利亚等国家和我国台湾省引进了500多条凹印生产线，国产的凹印机大大小小也有4000多台已投入使用。

从地区分布看，凹印机几乎遍及全国各省、市、自治区，凹印机比较集中的地方有云南、上海、广东、山东、江苏、浙江等地，仅云南省用于烟盒印刷的纸凹印机就有40多条线。另外，在广东庵埠、河北雄县和浙江温州的龙港，凹版印刷发展也很快，有的地方有上百家、甚至几百家小型凹印企业。根据产品用途，可将凹印机分为三类：塑料薄膜凹印机，以日本机为主；纸塑兼用凹印机，以欧洲机为主；纸张印刷专用凹印机，分通用机（宽幅80mm以上）、专用机（窄幅800mm以下），以欧洲机为主。目前，国内引进的凹印机多数是六色的。

在众多的凹版印刷企业中，中国软包装材料生产基地（申达科技工业园，包括申达、江苏申龙创业、南京中达制膜三大企业集团）的16家生产企业，已形成了年产各种塑料包装基材彩印复合软包装13万吨，是国内生产量最大的出口包装生产基地，园区企业职工1700人，2002年实现销售收入20亿元。此外，上海紫江、大连大富、中山大富、上海白猫、上海合众、北京德宝商三、无锡国泰、宝柏集团、浙江爱迪尔、云南侨通、连云港中金、汕头东丰、深圳劲嘉、天津顶正、云南玉溪等一大批企业不论是产品质量还是经济效益都比较好，发展也比较快。

（二）凹印印品应用领域

凹版印刷的印品主要有以下几类：

1. 纸包装,如烟盒、酒盒、酒标、香皂盒、药盒、保健品盒等。

2. 塑料软包装,主要有以下几种:

(1)食品包装,如方便面、奶粉、茶叶、小食品(休闲食品等)、饮料、糖果、蒸煮袋、腌制蔬菜及肉类制品、冷冻鱼虾、味精、调味品以及食盐包装等;

(2)化妆品、洗涤用品包装,如洗发用品、润肤膏、洗衣粉等;

(3)医药包装,PTP 铝箔、SP 复合膜、铝箔泡罩、中医药片剂、胶囊、丸剂、粉剂等;

(4)种子包装,各种农作物种子和蔬菜、花卉种子等;

(5)工业品包装,如服装、针织内衣、妇女儿童用品包装及年画、挂历、招贴画等。

此外,我国印刷的钞票、邮票也都是采用雕刻凹印完成。卷烟过滤嘴所用的水松纸和家具装饰用木纹纸也是用凹印机印刷的。

经济效益较好、规模较大的凹印企业主要集中在食品包装、烟包和一些特殊应用领域。目前,我国以食品包装印刷为主的软包装凹印企业有 5000 多家;以烟包印刷为主的折叠纸盒凹印企业 200 多家;木纹纸和装饰凹印企业有 200 多家;有价证券(如钞票、邮票)和彩票印刷厂 20 多家。

五、曲面印刷

凡是在外形表面不是平面,而是凹、凸、弧形状的各种材质制成的器物上进行的印刷,统称为曲面印刷。

适合于各类器物上的曲面印刷方式主要有曲面网印、转移印刷(贴花纸印刷、移印、水披覆转印)、喷墨印刷、凸版胶印等。

(一)曲面网印

1. 曲面网印机。

根据承印物形状的不同,曲面网版印刷机主要有两种形式,即圆柱形曲面网印机和圆锥形曲面网印机。

(1)圆柱形曲面网印机。

根据网版与承印物之间的运动方式,有摩擦传动和强制传动两种类型。

①摩擦传动方式(如图 7-5 所示)。其工作原理是将承印物置于支撑装置的滚轮上,支撑装置与刮板可上下运动并可进行调整。印刷时,刮板向下运动对承印物施以一定印刷压力,当网版做水平运动时,靠网版与承印物之间的接触摩擦力带动承印物转动完成油墨的转移。这种网印机不能保证网版与承印物表面精确地传动关系,一般用于单色印刷。

②强制传动方式(如图 7-6 所示)。在强制传动方式的网印装置中,不是靠摩擦力而

是通过齿条 - 齿轮转动机构来保持网版与承印物之间的同步运动。在印刷过程中使网版水平运动的速度等于承印物的印刷表面运动速度，是实现精密印刷的重要条件之一。也就是说，该装置的齿条与网版运动部件连接在一起，通过齿条的齿轮传动由网版带动承印物同步转动。

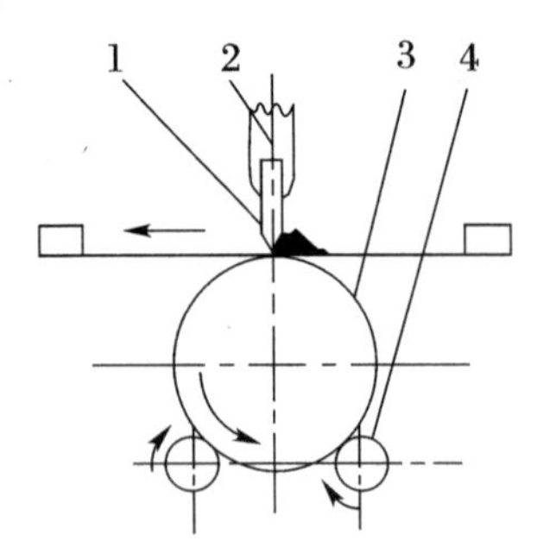

图 7 - 5　摩擦传动式的曲面网印机
1—刮板；2—网版；
3—曲面承印物；4—托辊

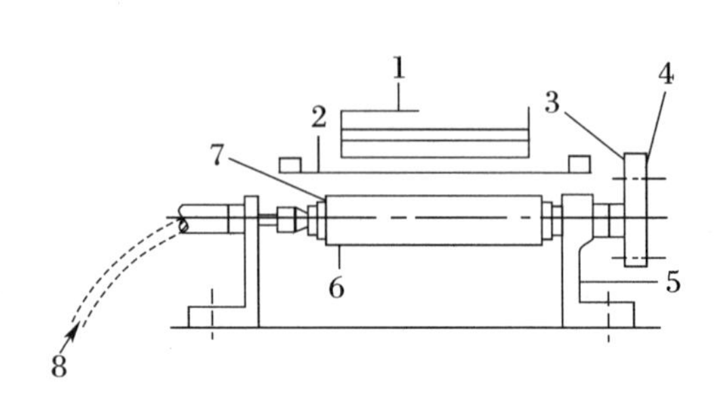

图 7 - 6　强制传动式的曲面网印机
1—刮板；2—网版；3—齿条；4—齿轮；
5—支撑装置；6—承印物；7—模具
8—软质塑瓶充入空气

为此，应满足两个基本要求：

a. 承印物要由专用模具进行安装，以保证准确的印刷起始位置。

b. 不同直径的玻璃制品应与专用的传动齿轮相匹配，保证包装瓶的直径等于传动齿轮的直径，这是实现承印物表面与网版之间不产生滑动的基本条件。

(2) 圆锥形曲面网印机。

圆锥形曲面机与圆柱形曲面机相比有某些特殊性，其主要有如下两种类型：

①网版水平移动式。本机型的主要特点是网版的运动与圆柱形曲面网印机的强制传动方式系相同，靠齿条的齿轮传动实现网版与承印物的同步运动，其工作原理如图 7 - 7 所示。

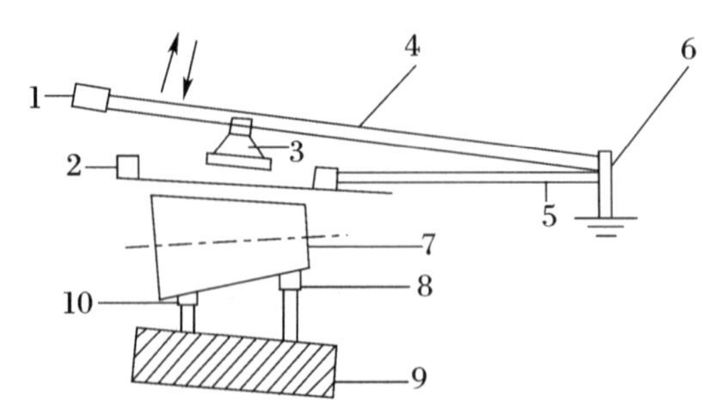

图 7 - 7　手动锥面的网印原理
1—把手；2—网版框架；3—刮墨板；4—杠杆；5—摆动框架；
6—网框摆动中心轴；7—印件；8—前支辊；9—台板；10—后支辊

承印物的支撑装置应能在垂直方向进行调整,根据器物锥度的大小调整支撑装置底座与水平方向的角度,以保证承印物印刷表面与网版的水平度,其调整范围为0~8°。

印刷时,刮板印刷压力的方向应通过承印物的中心线。此外,进行多色套印时,必须制造专用齿轮及安装承印物用的前后模具。对于中小型圆锥曲面网印机,专用齿轮的齿轮模数一般取1为宜,根据承印物锥体大小、两头直径 D_1、D_2 和印刷中心线 L 计算出承印物中心线位置的直径 D(如图7-8所示)。

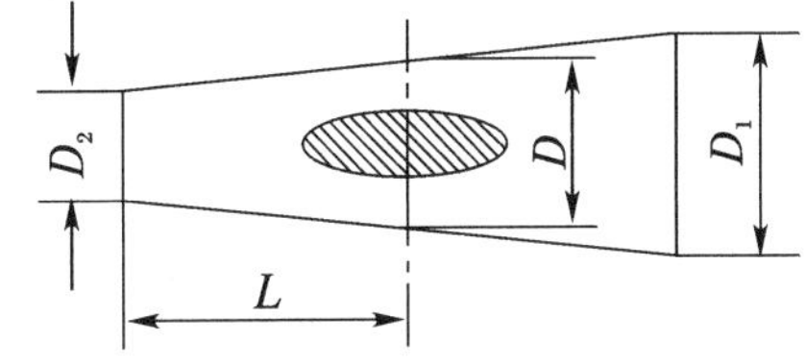

图7-8　专用齿轮的计算

这种印刷机,由于专用齿轮是按承印物中心线位置的直径进行计算、制造的,因此,印刷图文在中心线两侧将会因速差产生缩小或放大的现象。所以,这种印刷机适用于印刷图文面积比较小的圆锥体成型物。

②网版扇形摆动式。这种印刷机取消了网版与承印物之间强制传动的运动方式,而是靠网版与承印物表面的接触摩擦力来实现网版与承印物的同步运动,网版做扇形运动,其工作原理如图7-9所示。

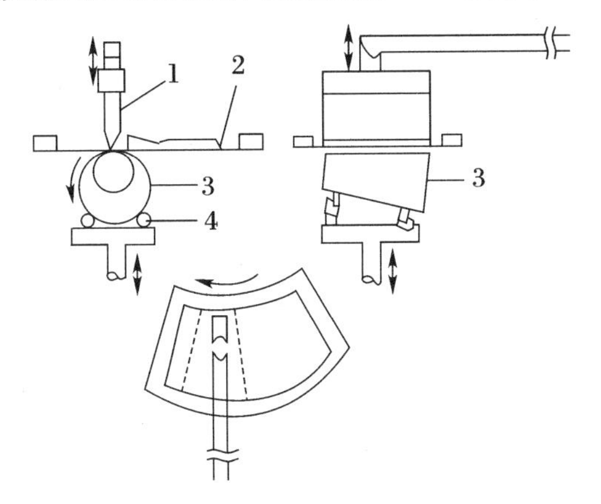

图7-9　网版扇形摆动式的网印装置
1—刮板;2—网版;3—承印物(杯);4—支撑装置(滚轮)

这种印刷机,承印物处于上述印刷工作位置,一般由4个滚轮支撑,并且保证锥体印刷面与网版的水平度。网版的扇形水平轨迹由承印物锥度的大小,决定扇形摆动中心必须与承印物的圆锥角顶点重合。由于网版与承印物表面接触处的线速度相等,不会产生速差,所以印刷图文不会产生变形,印刷精度得到了提高,可以在锥体承印物表面较大范围内进行多色印刷,印刷效果比较理想。

2. 玻璃容器的装潢网印。

玻璃瓶的网印大多采用(如图7-10所示)扇形摆动式网印装置印刷。

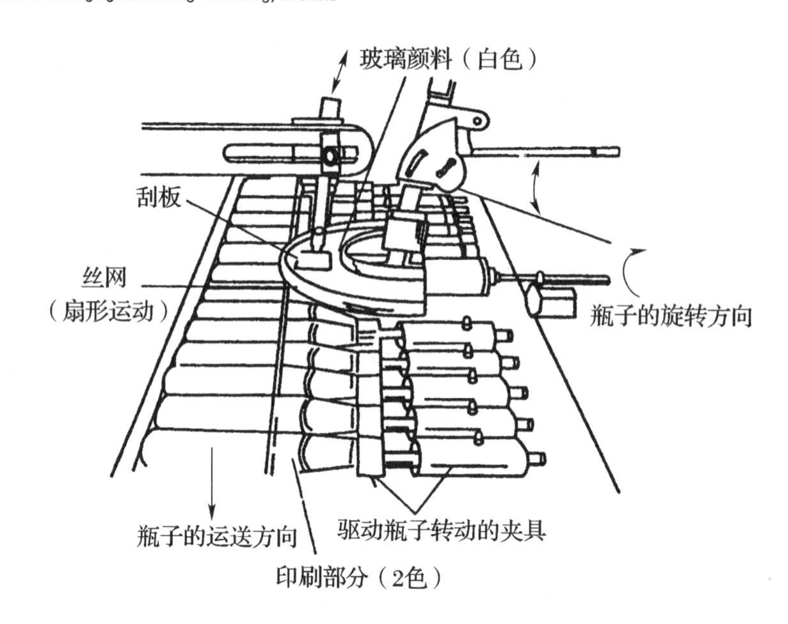

图 7－10　玻璃瓶自动多色网印机的示意图

自动多色网印机（如图 7－10 所示）是对清凉饮料用瓶进行双色印刷的一部分，要使丝网架形状和安装方式与玻璃瓶的圆锥形相适应，印墨用暖色，印刷能力为每分钟 90 瓶左右。

制版要点：

①网材选用。

玻璃网印版除印金外，一般均使用厚膜印版。网材选择要根据具体对象。例如，印金、银色时，应选用合成纤维网并尽量薄些，以提高印刷质量；若用不锈钢网，网会与金墨发生化学反应而产生故障，故不采用金属网。在热熔色釉墨施印时就需要采用金属网，接通电源加热以顺利印刷，一般平板玻璃网印采用尼龙丝网。

②丝网目数选用。

丝网目数的选用也要根据印品的具体情况，一般印大的花纹以采用 150 目/in 左右目数网为宜；细花纹的纪念品、文字一类的印刷品可采用250 目/in左右丝网为宜；印刷高级、高精度产品时，应采用 300～360 目/in 的丝网为宜。

3. 塑料容器曲面网印特点：

（1）塑料容器的印前表面处理。

①脱脂处理。

塑料制品表面沾上油污或脱模剂会影响油墨的附着力，可通过碱性水溶液表面活性剂、溶剂清洗，砂纸打磨达到清洁脱脂的目的。

②提高表面可印性的处理。

PET 瓶，由于其表面张力能达到印刷要求，可以直接印刷（见表 7－1）。

对于表面张力较低的 PE、PP 瓶，印刷之前一定要进行火焰处理（适用于小型容器）或电晕处理，使其表面张力达到 4.6×10^{-2}N/m 左右。

表 7－1　塑料的表面张力和印刷性能

薄膜品种	表面张力 $\times10^{-3}$/（N/m）	印刷性
聚丙烯（PP）	29	印刷性不好
聚乙烯（PE）	31	印刷性不好
聚氯乙烯（PVC）	39	印刷性尚可
聚酯（PET）	43	印刷性尚可

（2）圆柱体软质塑料容器网中需在（见图 7－6）装置的旋转件承印支架后部加装一个与容器口径相吻合的锥塞管头，与压缩空气泵接通，以便对软管塑料容器印刷时充气，使之有一个抗衡印压的力。支架的中部有一套与容器外径相吻合的支撑辊，支架的前端有一个与容器底部相吻合的卡盘，卡盘上有定位销，与容器底部注塑出的定位槽相配、锥塞、支撑辊和卡盘与印版的刮印运动做同步线速转印，印完一个版面卡盘的定位销仍回归主定位点。

（二）移印

1. 移印的概念。

移印是利用胶头将多色图案从蚀刻钢板转印到不规则、凸凹不平的产品表面的一种印刷工艺。它被广泛应用在日常使用的、接触很多的产品上，如手机、手表、相机、电熨斗、洗衣机、汽车、玩具、眼镜、计算机键盘等。

2. 移印的历史。

大约 150～180 年前，移印在欧洲被用于印刷手表的刻度盘，是纯手工工艺，印刷速度比较慢，印刷质量完全由操作者的技术和经验决定，机器也很原始。虽然移印技术一直在发展，但直到今天，移印的 4 个组成部分——印刷钢版、印刷油墨、印刷胶头、印刷机器——基本没有改变，只是材料及技术有所改良。

移印手表刻度盘的工作原理：

操作者首先将油墨涂在 80×80mm 的钢板上，然后用刮刀刮去钢板上多余的油墨，只在蚀刻位置（即印刷图案）留下油墨，胶头取墨后，将油墨图案转印到手表的刻度盘。因为胶头有弹性，印刷时可以和产品形状保持一致，印刷完成后又恢复原状（这也是它可以印刷凸凹不平产品表面的原因）。

当时主要用gelitine(一种树胶)制做胶头。每次印刷都一次次尝试,直到完美为止,就像印刷艺术品,效率不高。直到今天,在不少国家依然可以看到这样印刷手表刻度盘。图7-11显示的就是加拿大的一家工厂依然在使用旧技术、旧装置印刷手表刻度盘。

移印在应用于印刷塑料制品前广泛应用于陶瓷制品的印刷。今天像“Wedgewood、Royal Dutton、Villeroy&Boch”这些全球知名的陶瓷餐具制造商依然采用移印。当然印刷陶瓷的机器、软件和印刷手表的刻度盘、塑料制品相差很大。

20世纪60年代末,一家德国公司使移印机动化,并开始将移印应用于塑料工业。他们将移印应用于玩具、文具以及其他塑料产品的印刷。

图7-11 移印手表刻度盘
1—涂油墨;2—胶头取油;3—图案转移;4—手表表面

移印技术于20世纪70年代早期引入香港,主要用于印刷玩具车、公仔眼珠及其他塑料产品。

80年代初,移印已被应用于多种消费品的印刷,如眼镜框、家电、文具、手表刻度盘等。80年代中期,应用到相机、电子部件、汽车部件的印刷上。从70年代移印在香港出现以来,它就一直在发展,且不断寻求新的应用。90年代其应用范围推广至计算机键盘、手机屏幕及家用电器等(如图7-12所示)。时至今日,几乎所有需要印刷或装饰的产品都可以用移印印刷。

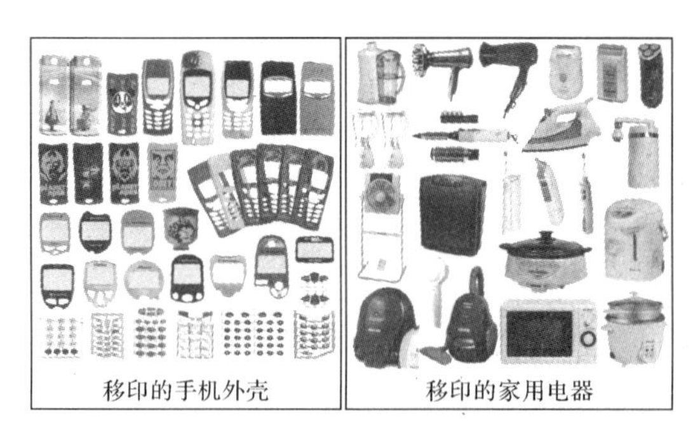

7-12 移印应用范围例举

中国内地的移印从80年代中期香港生产商慢慢将工厂迁移到广东地区开始。90年代中期,台湾、韩国及日本的投资者亦纷纷跟随,在中国设厂。2000年开始,欧洲公司亦陆续将厂房搬至中国。现在中国各地工厂都可以看到移印机的踪影。

3. 移印凹版。

目前的移印版主要分为金属版和树脂版两大类。金属版分腐蚀版和雕刻版两种。腐蚀版和树脂版的制版工艺比较如表7－2所示。

表7－2　移印树脂版和金属版的制版工艺比较

步骤	腐蚀金属版	树脂版	用途
原版储存	装入塑料袋中,湿度最好低于40%,需要润滑油保护	装入黑色塑料袋中,环境温度20~20℃,空气湿度最大50%	防止漏曝光和原版材的使用效能降低
包装	多数用木箱包装,薄钢版材装入塑料袋中,标明商标、用途等分类保存	先用塑料袋包装,再用瓦楞纸箱包装,包装箱外注明商标、品名和数量、用途	便于选购、运输和管理
阳图胶片	最大密度大于3.5,最小密度小于0.06,不适合较高的加网线数	最大密度大于3.5,最小密度小于0.06,适合较高线数的加网胶片	改善印刷的层次再现性
涂布	厚钢版材涂布感光胶,用手刮法或旋转法,薄钢版材已预涂有感光胶	树脂版尼龙感光胶均预涂,拆开包装即可使用	形成感光层,建立图文的物质载体
曝光	贴合胶片曝光	建议在专门的树脂版制版机内进行	将胶片上的图像转移到印版表面
显影和冲洗	用指定的钢版材显影液显影,并用清水冲去脱落的感光胶	水洗版用28℃的清水进行冲洗;醇洗版使用严格控制在20℃的醇水混合液冲洗	使图文区和非图文区彻底分离
腐蚀	用腐蚀液涂布于图文处腐蚀出凹文来,有氮的氧化物产生,对人体的健康有害	不需要	在板材表面腐蚀出凹文以填充油墨
后处理	不需要	不用胶片,将印刷版放在UV光下照射,醇洗版照射时间为8~10min;水洗版照射时间为3min	提高印版的耐印力
干燥	用电吹风或烘干箱烘干,烘干温度为50℃,烘干时间为5~10min	建议用烘干箱进行烘干。醇洗版烘干温度120℃左右,烘干时间为30min;水洗版烘干温度为80℃左右,烘干时间为30min	使板材原理水分和溶剂的侵蚀,提高耐印力和图文区的边缘硬度
防护措施	涂布润滑油进行保护,装入耐油脂侵蚀的塑料袋中	用UV保护膜进行保护,条件具备时工作室最好安装UV安全灯	延长版材使用寿命,节省成本

移印版除了要求表面精确外，蚀刻深度对于印刷品质也非常重要。如果蚀刻太浅，油墨遮盖就不够，相反，如果蚀刻太深，则会有静电及针孔出现（即有细丝出现在图案周围），在温度高、湿度低的环境下，油墨很快变干，问题更加严重。

蚀刻深度应与图案宽度成比例：

18um：适用于高解像度四色网点图案；

20um：适用于细线印刷字。

25um：适用于一般的图案。

30um：适用于大底色图案。

4. 移印头。

（1）移印头的功能：

①油墨图像的载体；

②抱合承印物曲体，实现曲面印刷。

（2）移印头的性能要求：

①具有良好弹性。弹性膜量参数为0.005。

②具有一定柔软性。肖氏硬度为50左右，以保证对较高硬度承印物的转印。

③具较强的吸附油墨的性能。有机硅橡胶的表面张力较低，在聚合物链中引入苯基（$-C_6H_5$）和乙烯基（$-CH{=}CH_2$）等基团，提高其表面张力，可改善对油墨的吸附性。

（2）移印头的形状：

①圆形、圆锥形胶头，适合圆形或正方形图案。

②V形胶头，适合长和窄的图案。

③多头胶头，适合分散图案。

（3）移印头形状的选择：

①圆锥形胶头是常用的胶头，它能最大程度地避免印刷时胶头变形的情况。还要注意避免选择和印刷面积大小相同的胶头，而要选择比印刷面积略大的胶头，这样可以保证胶头能充分取下印刷位置的油墨，从而得到完整的印刷图案（如图7－13a所示）。

②选择深角度的胶头。从印刷板取油墨时，胶头会向外转动，这会将油墨与胶头表面之间的空气排走，从而使胶头与油墨更好的接触。印刷时，这一过程能使胶头将更多油墨释放到产品上，就像油墨从胶头表面完全剥落下来。深度角的胶头可以顺畅地向外转动、排气，而浅角度的胶头则会把空气困在胶头和油墨之间，使印刷后的图案留有小气孔。因此，要获得良好的印刷品质，应选用深角度的胶头（如图7－13b所示）。

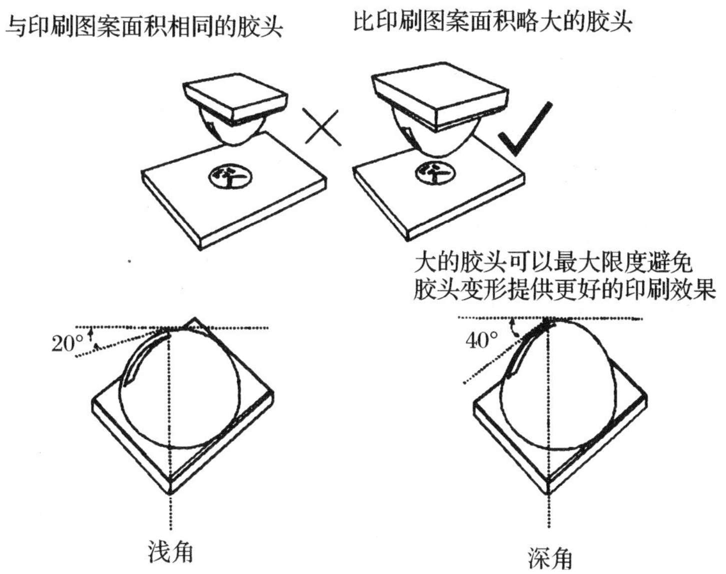

图7-13　移印胶头的选择

同时还应注意，由于深角度胶头的运动时间较长，所以会减慢印刷速度。简而之，高品质的移印不能追求过快的速度。

（4）选择胶头硬度。

一般情况下，硬胶头寿命较长，印出的图案也比较清楚，如果产品能够承受较大压力，尽量选用较硬的胶头。

胶头分为三种不同的硬度，分别为：20～25、25～30、30～40度。胶头的硬度由硅胶和硅油的比例决定，多数是70%∶30%、至100∶0%。有时，为配合客户的特殊需要，还可定制特别形状或硬度的胶头。

5. 移印机。

（1）移印机的类型：

①移印机按动力分为两种机型，即机械式移印机和气动式移印机。

由于气动式移印机具有结构简单，操作方便，运动平稳等待点，所以在国内外得到广泛应用，是目前移印机的主流。

②按印刷色数分类。按一个印刷过程中所完成的印刷色数不同可将移印机分为单色移印机、双色移印机和多色移印机等。

（2）移印机的基本构成。移印机主要由印版装置（含供墨装置）、刮墨刀、移印头和印刷台等组成，如图7-14所示。

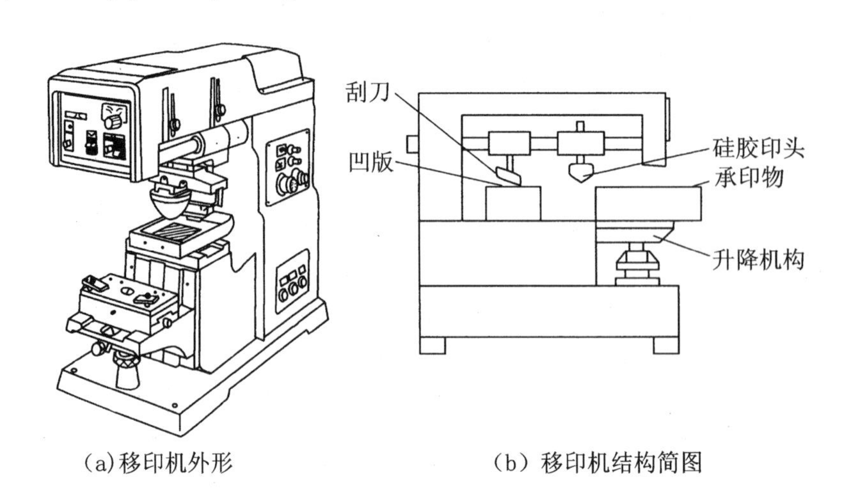

(a)移印机外形　　(b)移印机结构简图

图7-14　移印机

(3)刮刀。

一般选用0.25mm厚的弹性较好的平直钢带作为刮刀,其刃口要光滑平直,能与钢版面紧密吻合。当图案中线条很宽、形成色块时,刮刀的厚度应该加厚,以防止带出宽槽中的油墨。

刮刀的硬度应比钢版的硬度低几度。刮刀的长度和钢版宽度相当,刮刀的宽度一般为20~30mm。

(4)移印过程如图7-15所示。

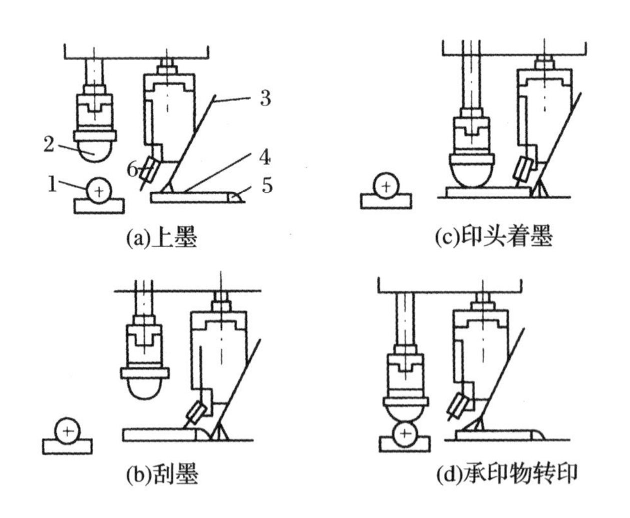

(a)上墨　　(c)印头着墨

(b)刮墨　　(d)承印物转印

图7-15　移印过程

1—承印物;2—移印头;3—铺墨刷;4—印刷图文;5—墨斗槽;6—刮墨板

6. 小型圆柱体的移印。

用移印来印刷小型圆柱体的原理如图7-16所示。

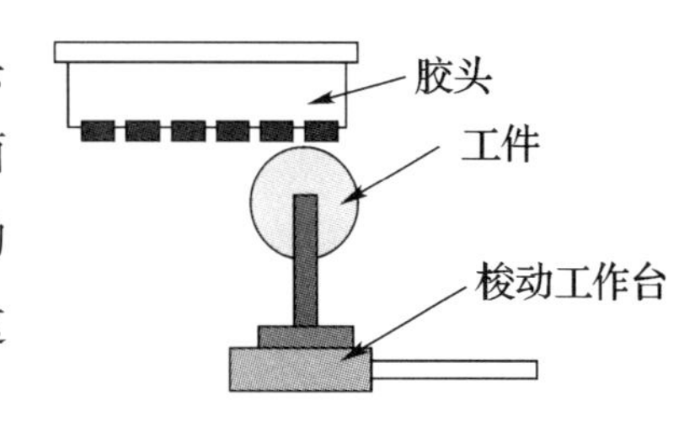

图 7－16　小型圆柱体的移印原理

首先将需要移印的图文蚀刻在钢板表面，移印胶头蘸取图文处的油墨，移至承印物上面下压到承印物表面停留一段时间，梭动工作台推动夹具移动，夹具上固定的承印物在摩擦力的作用下转动，油墨会转移到其表面，这和网版印刷的原理很相似。这里有几个要点：

（1）移印机必须是梭动工作台，能够推动产品旋转；

（2）胶头下压时间一定要保持到图文完全转移到承印物表面，胶头的长度要刚刚大于承印物的周长；

（3）要有能够带动产品旋转的夹具。

（三）喷墨印刷

喷墨印刷是数码印刷中的一种，具有高速、少量复制、易于组合使用的优点。它利用数码式的资料存储影像，在不需要印版的情形下可以直接输出。因此，只要在未输出前都可以改变输出的内容，而且也省去了拼版、晒版的过程，节省了大量的时间和耗材。此外，由于其印刷方式为非接触式，所以省去了印刷压力调整、网点扩大、水墨平衡（胶印）及纸张表面平滑度等传统印刷所无法回避的困扰，这些特点是喷墨印刷在当今市场中崭露头角的原因。目前，喷墨印刷已经在彩票印刷、大幅面喷绘、数码打样、个性化印刷、包装喷码中得到了广泛应用。

1. 喷墨印刷的成像机理。

（1）喷墨成像系统的组成。

喷墨成像系统主要由喷墨、墨棒、充电系统、偏转器、回收槽、受像介质和必要的传动控制系统构成。喷头和受像介质之间处于非接触状态，喷头喷射出的细小墨滴直接附着在承印物上，形成可视影像。喷墨印刷的分类方式，如下所示。

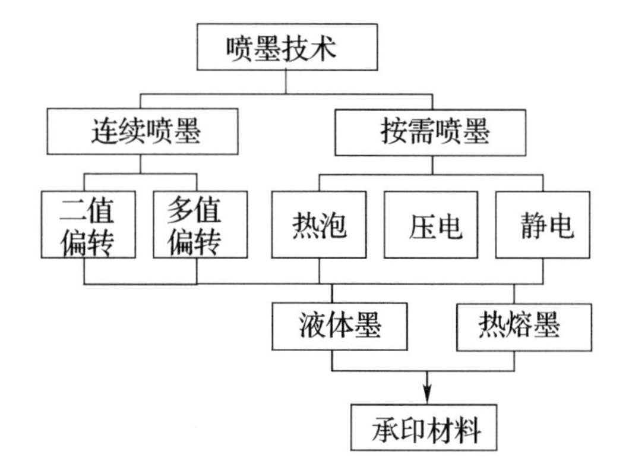

（2）喷墨成像方式及其成像机理。

喷墨印刷方式有很多种，其基本原理都是将电子计算机存储的图文信息先输入到喷墨印刷机，再通过特殊的装置，在电子计算机的控制下，由喷嘴向承印物表面喷射雾状的墨滴，根据电荷效应在承印物表面直接成像，成为最终的印刷品。按照喷墨系统分类，包括连续式喷墨系统和间歇式喷墨系统。

连续喷墨包括二值偏转喷墨系统和多值偏转喷墨系统两种类型。在二值偏转处理中，墨滴处于两种充电状态，充电的墨滴被电场偏转，未充电的墨滴转移到承印物上。在多值偏转中，不同的墨滴接受不同的电荷，产生不同的偏转，转移到承印材料的不同位置（如图7－17所示）。

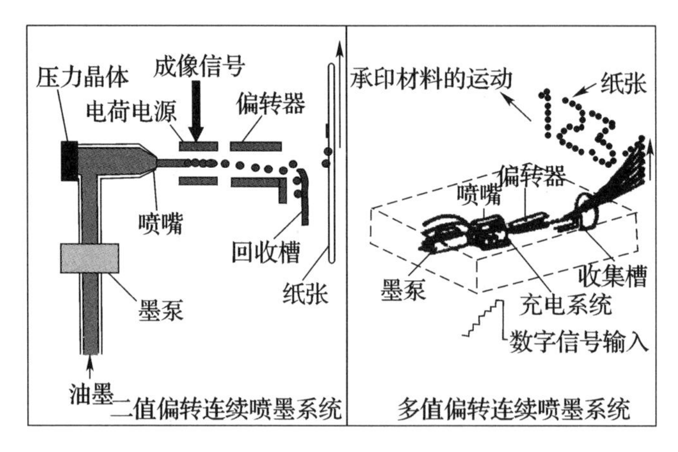

图7－17　连续式喷墨印刷系统

在间歇式喷墨印刷系统中，最常用的主要包括热泡喷墨印刷、压电喷墨印刷以及静电喷墨印刷三种。

热气泡式喷墨技术的实现原理是：在加热脉冲（记录信号）的作用下，喷头上的加热元件温度积聚上升，使其附近的油墨溶剂汽化生成数量众多的小气泡，在加热时间内气泡体积不断增加，到一定的程度时，所产生的压力将使油墨从喷嘴喷射出去，最终到达承印物表面，再现图文信息。热气泡式喷墨技术基本原理如图7－18所示。

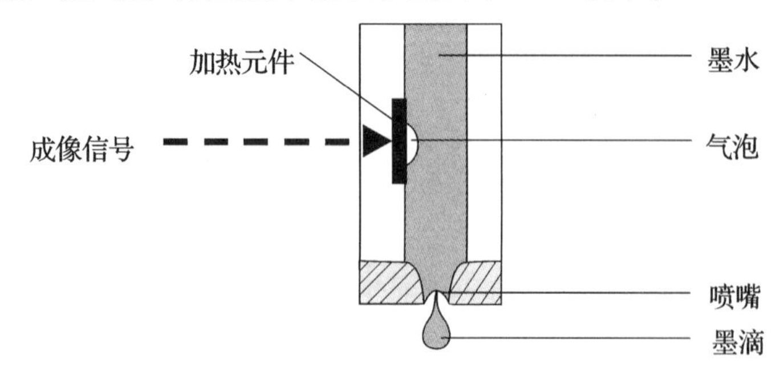

图7－18　热气泡喷墨技术基本原理示意图

压电喷墨技术的实现原理是：将许多小的压电陶瓷放置到打印头喷嘴附近，压电晶体在电场作用下会发生变形，到一定的程度时，借助于变形所产生的能量将墨水腔挤出，从喷嘴中喷出,图文数据信号控制压电晶体的变形量,进而控制喷墨量的多少。基本原理如图7－19所示。

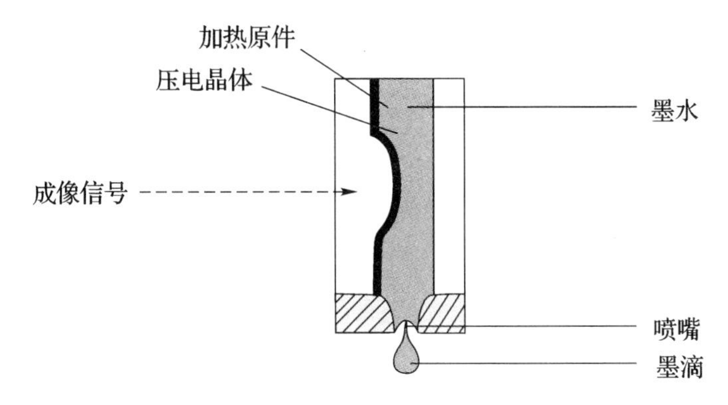

图7－19　压电喷墨技术基本原理示意图

静电喷墨技术的实现原理是:在喷墨系统和承印物之间的电场,通过图像信号改变喷嘴表面张力的平衡,在静电场吸引力作用下,使墨滴从喷嘴喷射出去,到达承印物表面形成印迹。静电喷墨的基本原理如图7－20所示。由静电喷墨技术产生的墨滴尺寸远远比喷嘴的尺寸要小,因此具有高分辨力的特点,而且容易实现喷头的多嘴化;但需要较高的工作电压。

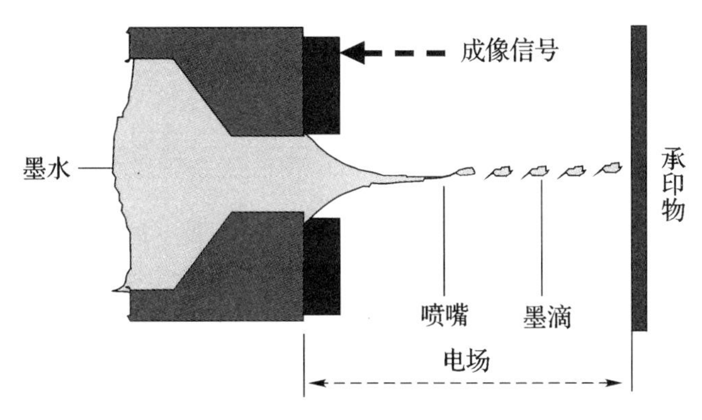

图7－20　静电喷墨技术基本原理示意图

(四)新型烫印技术

烫印技术分为烫金工艺和热转印工艺两大类。烫金工艺是以烫金版作为图文和非图文的区分,将烫金纸上面的蒸镀金属层转移到产品表面的工艺方法,它使用烫金纸。热转印工艺是通过硅胶辊的热压力的作用将烫金纸表面的金属蒸镀层和热转印膜上面的图文转移到产品表面的工艺方法,它可以使用烫金纸,也可以使用热转印膜(如图7－21和表7－3表示)。

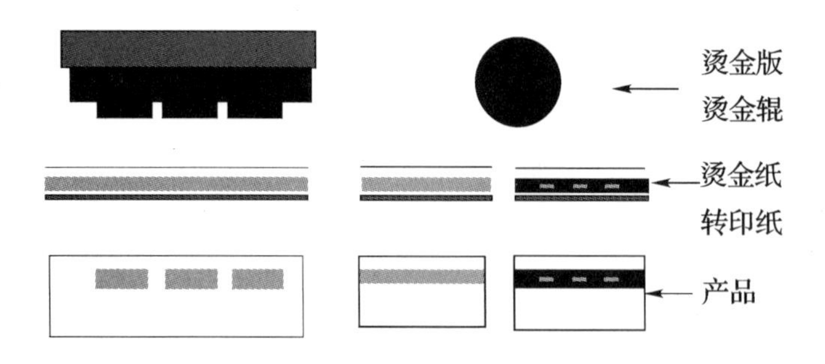

图 7－21　烫金工艺和热转印工艺的对比

表 7－3　烫金工艺与热转印工艺的主要区别

烫印技术	烫金工艺	热转印工艺
压力来源	烫金版	烫金硅胶辊
颜色载体	烫金纸	烫金纸或热转印膜
图文效果	单金属色	单金属色或彩色图像
适合面积	面积较小	面积较大
接触状态	面接触	纸接触

(1)热转印纸的结构。

热转印纸基本上是 4 层结构(如图 7－23 所示)。与烫金纸(如图 7－22 所示)一样，热转印纸同样有载体薄膜 PET 层、离型层、胶黏层；没有颜色层和蒸镀层，换成了印刷层。

胶黏层
蒸镀层
颜色层
离型层
载体薄膜

图 7－22　烫金纸的结构

图 7－23　热转印纸的结构

热转印纸采用凹版印刷机印刷转移层，是凹版印刷工艺在特种印刷材料生产上的应用，它改变了烫金纸无法实现多彩印刷装饰图案的传统思维，丰富了单纯烫金所达不到的层次要求，也使大幅面塑料材料的多色装饰成为可能。由于转印过程更像印刷过程，这种烫印过程就形象地称作转印，这种烫印纸就称为转印纸。在生产实践中，烫金纸倾向于装潢效果，热转印纸倾向于信息传递。热转印纸使用的油墨是以改性的橡胶类树脂为主体的凹版印刷油墨，耐热性好，柔韧性好，耐化学性也很好。热转印油墨的使用和普通的凹版印刷油墨完全相同，工艺操作基本一致。

（2）烫印方式：

①圆压平烫印方式。

圆压平烫印过程：设定加热温度；安装烫金纸；烫印辊转动并下压；工作台带动承印物横向移动完成烫印；烫印辊上抬；卷纸辊按照设定的卷纸时间卷纸（如图 7－24 所示）。

圆压平烫印原理实际上就是平面热转印机的工艺原理。平面热转印机主要针对平面承印物和曲面很大的承印物进行转印。可以进行圆压平转印的产品主要有下面几种。

整个表面需要转印的产品：家用电器的面板、化妆品盒的某一个面、塑料礼品盒或者木质首饰盒的上表面、玩具拼图板、塑料装饰壁画、桌台展示架、扇面、PVC 塑料板、滑雪板、塑料宣传画。通过在工作台上设计浮动装置，圆压平式烫印机还可以转印一些特殊形状的产品，如图 7－25 所示。

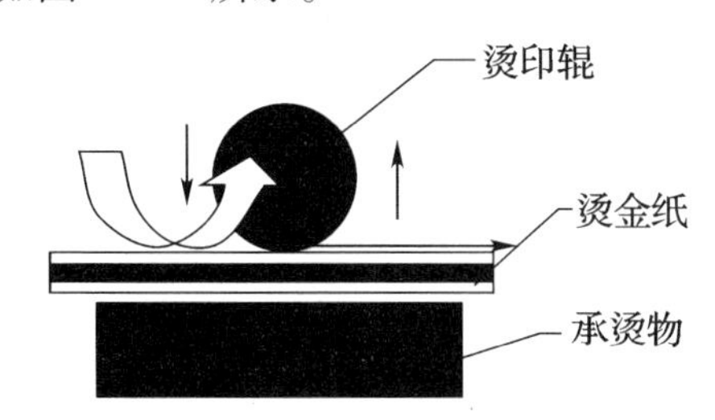

图 7－24　圆压平烫印原理示意图

图 7－25　特殊形状的产品

②圆压圆烫印方式。

主要实现对圆柱体工件圆周上的转印。转印过程如下：制作承印物转动夹具并安放工件；安装烫金纸；设定加热温度；烫印辊转动并下压；摩擦力带动工件转动完成转印；烫印辊上抬；卷纸装置按照设定的卷纸时间卷纸。圆压圆烫印方式中，工作台不做横向的移动，如图 7－26 所示。

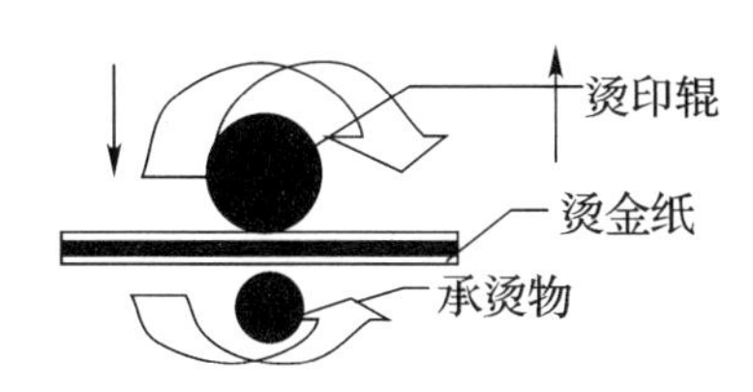

图 7－26　圆压圆烫印原理示意图

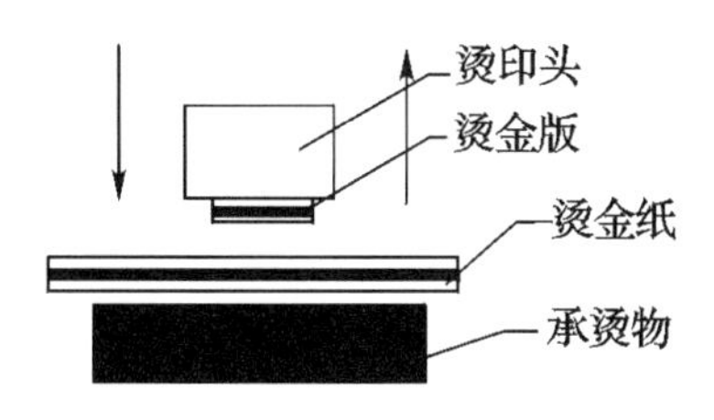

图 7－27　平压平烫印原理示意图

③平压平烫印方式。

平压平烫印原理如图7－27所示。过程如下:制作定位夹具并安装承烫物;黏结烫金版,设定加热温度;烫印装置下压完成烫印;按照设定时间在承印物表面停留;烫印装置上抬;卷纸装置按照设定的卷纸时间卷纸。平压平烫印比较简单,工作台不移动,烫印装置也不转动。

塑料行业的平压平式烫金机和纸张行业的烫金机原理相似,但是结构有很大的不同,纸张行业的烫金机一般幅面较大,压印装置是左右方向的;而塑料行业的烫金机幅面相对较小,压印装置是上下运动的。

④平压圆烫印方式。

它能够实现对圆面的烫金。由于烫金装置可以安装含有文字或图案的烫金版,所以能实现对圆柱体的文字和图文烫印(如图7－28所示)。烫印过程是:烫印装置下压烫印;梭动工作台横向移动;工作台横向移动,摩擦力带动圆面工件转动完成烫印;烫印装置上抬;卷纸装置按照设定卷纸时间卷纸。下列产品经常用到平压圆的烫印方式,如塑料瓶盖、圆珠笔、软管、玻璃瓶、圆形刻度盘、高尔夫球杆、护肤品或食品塑料包装盒等。

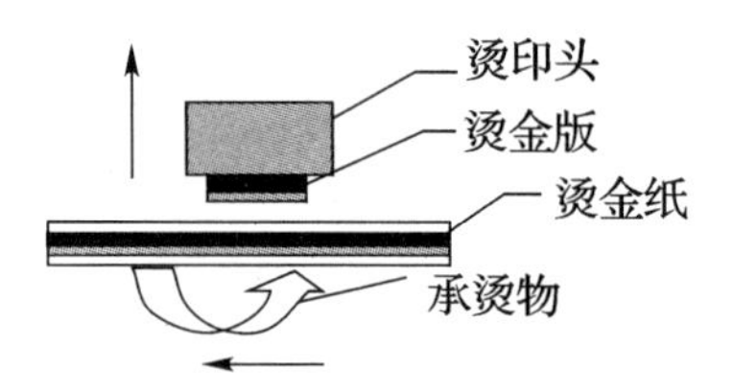

图7－28　平压圆烫印原理示意图

2. 数码热转印技术。

在数字化按需印刷逐步开始走向市场的同时,与按需印刷具有同样个性化特点的热转印技术也得到了人们的喜爱,因为它可以根据个人的需要,将彩色图文印刷到诸如纸品、纺织品、陶瓷、塑料、金属、标签纸等承印物上,方法简单、费用低廉、个性化强,从而引领了转移印刷的新潮流。

(1)数码喷墨升华热转印。

数码喷墨升华热转印是用数码相机或扫描仪和专业图库将图像数据化,通过电脑进行图像处理与设计,制成所需要的色彩艳丽、层次细腻的图像,再通过装有专用升华热转印油墨的喷墨打印机,将升华油墨按电脑设计的图像打印在基纸上,然后将转印纸上的图像通过烤杯机、烤盘机或烤印机在几分钟内转印到瓷盘和文化衫等物品上。

(2)数码彩色激光转印。

彩色激光打印机通常是为制作办公文件而设计生产的,而彩色激光转印纸的开发成功则为彩色激光打印机提供了一个全新的应用领域,通过彩色激光转印纸可以在纺织品以及金属板等各种物体的表面进行彩色转移印刷。

(1)工艺特点。

①转印原理。激光打印机使用的色墨是热熔胶性质的颜料颗粒,转印工艺过程实际上

是通过高温高压将直径约6μm的微小的碳粉瞬间地渗透到纤维织物内部(或者将碳粉微粒附着在金属板表面的材料组织空隙之间及表面),该种转印方式的特点是,在浅色纺织织物表面看不到皮膜而且具有透气性能;金属板、木材、塑料板等硬质材料在转印前不需要进行涂层处理;转印后的图像非常生动并且颜色牢固度好。

②色彩自然,图像真实。彩色激光打印机采用静电成像技术,通过光电数码转换实现数字图像的再现及定影。激光打印机的打印速度快,色彩过渡自然,图像栩栩如生;而图像转印过程模拟传统印刷,但又不同于传统印刷,方便快捷,转印后图像真实还原。

③图像色彩稳定。由于激光打印机使用的是颗粒颜料,转印后色彩图像抗紫外线能力强。同时碳粉本身具有热熔性质,颜料颗粒和转印纸上的热熔胶层可以完美地结合。图案和承印物表面的热熔结合方式也决定了该产品的水洗牢度。

④无须制版,快速直观。此种彩色转移印刷可以1件起印,不需要繁杂的印前处理和专业印刷技术经验,立等可取,只要有电脑文件,几分钟内便可看到精美印刷的成品。

⑤生产效率较高。一般普通打印机每分钟可以打印彩页10张左右,高速彩色激光打印机每分钟可以打印60页,转印后的成品对人体没有任何不良影响,加工过程也完全环保无公害。

⑥投资小。

(2)激光热转印与普通墨水转印、热升华转印的区别。

激光转印技术与传统的喷墨、热升华转印技术的转印过程比较类似,都是通过电脑编辑图像、打印输出、通过热转印设备实现表面热转移印刷(如图7-29)所示。

图7-29　彩色激光转印的工艺过程

激光打印和喷墨打印在成像技术特别是在使用的色墨上有着本质的区别,其转印产品的品质特性也存在着很大的差别,如表7-4所示。

表 7－4　激光打印与喷墨打印的对比

项目＼内容		激光碳粉转印	普通墨水转印	升华墨水转印
工艺特性	使用色墨	碳粉（热熔胶颜料）	普通墨水	专用墨水（水溶性染料）
	使用纸张	激光专用纸（涂层需要耐高温特性）	热转印纸（无耐高温要求）	
	输出速度	打印速度较快	打印速度较慢	
	色彩稳定性	抗紫外线性能强	抗紫外线性能较弱	
承印物范围	纺织品类	大多数纺织织物（各种颜色）	大多数织物（但水洗牢度较差）	化纤织物（涤 60%以上）限于浅色
	硬质材料	金属板、木板、耐高温塑料板等各种材料（无须预先涂层处理）	无法转印	各种材料必须预先涂层处理

经过长期测试，目前对转印纸的匹配、成像及转印效果比较好的打印机是爱普生（EP－SON）彩色激光打印机。

（3）热转印设备质量。

激光转印需要用高温将打印图像的热熔胶熔化，并在瞬间用高压挤进织物的纤维组织中去。为此热转印设备（压烫机）需要满足高压力、加热板温度均匀和温度准确的技术要求。而市场上常见的压烫机普遍存在着压力不足和加热板温度不均匀等问题，需要加以注意。

（五）水转印

水转印指在转印时依靠水的作用将转印纸上的图文墨层和底基（纸或塑料）进行分离的转印方法。

水转印按实现转印的特征可以分为水标转印和水披覆转印两种：

1. 水标转印。

水标转印工艺流程如表 7－5 所示。

表7－5　水标转印工艺流程

操作图示	操作要点
水转印油墨 水转印纸 (a)	使用200～250目/英寸丝网版把所印图案用水转印油墨网版印刷到转印纸上，如果有调稀黏度的需要需使用专用溶剂
定位膜（封面油） (b)	在室温下进行干燥、水转印油墨将在1小时左右完全干燥
	使用70～100目/英寸丝网版把封面油网印到整个印刷图案上
印刷涂膜 手指 转印纸 陶器 (c)	在室温下对封面油进行1小时的干燥
	完成后的转印纸放入水中浸2～3分钟
	将水浸透过的转印纸贴到陶器上、再用手指把印刷膜的一边压住，并把转印纸从水转印印刷涂层与陶器量间滑动掉
橡胶板 陶器 陶器 (d)	使用橡胶板把水转印涂层与陶器间的气泡除掉，以使印刷涂膜与陶器密合
水转印涂层 陶器 (e)	印刷涂膜放置在陶器上1小时以至成熟
	把封面涂层拉掉
	用湿手巾把封面油涂层下的污物擦去
	带有印刷图案涂层的陶器在200℃、30min的条件下烧制完成

水转印花纸的用途。

传统的陶瓷玻璃印花纸利用高温烧烤，使图案与器皿熔合，这就要求油墨要有一定的耐热性、耐药品性、耐溶剂性、耐水性，还多采用有色的封面油，以便转贴时方便。大多数新用途的花纸，由于装饰的物品无法烤烧，如塑料、木材等，花纹印刷时多采用透明封面油印刷，采用表面喷漆的方法使图案与物品固定。

随着社会经济的发展，水转印的用途越来越广泛，转印花纸的品种越来越多。常用水转印花纸有如下几种。

①陶瓷用水转印花纸。可用于陶瓷餐具、陶瓷水具等各类日用陶瓷的花案制作，便可用于腰线、装饰瓷砖、装饰陶瓷等建筑用瓷的图文制作。

②玻璃水转印花纸。可用于玻璃水具、玻璃杯瓶、广告杯、各类玻璃容器以及装饰玻璃

的图文印刷。

③头盔水转印花纸。广泛用于摩托车头盔。安全帽等表面花纹图案的印刷。

④运动用品印花纸。如网球场、钓鱼竿等表面的商标,标识的印制。

⑤用于金属管件印花纸。如自行车、摩托车等管件的图文印刷。

2. 水披覆转印。

(1)水披覆转印的特点与原理。

随着生活水平的不断提高和科技的迅猛发展,人们对产品的审美不断提出新的要求,人们普遍喜欢用天然的木纹、石纹,以及个性化的图案来装点自己的生活,追求色泽生动、形象逼真、天然、以假乱真的效果,于是立体曲面水披覆转印工艺应运而生。

水披覆转印是指用柔性的能够溶解于水中的塑料薄膜绕于产品表面,将其表面的图文转移至产品表面的技术。无论是多么复杂外形的产品,水披覆转印都能一次性完成装饰。这种水转印工艺形同将衣服裹紧在身体的外面,所以称为水披覆转印工艺。

曲面披覆(水转印)以其成本低、使用范围广、无论是平面还是凹凸立体曲面都能转印、浑然天成、以假乱真的效果备受消费者青睐,它的诞生填补了历史上对异型曲面产品印刷束手无策的空白,具有极大的市场空间。

曲面水披覆转印的原理是以特殊化学处理的披覆薄膜,印刷上彩色纹路后,平送于水的表面,利用水压的作用,将彩色纹路图案均匀的转印与产品表面,而披覆薄膜则自动溶解于水,经清洗及烘干后,再喷上一层透明的保护涂料,在产品表面形成立体仿真的图纹,使产品呈现出一种高贵的截然不同的立体视觉效果。

(2)水披覆转印膜。

和热转印膜的生产过程相似,水披覆转印也是用凹版印刷机采用传统的印刷工艺在水溶性塑料薄膜聚乙烯醇表面印刷而成。水披覆转印膜的基材伸缩率非常高,使得它很容易紧密地缠合于物体表面,这也是它适合在整个物体表面进行转印的主要原因,伸缩性大的缺点也是显而易见的,首先容易使薄膜表面的图文变形;其次,转印过程处理不好,薄膜有可能断裂。不过对水披覆技术要求过高是不妥当的,还没有哪一项技术可以完美无缺,为了避免这个缺点,我们把水披覆转印膜上面的图文印刷成不具备实际造型。变形后也不影响观赏的重复图案。如仿自然效果的木纹、大理石纹、动物皮纹等。

水转印膜在凹版印刷机上印刷能够获得很高的伸长率,使成本大大降低,同时凹版印刷机具有精确的张力自动控制系统,一次也可印刷出 4 ~ 8 种颜色,套印准确度较高。使用的油墨是水转印油墨,和传统的油墨相比,水转印油墨的耐水性好,干燥方式也是挥发性干燥。

水披覆转印膜是一种水溶性薄膜，它能被水溶解或破坏，当印刷上水转印图文后即可用于水披覆膜转印。水溶性包装薄膜的主要特点如下：

①环保安全，100%降解，降解的最终产物是 CO_2 和 H_2O，无有害物质产生。

②使用者的直接接触不会造成健康损害。

(3)承印物材料。

水转印适合日常生活接触到的大部分材料，如塑料、金属、玻璃、陶瓷、木器。根据是否需要涂层，承印材料可以分为两大类：

①容易转印的材料(不需要涂层的材料)。塑料中有些材料的印刷性能良好，如 ABS、有机玻璃、聚碳酸酯(PC)、PET 等无须涂层就可转印，这和印刷的原理相似。在塑料家族中，PS 是比较难以完成水披覆转印的材料，因为它受溶剂的腐蚀非常厉害，活化剂的有效成分很容易对 PS 造成严重伤害，所以转印的效果比较差。但是经过改型的 PS 材料进行水转印也已经得到了重视。

②需要涂层的材料。玻璃、金属、陶瓷等非吸收性材料，聚乙烯、聚丙烯等非极性材料和某些聚氯乙烯材料需要专用的涂层才能进行水披膜转印，涂层就是各种对特殊材料有良好附着力的油漆，涂层可以用网版印刷、喷涂、滚涂等方式加工。从印刷角度来讲，涂层技术实现了许多无法印刷的材料进行表面装饰的可能。现在流行的很多转印工艺如热升华转印、热熔转印、陶瓷贴花转印、感压转印等要在这些材料上转印无不需要涂层技术。例如在鞋材制造行业，普遍使用的一些橡胶材料进行转印也需要进行涂层处理技术，也就是使用一些能够溶解其表面分子状态的溶剂，以达到改善吸附转印膜的目的。

(4)水披覆转印技术的工艺过程。

①薄膜活化。将水披覆转印膜剪好后图文朝上平放于上膜设备的水表面，薄膜吸水后和水形成平行的存放状态，自由地漂浮于水面上，由于水的表面张力，油墨层也会均匀地平铺于水面上。将活化剂均匀地喷洒于薄膜表面，由于活化剂是一种以芳香烃为主的有机混合溶剂，能够迅速溶解破坏聚乙烯醇，但不会损害图文层，使图文处于游离状态。水温是影响薄膜活化的关键因素，水温越高，活化速度越快，但是过高的水温也很容易在薄膜表面形成皱褶，所以水温一般保持在 30 ~ 40℃。

②水披覆转印过程。将需要水转印的产品，沿产品轮廓逐渐贴近水转印薄膜，图文层会在水压的作用下慢慢转移到产品表面，由油墨层与承印材料或者特殊涂层固有的黏附作用形成附着力，薄膜和游离的油墨层会附着于产品表面。在转印过程当中需要注意的是保持承印物贴合的速度均匀，避免薄膜皱褶使图文折叠，原则上保证图文适当拉伸，尽量免于重复，特别是结合处重叠过多，给人以杂乱的感觉。越是复杂的产品对操作的要求越高。

对于并不要求整体披覆的产品,采取遮挡措施是很重要的环节。

水温是影响转印质量的重要参数,水温过低,可能水对基材薄膜的溶解性下降,水温过高又容易对图文造成伤害,引起图文变形。转印水槽采用全自动的温度控制装置,可以将水温控制在稳定的范围内。对于形状相对比较简单统一的大批量工件,也可用专用的水转印设备代替手工操作,比如圆柱体工件,可以将它固定在转动轴上,再在薄膜表面转动,从而使图文层发生转印。

③整理。

将工件从水槽中取出,除去残留的薄膜,再用清洁的水洗去没有固着在产品表面的浮层,注意水压不能太大,否则容易对转印的图文造成破坏。流水线的生产采用自动水洗设备将大幅度提高水洗质量和生产效率,便于分工合作。

④干燥。

除去产品表面的水分,有利于转印墨层的彻底干燥,增加牢度,可用吹风机干燥,也可将产品放在烘干箱中干燥,塑料产品干燥温度不能太高,大致在 50~60℃。

⑤喷涂保护漆。

为增强图文层对环境的抵抗性,要在表面进行喷漆处理,喷漆可以用溶剂型的喷涂光油,自然干燥和加热干燥,也可用 UV 光油,采用紫外线固化干燥。

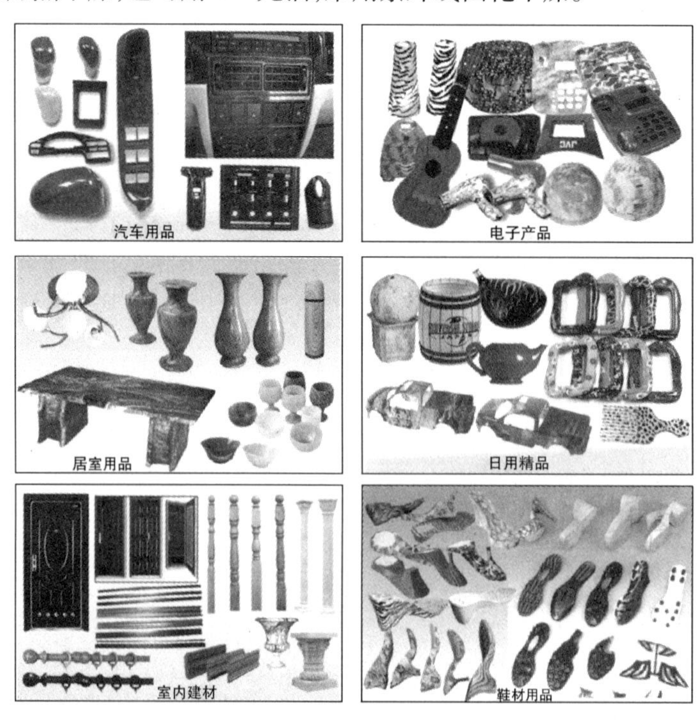

图 7-30　水披覆转印膜应用实例

（5）水披覆转印技术的应用领域。

水披覆转印膜图样有几百款，适应底材广泛，所以应用范围广泛，例如：汽车用品、电子产品、居室用品、日用精品、玩具模型、室内建材等（如图7－30所示）。

（六）网印贴花纸转印技术应用广泛

1. 应用领域例举。

随着现代网印油墨的开发与技术的进展，网印贴花纸转印技术的应用领域不断扩大，应用例举如表7－6所列。

表7－6　网印贴花纸转印技术应用例举

网印转移印刷名称	材料	产品应用范围
陶瓷贴花湿转印	树脂、封面油、COPL胶水转印纸、水转印油墨	陶瓷、玻璃、搪瓷等的贴花转印
头盔贴花湿转印	水转印油墨、胶、封面油、水转印纸	摩托车头盔、军用头盔、安全盔等转印
正贴水标转印	水转印油墨、聚酯转印油墨、水转印纸、专用胶及溶剂	网球拍、羽毛球拍、滑板、撞球杆、缝纫机、家具、儿童玩具、电话机等金属、木器、塑料材质产品的转印
反贴水标转印	反粘胶、离型纸、水转印油墨、水转印纸、专用胶	自行车、机车、汽车、家用电器等产品的商标、图案的转印
干式反贴压力转印	干转印纸、TS或PT转印油墨、专用黏胶及溶剂	刮刮胶、电饭煲、热水器等耐烘烤、耐溶剂处理的商标、图案的转印
湿式压力转印	湿式压力转印纸、水转印油墨或PT油墨、相关溶剂	高尔夫球、文身贴纸、玩具的转印
热熔转印	离型剂、热熔胶、热转印油墨、热转印纸	衣服、鞋类商标、织物印花
热封转印	热封胶、热转印纸、热转印油墨	织物印花
正贴压力薄膜转印	特殊纸和印膜、PT或TS转印幽默、特殊封面油和溶剂	各种材质制品的商标、图案转印

2. 例举织物气相转移印刷(升华转移印刷)。

在生产网印气相转移贴花纸时,油墨中使用的是一种具有升华性的分散染料。所谓升华性是指这种染料受热时,不经液化,直接由固体染料变成气相,迁入纤维,使之着色,因此,气相转移印刷也叫升华转移印刷。转印过程中要加热、加压,不只是为了使染料升华,同时受热的纤维分子也会膨胀,分子间距离扩大,气相染料分子才能迁移其中。冷后,将其"闭锁"在织物纤维之中,完成转移印刷过程,因此,这类转移印刷属于热转移印刷。又因染色不用溶液,因此,又叫干转移印刷(如图7-31所示)。

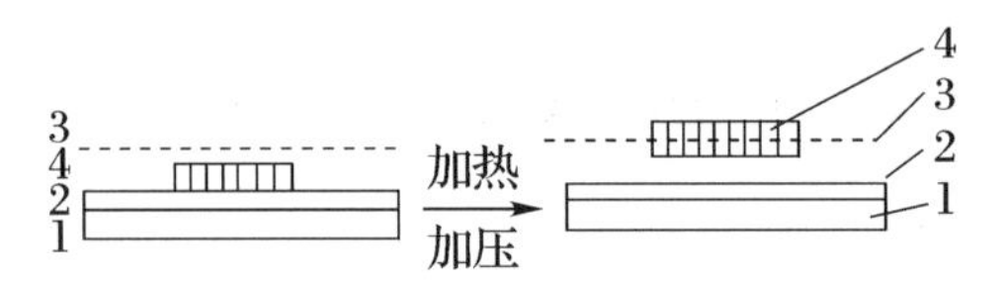

图7-31 气相转移印刷

1—纸基;2—涂布的胶层;

3—织物;4—画面墨层(用升华性分散染料)

气相转移印刷是将分散染料制成色墨印刷到转移纸上成为转移印花纸,织物印刷时将转移印花纸与织物贴合在一起加压、加热完成印刷过程。气象转移印刷过程由以下3部分组成:

(1)油墨中分散染料被加热升华成气态;

(2)纤维非晶区被加热软化;

(3)气态分散染料扩散到纤维非晶区中使纤维着色。

与传统的织物印刷工艺相比,织物气相转移印刷有如下优点:

(1)印刷过程无水洗、干燥等后处理过程,避免了染料污染水源的公害问题,是一种新兴的节水、环保的织物印染工艺;

(2)织物表面无残留染料,因此织物摩擦牢度及皂洗牢度均较高;

(3)印刷图案精度高(如图7-32所示)。

a.热转印纸

b.转印织物

图7-32 织物热转印

六、印铁制罐业的发展

（一）印铁制罐业设备现状

20 世纪 50 年代至 60 年代，一些大中城市先后组建了综合性的印铁制罐厂，但唯以上海几个工厂技术基础较强。当时，除上海外，一般一个城市只有一个印铁制罐厂，从全国看，总数只有 30 多个。

20 世纪[illegible]0 年代至 80 年代初，印铁制罐厂发展近百家。

随着改革开放的深化发展，这个行业已是我国包装工业的重要发展分支。到 20 世纪 90 年代有近 2[illegible] 家厂。从总的情况看，整个行业发展是不平衡的，沿海地区工业基础较好，发展的步伐块，技术力量和设备条件较强一些，其中，尤以广东省和江、浙、京、津等省市占有较强优势。

行业的工艺设备现状，印铁工艺装备约 140 台（套），其中：进口印铁机 39 台（套），多数是英国 C. V 公司生产的双色机，国产印铁机 60 台（套），主要是单色机，绝大部分由上海人民机器厂生产，老式平台机[illegible]0 台。

20 世纪 80 年代至 90 年代，我国制罐设备已拥有一些规模，据不完全统计，有进口成套两/三气饮料易拉罐生产线 14 条，铝[illegible]喷雾罐生产线 12 条，各种瓶盖生产线 42 条，各种包装桶生产线 8 条。此外，还有多台国内轻工设备制造厂生产的半自动等制罐单机设备和原有旧设备。

（二）两片罐的凸版胶印工艺

两片罐（如图 7 - 33 所示）的制罐、印刷工艺流程：

冲拔罐多采用镀锡薄钢板或铝合金薄板等材料。变薄拉伸罐（简称 DI 罐）多用于含气饮料的包装，用罐内压力来弥补罐材变薄后刚度的不足。DI 罐多采用铝合金板作为材料。

两片罐是先成型后印刷，所以多采用凸版胶印的方法。

图 7 - 33 铝制两片罐

目前全国两片罐生产线上的印刷虽然形式多样，但基本结构相似，且大都为美国生产制造，最多的有 6 个上墨系统，如图 7 - 34 所示。

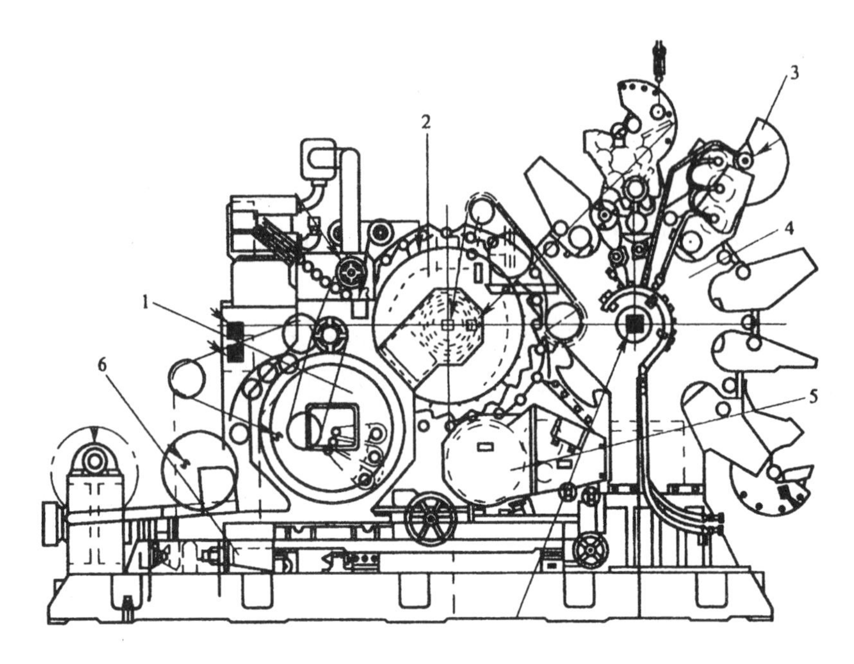

图 7－34　两片罐生产线上 印刷部分

1—传送转盘;2—芯轴转盘;3—上墨系统;4—橡皮布转盘;5—光油机;6—机架

6 个上墨单元是可拆卸的。由于每个单元对应于橡皮转盘的角度不同,所以设计制造时对各上墨系统的支承架设计了不同的角度。

橡皮布转盘由 8 块覆盖着橡皮布的扇形铁组成,用来承接从各个上墨单元转移过来的印刷图案,然后再将其转印到白罐上。8 块铁的扇形面上有不同位置的画线(共 6 个),这是将不同的上墨系统安装到橡皮布转盘上时的零位,即每个上墨系统的齿轮与橡皮布转盘的大齿轮啮合位置上有固定的要求,这样才能使各色图案在橡皮布上有固定的套印位置。

(三)两片罐印后加工

(1)涂上光漆(油)。

上亮光油的目的是保护墨膜,增加印刷品的光泽,使制品更加美观,并能增强制品对机械冲击的承受能力。

涂有上光漆的罐身在辊轴式烘箱中使油墨和漆烘干。

(2)收颈翻边。

为了使卷边后的罐盖外径和罐身直径相同,把罐口端直径缩小(缩颈),接着罐口进行翻边,收颈部分也起到罐身加强的作用,增加了强度。

(3)内壁涂料。

根据罐装的内容物而选定内涂料,一般采用喷涂机喷涂于罐内壁,喷涂时罐做瞬间旋转,内壁均匀地被涂上涂料。涂好内涂料的罐身,再放到烘箱内烘干,这与三片罐类似。

(4)上易开盖(如图7－35所示)。

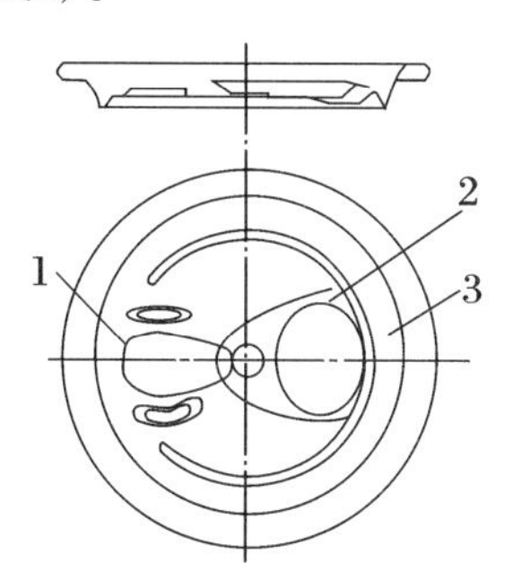

图7－35 易拉罐开盖图
1—划线;2—拉环;3—罐盖

易开盖是拉环式易开盖的简称,其上有压痕并铆接有拉环,开启方便。

七、塑料软管与复合软管的印刷

(一)塑料软管的印刷工艺

塑料软管,其密封性比金属软管差,但使用过程中不发生凹瘪现象,多应用于化妆品包装。

1. 塑料软管的生产工艺。

塑料软管主要以单一塑料为原材料加工制成,如聚氯乙烯、聚乙烯、聚偏二氯乙烯等。市场上最常见的是聚乙烯软管,这主要是因为聚乙烯易于挤出加工,具有优异的热封性,而且不易产生废气。塑料软管的生产工艺有以下几种:

(1)吹塑成形→切割底部→印刷→上光→烫金(银、激光全息膜)→封尾(加盖)。

(2)挤出管体→注塑管头及管肩→印刷→上光→烫金(银、激光全息膜)→冲孔→封尾(加盖)。

(3)挤出管体→印刷→上光→烫金(银、激光全息膜)→注塑管头及管肩→冲孔→封尾(加盖)。

其中后两种为二次成型制管。

2. 塑料软管的印刷。

(1)软管印刷机凸版胶印。

(2)塑料软管的热转印法。塑料软管印刷方法主要有热转印法,热转印方法是用升华性染料油墨或其他材料,将图文先印到转印纸上。塑料软管经过表面处理后,被充入气体,转印纸从软管与一块加热的铁板之间通过,加热铁板将转印纸推向软管,加热完成转印。软管进入干燥装置,干燥装置的温度一般为65℃左右。

(二)复合软管的印刷

1. 复合软管的结构。

由于膏体品种多,化学性质各不相同,对包装材料也有不同的要求,为此出现了用复合材料制作的软管。复合材料的种类很多,常用于制作软管的复合材料通常有两种:

(1)聚乙烯(PE,外层)/黏合剂/铝箔(Al)/黏合剂/聚乙烯(PE,内层)。

(2)聚乙烯(PE,外层)/乙烯－乙酸乙烯醇共聚物(EVOH)/聚乙烯(PE,内层)。

在PE/Al/PE复合材料中,外层聚乙烯用于印刷,具有良好的印刷适性;铝箔优良的不透气性弥补了聚乙烯气密性一般的弱点;内层使用聚乙烯可以提高软管的热封性;这种复合材料可以制作不透明管。在PE/EVOH/PE中各组分作用与前者相同,乙烯－乙酸乙烯醇共聚物是现有塑料材料中阻隔性最好的,它与铝箔所起的作用是相同的,这种复合材料可以制作透明或半透明软管。

2. 生产工艺。

复合软管生产工艺有两种:

(1)先印刷后复合的工艺。

制单一膜→印刷→复合→分切→焊接→注塑管头及管肩→加盖。

(2)先复合后印刷的工艺。

制单一膜→复合→印刷→分切→焊接→注塑管头及管肩→加盖。

八、激光全息印刷

激光全息印刷,又称激光彩虹全息印刷,它是随着光学技术的发展而出现的一种印刷工艺,能够在二维载体上再现三维图像。

激光全息印刷兴起于20世纪80年代初,并已形成新兴产业。激光全息模压技术在光学中属全息光栅技术一类,它是利用激光全息原理,将成像物体或图案用印刷设备和材料进行快速复制的全过程。其产品与一般照片大不相同,它不仅可以再现原物的主体形象,还可以随观察视线方位不同,显现原物不同侧面的形状,利用白光衍射光栅的原理,呈现五光十色、绚丽多彩的画面,给人以更加形象、鲜艳、逼真的美感,且技术性高,设备精良,工艺复杂,经加工后产品极易破坏,因而具有相当高的观赏、妆饰、包装(局部和整体)和防伪价值。

(一)全息照相印刷的原理

全息印刷是大量复制全息照相图片的工艺。全息照相也称“全息摄影”,是一种记录被摄体反射(或透射)光波中的全部信息(振幅、相位)的新型照相技术。普通照相是利用透镜成像原理,在感光胶片上记录被摄物体表面光强弱变化的平面像。全息照相不仅记录了被摄物体的反射光波的强度(振幅),而且还记录了反射光波的相位。

1. 全息照相的原理。

光是电磁波,决定波动特性的参数有两个——振幅和相位。即:

$$\vec{E} = E_0 \cos\omega t$$

式中　$\vec{E}$——空间某处振动着的光波的电矢量;

E_0——光波的振幅;

ωt——光波的相位。

振幅表示光的强弱,相位表示光在传播过程中各质点所在的位置及振动的方向。因此,光的全部信息应当由振幅和相位这两个参数表示。然而普通摄影只记录了景物的光波强度(振幅)信息,未能记录景物的光波相位信息。

20 世纪 60 年代出现的激光技术,是实现全息照相的前提。激光是一种与普通光源截然不同的相干光源,由于具备高方向性、高单色性、高强度性的特点,在许多领域中有广泛的应用。由于有了这种理想的单色光源,利用激光全息干涉法进行摄影,既能记录光波的振幅信息,又能记录光波的相位信息,这种记录光波全部信息的照相即为全息照相。

记录光波的振幅,早在 100 多年前摄影技术出现时就已经解决了,那么如何记录光波的相位呢? 所采用的方法是光的干涉。

让我们先来看一个实验。实验装置如图 7－36 所示,将一束激光垂直地照射到两条平行狭缝 S_1 和 S_2 上,通过 S_1 和 S_2 发射出的两束光投射到屏幕 DP 上。两束光 S_1 和 S_2 在屏幕上叠加而产生干涉条纹。如果将 S_2 看作是物体,S_1 看作是参考光源,则屏幕上的干涉花纹即为 S_2 的全息图。如果用照相底片代替屏幕 DP,记录下来的干涉图形,就是一张狭缝 S_2 的全息照片。这张照片,是一个强度按正弦规律变化的明暗相间条纹构成的光栅。只要用参考光束 S_1 去照射所得到的全息照片干涉图形,就可以观察到 S_2 的再现像。由于光栅的衍射效应,在光栅后面会出现一系列的衍射光波,其中有一列衍射光波与物体原来位置所发出的光波一样,这列光波就在狭缝 S_2 处形成一个虚像。于是,可从全息照片的后面看到原物体狭缝再出现的像,它是一条明亮的条纹。此外,在全息照片的后面还有一个同它共轭的实像 S_2。如果把这个实像拍摄下来,不需要使用任何照相机,只要把感光底片放在这个实像的位置上,就能记录下来。

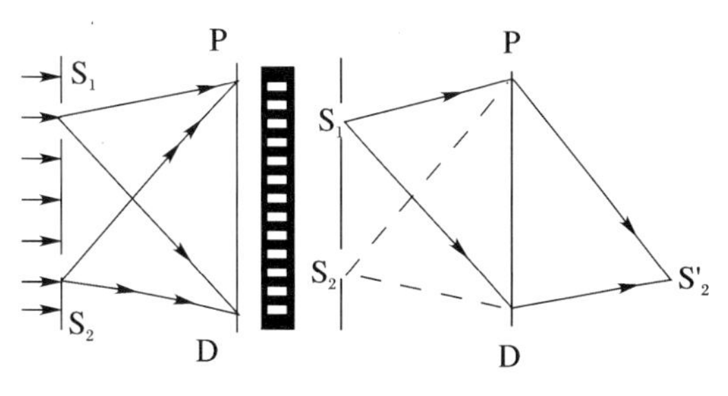

图 7－36　双缝干涉实验

狭缝 S_2 也可以由其他物体来代替。仍然用一束相干激光照射之，则由物体表面反射的光波与参考光源 S_1 发出的光波在屏幕 DP 上发生干涉，而形成更复杂的全息图样。采取同样的方法，以参考光束 S_1 照射所得到的全息图样，即可得到物体的再现像。由于全息图像既记录了光波振幅，又记录了光波的相位，因而原物体若是立体的，则再现像也是立体的，且与原物完全一样。所谓"立体"，是指物体的质点在三维空间的位置不同。由于物体表面不同的点反射出来的光传到底片上，光程不同，相位就有差别，因此，再现物体的全息像时，这些点的相位差能够全部重现出来，这样物体的质点在空间中的不同位置就如实地反映出来了。

（二）全息照相的制作过程

全息照相的整个过程分为两步：即拍摄全息照片，称为波前记录；再现全息照片，称为波前再现。

1. 拍摄全息照片。

如图 7－37 所示，先将一束足够强的激光分成两列光波，一列光波照射到物体上，从物体反射的光波再射到感光胶片上，称之为物体光波；另一列光波直接或由反射镜改变方向后射到感光胶片上，称之为参考光波。物体光波和参考光波在感光胶片上相遇而发生干涉，形成全息图形，经过显影和定影就得到了全息照片。全息照片上记录的是许多明暗不同的花纹、小环和斑点之类的干涉花样。干涉花样的形状，记录了物体光波和参考光波之间的相位关系，其明暗对比程度则反映了光波的强度关系。这样就将物体光波的全部信息都记录下来了。

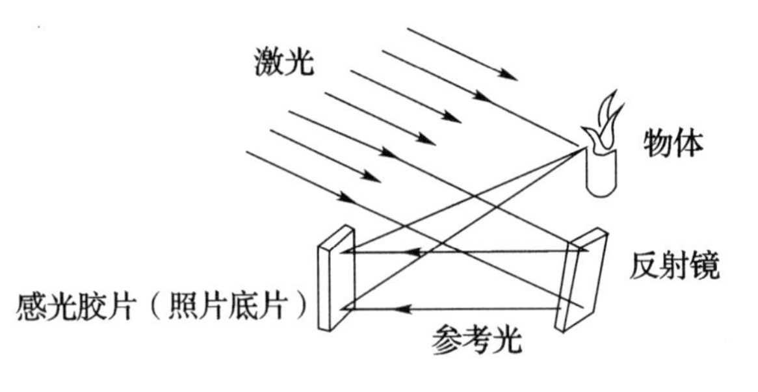

图 7－37　拍摄全息照片

2. 再现全息照片。

如图 7－38 所示，将一束同样的激光，以与拍摄时参考光波相同的角度照射到全息照片上，则会被照片上的干涉图样所段衍射。这时，全息照片变成了一个反差不同、间距不等、弯弯曲曲发生了畸变的"光栅"。在它后面，就出现了一系列零级、一级、二级的衍射波。零级波可看成是衰减的入射光波，而两列一级衍射波构成了物体的两个再现象。其中，一列一级衍射波和物体在原位置发出的光波完全一样，构成了物体的虚像；另一列一级衍射波虽然也是物体波精确的再现，但是它的曲率与原物体波的曲率相反，原来发射光变成了会聚光，因而构成了前后倒置的物体实像，所形成的物体的实像，可以用感光胶片拍摄下来。

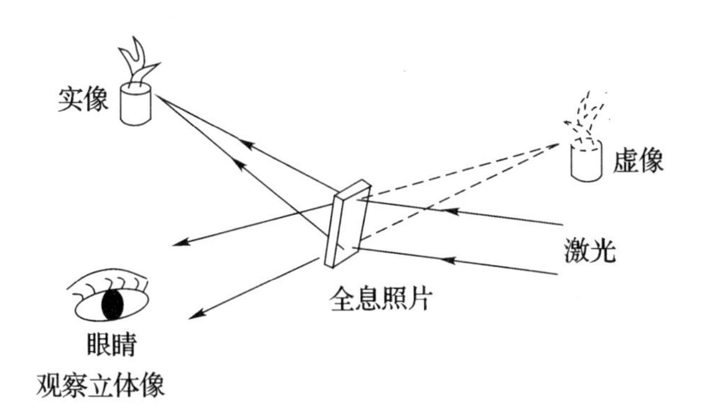

图7－38　再现全息照片

（三）全息印刷

用以上方法拍摄的全息照片，大多数可以作为原版或母版来制作可大批量生产的“白光反射式全息图片”，用日光或灯光在图片前部照明，就可看到画面，这就是全息印刷术。其中模压全息图片是一种最有发展前途的全息图片。早期模压全息图片还不能直接在纸上形成，而是由极薄的金属化的PVC或聚酯薄膜组成（如图7－39所示），可以精确地粘贴在任何形式的印刷品中。如可以利用热压转印设备，把全息图像直接压印在纸上（如图7－40所示）。它的发行量可达百万，而成本只与凹印价格相近。

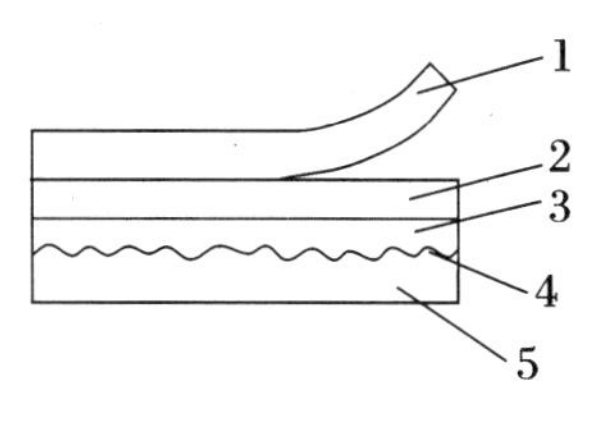

图7－39　转印膜的结构
1—基底；2—离型层；
3—全息图；4—金属反射层；
5—黏合层

模压全息图片与常规印刷的区别主要是：印在塑料薄膜上的图像不是客观物体在某一平面的投射和色调，而是许多极微细的密密麻麻、错综复杂的凹凸条纹。它不需着色，但能显现出五彩缤纷的立体景物。由于与常规印刷品的制作方法和过程相似，故有人称它为“塑料的特种印刷”。

（四）激光模压全息图的应用

1. 装饰功能。

激光模压全息图是一种技术与艺术相结合的高技术产品，被称为21世纪无油墨彩色印刷术，有着极其广泛的应用范围和发展前景。

早在1981年日本《计测与控制》杂志就率先采用了全息印刷的封面，开创了把全息图像应用于杂志的先河。1984年，美国《国家地理杂志》采用了带有飞鹰

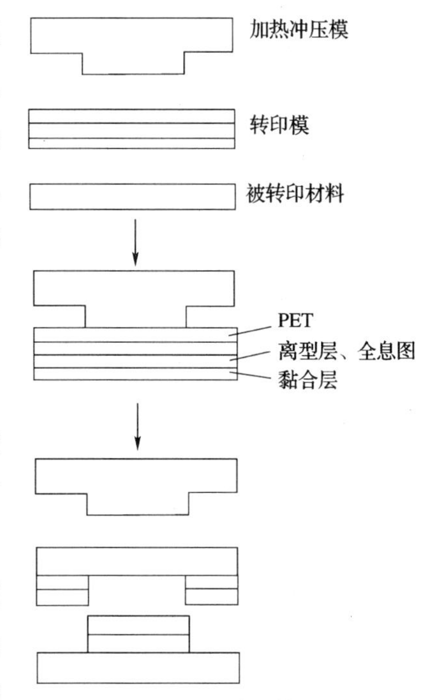

图7－40　热冲压转印

立体图像的全息图作为封面，形象十分逼真，发行量创历史最高记录，高达100万册，风靡全美。此后，世界各地以全息图作插页广告非常流行，现在世界上已有数以百计的年报、杂志封面、插图等使用模压全息图像。美国1988年发行了第一枚全息立体邮票，非常漂亮。

近年来，全息立体图在像质、像彩等方面均有显著的改进，现在不仅能呈现三维立体图像，还能够表现动态景物，即可随观看角度的变化伴随着图像的连续动作。由此可以肯定，全息技术在印刷人物肖像、机械、建筑结构展示、文物、工艺品、艺术图片、商业广告等方面都将有更多更广的应用。

同样，模压全息制品市场也很广大，将以证券，防伪为重点，并趋向多样化发展，尤其是在商品包装及礼品包装方面。

2. 防伪功能。

自从第一个全息标识用于威士忌酒，以后这种标识风靡世界并逐渐用于各种票证、信用卡上。我国自20世纪80年代末引进第一条激光全息图像生产线以来，所生产的激光防伪标识在防伪打假中发挥了重要的作用。激光全息标识能起到防伪作用，其主要原因如下。

(1)激光全息图的制作和复制技术含量高，需专门人才，且工艺复杂，设备昂贵，激光全息印刷是以全息照相为基础发展起来的，而全息照相本身就属于一种高新技术，它除了需要高质量的照相设施外，更重要的是需要熟练掌握全息照相技术、有丰富经验的专业人员进行操作才能保证制造出合格的全息图母版。另外从设备的精度、质量上看，仅有大笔的资金投入也是无法实现防伪标识的制作的。因此，从技术、人员、工艺、设备及投资的角度来看，制作全息商标的难度比较大的。

(2)激光全息图本身的特性决定其具有难以仿制的特性，由于全息图本身是密度极高的复杂光栅，且彩虹全息图具有再现图像颜色可变的性质，因此采用假彩色编码技术，使不同图案或同一图案中不同部分再现出不同的颜色。这些特点使得即便是同一个人在异地用同样的图案也无法制出光栅完全相同的两张全息图。但是目前由于消费者对于真假全息图的识别还比较困难，因此就要求防伪商标采用更高级的全息照相技术。

20世纪90年代初期，上海、天津、武汉等包装印刷企业科研部门大力研究全息印刷新技术获得成功，推广使用于包装印刷行业中。

九、防伪技术的研发应用

我国改革开放以来，市场经济发展迅速，商品丰富，从事生产各种产品的企业纷纷争创品牌，繁荣了市场。但各种各样的假冒伪劣商品也以惊人的速度充斥市场，造成了十分严重的经济损失和人员伤亡。为此产生了防止产品被伪造,假冒的防伪技术。

早期的包装防伪是从印刷制作精美的包装物开始的。商品生产者把包装做得比普通印刷品更精美、图案更复杂华丽,有特殊的造型和独特的包装设计,以达到防伪目的。随着科学技术的不断发展,各种各样的防伪技术已在各种学科领域产生、发展,并逐渐成熟,应用领域也越来越广。

(一)特种油墨防伪技术

这是发展最早、最迅速的高新技术,由于研制这种油墨难度大,进口价格高,市场上不易买到,增强了使用这种油墨的客观安全性,防伪油墨适用于各种印刷机,通过性好,常用于包装的防伪油墨例举如下:

1. 荧光油墨防伪技术。

这类油墨在紫光灯照射下,在印刷品的某个部位,均可呈现相同的荧光。荧光墨受紫光灯照射后,发光时间短,光亮消失很快,在紫光灯关闭后,光亮即刻消失。

安阳卷烟厂在1997年开发的硬翻盖特制精品“红旗渠”烟标上使用了这一技术,如果在验钞机紫光灯下观察,便可看到红旗渠上有一轮红日喷薄而出。

2. 温变油墨防伪技术。

温变油墨是利用化合物结晶状态变化而带来可逆的颜色变化,即颜色可以复原。用温变防伪油墨印刷的烟包,在常温下显示一种颜色,加热后随温度的改变而显示另一种颜色,以此鉴别烟包的真伪。

“壹枝笔”烟包侧面的“颐中”标志就是采用可逆性温变防伪油墨印刷的,用打火机稍微加热,即由橘黄色变为亮金色,冷却后复原。

又如楚雄卷烟厂的“桂英”烟标、贵阳卷烟厂的“西牛王”烟标等均采用了这种防伪技术。

3. 夜光油墨防伪技术。

夜光防伪技术是应用了蓄光油墨印刷图文,蓄光油墨是由发光颜料、有机树脂、有机溶剂和助剂按一定比例,通过特殊加工工艺制成的。

发光颜料是一种长余辉发光材料,即夜光材料。夜光材料的发光是依据光致发光原理进行的,其激光光源是日光和人工光源(灯光),它吸收了激发光能并储存起来,光激发停止后,再把储存的能量以光的形式慢慢释放出来。这种发光材料在没有外界光源的黑暗环境中会发光,其发光时间被称为余辉时间。

发光油墨应用广泛,如烟、酒、药品、化妆品等高档商品包装印刷中。例如龙岩卷烟厂的“古田”烟标,火炬图案在夜光下观察仍清晰可见。

(二)不干胶粘贴全息防伪技术标识

早期激光全息防伪技术应用于包装主要是将热冲压转印薄膜商标粘贴于包装物上。例如酒瓶、化妆品盒的开封处。

(三)水印防伪技术

水印防伪技术是在造纸生产过程中,用改变纸浆纤维密度的方法制成的有明暗纹理或图案的文字。例如贵阳卷烟厂的金牌“黄果树”烟标即采用了这一防伪技术,其“金牌”图案内有水印暗纹。

(四)串色印刷

串色印刷工艺也称作拼色印刷、一次多色印刷,即在同一块印版上,采取横向版面不同位置同时完成两色、三色印刷或更多色的渐变色印刷,来提高产品的视觉和艺术效果。

串色印刷工艺最早源于凸版印刷机,以后胶印机也采用了该印刷工艺,从而在包装装潢印刷中发挥了较好的功效。由于该工艺一次印刷就达到多种不同层次的颜色,工艺方法便捷,印刷工效高,产品成本低,质量优,因此深受广大印刷客户的欢迎。

串色印刷品的特点是用放大镜观察过渡色时无网点结构。

设计串色图案时的注意事项:

1. 图案面积较小时,特别是两色的间距过于狭窄的活件上,不适宜进行串色印刷,因为混拼量过小不容易控制。

2. 在金色的铝箔纸上设计串色图案时,要少用或不用白色混串图案,因为白色在此纸上容易变为土黄色。

3. 由白色构成的混拼图案,会影响图案的完整性。

串色图案的颜色设计。

由于串色印刷的最低限度是两串色,所以就把串色图案的用色分为两串色、三串色和多串色等分别设计。

(1)两串色。

①同色调相串。指两种油墨在色调上是相同的,而在亮度上深浅程度不同。例如,在印一个天空图案时,可只用一种非蓝色油墨以不同比例冲淡。假如浅色部分的成墨内含85%的冲淡剂,而深色部分的成墨则含70%的冲淡剂,这样,在印刷过程中,经过匀墨辊的定量窜动,就能获得一个由浅至深连续变化的同色。

②异色调相串。把两种色调不同的油墨拼在一起印刷。在设计异色调相串的图案时,应首先考虑到,两色在衔接处混合后的颜色变化。例如,金光红与翠绿色都是很鲜艳的油墨,如果把这两种颜色设计在一个拼色的图案上,其串混后的衔接处,就会变化为不同程度

的暗褐色,使人产生不舒服的感觉。

(2)三串色

三串色是在两串色的基础上发展起来的。在同色调的相拼中,为了使连续阶调自然而柔和,深、浅两色的色度不能过分悬殊。

串印方法是在墨斗中根据印刷原稿设计的要求,直接用模具(金属板、木板、蜡烛熔化等)分段隔开,分成几个格档。然后在不同版面纵向色彩所对应的墨斗小档格中,分别放进各色的油墨。这样,墨斗转动后,可以同时把各色油墨输出,并且在串墨棍的作用下,各色油墨相邻交界段相互渗透混合,传到版面后形成了过渡自然而精美的色彩。

由于从印品上很难看出墨槽隔板的放置距离,不同色相油墨的墨量多少也很难从印品上判断,故也能起到一定的防伪作用,特别是在大面积的底纹印刷上采用这种工艺,其防伪作用更为突出。

十、标签印刷新技术

(一)收缩标签

收缩标签是一种很特别的标签,当对以薄膜材料制成的这种标签进行加热时,标签会根据瓶体的曲线而收缩,使标签和瓶件完美地结合在一起。

使用收缩标签装饰瓶件,无形中为其增添了很强的视觉冲击力和吸引力。360°的印刷方式,与只能在指定区域里印刷和贴标的不干胶标签相比,拥有不容小视的生产和展示优势。收缩标签的适应范围很广,对塑料、玻璃、陶瓷等包装容器都可以进行装饰。广泛应用在饮料、食品及日化用品等领域。

1. 热收缩薄膜。

收缩薄膜具有较强的收缩性能的薄膜,在适当温度下加热,其长度、宽度急剧收缩30%~60%,被称为“热收缩薄膜”。常用的材料有PVC(聚氯乙烯)、PETC(聚对苯二甲酸乙二醇酯)、OPS(拉伸聚苯乙烯)等。

2. 热收缩薄膜的印刷。

凹印或柔性版印刷是目前常用的收缩标签印刷方式,而且多采用里印方式,以避免印刷图像的磨损或刮坏。

稿件的工艺设计要求。

印刷膜的宽度按下式计算:

印刷膜的宽度 = 实物标宽 × $(1+x\%)$ + 左右两边粘贴的宽度。

印刷膜的高度 = 实物标高 × $(1+y\%)$。

（式中：x——原材料薄膜的横向实际收缩率，

y——原材料薄膜的纵向实际收缩率，通常在3左右。）

3. 印后应用。

标签可以通过手工或自动装置进行贴合位置的调整，随后，容器连同收缩标签一起进入加热烘道，标签产生收缩变形，根据瓶件的轮廓与其结合在一起。例如可口可乐饮料瓶的瓶身标签（见图7－41a），透明饮料瓶的透明瓶身标签（见图7－41b）。

a.可口可乐瓶身标签　b.透明饮料瓶之透明瓶身标签

图7－41　热收缩标签

（二）模内标签

1. 无标签感的技术特点。

纸质不干胶标签贴标后，放置一段时间，由于环境温、湿度的变化，可能会凸起、变色，尤其粘贴在曲面产品上时还容易出现翘角现象，严重影响产品的形象。所以出现了无标签的解决方案——塑料瓶曲面网印和模内贴标。

从外观看，塑料瓶曲面网印和模内贴标具有共性，从瓶面上看不到标签的边角，迎合了消费者追求的包装品位。从技术角度看，虽然两种技术和工艺截然不同，但是它们都不再需要机器或手工贴标工序。从包装风格看，鲜艳的色彩搭配和可读性很强的文字，使曲面网印成为简捷包装风格的代表。模内标签则更是画面细腻、层次丰富、色彩绚丽。

2. 模内标签的生产原理。

模内标签（In Mould Label）就是对合成纸表面进行处理，背面涂有特殊的热熔胶黏合剂加工成为特殊的标签纸，然后将其印刷制作成标签。在贴标机上使用机械手吸起已经印刷好的标签，放置在模具中，模具上的真空小孔将标签牢牢吸附在模具内。当塑料瓶的原料加热并成软管状下垂时，带有标签的模具迅速合拢，空气吹入软管，使其紧贴模具壁，这时整个模具中的温度还比较高，紧贴着瓶体的标签胶黏剂开始熔化并和塑料容器在模具内结合在一起。当模具再次打开时,塑料容器成型,标签和容器融合为一体。使印刷精美的商标牢固地镶嵌在容器的表面,标签和容器在同一个表面上,感觉上没有标签,彩色图文如同直接印刷在容器表面上。模内标签是一种特殊的薄膜标签,薄膜类的模内标签由于其良好的材料特性,很适合采用UV印刷,印刷品色彩鲜艳,图像精细清晰,耐摩擦性能好等使其越来越受到用户的青睐,并将会逐渐成为市场的主流。

3. 模内标签的印刷加工技术。

(1)模内标签的材料。

模内标签的材料使用的基本上都是塑料薄模类材料。材料的基本结构是由印刷层、中间层和黏合剂层构成。

印刷层接受油墨形成图文;中间层起支撑作用,使材料有足够的强度,在印刷张力和高温的作用下不变形,确保套印准确;黏合剂层是保证标签使用效果的关键,这一层能在高温作用下熔化,使标签同包装容器壁成为一体。

目前市场上比较常用的基材一般有PP、PE、PP/PE复合、BOPP等,从基材的特性上看,PE最柔,PP/PE其次,PP最有挺度。而在选择标签纸时主要考虑商品包装容器的大小、形状、黏合力、标签的印刷效果等。

(2)模内贴标的印刷工艺。

与一般塑料薄膜标签印刷方法相同。

(3)印后加工。

在印后加工处理过程中主要是上光和模切,有些材料在印刷后必须上光,以保护油墨和达到标签表面光滑的目的。

十一、UV网印墨在包装印刷中的广泛应用

UV油墨在网印中的应用最为广泛。国内已能生产UV网印局部上光油,多种UV网印装饰性油墨、UV玻璃油墨、UV金属油墨,UV塑料油墨等网印UV油墨。

UV网印局部上光油是无色透明的紫外光固化的亮光油,用网印工艺印于纸张、PET、金银卡纸、PE、PP等基材彩色图案上具有高光泽、极佳韧性和附着牢度高等优点。

UV玻璃油墨,专用于印刷各种玻璃制品,低温快速固化,高硬度,牢度佳,耐水性强。

UV金属油墨,无气味,不堵网、固化快、色彩鲜艳、牢度佳,用于丝印铜、铝、铁、不锈钢等金属基材。

UV塑料油墨,有多种颜色,用于印刷PET镜面金、银卡纸、化妆品瓶、PP、PE、ABS、PC、PVC等塑料基材,附着牢度优、固化快、印刷性好,哑光、光亮两种都有产品。

UV 透明油墨,有红、黄、蓝、黑四色透明油墨。UV 快速固化、高光泽、高透明性、色彩鲜艳、牢度及韧性极佳,耐日晒,适合于丝印各种 PET 金、银卡纸、各种金属标牌、各种透明广告材料。

UV 光碟油墨,用于印刷 CD、DVD 等碟片,固化极快、收缩率低、牢度佳、色彩鲜艳,色层间结合力好,墨层厚度 80 ~ 100m^2/kg,300 ~ 420 目丝网印刷。

UV 网印装饰性油墨近年来发展很快,品种也很多,主要介绍下面几种 UV 网印装饰性油墨印刷工艺。

(一)UV 上光油

UV 油墨在墨膜硬度、厚膜性、光泽、耐摩擦性等方面可以产生挥发干燥型油墨无法获得的优秀表面装饰效果,为此,在表面装饰方面使用 UV 油墨的情况比较多,于是有防眩和防腐蚀、耐刮蹭良好的去光泽加工等多种表面装饰用 UV 上光油(如表 7 - 7 所示)。

这些功能都要依靠填料而得,填料使用聚氨酯珠粒等树脂颗粒和硅类粉末、矿物类粉末等材料。

表 7 - 7　表面装饰用 UV 上光油的种类

油墨名称	精加工的特征
无光泽上光油	防腐蚀、防眩印刷用。触变性强,再现性良好
透明无光泽上光油	透明性良好,防腐蚀,高黏性透明性
HFT 无光泽上光油	平面的无光泽加工用
DP - 1 媒质	不规则的表面,皱纹状的印刷,皱纹感强,耐刮蹭性良好
UF - 1 媒质	DP - 1 的微粒子型,皱纹感稍弱,类似 DP - 1
UB - 1 无光泽上光油	细皱纹状的无光泽加工(高密度)
UB - 2 无光泽上光油	细皱纹状的半光泽加工(低密度)
SFC 无光泽上光油	有柔和清爽的指触感般的去光泽加工
RL - A,B 媒质	浮凸印刷用(厚膜印刷用),高黏度且透明性好,有柔和性
4300NOP,HG	强光泽且调平性优秀
罩面上光油	对胶印制品赋予光泽

根据产品上光的需要,对商标、包装印刷品等需要突出的部位应进行局部上光涂布。局部上光产品的有光与无光部分反差很大,上光部分风格独特,能产生独到的艺术效果。如某公司设计的一张豹子图片广告,对豹身上的斑点局部进行上光处理,扩大了原有图片的反差,增加了豹身的厚实感,视觉效果十分别致。另外,一般包装盒采用局部 UV 上光时

可将糊口预留出来,为糊盒采用普通黏合剂创造了条件。

以水晶七彩光油网印局部装饰工艺为例,水晶七彩效果,顾名思义就是既有水晶似的明显凸起,且晶莹剔透,光滑细腻,同时从不同角度观察又闪烁着绚丽色彩。该工艺常应用于包装、挂历、贺卡、名片及书刑封面,一般在衣裳、花朵、树叶、漫画线条等图案上做点缀,使得作品显得生动活泼,令人爱不释手(见图7-42)。

图7-42　水晶七彩光油局部装饰

制作水晶七彩效果的油墨一般由UV水晶油和七彩粉(也称幻彩粉)按一定比例混合均匀搅拌而成,UV水晶油是主要成分,相当于连结料,占90%以上,七彩粉可认为是颜料,只占3%~6%。

七彩粉是涂有不同色彩的铝箔或金箔切割成的细小的粉状颗粒,在高温条件(200~300℃)下不易褪色。七彩粉的颜色有浅金、深金、青金、银、红、绿、蓝、紫、雪青、黑等,尺寸为0.01~1.0mm不等,形状有正方形、六边形、心形、星形、月牙形、雪花形、长方形也可根据不同需要任意混合。

水晶七彩油的印刷工艺及注意事项如下:

1. 印刷图片的准备。

在金银卡纸上印刷任何底图做衬托,水晶七彩效果同样很明显。但在其他承印物(如白纸等)上,如果不是给一些图片做装饰而直接印在白纸上,则效果就不是很好。当然,也不是所有的图片都适合用水晶七彩效果来装饰。一般来说,在衣裳、花朵、树叶、漫画等图片上的色彩稍深、形状又不很规则的部位做装饰效果较好。在制作图片的专版时,要特别注意专版的画或线条不能太细小,一般要求在1.0mm以上,并且是实地而非浅色(网点)。

2. 制版用胶片的准备。

(1)扫描需要上光的印刷品。

(2)处理扫描所得的图片,勾勒出需要上光的部位。

(3)输出阳图片。

3. 晒制网印印版。

(1)选择25~150目/厘米的丝网目数。

(2)网版张力应控制在20~21N之间。

(3)因UV水晶七彩油黏度大、颗粒粗,所以最好选择高弹性、具良好通透性的单丝平织尼龙丝网。

(4)感光胶层应尽量涂厚些,以利于提高墨层厚度。操作程序为涂感光胶→烘干→涂感光胶→烘干→晒版,或使用毛细胶片。

4. 网印要点。

(1)根据承印物情况选择UV水晶七彩油。如果是在金银卡纸上印刷,则必须选择金银卡纸专用的水晶油来调配;如果是在聚酯薄膜上印刷,则要选用聚酯薄膜专用的UV水晶油。

(2)一般来说,UV水晶光油里加入七彩粉之后,光油的黏度往往会增大,不利于网印。此时可适当添加稀释剂,以减小油墨的黏度,但必须使用厂家指定的专用稀释剂。

(3)选用肖氏硬度80°左右,斜度为45°刮刀。

(4)UV上光设备。UV上光设备分全幅面上光和局部上光两类。其基本结构由自动输纸器、纸张清洁器、涂布装置、传输装置、干燥装置、收纸装置组成(如图7-43所示)。其中,纸张清洁器是由加热辊、张力器、机架等主要部分组成。涂布装置是由匀布辊、涂布辊、空气刀(将印品吹至传输带上)、机架等主要部分组成。全幅面上光机的涂布装置前端无叼牙系统,而局部上光在涂布装置的前端设有可精确定位的叼牙系统,使局部上光准确精美。干燥装置是由紫外光源、可转动灯罩、机架等主要部分组成。一般在灯罩内安置3~4支紫外灯管,每支灯管每小时能固化1800m的印刷品。转动灯罩可遮住光源,在换纸等准备工作时使用,以达到保护光源的目的。

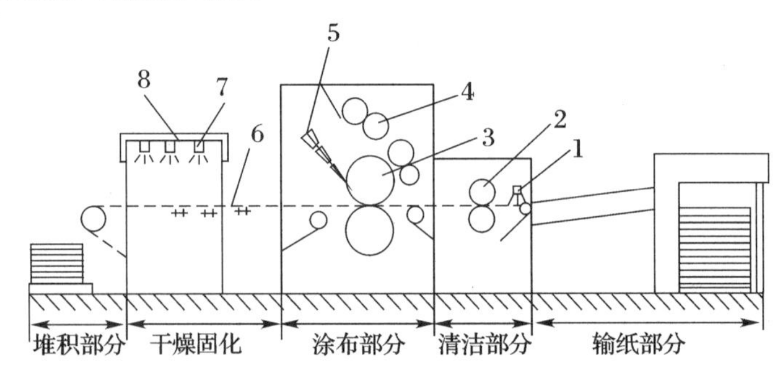

图7-43 UV上光机结构图

1—纸张张力器;2—加热辊;3—涂布辊;4—匀布UV上光油辊;

5—空气刀;6—传输带;7—紫外线光源;8—可转动灯罩

(二)UV仿金属蚀刻油墨的印刷

UV仿金属蚀刻印刷,又名磨砂或砂面印刷,是在有金属镜面光泽的承印物(如金、银卡纸)上印上一层凹凸不平的半透明油墨以后,经过紫外线(UV)固化,便可产生类似于光亮的金属表面经过蚀刻或磨砂的效果(如图7-44所示)。

图7－44 UV仿金蚀刻墨印制的包装盒与手提袋

仿金属蚀刻油墨印刷制品具有明显的蚀刻效果，墨膜饱满，立体感强，从而使所包装产品尽显高档化，已被烟标、酒标、化妆品、保健品等包装彩印行业广泛使用。也能用于印刷贺卡、挂历、名片、吊牌、广告、美术画等；UV仿金属蚀刻网印油墨还可以产生绒面及亚光效果，可以使印刷品柔和、庄重、高雅、华贵，达到一般油墨难以达到的效果，为此它已迅速地得到推广和应用。

1. UV仿金属蚀刻油墨。

UV仿金属蚀刻油墨的墨丝短而稠，其中添加剂颗粒直径为15～30μm。印刷后，由于油墨膜面粗糙不平，在光照下，反光为漫反射，膜面光泽较暗；有金属光泽的无膜面地方，在光照下，反光为正反射，光泽较强。所以，有膜面的地方灰暗凹下，无膜面的地方光亮凸起，二者效果截然相反。为了反映出承印物的固有光泽，油墨应该是透明型的，遮盖力大的油墨是不宜使用的。UV仿金属蚀刻油墨一般是将光敏树脂等多种材料搅拌成浅色透明糊状，也可以加入色料制成彩色蚀刻墨。其组成如下：

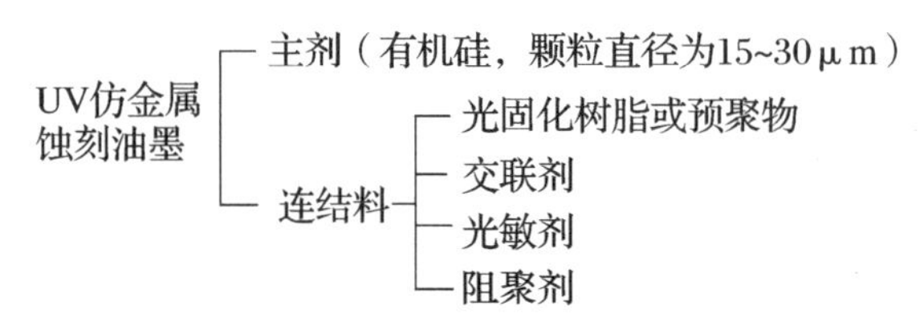

2. UV仿金属蚀刻油墨的网印要点。

（1）制版操作质量控制。

①网纱目数与感光胶膜厚度。蚀刻油墨有一定粗度，若选择目数过高的网，由于网孔小，印刷时油墨不易通过或通过很少，使得着墨不匀，出现花白现象，导致蚀刻效果差。若选用过低目数丝网，由于网也过大，油墨透过量过多，导致糊版，也影响印刷效果。

②磨砂粗纹。丝网100～180目/英寸；感光胶膜厚为10μm以下。

③磨砂中纹（或冰花中花）。网纱150～250目/英寸；感光胶膜厚为12～14μm。

④磨砂细纹（或冰花小花）。网纱 200 ~ 300 目/英寸；感光胶膜厚为 14 ~ 16μm。

（2）因仿金属蚀刻油墨具有一定的粗度，印刷中最好采用铝合金网框和网印机印刷，以防止丝网变形而使图案套印困难，要使用特制的橡胶刮板。

（三）微细纹样功能性油墨的印刷

不依靠模板，仅以硬化干燥的过程使油墨本身形成不规则的微细纹样。

1. 珊瑚状纹样的油墨印刷。

这种油墨在印刷时同时起泡，根据其气泡相互集结形成不规则的隆起部分及无气泡的平滑部分形成立体感的美丽珊瑚状纹样，所用油墨为 UV 油墨（如图 7 – 45①所示）。

印版本身没有限制，印版目数不同珊瑚状纹样的大小就不同，印版目数愈低其纹样愈大，目数愈高纹样愈小（如图 7 – 45②所示）。此后龟裂部分渐渐地扩延开去，为使加工稳定，印刷后于一定时间（约 3s）通过紫外线固化机。在金、银箔纸上印刷可获得非常好的效果。

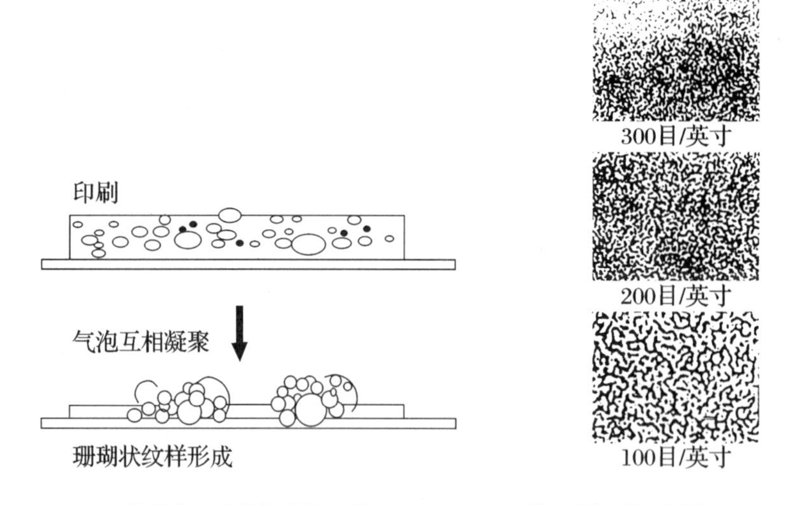

①形成珊瑚状纹样的过程　②不同目数印版的珊瑚状纹样

图 7 – 45　珊瑚状纹样墨印刷

2. 结晶纹样的油墨印刷。

属于加热反应型油墨，由结晶剂使表面硬化速度和内部硬化速度得到调节，呈现出结晶性纹样（收缩纹样），如图 7 – 46 所示。应用于玻璃和金属等需要结晶纹样的表面装饰印刷。

3. 皱纹纹样的油墨印刷。

皱纹纹样的油墨是将内部硬化性调节到比普通的 UV 油墨要低些。用这种油墨先印成实地，使之通过紫外线非常弱的照射灯，生成表面的硬化部分和内部的湿润部分。表面因为 UV 硬化收缩而产生凹凸形成皱纹纹样。接着通过紫外线强度一般的照射灯,使全体得到 UV 硬化,根据形成硬化膜的二步照射,得到皱纹纹样的印刷效果。

皱纹装饰的独特效果,是精品包装如烟、酒、服装等包装印刷及标牌网印的理想选择。可应用于纸、复合纸、聚氯乙稀、聚碳酸酯及其他材料上的印刷(如图 7-47 所示)。

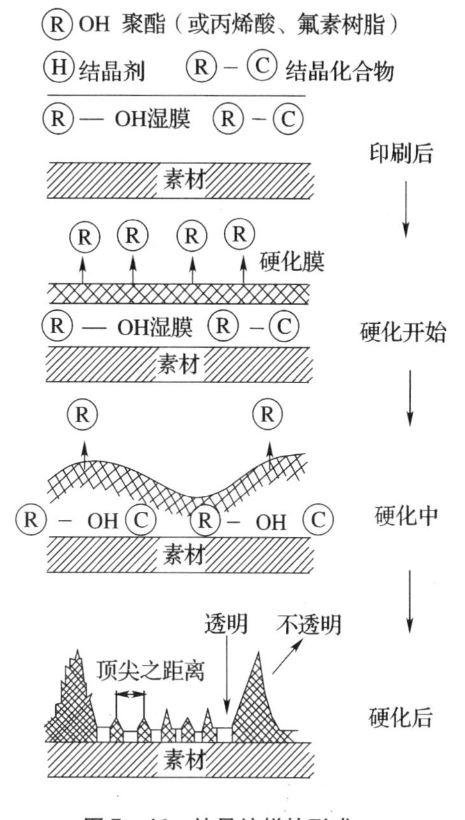

图 7-46 结晶纹样的形成

4. UV 冰花油墨的印刷。

(1)“冰花”印刷效果。

在具有金属光泽的承印物表面,采用网版印刷工艺,将冰花油墨覆印其上,经紫外光固化后,呈现出晶莹剔透、疏密有致的块状图案,犹如塞北农家玻璃窗户上的朵朵“冰花”。在光照条件下,闪闪发亮,熠熠生辉,使包装更新颖别致、富丽华贵。

目前,冰花油墨主要应用于高档烟酒包装,也可应用于镜面或某些塑料和金属装饰(见图 7-48 所示)。

图 7-47 UV 皱纹墨装饰盒

图 7-48 UV 冰花墨装饰烟盒

(2)冰花油墨。

冰花油墨由齐聚物、单体、光敏剂及其助剂组成。冰花油墨通过网版印刷在承印物上形成一层透明平滑的油墨层,经过 UV 光固化能产生冰花效果的原理是:有些涂料在干燥时,特别是受到二氧化氮、二氧化硫、二氧化碳等气体的影响,涂膜的表面会产生晶纹。

冰花油墨的印刷花纹可分为大、中、小三种。大花纹冰花图案直径为 6~8mm;中花纹冰花图案直径为 4~6mm;小花纹冰花图案直径为 2~4mm。

大、中、小三种花纹油墨混合使用，可以营造出大花套小花的表面装饰效果。即使在相同工艺条件下也不会重复，所以可利用此工艺来达到防伪的目的。

(3)冰花网印的工艺要点。

①承印物的要求：金、银卡纸的覆合质量要好，保证在整个固化过程中聚酯膜不与底层纸板分离；表面光泽越高，对光的反射作用越强，冰花图案则越大，花纹更闪烁、更明亮。

②制版的要点：

a. 选用尼龙或聚酯丝网均可。

b. 丝网目数为 100 ~ 250 目/英寸，其中大冰花油墨一般选用 120 ~ 200 目/英寸，小冰花油墨则选用 180 ~ 250 目/英寸。

c. 绷网张力依丝网类型和印刷方式选择在 12 ~ 20N/cm 范围。

d. 网版印刷面涂布感光胶以厚膜为宜，一般为 12 ~ 14μm。

e. 为提高网版耐印力，最好进行二次曝光。

(四)UV 折光墨

1. UV 折光墨工艺特点。

除机械折光工艺外，又出现了两种新的折光工艺，激光折光和网印折光墨工艺。激光折光的压印方式类似于机械折光，只是其折光印版纹理的形成要复杂得多。首先是激光器将图片信息记录在全息记录材料上，然后采用电铸的方法将折光纹理复制到刚性的金属模版上，形成非常致密的、人眼无法识别的光栅。

机械折光和激光折光不需要油墨，只需通过刚性的模版，利用压力将折光纹理压印至承印物表面，而网印折光要用到油墨，即 UV 折光油墨。

网印折光是通过网版印刷的方式，将折光纹理印刷复制到承印物表面。网印折光方法简单，技术要求不高，虽然生产率相对较低，防伪效果稍逊色于机械折光和激光折光，但折光效果也很强，对于小批量的产品来说平均成本低廉。因此，网印折光近年来发展迅速，受到许多中小企业的推崇，目前已经成为折光印刷的主要趋势(图 7 - 49 为 UV 折光墨印制盒)。

图 7 - 49　UV 折光墨装饰酒盒

2. 折光网印工艺。

折光网印加工工艺流程为：

折光原稿设计→绷网→清洗粗化丝网版→涂布感光胶→曝光→显影→修版→二次曝光→印刷。

①折光原稿设计。折光纹理图案的设计制作需用专业的软件，如方正超线 3.0 防伪设

计系统和蒙泰版纹 5.0。

折光原稿设计要点如下:将图像中需要进行折光点辍的部位绘成毫米等分图,把每毫米长度分成 5 ~ 8 根等分线,每根等分线又分成黑白相间的 10 ~ 16 等分,以 16 分例,可以设计成黑 4 白 12,或黑 8 白 8,其线条分直线、圆弧、椭圆 3 种,线与弧随图像变化相互吻接(如图 7 – 50 所示)。

折光图案外观精细、复杂,用肉眼无法看透其内部结构。在 40 倍以上显微镜下,可以一目了然地看到折光图是由几段或几十段等距离,但角度、弧度不同的线条组成。折光线条的粗细应为 0.10 ~ 0.15mm,可用高分辨率的激光照排机出片。

(a)同心圆型折光纹理　　(b)平行线型折光纹理

图 7 – 50　折光纹理

②制作折光网版。

a. 丝网选择和绷网。制作折光网版必须选用合适的丝网,要求丝网具有良好的弹性,并且耐摩擦,伸缩率非常小,网孔要大,印刷墨层要厚。聚酯丝网是比较理想的选择。一般选择 390 ~ 420 目/英寸的丝网。绷网时,选择角度为 22.5°的斜绷方式,要求网版的张力在 18 ~ 22N/cm。对于新绷好的网版一定要进行清洗粗化处理,这对网版质量有很重要的影响。

b. 涂布感光胶。不论是自动上胶还是手工上胶,都必须保证涂胶均匀平整。折光网版的上胶次数要视感光胶的稀稠度而定,一般需要 4 次。第 1 次上胶时要将上胶器在网版正反两面反复均匀刮动,使感光胶均匀地填满网孔,然后在 40℃的烘干箱中干燥。第 2 次、第 3 次只对印刷面上胶烘干即可,第 4 次则对刮墨面上胶烘干。

c. 曝光。折光线条比较精细、多而密。为了保证晒版质量,必须用带有真空吸附装置的晒版机晒版。晒版时胶版要与网版感光膜面紧密贴合,晒版时间要适当,过长则显影困难,过短则影响网版耐印力,折光线条也会变粗。可以用测试条测出所需的准确曝光时间。

d. 显影。将晒好的网版放入遮光的水池中,池中水深为 20 ~ 30cm,浸泡 1 分钟,之后将网版反复压向水中，利用水压把图像部分的感光胶挤压出来，并清洗干净。为了保证折光网版感光膜均匀，显影时需用低压水枪冲洗，显影充分后再进行烘干。

e. 修版。检查版面有无针孔、气泡等弊病，并进行修补。

f. 二次曝光。网版烘干后还要进行二次曝光，使版面的感光膜彻底固化，提高网版耐印力。

③印刷。如果折光印刷图文面积较大，为了保证质量，必须用高精度的网版印刷机来完成，小面积的可以采取手工印刷方式。

要印制好完美的折光印刷品，必须要有高品质的折光油墨，应选用不堵网的透明油墨（最好是 UV）。将折光图像印到彩图或未印的具有金属光泽的金属板、金属膜、纸上，就会产生折光效果（如图 7－51）。

（五）透明塑料折叠盒 UV 墨胶印

随着 UV 胶印的发展，透明塑料折叠盒凭借其在商品表现性、耐抗性、防伪性上显著优势逐渐在市场上走俏起来，被越来越多地应用于化妆品、酒和其他消费品的包装（如图 7－51 所示）。

图 7－51　透明塑料盒

1. 承印材料与印刷方式的选择。

（1）承印材料的选择。

目前主要用 PVC、PET 和 PP 这三种片材制作透明塑料折叠盒。现以 PVC 应用最多，原因是 PVC 的价格最低廉，表面印刷性能又优于 PET 和 PP，但从环保角度看，PVC 由于环保性能不佳，终将被 PP 和 PET 取代。所以在制作食品包装时，不应选用 PVC 材料。PP 片材油墨附着牢度不如 PVC，印刷后必须进行 UV 上光。

（2）印刷方式的选择。

纸张印刷一般采用热风干燥或红外线干燥，而塑料片材受热容易软化变形，因此应选用 UV 固化方式，也就必须使用 UV 油墨。常用 UV 墨的工艺有两种：

①UV 的网印工艺。UV 网印工艺对实地印刷效果好，擅长皱纹、磨砂等特殊效果印刷，但对精细网目调图像表现力不如胶印，一般分辨率可达 80lpi。

②UV 的胶印工艺。UV 胶印工艺适合精细网目调原稿印刷，其分辨率可以达到 200lpi 以上，与纸张印刷质量不相上下。

所以，在实际生产中应根据原稿特点选择印刷方式，如果以人物图像为主的化妆品包装，最好采用 UV 胶印工艺。

2. 塑料盒片的 UV 胶印工艺。

采用 UV 胶印方式塑料片材时，对油墨、印版、橡皮布和设备均有一定的要求。

（1）UV 油墨。

UV 油墨的选用十分关键，除了要满足油墨本身的质量指标外，还必须注意油墨与 UV 灯波长相匹配，尽量选择标准色相黄、品红、青墨。调配专色油墨时，应尽量选择粘度低、流动性好的油墨。

（2）印版。

进行小印量 UV 胶印时，可以使用普通 PS 版，但版面很容易磨损；印刷量较大时，必须使用专用 PS 版。这种专用 PS 版晒版时网点还原率高，能满足 2% 网点不丢失、98% 网点可分辨的要求，印刷中途停机不用上保护胶，耐印力高而且可以回收利用旧版。进口 UV 印刷专用版材质量高，但价格昂贵。

（3）橡皮布。

UV 胶印最好选用气垫橡皮布，以实现 UV 油墨的最佳转移和网点还原，使印刷图文更清晰、高调部分再现性更好，印版的磨损也减少。

由于 PVC 等片材的表面粗糙、印刷网点扩大率高，应使用中性偏硬的包衬，使网点清晰、光洁、再现性好，图形的几何尺寸变化小。

（4）UV 固化装置。

即使使用 UV 固化方式，UV 灯在启动过程中也会产生红外线，所产生的热量也足以使塑料片变形，导致套印不准。为了避免发生这种问题，曼罗兰在其胶印设备上采用了 eltosch 公司的冷 UV 技术。该技术在 UV 灯启动时利用可更换式反射来反射所产生的红外线，并使用冷却源冷却，在运转过程中再利用发出的 UV 光，对 UV 油墨进行固化，如图 7－52 所示。

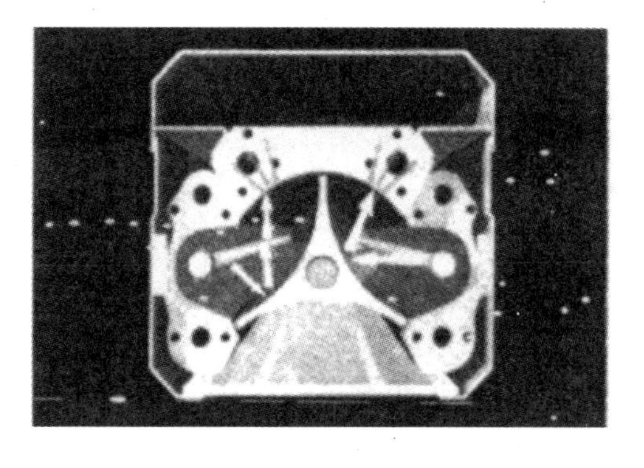

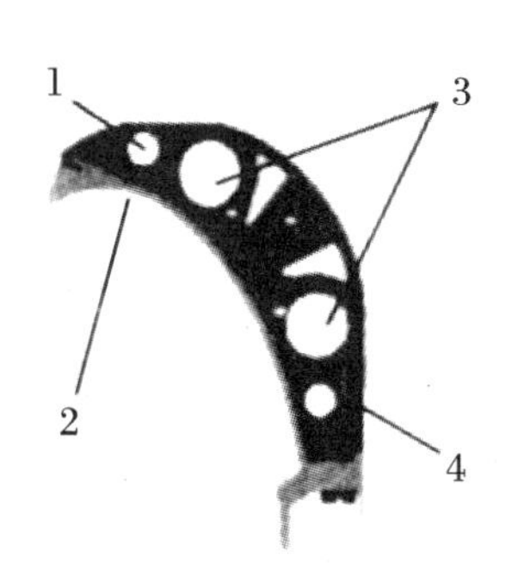

图 7－52　eltosch 公司的冷 UV 固化装置

1—固定位置；2—可更换式反射片；3—冷却水；4—快门

（5）套印。

塑料片材硬度较大,在印刷过程中容易产生套印不准的问题。为此,塑料片材在定位时,只能采用侧推规,不可以采用侧拉规,以避免拉规力量不足造成套印不准。

(6)防静电。

在磨擦作用下或气候干燥时,塑料片材容易产生静电,相互吸附,不利于输料和印刷。为此,可以在印刷设备上增加静电消除装置或加大印刷车间的湿度。

(7)电晕处理。

印前必须对塑料片材进行电晕处理,以提高其表面对油墨的吸附性能。

3. 透明塑料盒的成型加工。

塑料片材的成型加工。

塑料片材的成型加工,常会发生以下问题:

(1)塑料片太硬,折叠不方便。

(2)由于静电作用,塑料片容易吸附在一起。

(3)难以取得很好的黏合效果。

为了实现塑料盒片的顺利输送,博斯特公司专门为其模切机和糊盒机开发了除静电装置,安装了特殊的电眼。

在模切 PP 盒和 PET 盒时,采取了“热切”工艺。

十二、彩盒印刷中采用先进技术

(一)应用计算机设计,保证制盒精度

盒型结构设计和拼版设计是包装生产的重要环节,其设计合理与否、设计效率高低、包装纸盒基材质量好坏等都会对印后加工产生重大影响,并最终影响整个生产的有效性。因此,采用何种设计方式、设计工具就显得尤为重要。

20 世纪 90 年代,世界上先进国家在彩盒印制中都普遍采用了计算机辅助设计(CAD)和计算机辅助制造(CAM)。也就是说,可根据用户的要求,用计算机选择包装材料、瓦楞纸型、外观尺寸和款式,采用人机对话操作方式设计纸盒盒片结构、排料方案、印刷装潢图案等,并迅速绘制印刷和背衬加工轮廓图、盒片排料模切图。国外已推出了数百种包装纸盒结构 CAD/CAM 系统。

利用计算机设计包装盒既缩短了制作周期,又保证了精度,为纸盒的计算机辅助制造及后工序如印刷、烫金、模切、糊盒的自动化创造了条件。

在国内,大致存在三种盒型设计方式:一是手工设计、制版,此种方式目前在我国的小型包装印刷厂中应用较多;二是采用 Free - hand、Illustrator、Photoshop 等通用图形软件或

AutoCAD 等通用 CAD 软件进行盒型设计,此种方式在大中型设计制版中心、包装印刷厂中应用较为普遍;三是采用专业的盒型设计软件,如 ESCO - Graphics 公司的 ArtiosCAD、德国 MARBACH 公司的 MarbaCAD、荷兰 BCSI 公司的 Packdesign 2000、德国 Lasercom 公司的 IM-PACK、北京邦友科技开发有限公司的 Box - vellum、北大方正电子有限公司的方正 Pack 等,这些专业的盒型设计软件主要被一些技术先进、资金雄厚、规模庞大的包装印刷企业或科研院校采用。

(二)卷筒纸联机生产

在大批量纸盒印刷中,卷筒纸印刷机一直处于主导地位,如工艺和技术比较成熟的卷筒纸凹印生产线及最新发展的柔印,网印生产线,呈现以下特点:

1. 联机设备越来越广泛地被应用于折叠纸盒生产。

随着卷筒纸印刷机联机切大张、联机烫印、模切、排废、联机复合、分切等工序的增加,以及复卷设备使用量的增加,联机生产设备越来越多应用于生产中。

2. 向多种印刷工艺组合方式发展。

例如,在印刷有层次的产品时可选择胶印,印刷专色、金、银色墨时,可选用凹版印刷或柔印 + 网印方式。

捷拉斯集团针对商标、标签及纸盒等包装领域生产的最新一代组合印刷设备 Gallus Rcs330,其印刷幅宽达 330mm,最高印刷速度达 120m/min,采用柔印与轮转网印组合的方式(即由 4 个 UV 柔性版印刷机组和 2 个丝网印刷机组组成)。现代化的控制和先进的伺服技术使得 UV 柔性版印刷、轮转丝网印刷、UV 上光和卷筒到卷筒的模切组合在一起,连续自动完成。

Rotaprint 公司生产的 Rotaweb 印刷机,能以不同印刷方式(如凸印、柔印、数字印刷等)组合使用。最大幅宽为 530mm,最高速度为 214m/min,承印纸张克重为 40 ~ 200g/m^2。

(三)印后模切新工艺

1. 复合木底板的激光开槽工艺。

激光切割是以激光作为热源的切割加工,如图 7 - 53 所示。在一定环境条件下,通过加工工件表面连续吸收光束辐射能量而升温,达到过热状态引起熔融和蒸发,由于热传导,表面的热能很快传到材料内部,使内部温度也升高达到熔点;这时,材料中易气化的成分产生出一定的气压,使熔融物爆炸而断开。木材用激光切割时,去除的材料是以气化为主并产生灰尘,因此,切割时还要喷吹一定压力的气体以辅助加工。激光切割金属材料时,用同方向的氧气吹气,氧气起到助燃作用,使燃烧能产生更高的能量,将金属熔化;同时吹气作用又将熔融的钢渣吹走,形成整齐、光滑且上下均匀的切缝。用激光切割木板和金属速度快，精度高，图形准确。

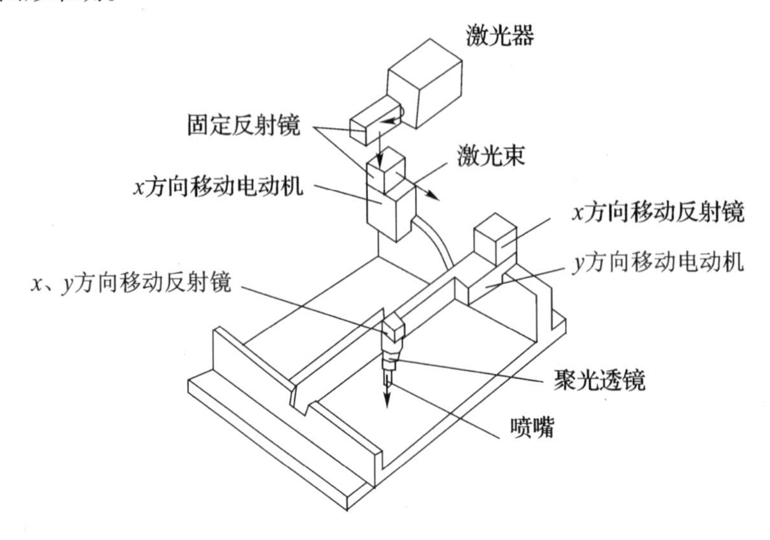

图 7－53　激光开槽示意

2. 新型底模工艺。

新型底模材料采用自粘底模线，此类线出线快捷，压痕线饱满、耐印力高。不同厚度纸对应有不同底模线。其基本结构由压线模、定位胶条、保护膜组成。压痕模一般由金属底板、硬塑料模槽、胶粘底膜构成（见图 7－54）。

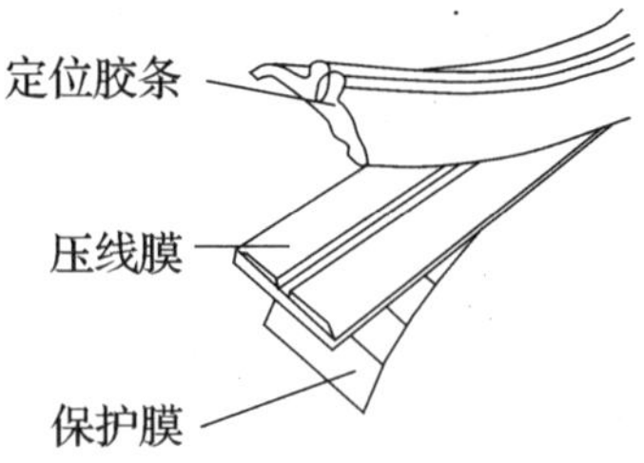

定位胶条
压线膜
保护膜

图7－54　自粘底模线的结构示意图

压痕模的型号以“槽深×槽宽”表示。

（2）自粘底模线模切底模版工艺。

使用自粘底模线操作非常简便。截取适当长度底模线，将其套于钢刀线上，揭开保护纸，将装有底模线的模切版放在模压机上合压，底模线便牢固地粘贴在模切版上，除去定位胶条，便制成了模切底模版，如图 7－55 所示。

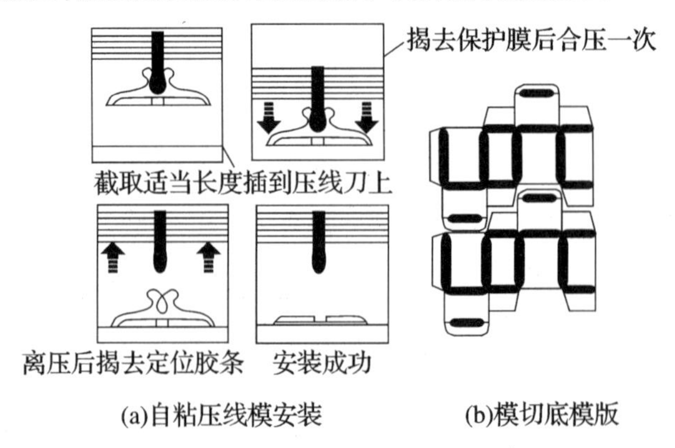

图 7－55　模切底模版制取

3. 数字模切技术。

在数码印刷渐入佳境的同时,模切也跨入了数字化时代,数字模切同样带给我们全新的感觉。

数字模切技术可理解为无版模切,即由印前系统的图文数据直接控制切割头来对印张进行模切。目前,数字模切采用的切割有两种形式,一种是激光蚀刻,一种是机械式雕刻头模切。数学模切的应用主要集中在标签和少量的纸品(纸盒)打样、印刷方面。数字模切技术不需要模切版,不存在模切工具的磨损,模切速度快、操作简便,材料浪费极少,确保了印刷到模切的精确套准。图文数据控制激光或雕刻头的走向和能理强度(深度),可实现不同形状和不同深度的模切。在一台数字模切机上可以存储多个活件的数据。

德国 MARBACH 公司推出的 Boardeater 折叠纸盒激光加工设备(系统),其应用功率为 100~240W,CO_2 激光束直接在纸板上加工纸盒的折叠压痕线并切边,速度快,精度高,可加工低于 $150g/m^2$ 的纸板以及 B 瓦楞至 3 层瓦楞纸板,辐画为 500mm×600mm~1500mm×3100mm。

4. 圆压圆模切技术。

圆压圆模切。

可对卷筒纸印刷品进行精确的、连续的、高速旋转的模切压痕、压凸等。其特点有以下 3 条:

(1)可与印刷线同步运转,成为线内一个单元,实现卷筒纸从印刷到模切到去废一次完成,即模切辊装上配套的清废版,用清废顶针可以清除废纸边,有的印刷品要有压凸效果,可制作好压凸阴、阳模,固定在刀模中,压凸过程与模切过程同进进行。

(2)高精度套准装置及模切相位高速装置,可获得很高的模切精度。

(3)连续的滚动模切,生产效率很高,最高可达 350m/min。

圆压圆模切分两种形式:

(1)压切式。其特点是上辊为刀辊,下辊为光辊,当纸板从上、下辊间通过时被模切成型,如图 7-56 所示。相对而言,压切式模切辊寿命较短,因为模切时上、下辊的金属面互相接触,纸板在将切断时对刀刃的爆炸作用也加速了刀刃的磨损及裂痕的产生。但由于其制造成本较低、调换、调整也较方便,更适合短版产品而被广泛应用于酒标及各种商标、清洁袋、各类软饮料盒盖、快餐盒、计算机软盘等模切。已磨损或崩口的压切式模切辊,只要其表面硬化层有一定的深度(低于 0.3mm 不可再修复)就能用特殊的焊接材料和方法进行焊补和修刃。

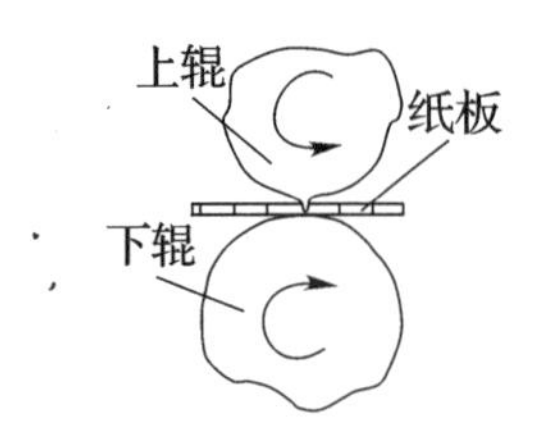

图 7－56　压切式模切

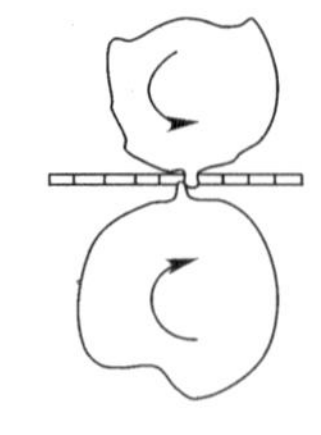

图 7－57　剪切式模切

(2)剪切式。这是美国伯奈尔公司拥有的专利方式(如图 7－57)。它是利用剪切原理实现模切,既避免了金属间直接接触,又防止了纸板爆裂时刀刃的损伤,因此使用寿命大大提高,切口也十分平整。

5. 全分离式自动模切机。

目前我国包装印刷用户使用的自动模切机一般只带自动清废功能,加工出的产品每一印张上的所有单个印品仍粘连在一起,需要手工分离后才能使用,而欧美国家则大多已采用分离式的模切机。

博斯特带联机自动分离纸坯功能的 SP104－ER 自动平压平模切机。

这种分离式模切机既优化了生产过程,减少了场地占用,又降低了人工成本,提高了产品质量的稳定性。欧美国家使用全分离式自动模切机已实现了产品免检。另外,使用全分离式自动模切机还减少了人手接触包装产品的机会,有利于食品和药品等产品的卫生包装。

6. 国内模切机生产水平大大提高。

这个时期,国内一批模切设备制造商已经迅速成长起来,主要有上海亚华、唐山玉印、天津长荣等。其设备在性能、质量、价格等方面都有较强的竞争力。高档模切机全部通过 ISO9000 质量体系认证和欧洲 CE 安全认证。其共同特点是:自动化程度高,普遍采用进口的变频控制器调速,进口气动离合器离合,整机控制采用 PLC 可编程控制器,动态显示机器的运行及故障。

几年前,凹印生产线上和柔印生产线上所采用的连线圆压圆模切辊还依赖于进口,随着国内制造水平的提高。连线圆压圆模切辊和模切设备的生产已实现了国产化,上海伯奈尔·亚华印刷包装机械有限公司和北京东风精工模切机构制造有限公司是国内专业制造和维修圆压圆模切辊及模切设备的厂家。

(四)开窗覆膜

开窗包装是在基本盒型的基础上,在纸盒的一面、两面或三面切去一定面积纸板(见图 7－58),切去面积大小视需要而定,而位置则应选择最能表现商品特征或全貌的部位。在开窗的部位,还可以蒙上一层透明塑料或玻璃纸。开窗的目的在于部分展示商品,促进销售。

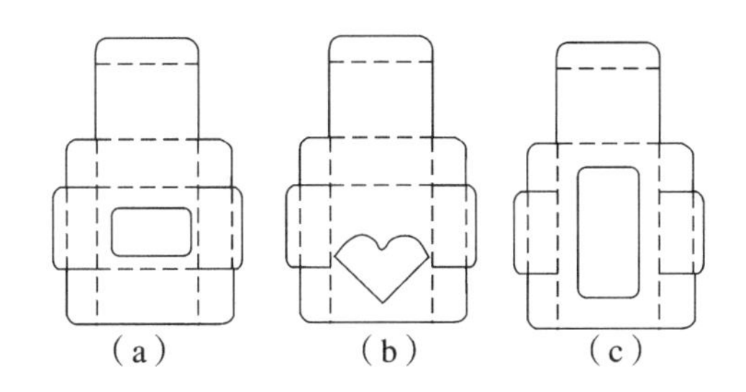

图7－58　开窗包装盒

1. 开窗覆膜的工作原理。

模切开窗后的印刷品沿走纸路线经涂布胶辊涂胶后，通过上下施压辊与塑料薄膜压合，完成覆膜过程。其工作原理与一般覆膜工艺的不同之处在于：

（1）先将黏合剂涂布在已经印刷好的印刷品表面，再将塑料薄膜覆盖在印刷品表面，最后压合为成品。

（2）开窗覆膜是在带有窗口的印刷品上进行覆膜。

2. 开窗覆膜设备。

以TNC 1000贴窗机为例，该机可对经模切后的各种纸盒中的窗口进行上胶贴膜处理。将纸品安放在工作台上，该机能自动分离，单张输送纸品。当纸品输至上胶工位时，由胶辊自动上胶，然后传到覆膜工位，由旋转的滚筒将吸附着的、被裁切下的薄膜对准所贴窗口上，逐渐将薄膜释放，经滚压完成粘贴工序。该机主传动采用交流变频调速控制。对小幅面的不同规格纸品可采用1∶1或1∶2的工作方式，并进行成品记数。该机结构紧凑，操作方便，适应性强，工作效率高，是纸品贴窗加工的理想设备，其结构如图7－59所示。

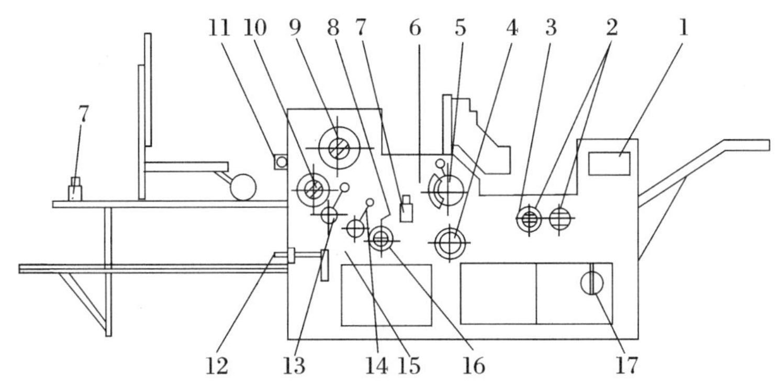

图7－59　TNC 1000贴窗机机构

1—按钮盒；2—输送链底板的左右调节丝杆；3—调节手轮；4—盘车手轮；5—版滚筒调节手柄；6—版滚筒锁紧手柄；7—急停开关；8—锁紧手柄；9—切刀辊；10—胶片动力辊；11—切膜长度调节手轮；12—收集台架高低调节丝杆；13—走胶片下橡胶辊控制手柄；14—平带抬高控制手柄；15—锁紧手柄；16—调节切模传送辊位置的出轴；17—总电源开关

（五）糊盒机的应用

选择合适的设备，选用有经验的员工操作，是折叠糊盒取得完美效果的基本要素。

国产的糊盒机如ZH1000高速粘盒机（如图7－60）通用性强，适用范围广泛，可用于食品、医药卫生、化妆品等其他轻工产品所用的各种纸盒的折叠糊盒。

十三、网印在大型广告印刷中发挥重要作用

（一）户外广告

广告是介绍商品的一种宣传方式。图像与文字是平面广告的重要"视觉传达要素"，而色彩在视觉传达上要优于其他要素。在电子制版和印刷机械飞速发展的今天，广告制作业如雨后春笋般出现在我们的面前。

户外广告的主要品种有广告招贴画（海报）、车身广告、店面招牌（牌匾）、遮阳伞广告、路旗广告、条幅/横幅广告、充气物造型广告、通道广告、路牌广告等。

1. 广告招贴画（海报）类。广告、电影海报等部分采用网印，但现在大幅面采用喷绘方式输出，小幅面采用胶印印刷较为常见，数量多为千张左右。

2. 车体广告。分车身、车窗、车内宣传招贴、指示牌、站牌等类型，其中简单采用喷漆漏印方式，单独印字或结合粘贴写真膜作底色喷印，只有在城市人口众多的公交车体上能看到大幅网印广告的身影；其他如各种宣传贴画、指示牌、站牌采用网印方式，这也是网印运用最多的方式。

3. 户外招牌、灯箱。招牌单独采用网印工艺制作方式已很少见，喷绘、写真灯箱在美化店面同时也因各类制作不一的招牌造成一定的视觉污染，在城市管理条例中已涉及户外广告牌设置标准的问题。现在的发光吸塑灯箱招牌，多为连锁机构专门定制，与网印工艺结合，产品层次丰富，立体感强。

4. 各类促销产品广告。遮阳伞，伞面印刷绝大部分采用网印或转印方式制作，各类小纪念品采用网印或移印方式。

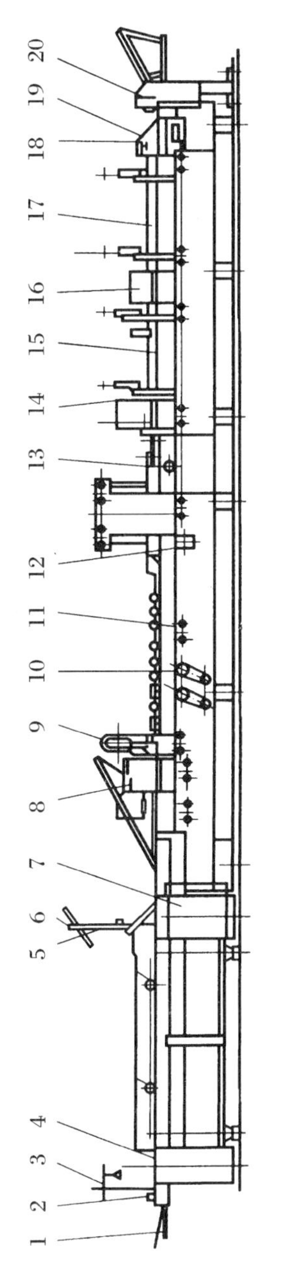

图7-60　高速粘盒机

1—收纸台;2—出盒按钮;3—紫光灯;4—出盒部套;5—喷粉装置;6—反光镜;7—主电箱;8—压盒部套;9—折叠部套;10、11—调节螺杆;12—移动按钮盒;13—底胶装置;14—面胶装置;15—底贴部套;16—四角贴顶折机构;17—四角贴定位部套;18、19—输纸按钮;20—四角贴续纸盒机构

5. 彩旗路旗。多采用尼龙等化纤布，网印方式制作，现流行喷绘转印方式，将溶剂型油墨喷绘在纸上，通过履带式烫压机低温转印到化纤布上，将来发展直接喷绘布料专用油墨和设备，少部分用喷绘灯箱布的方式制作。

6. 条幅会标、巨幅产品类。与彩旗采用的布料相同，多应用纸漏型版印刷，少量应用热转印印制(电脑条幅机)，其未能普及的原因在于效率低于人工，制作批量成本过大，电费高，不但没有淘汰手工网印条幅工艺，反被其低价挤占市场，转向做热升华转印，需配合喷绘、写真机，前期投入大，但这种发展模式将会普及，最后发展成直接喷绘布料方式制作。

7. 气模广告。即充气物造型广告，各类高空气球、造型拱门、产品实体模型制作成型后多采用网印制作图文，少数为手绘方式制作。小气球广告也是网印方式居多。

8. 路牌、通道广告。原先的大幅网印市场被喷绘所挤占，只有 PVC 灯箱片印刷，暂由网印占据，但平面 UV 喷墨印刷机普及后，将很难保住最后的这部分市场。

9. POP 人像牌、展板。人像牌采用 PVC 发泡板或 KT 板，经网印后模切成型，现在市场流行的是易拉宝、X 架等易携带安装的展具，悬挂网印或写真画面。

各类广告制作方法的比较如表 7－8 所示。

表 7－8　各种广告制作方法的比较

类别	写真	网印	喷绘	数码印刷
生产成本	高	中或低	低	高
生产量	小	大	一般	小
生产效率	低	中	高	中
复制精度	高	高或一般	中或低	高
操作要求	简单	专业技工	简单	专业教师
折旧成本	高	低	中	高
承印材料	有涂层材料	各类成型物	无涂层卷材	纸
生产占地	$10m^2$ 以内	$50m^2$ 以上	$20m^2$ 左右	$10m^2$ 左右

(二)大型广告网印的含义及潜在市场

大型(大幅面)网印的“大”是以一般胶印印刷的最大尺寸为界的，凡印刷面积大于 850mm × 1189mm 即可称为大型网印。胶印最大印刷面积全张纸是 850mm × 1189mm，网版印刷则大小兼宜，小网印的集成线路要用显微镜来检查质量，大型的网印广告可以是数米以至数十米。

目前，制作大型广告牌的方法主要是大型网印和彩色喷绘。印量较大的广告大多还是采用网印工艺。

大型网印彩色广告随着商品广告的发展,日益显示出它批量大、价格便宜、色彩鲜艳、保存期长、交货快等技术优势,被越来越多的大中城市的规划部门、广告管理部门所认可,吸引了很多广告商。如在北京、广州、上海、沈阳、武汉、成都、昆明等城市,尤其是北京的地铁通道,大幅画五彩缤纷的彩色网印广告随处可见(如图7－61)。难怪国内大幅画彩色网印机及配套设备供不应求。

图7－61　网印广告招贴《丰盛》

(三)大型广告的网印工艺

1. 传统软片拼接。

在过去的一段相当长的时间里,制作一幅2m×4m的大幅画网印广告或其他类型的大幅画网印作品时,由于工艺制版照相机及电分机的最大幅画为全开,所以制版时阳图软片只能采取拼接的方法。然而,假如我们制作(印刷)的是一幅网目调图像的作品,若采用拼贴分色软片的办法则会非常困难,同时还会严重影响印刷质量。

2. 投影放大底片的制版法。

(1)照相放大底片的制版法。齐齐哈尔市世纪丝网印刷中心为满足市场需求,成功研制生产出一种散光式照相放大制版机。该产品突破了传统的聚光灯投影放大的结构,采取了大底片、强光源、漫射光等处理措施,从而克服了制版过程中中间亮、四周暗、曝光不均匀的弊端,制出的网印版清晰度高,为广大客户提供了方便,解决了户外大幅面彩色网印底片制作的困难。

(2)投影放大底片制版法。为了解决大幅面户外广告网印底片的制作问题,上海工会广告公司研制出放大底片的投影机。

①放大底片,尺寸可任意调节。

②底片放入采用投影片夹的方法。

③放大制作底片采用常规的制版胶片,最大幅面为1.6m×3.5m。将放大到与要印刷的户外广告同样大小的底片经冲洗显影后与网印模版密合晒版、显影、干燥,即可进行手工或半自动大幅面户外广告的网印。

(3)大型激光照排输出底片法。北京新新瑞明开发的大型网印底片激光照排输出机,将原稿通过扫描仪存储在计算机内，利用苹果系统做修改、创意、排版分色，转换成电子文件后，经滚筒扫描输出底片、显影、定影、冲片等工序，完成底片制作。

（4）TPD2000 网印大型户外广告底片制作系统的特点如下：

①在输出大幅面网印四色分色片时可以设定网线、网角，输出长度可无限长。

②采用 EPSON 微压电喷墨打印技术，使输出的网印用四色片实地密度高、套准精确。普通网印晒版设备即可晒出丝网版，进行批量印刷。

③TRD 制版软件可将版面设计、排版、印前打样、输出分色片一机完成，具有无须排版，修版的优势，减少了图像转移过程中的损失。全部明室操作，不需暗室。

④TPD2000 系统利用自身的软件优势，使输出的网印晒版用底片网点圆滑整齐，色彩还原准确。

⑤成本低、速度快、适用面广。适于网印厂家开展大幅面网版印刷业务或网印输出中心输出底片业务，并且可以进行印前打样。

第八章　中国改革开放第三个十年（1998～2008年）包装印刷业的发展

第一节　发展高科技包装印刷，向国际水平冲刺

一、28字方针为跨世纪包装印刷发展指明方向

1998年4月，由中国印刷及器材工业协会组织全国印刷界有关人士经多次论证，提出了“印前数字网络化；印刷多色高效化；印后多样自动化；器材高质系列化”28字印刷技术发展方针，为跨世纪后包装印刷业发展指明了方向。我国包装印刷业面对加入WTO后市场激烈竞争的新形势，继续以改革为动力，市场为导向，科技为先导，与时俱进，不断进取。

二、综观这个时期包装印刷行业在发展进程中出现的五大热点

（一）包装印刷业比较发达地区纷纷兴建包装印刷城和工业园区

1. 杭州的亚洲包装中心。

经世界包装组织和中国政府批准在我国杭州建设亚洲包装中心。这是我国建设“包装强国”的重要举措。它的建成，必将带动我国包装业的大发展。

2. 上海国际包装印刷城。

该项目的建设，会大大推动中国包装业，尤其是华东地区包装产业的新一轮飞跃发展。上海国际包装印刷城已吸引国内外包装印刷品牌实力企业300多家参与。

沈阳市、北京市、温州市、云南等地也在兴建印刷包装城和工业园区。

（二）柔印技术发展迅速

由于柔性版印刷适印载体广泛，印品质量已逐步与胶印、凹印靠拢，目前成为我国包装印刷工业中增长最快的一种印刷方式。

到2003年底，我国引进的国外柔印机及国内自行研制开发的窄幅柔印机450多条生

产线,较2002年增加了50条。

柔印已广泛应用于各类包装印刷品,目前采用柔印为卷烟行业印刷的占30%,为各类商标标签印刷的占15%,为不干胶印刷的占35%,为其它印刷的占20%。

2003年5月4日,美国柔印协会(FTA)组织的2003年国际柔印精品质量竞赛,由上海紫光机械有限公司印刷和信华精密制版(上海)有限公司制版(202线/英寸)的《雪景》样张,获得窄幅机组铜奖。

1. 屋顶包、康美包和利乐包柔印的发展。

屋顶包、康美包及利乐复合软包装适用产品非常广泛,包括液体饮料、干性食品等,其中尤以乳品、果汁需要量较大。

近年来,全国已有上海国际纸业有限公司、济南泉华包装制品有限公司、山东泉林纸业集团有限公司、日本古林公司、云南方溪环球彩印纸盒有限公司、浙江湖州天外天印刷有限公司、重庆华都纸品有限公司、青岛人民印刷有限公司等10多家企业引进了国内、国外柔性版印刷机从事屋顶包、康美包和利乐包的生产。例如上海国际纸业有限公司为了拓展中国乳品包装市场,分别在2000年和2002年从德国BHS印刷机械公司引进两条卫星式中幅柔印生产线(820mm,八色、250m/min),主要为全国多家知名乳品企业如"光明"、"蒙牛"、"伊利",以及饮料、果汁企业提供屋顶包和包装盒。

山东泉林纸业有限公司2001年从德国F&K公司引进了一条目前国际上最新无轴传动技术,幅宽1300mm的八色高速卫星式柔印生产线,车速在250m/min左右,主要应用在牛奶屋顶包、果汁康美包等纸盒包装及高档包装印刷中。

青岛人民印刷有限公司看好屋脊包市场,2000年一次就从西安黑牛机械有限公司购进两条柔印生产线,目前生产形势很好。

此外,国际知名品牌的食品,饮料包装和产品都转由柔印机承印。如肯德基、麦当劳等连锁店所用的折叠纸盒、纸杯、软包装垫纸等(如图8-1)。统一、康师傅等方便面的环保碗身(如图8-2)都是由柔印机印制的,此外如和路雪,雀巢等雪糕筒也是由柔印机制印的。

图8-1 麦当劳折叠纸盒、纸杯

图8-2 康师傅方便面环保碗

2. 卫星式柔性版印刷机在瓦楞纸箱预印方面开始成功应用。

预印刷是彩色纸箱制作最优的解决方案。"预印刷"是指在瓦楞纸板生产之前,先对面纸进行卷到卷的印刷,然后将印好的卷筒面纸送到瓦楞纸机的面纸工位→在运转中完成制瓦、贴面→彩色瓦板→模切开槽→粘箱(钉箱)。

与后印工艺相比,预印工艺有如下优点:①可采用卫星式柔印机,套印精度可达±0.1mm,可印刷48.52线/cm或60线/cm的彩色图像,印刷质量更高,适应性更广;②可使瓦楞纸箱获得可能的最高强度;③生产效率高,废品率明显减少;④便于生产管理。

(1)机组式柔性版印刷工艺流程。

机组式柔性版印刷工艺流程如下:

卷筒纸→开卷装置→开卷张力控制系统→

预加热辊(使纸张的伸缩率降到最低)→第1印刷机组→干燥系统→第2印刷机组→

干燥系统→第3、4……印刷机组→冷却辊→收卷张力控制系统→收卷装置

(2)卫星式柔性版印刷工艺流程。

卫星式柔性版印刷工艺流程如下:

卷筒纸 → 开卷装置 → 开卷张力控制系统 → 辅助张力辊(预热辊) →

纸带导向装置(纠偏装置)→导纸辊→中心压印装置→第1色印刷→色间干燥→

第2色印刷 → 色间干燥 → 第3、4色……整体干燥(最后干燥) → 冷却辊 →

收卷张力控制系统→纠偏装置→收卷装置

四川省德阳日报印刷厂经过研制开发成功瓦楞纸箱预印技术,该厂主要利用从意大利引进的六色卫星式柔性版印刷机生产,该机幅宽120mm,印刷最大重复长度1000mm,印刷速度可达250~300m/min,日单班产量可折合11万个纸箱。该机适合印70克~350克的各种铜版纸、白板纸、卡纸等,其使用的水性油墨是目前众多油墨中唯一经美国药品、食品协会认可的无毒油墨。

产品具有无毒、无污染、墨层厚实、色彩艳丽等特点,非常适合彩色纸箱彩面卷筒纸的预印,与自动瓦楞纸生产线配套,生产彩箱、彩盒,成本低,效率高。

该厂为青岛系列啤酒、百威啤酒、蓝剑啤酒、青岛果汁系列预印大量外箱,赢得客户好评。

此外,武汉华恒高档纸箱包装有限公司等企业也有纸箱的预印生产。

从发展趋势看瓦楞纸箱预印将大有可为。

（三）新技术应用有了新发展

1. 装备世界一流包装印刷生产线。

以深圳劲嘉集团有限公司为例，该公司为了做到在包装印刷领域工艺技术装备处于全国领先地位，2002 年，2003 年先后斥巨资引进了世界一流包装印刷生产线，如目前世界唯一的赛鲁迪复合转移九色连线印刷凹印机组、日本小森——法国尚邦七色加联线圆压圆模切凹印机组、德国海德堡速霸胶印机群、德国七色加网印、烫金模切柔性版组合印刷机群等设备。

又如东莞虎彩印刷有限公司是一家规模较大的民营企业，该公司 1989 年创建，一直重视技术进步，抓技术改造，曾先后引进大量国外先进设备，如在已有 7 台 Roland 700 的基础上，2003 年又引进了 1 台 Roland 900 和圆压圆烫金设备，在工艺方面采用胶印、凹印、网印、互相结合及热敏凸字工艺。另外，还有 Bobst 公司模切机 11 台。

先进设备的引入，为产品质量不断提高和扩大市场做好服务，提供了技术保障。

2. 网—胶组合印刷工艺应用广泛。

（1）例举①曾获 2005 年恒晖杯第 12 届金网奖评比金奖的汕头国星印务有限公司印制的“乾隆御酒”酒盒（见图 8 - 3）工艺。

图 8 - 3 “乾隆御酒”酒盒

a. 设计特点。

既然酒的品牌是“乾隆御酒”，说明上也写明“乾隆御酒——中国皇家养生酒，乾隆御酒乃清宫酒中之极品。”所以此酒盒以体现皇室用酒珍品为主题，采用黄色为主体色（中国古代帝皇的衣冠均以黄色龙袍体现），主体也均以故宫宫殿的牌匾造型及色彩来体现，古典图案的暗金边框、北京景泰蓝色底地，正面醒目的“乾隆御酒”四字金光闪闪，背面乾隆帝御批的“甚好，足寿也”光彩夺目，盒面的黄色调里配以隐约可见的“龙”图案的暗影，底座的深金龙，色彩错落有致，又离不开整体的黄色主调的烘托，整个古典宫庭的感觉便出来了。

b. 印前制作技巧。

众所周知，每件印刷品印前都要和将设计好的主题通过电脑分色、拆色处理成底片，再制版投印，特别是胶印和网印在底片制作处理上是不同的。胶印底片是阳图反字，很多时候为了视觉效果更好,可能不单单是四色阶调,还要采用专色;而网印更多的是采用专色。当然,有时为了设计上的需要,在某些具体图案上,也有采用网点阶调和实色相结合的,还有网印折光,必须采用特殊的文件进行制作。在胶印和网印相结合的印刷品上,有许多工艺制作技巧,比如胶印的"十"码对位线的线径一般是 5μm,而网印的"十"码对位线如用 5μm 线径则制不出网版,所以必须改为(15~20)μm,而且咬口边和拉规边都要和胶印一致,否则无法套位准确。许多包装盒胶印后都必须覆上哑膜或光膜(哑面或光面要根据设计上的需要而定),而覆上的哑膜或光膜表面的电晕层的张力一定要达到 4.2×10^{-4}N 以上,才能在膜面上进行 UV 网印以达到最佳的附着力。

胶印及覆膜后的印刷纸,特别是(80~127)g 以内的薄纸,经过覆膜后的对开纸的横向一般会缩短(1~3)mm,纵向会缩短(0.5~2)mm;而在潮湿的梅雨季节,经过覆膜后的纸却可能伸长,所以要根据天气的情况,用制作好的底片校对后按"十"码横纵向的误差重新调整网版的横纵向长度。目前,也有许多 UV 胶印后在表面再印 UV 光油而不采用覆光膜,上光后结合网印,效果更佳。

c. 印刷工艺。

承印物:选用 250g 银卡纸。

印刷工艺流程分为下列步骤(主要分为十道工序)

第一道工序是网印专黄。

将网印中黄墨 70%、网印白墨 30%、混合后进行印刷。

第二道工序是网印闪光。

用泛金珠光粉 70%、加西德闪金 30% 混合后调以光油,仍用中黄色网版,在中黄色墨干透后相同位置上进行印刷。这样可使主体黄色产生绸缎感及闪闪发光的效果。

第三道工序是网印白色。

印刷武士商标的白底,条码白底等。

第四道工序是胶印四色。

印刷武士商标、牌匾边框及四壁黑色说明文字。

第五道工序是网色专色大红。

印刷粗字文字包括盒顶"皇帝之宝"印章。

第六道工序是网印专蓝。

印刷仿故宫牌匾的蓝底等。

第七道工序是整盒面覆聚酯亮膜。

第八道工序是网印 UV 折光纹,牌匾蓝底上,包括边框"龙"的图案,闪光中黄底上的

“龙”的图案等。

第九道工序是压凸。

包括主题字、商标(武士)、盒顶“皇帝之宝”等压凸加工。

第十道工序是模切。

盒底座是另版处理的,胶印四色加覆膜、模切完成。

最后通过手工贴盒完成整个酒盒的制作。

(2)例举②书封常用胶—网组合印刷工艺。

在胶印与网印结合的包装装潢印刷品上,特别是精装书刊上,用得最多的是胶印后覆哑膜,再在哑膜上进行局部 UV 网印上光,通过局部图案的反差来增强其视觉效果。也有在亮膜上网印哑光油,同样达到反差的视觉效果。

(3)例举③在透明片(PVC、PET)上或磨砂片(PE)上进行网印结合胶印的技巧:

PVC、PET 片材带静电的情况比较严重,有时甚至无法进行高速印刷,必须经过除静电才能进行,如用网印半自动平张机便合适。PP 磨砂片的静电很少,适合高速印刷,但片材厚度应在 60μm 以内。一般透明片或磨砂片(半透明)均采用里印,故色序应和表印相反。如在设计上将某些特殊效果结合网印在片材表面,即里印表印相结合,则能更生动地表现印刷品的主题,但在印刷上一定要注意:如里印图案是正拉规,而表印时咬口方向不变,但拉规一定要用反拉规,才能准确对位。塑料片材的印刷,一般不存在片材的形变和伸缩,不必去考虑片材本身“十”码的套准度。图 8 -4“风花雪月”饼盒是采用厚度为 25μm 的透明 PET 片材双面网印的,该盒曾获 2003 年第 11 届恒晖杯金网奖评比金奖,2003 年亚太网印精品评比银奖(由汕头国星印务有限公司印制)。

图 8 -4 “风花雪月”饼盒

3. 高保真彩色印刷技术和高清晰度印刷技术。

高保真彩色印刷技术,即与自然界可见颜色高度逼真的印刷复制技术,完全打破了四色印刷领域的局限,创造出了全新的印刷色彩表现力,使印刷品颜色更丰富自然,更接近自然界可见色彩和立体感,使印刷品质量大大提升(见图 8 -5)。高清晰度印刷技术,可显著提高印刷品的清晰度,使其层次更细腻,图象更清晰。

杭州中粮美特容器有限公司,在印铁容器制品上采用高保真彩色印刷技术和高清晰度印刷技术,大大提升了产品质量,提高了利润的增长点。

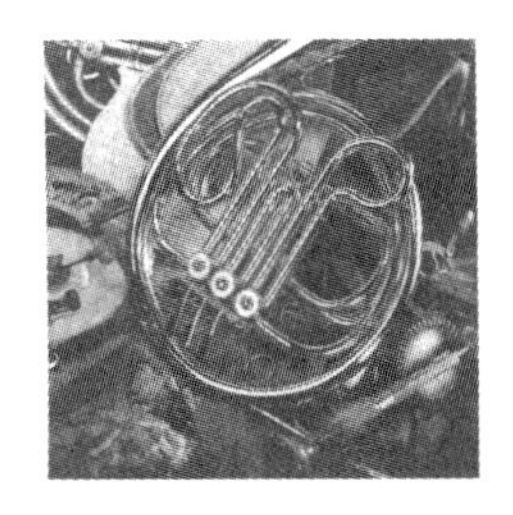

四色印刷

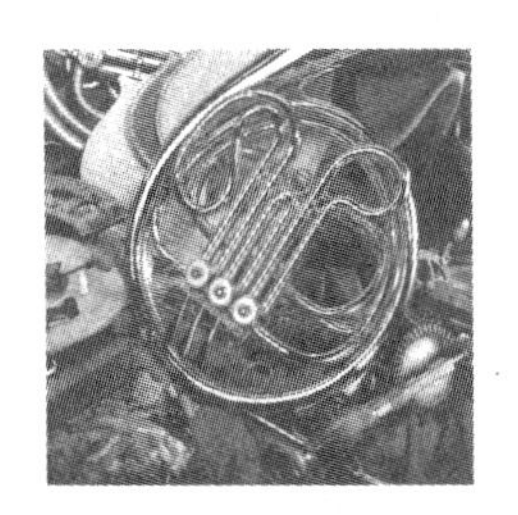

高保真印刷

图8-5 高保真印刷与普通四色印刷的比较

(四)高效防伪技术的应用

1. DNA防伪油墨。

应用范围极广的防伪油墨已与许多学科领域相结合,如光学、化学、电磁学等开发综合防伪技术。但由于对防伪材料,如原料,纸张设备等无法严格控制,导致一些防伪技术的独占性下降。而DNA防伪技术是一种高科技生物技术,利用DNA具有序列的专一性及复杂性,提升了防伪技术门槛,将遗传工程技术处理后的DNA,再经特殊工艺强化处理,与特殊材料均匀混合,可在常态下长久保存,即可广泛应用又不易被破译。

DNA序列是由A、T、G、C四种碱基随机排列而成的生物分子将其用于商品防伪,作为——密码标志,则可赋予非生物品一个生物的基因标志,决定了印刷品有独立的身份。商品仿造者除了仿造者仿造商品外,必须仿造与密码标志DNA相同的DNA。从理论上讲,后者的仿造是不可能的。

目前这一防伪技术在时代版"熊猫"、钻石"芙蓉王"和"黄鹤楼1916"烟包上已有应用。

2. 全息防伪新技术。

(1)全息定位烫印。

全息防伪技术经历了不干胶粘贴全息防伪标识、全息复合、全息转移、全息烫印、全息定位烫印五个过程。

其中,全息定位烫印工艺是目前大批量应用于全息图的主要方法,是一种非常有价值的防伪技术。

武汉华工科技产业股份有限公司图象分公司在成功研制生产激光全息通过版和专用版非定位(俗称"乱烫")烫印材料的基础上,在国内率先推出了专版定位烫印产品。大量应用于烟草、医药、保健品、化妆品等行业,先后在"兰州"极品烟(见图8-6)、"大宝"化妆品(见图8-7)等十几种名优品牌上得到成功应用,打破了德国库尔兹公司在国内一统天下的局面,其价格比国外同类产品低50%。

a.盒

b.瓶

图 8-6 “兰州”极品烟包装盒　　图 8-7 “大宝”化妆品包装

(2)激光全息防伪标识自动贴标技术。

由湖北晨光实业集团有限公司与武汉塑料彩印厂合作研制的新型防伪技术，在 2000 年初已正式投入生产。其工艺是在塑料薄膜印刷后，直接采用自动贴标机粘贴激光全息防伪标识，然后再进行复合，分切和制袋。这种防伪标识粘贴在两层薄膜中间而不粘贴在表面，而且是机器贴标，速度较快，规格一致，不易假冒，防伪效果较好。是塑料包装防伪技术的一个重大突破。目前一些产品如加碘盐的包装已批量采用了自动粘贴防伪标识技术(见图 8-8)。

图 8-8 碘盐激光全息防伪标识袋

全自动贴标机及标盘是晨光集团借鉴国外技术，自行设计研制开发的。

该贴标技术和防伪技术的成功结合可广泛用于：

①食品、化妆品和洗涤用品等塑料软包装制品。

②硬纸盒包装，如药品、保健品、食品、酒类、卷烟、化妆品等纸盒包装。

③用于采用输送带流水线作业的产品包装，如玻璃瓶、马口铁罐、易拉罐等。

这种联线包装防伪技术，从目前看，是塑料防伪包装的最好形式，它符合国际上对防伪包装技术提出的五项综合指示要求，即时效性、美观性、识别性、通用性和经济性。

(3)激光全息转移纸技术。

根据纸包装行业的防伪要求，将激光全息模压、计算机光刻、特种制版、精密电铸，精细化工、高精度剥离等不同学科的多项技术有机结合，先制成可转移的全息塑料薄膜，然后再将其转移到纸面上、成激光全息转移纸，激光全息转移纸技术是国际上公认的具有发展前途的防伪技术，是一种新型防伪包装印刷材料，其特点：

①具有高效防伪功能。

它将原来的防伪标识、拉线等“点”、“线”防伪手段扩大到“面”，使包装纸张的整个表面带有防伪文字和图案，从而给仿造增加了难度。

②具有装饰功能。

激光全息纸表面具有良好的印刷适性,能与印刷油墨完美结合,使包装体现最佳的装饰功能。

③可回收降解、不会污染环境。

④识别简单。

⑤价格低于进口的同类产品

目前杭州卷烟厂、宁波卷烟厂等已批量使用此种防伪方法,深圳金威啤酒有限公司原来采用进口激光全息转移纸来制作啤酒标,因价格太高,也改用绍兴京华公司生产的激光全息转移纸(如图8-9)。

图8-9　深圳金威啤酒标

3. 数字防伪技术。

(1)数字水印防伪技术。

数字水印防伪技术是近年来研发的一种全新的防伪技术。该技术与传统的防伪技术有本质区别,是在印刷前在需要印刷的图像中加入数字水印,使得印刷后的图像中含有数字水印信息,在数字作品中嵌入数字水印不会出现明显的质量降低现象,不易被察觉,易于使用者鉴别真伪。

数字水印在加入产品包装后,用户可以用手机对产品包装进行拍照,再发送到网站上判别真伪,或者用户可以下载厂商免费提供的水印提取软件,对产品包装的数字水印直接提取。这种方法比传统的电码防伪更灵活,更容易普及,该产品具有不改变现有印刷工艺流程、材质,不需要增加新的印刷设备,隐蔽性好,仿造难度大、抵抗各类攻击等特点,是一种数字技术与传统印刷技术有效结合的应用。企业还可以根据自己的需要,在包装中加入文字、数字、图案等个性化信息,既可以防止伪造,又可以宣传企业的品牌。因此数字水印防伪技术具有非常广阔的应用前景。

(2)超线防伪技术。

超线防伪技术以版纹为核心,其特点是运用点与线条进行防伪,用计算机创作的版纹制作出复杂、细微、精致、高品质的底纹。其防伪设计效果变化多样,既可通过多种手段达到防止扫描拷贝的要求,也可防止其他软件模仿复制。

例如应用超线防伪技术的"红日"烟包,其表面是红色底反白"红日"字并没有特别之处,但如果消费者仔细观察这一烟包就会发现其底色上还有暗记"红日"浮雕字样。浮雕就是运用线条底纹做底,结合背景图片进行浮雕工序后,使画面产生犹如雕刻般的凹凸效果。浮雕图案可以用并排的直线、曲线、同心圆、螺旋线和锯齿线表现。背景图案还可以进行弯曲、扭曲、拉伸等变形。

4. 采用多项防伪措施。

(1)例如陕西咸阳步长制药有限公司的步长牌"新脑心通"等药。

①采用有色荧光安全线。

②用有色荧光纤维纸印刷，长波灯检验。

③采用防伪封口签，用有色荧光纤维纸印刷。

④防伪说明书，采用“步长制药”50～60克专用图案水印纸，防伪专用序码印刷（见图8－10）。

图8－10　新脑心通药包装

（2）例如红星酿酒集团的红星二锅头酒防伪标。

该集团发现市场上有仿冒的红星二锅头假酒，于是在1988年初委托中国防伪行业协会特种印制专业委员会帮助他们策划设计二锅头白酒的防伪酒标，经过半年多14次的试验印制取得成功。新印制的二锅头防伪酒标，商标款式及颜色与原来的二锅头酒标从外观上看是一模一样的，只是采用特制的防伪水印纸加安全线及荧光油墨，酒标成本没有增加，而且在正常光线下，用肉眼不使用仪器即可识别其真伪。从1998年下半年起已大量投入市场，防伪效果很好。

（3）金拉线防伪技术。

金拉线防伪技术是卷烟小盒一端用以打开卷烟包装盒的线条，同时它可以将激光模压、全息加密、特种荧光、图文缩微、计算机识别等多项技术有机地融合在一起，具有一定的防伪功能，并且它还可根据用户要求设计制作不同文字、图案的防伪金拉线。金拉线一般具有良好的热封性、无明显色差、卷绕平衡、不会扭曲、平搓无分离现象等特点。金拉线防伪技术的应用见图8－11。

5. 电码防伪技术。

电码防伪是由生产厂家与通讯公司共同组建查询平台，在包装盒上或包装盒内的卡片上会有产品的序号和密码，通过发短信或电话的形式查询。

例如“红塔山”和“人民大会堂”等烟包均采用了数码防伪技术。图8－12是红星二锅头酒电码防伪商标。

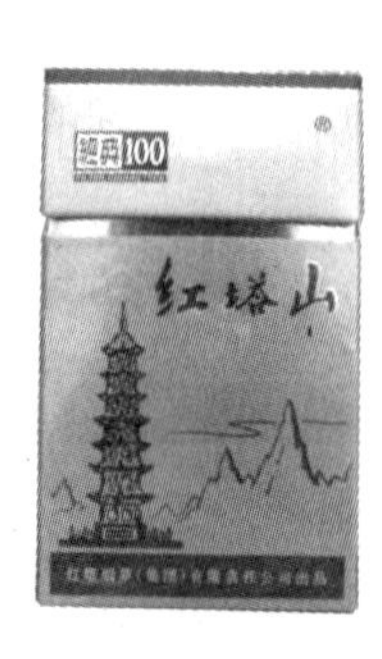

图8－11　应用金拉线防伪技术的“红塔山”烟包

图8－12　红星二锅头酒电码防伪商标

(五)国有企业民营化转制全面加速、并以超常规速度迅猛发展

全国集体所有制企业约3万家,个体私营印刷企业约3.2万家。2003年以来基本转制为股份合作或民营企业,取得可喜的成果。如温州经过10多年的发展,民营企业已经成为温州印刷的支柱力量。随着温州新华印刷厂的改制完成,国有经济已全部退出温州印刷业。以民营经济为特色的印刷行业充满活力,发展迅速。该市现有包装印刷企业1085家,其它印刷企业1082家,出版印刷13家,转制后,民营企业占95%,实现工业总产值101亿元,占全市工业总产值近5%,占浙江省印刷工业总产值45%,全国的4.5%,这充分说明,温州市不仅在国家级城市中名列前茅,与一些省、市、自治区的比较也不示弱。

由于加快了改造步伐,在全国包装印刷企业中已出现了一批发展快、竞争力强、管理好的民营企业。这些企业都以超常的速度在迅猛发展。如广东中山市国家火炬高新技术开发区的中山包装基地所属35家包装印刷企业。2003年实现工业总产值60亿元,比上一年25亿元增长1.4倍,实现利税3.8亿元,比上一年2亿元增长65%。

一大批龙头包装印刷企业崛起。

目前,我国的包装印刷企业已形成不同经济类型、不同层次、国有、集体、民营、股份制、外资等多种所有制经济共存格局。

根据“国退民进”的发展趋势,民营和三资企业在国家有关政策的扶植下有了超前发展,一些大型包装印刷企业快速崛起,成为带动我国包装印刷工业发展的主要力量,他们不仅在国内名列前茅,而且在国际上也具备了相当的影响。列选其中几个典型企业如下:

1. 鹤山雅图仕印刷有限公司。

位于广东省鹤山市,成立于1991年,厂房面积62万平方米,拥有单张胶印机96台,CTP 15台,现有职工2万余人,2007年销售额实现18亿港元,企业规模位居全国印刷企业百强前列。产品分32大类,1万多个品种,产品全部出口,每天要运出100多个标准货柜出口到欧、美、亚、澳等国家和地区。

2. 深圳劲嘉彩印集团股份有限公司。

成立于1997年,成立初期仅有30多人,下属控股公司7家,集团现有职工3000多人,2007年销售额突破29亿元,较1997年增长了165倍。年上缴税收1亿元。主要生产设备拥有意大利赛鲁迪(Cerutti)多色凹印机7台(每台6000多万元人民币),瑞士捷拉斯柔印机5台及其他配套设备。劲嘉主要从事香烟盒及烟标生产,与全国18家烟草集团中13家有业务,其业务量约占全国十分之一,销售额连续多年在全国印刷企业百强中名列第一。

3. 上海界龙实业股份有限公司。

坐落在上海浦东新区,建厂初期仅有1000元资金,买来一台二手印刷机,从村办小厂

经过30多年的艰苦创业,已发展成为年销售额高达13亿元的大企业。不仅在中国股市上狂飚突进,成为中国第一家由村办企业改制上市的公司,赢得了中国农村第一股的美誉,而且成为中国包装印刷龙头企业之一。集团下属有上海界龙现代印刷纸品有限公司、上海界龙浦东彩印公司、上海界龙永发凹印公司等16家包装印刷及印刷器材企业。

4. 中山中荣纸类印刷制品有限公司。

始创于改革开放的1978年,公司建立初期,仅有凹版印刷、方箱机等简易生产设备,职工仅有10余人,年销售额为50万元,经历了30年的大发展,现已有职工2000多人,2007年销售额实现6.5亿元较1978年的50万元增长了1300倍。该公司以生产高档包装彩盒、纸货架、精装礼盒、纸袋等纸制品为主要产品,服务客户主要是国内外知名企业。该公司已经形成了以化妆品、食品、药品、电器、高档消费品等五大领域包装生产为主的业务模式,为国内外80多家知名企业提供包装印刷服务。2005~2007年,该公司连续三年入围"中国印刷百强企业"。

5. 鸿兴印刷(深圳)有限公司。

于1992年8月正式投产,经过10多年的发展,目前公司已有员工1万多人,占地面积10万平方米,2007年销售额达人民币12亿多元。2006年又在鹤山市投资建设印刷企业,一期工程为5万平方米。公司的产品主要分为三大部分:益智儿童玩具书、彩色纸包装类产品及纸箱纸板。公司的产品80%以上出口,儿童玩具书品种众多,畅销世界各地,年产图书近1亿本,其精美制作享誉全球。

6. 申达科技工业园(中国塑料包装材料生产基地)。

是我国软塑包装材料的主要生产基地,2000年被中国包装技术协会批准为"中国软塑包装材料生产基地",同年被科技部批准为"国家863计划攻关计划新材料产业化基地"。园区现有5大企业集团,50余家骨干企业,2家上市公司,1个国家级工程技术研究中心和1个博士后工作站,主要从事软塑包装基材、医药包装、彩印复合包装、激光制版等系列产品研发及生产,先后有100多个产品被评为名牌产品和高新技术产品,产值超过100亿元。到2010年,园区计划实现销售收入超250亿元,其中超50亿元的企业2家,超10亿元的企业5家,实现工业增加值超80亿元,利税超50亿元,计划完成投资总额10亿美元。

第二节　开展ISO9000质量保证体系认证工作，推动了产品质量的提高

一、八项质量管理原则

八项质量管理原则是总结工业革命以来，质量管理最成功的经验，集中了世界上最受尊敬的质量管理专家的意见。于1997年ISO/TC/76（质量管理与质量技术委员会）年会上一致赞成确定的纳入ISO9000标准，成为质量管理的理论基础与实施细则。

八项质量管理原理包括：①以顾客为关注焦点；②领导作用；③全员参与；④过程方法；⑤管理的系统方法；⑥持续改进；⑦基于真实的决策方法；⑧与供方互利的关系。

二、开展ISO9000质量保证体系认证工作

近年来，为了促进企业管理与国际接轨，包装印刷企业率先开展了ISO9000质量保证体系认证工作。目前已有青岛人民印刷厂、天津环球磁卡股份有限公司、上海凹凸彩印总公司、上海人民印刷八厂、上海人民印刷十厂、上海联合包装公司、青岛印刷股份有限公司、广东揭阳运通塑料包装有限公司、广东省深圳九星印刷包装中心、上海汇源包装材料厂、上海开林包装材料厂、济南印刷四厂、北京燕京啤酒集团双燕彩印厂、北京美资富特波尔制罐有限公司、北京利乐包装有限公司、北京欧陆太平洋制罐有限公司、北京彩色印刷厂、北京轻工印刷厂、北京皇冠金属制罐有限公司、北京纸箱厂等约五六百家包装印刷企业先后通过了ISO9001和ISO9002质量保证体系认证，使“以客户为中心”的经营理念得以强化，企业更加贴近市场；法制化管理得以落实，管理的随意性得以克服使企业管理更合理化、制度化、透明化。

三、2007年部分包装印刷产品获奖情况

（一）水井坊酒包装获世界大奖30届“莫比”包装设计金奖（单项）和最高成就奖（见图8－13）。

（二）江苏洋河酒厂股份有限公司的“洋河蓝色经典”酒包装以其精美、高雅、新颖别致的包装设计一举荣获“世界之星”“包装之星”两项大奖（见图8－14）。

图 8－13　水井坊酒包装

图 8－14　江苏“洋河蓝色经典”酒包装

（三）“宁夏红”酒标获首届金光印艺大奖赛印刷类银奖。

（四）“上海烟草工业印刷厂的中华 5000”宣传手册获首届金光印艺大奖赛”宣传品类别入围奖。

（五）中华商务联合印刷（广东）有限公司印制的“报喜鸟宣传册”获首届金光印艺宣传品金奖。

（六）湖北金三峡印务有限公司选送的“红带黄鹤楼”软烟包印品获亚洲柔性版印刷技术协会颁发的“最耀眼的”窄幅柔印金奖。这是我国柔性版印刷产品再次荣获国际大奖（见图 8－15）。下面对此作品的设计风格与工艺特点加以分析。

a.盒正面

b.盒侧面

图 8－15　红带黄鹤楼烟包

1. 设计风格。

体现了现代主义设计风格的理念，注重形式，运用大色块设计，简洁大气。突出主体标志“黄鹤楼”，将 Logo 符号化，实现很好的品牌树立和传播效果，主体字“黄鹤楼”篆体变形及中国红、磨砂金颜色的运用，体现了浓郁的中国传统文化色彩，凸显品牌历史感，边框采用精致的“回”形文处理，注重细节效果。“红带黄鹤楼”烟包的整体设计表现出一种“天高云淡”、“天赐淡雅香”的清新脱俗的品质感，彰显尊贵的身份。

2. 工艺特点。

(1)承印材料特点。

“红带黄鹤楼”烟包采用全息专版纸——黄鹤楼全息喷铝纸,利用欧米特特有的背涂功能、利用连线背涂大大提高了烟包裁小装后的平整度,提高了卷烟包装机的工作效率。

(2)10色印刷(含烫印单元)。

这种特殊工艺组合,给伪造者带来更大的难度。

(3)采用了微缩文字防伪技术。

难点在于微缩文字的线条很细,对印刷压力要求十分严格,一般的柔性版印刷易产生虚边,而殴米特柔性版印刷设备可以做到零压力印刷。

(4)楼身采用了烫印工艺。

需要配备连线热烫印装置和跳版缝装置,烫印线条的宽度为0.12mm,对电化铝和油墨的各种性能及烫印压力性能要求都很高。

(5)采用了激光全息定位烫技术。

①全息定位标识图案,其中包含多种防伪方案。

②精确的定位烫印技术、烫印精度很高,单边误差控制在0.1mm以内,确保烫印图案精美。而且烫印速度达到了90米/分钟,解决了柔性版印刷机因连线烫印而导致印刷速度不高的弊病。

(6)烟包的磨砂效果是采用柔性版印刷实现的,该技术仿网印超细磨砂工业,极细线条的折光光栅印刷,其精度是网印所达不到的,其他工艺很难仿造,达到了理想的防伪效果。

(7)红带黄鹤楼烟包局部上光,对套合的精准度要求很高。

(8)烟包实现连线模切,精度高,对整体设备的张力要求很严格。

第三节　从深圳印刷产业超常规的发展历程,看我国特区政策

珠三角地区是中国印刷业发展最为繁荣和活跃的区域,中国印刷业的三大印刷产业带中,以珠三角地区最为突出,其印刷总产值约占我国印刷总产值的1/3,该地区印刷包装产业主要集中在深圳、东莞和中山3个地区。中山市包装印刷生产基地以火炬开发区和小榄镇为代表,全市包装印刷产值达196亿元,包装印刷企业超过3500家;广东庵埠镇有“中国印刷包装第一镇”的称号;佛山市共有印刷企业3441家,2006年印刷业总产值为205.16亿元;东莞有各类印刷企业2675家,约占广东省的15%,有5家企业进入“中国印刷企业100

强”。

深圳借助邻近香港的地缘优势，获得快速发展，成为本区域的印刷业龙头，享有“全国印刷看广东，广东印刷看深圳”的美誉。2006 年，深圳印刷业总产值为 288 亿元，2007 年则超过 325 亿元，员工人数超过 20 万，位居全国首位。深圳印刷业这种天翻地覆的变化与发展，是与特区的改革开放建设分不开的。

一、深圳印刷产业发展历程

（一）起步与打基础时期（1979～1987 年）

1979 年建市时，只有龙岗印刷厂和宝安县印刷厂两家。全部资产 18 万元，员工 100 人，年工业总产值 70 万元。

1978 年，党的十一届三中全会胜利召开，党中央决定建立深圳经济区。印刷业也和其他行业一样乘改革开放春风空前发展。

1978 年，改革开放大幕拉开，中国发生了历史性的变化。深圳经济特区，是我国政府设立的第一个特区。

印刷产业自起步阶段即以先进的技术和设备，大做“高”字文章。1979 年 8 月，深圳第一家“三来一补”印刷企业深圳市印刷制品厂成立，1982 年 10 月改制为中外合资企业深圳嘉年印刷厂（简称嘉年）。该厂最早引进了 3 台对开海德堡胶印机，彩色高档书刊、画册、彩盒首先出现在深圳印刷市场上。从此，深圳印刷史掀开了新的一页。1984 年嘉年首次参加全国书刊印刷品质量评比，并获得优质产品奖，深圳印刷也因此为国内同行所知晓，嘉年因此被誉为“深圳印刷第一家”。

鉴于深圳经济特区实行各项优惠政策的吸引力，从 1984 年起一批三资企业相继成立，到 1987 年底全市已有各类的印刷企业 45 家，其中“三资”企业 17 家，从业人员达 3000 人，年工业总产值 1 亿元。从国外引进设备 300 多台（套），拥有了凸印、平印、凹印和丝网印刷的一整套印前、印刷和印后加工技术及设备，其中具有当时先进水平的设备有 30 多台（套），并从此驶入发展的快车道，印刷企业数量和印刷行业总产值都实现了连年的飞跃发展，最终成为珠三角区域的印刷领军城市。

（二）快速成长与提升时期（1988—1996 年）

1988 年起，前来深圳投资办厂的外商一年多过一年。1992 年在邓小平南巡讲话精神鼓舞下，兴起了新的一轮投资热潮，1993 年达到了创记录的 79 家，得到了前所未有的巨大发展。深圳印刷业工业总产值从 1987 年的 1 亿元到 1996 年的 62.3 亿元，9 年间以年均 58.26% 速度增长。

(三)稳步发展时期(1997—2003 年)

从 1997 年起深圳印刷业的发展速度有所减缓,主要原因:

1. 国际印刷市场原材料大幅涨价。

2. 由于前几年新上企业过多过快,加剧了深圳印刷市场竞争。

3. 1997 年下半年开始的东南亚金融危机。

这阶段年增长率为 15%,截至 2003 年底,全市共有各类印刷企业 1600 家,从业人员 13 万余人。

(四)新的快速增长阶段(2004 年起)

自 2004 年起,深圳的印刷业无论从工业总产值、企业数量和从业人员的增长率都有了新的变化:两年来平均工业总产值增长率为 22.9%,企业数量增长率为 13.14%,从业人员增长率为 20.32%。到 2005 年底全市共有印刷企业 2048 家,从业人数 17 万人,年产值 270 亿元,出口产值 100 亿元以上。

经过几年来企业的自我调整和 2002 年起政府对印刷企业的清理整顿,深圳成长起一大批拥有强大实力的企业。

2004 年有 29 家企业进入广东省印刷百强。

2005 年有 19 家成为全国印刷企业 100 强。

2007 年国内印刷百年企业中,深圳企业有 21 家,且前 3 名均为深圳企业。

产业升级势头明显,已逐渐向高技术、多元化、综合性产业发展,其服务范畴已超过传统"印刷"的概念。

二、改革开放以来,深圳印刷业的发展特点

深圳印刷业具有很多优势,如:品牌优势、资金优势、设备优势、质量优势、人才优势、管理理念优势、管理方法科学、经营方式灵活等方面。产业的主要特点如下:

(一)技术、设备先进、起点高

深圳印刷业从特区成立起,由于外资的大举进入,带来了先进的技术和设备,跨越了"铅与火"直接进入"光与电"时代,目前胶印产品产量占全部印刷品的 95%,激光照排、计算机直接制版技术、CTP 和彩色胶印极为普及。在制版、印刷、印后等全过程实现了自动化、联动化、数字化、光机电一体化。

(二)以高档书刊、高端产品和高附加值产品为主

深圳的印刷产品质量自 1980 年以来一直在全国、全省印刷产品质量评比中获得好成绩,形成"北书南印"现象,出口的出版印刷品更是以高精产品为主,包装装潢印刷也是以高

端烟包、防伪标识等产品为主，成为全国最重要的高度精品印刷中心。

（三）包装装潢印刷业占据主导地位，出版物印刷企业是深圳印刷业的形象代表

包装装潢类印刷企业无论在企业数量、从业人数或资源总额和工业总产值上均排名第一，其中企业总数1253家，占61.18%，从业人员1.7万人，占72.83%，总资产183.7亿元，占68.55%，工业总产值200亿元，占72.79%。

虽然出版物印刷企业数量比重不足4%，但出版物印刷企业却占有23.14%的资产，并带来产业的1/5的产值。并且在企业知名度上，高端产品及产品质量上、企业效益和产品获奖等方面在国内外都有很好的声誉。

（四）出口产值占据半壁江山，国内市场以市外为主

2005年深圳印刷产业的出口额为9亿美元。约占工业产值的26%，如果加上转厂产品的出口和“三来一补”的产品出口，估计占工业总产值的50%以上，成为我国主要的外向型印刷出口基地，在国内市场，本市份额不到20%。

（五）外商投资比重大，非公有资本比例高

虽然外商投资企业的印刷企业只占不到20%，但是投资总额占52.46%，资产总额占56.35%、工业总产值占55.00%等，均占到印刷产业的50%以上，是典型的外向型经济产业。

三、改革开放以来深圳印刷企业技术、装备状况

（一）印刷企业技术装备的构成或状况

深圳印刷装备水平处于国内领先水平，达到国际一流。

（二）印前设备

普遍采用高清晰度扫描、数码摄影、电分等数字化技术；电脑拼大版技术、色彩管理技术、数码打样技术和CTP制版技术正在推广、应用、实现普及。

（三）印刷设备

80%以上采用全自动四色（多色）进口印刷机。

（四）印后加工设备

基本采用联动生产线或智能化的印后加工设备。

（五）印刷材料

纸张、油墨、版材、后加工材料等正朝着环保、新型、高品质、功能性方向发展。

第四节　本时期包装印刷业状况小结

根据对国际市场研究和分析，全世界目前与消费者直接相关的销售包装占世界包装市场的63%，其中，饮料、日用化妆品、医药、保健品、服装、玩具、小家电等与人们日常生活紧密相关产品的包装，将有较快的增长，年增长率一般在6%左右。食品包装仍将继续增长，但速度将放慢。国际市场对高档包装，精美装潢印刷品需求将会有较大的增长。

改革开放以来，我国人民的生活水平大幅度提高。随着人们消费观念的转变，消费结构也发生了很大变化，国内对包装装潢印刷品的品种，质量要求越来越高，高档产品所占比重越来越大。

为了适应国内、国际两个市场对高档、精美包装印刷品的需要，包装印刷业积极导入先进科学技术，大力发展高科技包装印刷、精美包装印刷，向国际包装印刷水平冲刺。

第五节　本时期主要研发应用项目简介

一、数字印刷技术

伴随印刷技术发展以及计算机技术在印刷行业的广泛应用，消费者对印刷品的需求趋向于更具个性化、及时化、小批量，印刷业正发生着革命性的变化——传统印刷方式淡出部分市场，数字印刷应运而生。数字印刷携着数字化和网络化两大亮点一跃成为当代印刷技术发展的焦点。

（一）数字印刷的概念

从广义上说，凡是与计算机连接，不需制版直接就能打印的都能称为数字印刷，而狭义上的数字印刷就是利用印前系统将图文信息直接通过网络传输到数字印刷机上印刷出彩色印品的一种新型印刷技术，也就是说数字印刷过程是从计算机到纸张或印刷品的过程（Computer－to－Paper/Print），即直接把数字文件/页面（Digital File/Page）转换成印刷品的过程。

数字印刷系统主要是由印前系统和数字印刷机组成。有些系统还装配装订和裁切设备。其工作原理是：操作者将原稿（图文数字信息），或数字媒体的数字信息，或从网络系统上接收的网络数字文件输出到计算机，在计算机上进行创意，修改、编排成为客户满意的数字化信息，经RIP处理，成为相应的单色像素数字信号。从激光控制器发射出相应的激光束，对印刷滚筒进行扫描。由感光材料制成的印刷滚筒（无印版）经感光后形成可以吸附油墨或墨粉的图文,然后转印到纸张等承印物上,从而完成印刷过程。

(二)北大方正研发的数字印刷机

数字印刷技术是未来印刷业的发展方向之一,北京北大方正电子有限公司(以下简称"方正电子")经过多年的准备,并投入大量的人力、物力,目前已经研发出 EagleJet L1000 标签数码印刷机和 EagleJet H300 喷印系统两款具有代表性的数字印刷设备,显示出强劲的技术研发能力。EageJet L1000 标签数码印刷机的成功研发,是方正电子在印刷领域一次新的开拓和创举,也是国内数码印刷界划时代的创举。EagleJet L1000 标签数码印刷机在 drupa2008 上展出时,受到了国内外众多客户的青睐,而 EagleJet H300 喷印系统在电子监管码印刷领域也获得了众多厂家的追捧。

1. 方正 EagleJet L1000 标签数码印刷机。

方正 EagleJet L1000 标签数码印刷机是国内第一款拥有自主知识产权的数学 UV 喷墨印刷机,拥有多项技术专利,具有独特的技术优势,可用于标签印刷、包装印刷等领域。其具有如下优点:

(1)拥有自主知识产权的高度色彩打印控制技术。该设备是方正电子自主研发的高端控制系统,不仅具有强大的色彩管理功能,还能够极大地提高图像质量,同时具有兼容性强、处理速度快、处理功能强等优势。

(2)印品质量优良。该设备采用方正独特的高端彩色打印技术、方正高性能的 RIP 技术,结合性能优越的喷头,保证印品的高质量。该设备的横纵向精度均可达 300dpi,能够生产出高质量的图形、条码和文字,且套印准确。

(3)承印介质广泛。可以在多种承印物上印刷,如纸张、薄膜、不干胶、金属箔等,能够满足印刷企业不同市场的需求。

(4)低成本、高效益。设备性能稳定,可以 24 小时运转,使设备的生产能力得到最大限度的发挥,并且油墨浪费极少,保证了印刷的低成本和高效益。

(5)操作简单。采用 Windows 2000/XP/Vista 操作系统,设置简便,能够达到"所见为所喷",极大地方便了客户的使用。

(6)维护简便。日常维护仅需要用油墨正压冲洗喷头,并可根据实际情况选择冲洗时间,冲洗完毕后用柔软的清洁布轻轻擦拭即可。

(7)油墨兼容性好。该设备以 UV 油墨为主,并可兼容油性、水性、溶剂型油墨,满足用户的不同需要。

2. 方正 EaleJet H300 喷印系统。

针对广大客户对电子监管码赋码印刷的实际需要,方正电子成功研发了适合电子监管码印刷的 EagleJet H300 喷印系统,此举打破了国内市场中高端喷码印刷设备被国外产品垄断的不利局面,能够帮助印刷企业轻松实现赋码印刷,避免造成客户流失,并能因此而获利。

EagleJet H300 喷印系统可以灵活装配在单张纸机械平台、卷筒印刷设备、卷筒走纸平台上,可以实现在线或离线两种模式。同时,方正电子还有非常强大的系统集成能力,可以帮助印刷企业配备机械平台、UV 固化装置等,集成为一个完整的赋码印刷方案,帮助印刷企业轻松实现赋码功能。

EagleJet H300 喷印系统拥有数 10 项专利,采用优良的模块控制系统,结合高速压电式喷头,分辨率高达 304dpi × 304dpi,速度高达 100 米/分钟,在电子监管码印制、商业表格印刷、标签印刷、包装印刷、直邮印刷等众多可变数据印刷领域显示出独特的优势。EagleJet H300 喷印系统要实现可变条码的喷印,还需配备相应的装置:机械平台、UV 固化装置、UPS 电源、电晕装置、除尘除静电装置等。

二、组合式印刷机

由于市场的发展趋势是短版活日益增多,因此,更短的准备时间将成为印刷商选择设备时的一个关注点。此外,市场对彩色印刷和印后加工技术的需求日益复杂和多样化,这就推动了组合加工工艺的发展。

组合式印刷机适应了当前包装印刷市场对印刷和加工工艺要求日趋复杂和多样化的需求,已经成为当前包装印刷企业关注的热点之一,也是今后包装印刷技术的发展方向之一。

组合式印刷机的突出特点是采用模块化设计,可以在同一条生产线上集成多种印刷方式,包括胶印、凹印、柔印、网印,甚至数码印刷,充分发挥各种印刷方式的优点,实现优势互补,提高印品质量。如胶印对细微层次的表现力强,适合印刷层次图像和细小的线条和文字;凹印墨层厚实,在实地印刷方面更为出色;柔印工艺灵活性强;网印能够实现冰花、磨砂、皱纹等独特的效果;数码印刷在可变信息印刷方面独树一帜。另一个突出特点是,组合式印刷机具有多样化的连线加工能力,可以联机配备多种印后加工装置,如上光、覆膜、模切、压痕、烫印、压凹凸、打孔等,实现了生产的连续不间断。

从某种意义上讲,组合式印刷机已经不再单纯是一台印刷设备,而是一条集多种印刷和印后加工工艺于一体的流水式生产线,在很多情况下,由料卷进料开始,直到最终的成品出来,整个生产过程基本上都是一气呵成的。

在 drupa2008 展会上,欧米特公司展出的可集成凹印、网印、烫印单元的 Varyflex - F1

柔印生产线,ETI 公司的 Metronome 系列柔印机和 U. V. Graphic 公司的 Ultraflex A 系列柔印机将柔印、凹印、网印、烫印组合应用。轮转胶印机方面,基杜公司展出的施潘德(Xpannd™)组合式轮转印刷机,在胶印的标准化和高质量印刷的基础上,结合柔印、凹印、网印、烫印、压凸、模切等多种印刷和加工方式,使加工短单产品能达到最大的生产效益。德兰特－格贝尔展出的 VSOP 轮转印刷机,它可以将胶印、凹印、柔印、模切等机组组合在一条生产线上。

三、立体印刷的数字技术

(一)数字制片与打样

1. 制片。

以出品高质量光栅的美国 Microlens 公司提供的专业立体图像软件——Superflip 为例。

先利用图像处理软件,如 Photoshop 等处理好需要的图案,然后加到 Superflip 里,设置好各种属性,软件就会自动合成好所需的图案。

直接印刷用胶片的图像加网精度为 450lpi,制版胶片分辨率达到 5080dpi,由于采用了独特的网线角度和网点系统,从而有效地解决了撞网的问题,而且立体图案细腻、稳定,变图和动画效果呈现明显,质量优于采用光栅黏合技术的立体印刷品。

2. 打样。

直接印刷前,使用杜邦的克罗马林打样系统(Cromalin Studio Sprint System)在光栅背面打样,保证了打样的精确度,客户有严格要求时,也可作少量印刷,从而保证产品的一致性。

3. 油墨。

为了解决油墨干燥问题,选用 UV 油墨印刷,确保瞬间固化。

(二)数字印刷机实现按需印刷

1. 印刷机。

由于立体印刷方式特别,在光栅背面直接印刷必须采用特别的对位系统,并且套印精度要比普通印刷要求更严格,因为光栅与纸张不同,会出现一些不易觉察的套印不准(放大 30 倍才可以发现),但最终会影响成品的质量。因此,对印刷设备的精度要求也非常高。必须使用如海德堡、曼罗兰或高宝四色/六色 UV 印刷机、海德堡 CP－2000 六色 UV 印刷机印刷,不需要对印刷机进行任何调整。光栅的输送方式与普通纸一样,印刷用光栅的厚度有 0.6mm、0.475mm 和 0.3mm 规格的。

2. 印刷。

将用相关软件处理后的立体图像数据输入数字印刷机(如 HP－Indigo),并直接印刷于光栅背面,最后涂上一层白墨做底,干燥之后即成为色彩斑斓、空间层次丰富的三维立体图片。

数字印刷机与传统胶印机的区别和优势有如下几点:

(1)对印量不大,而又需要可变信息或个性化要求的立体印品,其优势极为明显。

(2)HP－Indigo 数字印刷机能印刷最高定量为350g/m^2 的卡纸,并不限制材料,所以印光栅不成问题。

(3)能满足立体印刷品要求的精度,如用 Press1000 印刷的精度为 175lpi,而用 Press 3000 印刷的精度更高,可以达到 180～230lpi(如图 8－16 所示)。

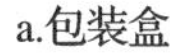

a.包装盒　　　　b.饮料杯

图 8－16　数字立体印刷品

四、瓦楞纸板印刷新工艺应用

(一)微槽(型)瓦楞纸板平版后印工艺

瓦楞纸板的功能是对包装物加以保护和标识,近年来有美化装潢的趋势。为了这个趋势,在瓦楞纸版材方面,比以前的 E 型瓦楞纸还要细的"微槽"瓦楞纸板已在欧洲市场出现,目前在日本也开始普及。

目前已推出的微槽瓦楞纸板如 G 型瓦楞纸板的楞高为 0.85～0.98mm;N 型瓦楞纸板的楞高为 0.5mm;F 型瓦楞纸板的楞高为 0.75mm。微槽瓦楞纸板质量更轻,可以节省原材料;瓦槽纸盒对冷冻食品的保温性更好。微槽瓦楞纸板表面平整,可用于直接胶印,白色微槽瓦楞纸板可以提供很宽的多彩色印刷范围,达到纸板印刷的大部分效果,这些产品已在一些冷冻食品包装盒首先应用。用罗兰 700 胶印机直接印刷微型瓦楞纸板,只需把印刷速度从 12000 张/h 降至 8000 张/h;使用具有强压缩性的特制橡皮布(如 Conti Air Wave 橡皮布);能进一步避免搓衣板效应的胶印油墨如(Well－Pertect－Evlolo－W 型油墨),在模切和压痕(槽)时要宽一些,防止压坏材料,经过测试得到了令人满意的纸盒印制效果。

单张纸板印刷机随着瓦楞纸板的兴起，正在实现四色彩印，微槽瓦楞纸板印刷在日本图像的网线数平均为100线/in，最近有报道说，有的瓦楞纸印刷厂采用日本产印刷机印刷瓦楞纸的图像精度已达到120线/in。

(二)瓦楞纸箱的预印工艺

我们把在瓦楞纸板上直接印刷，归作一种类型，叫做后印刷，把在卷筒白纸板或单张白板纸上印刷后做为面纸，再与瓦楞芯纸粘结成瓦楞纸板的方法，叫做预印刷。

预印刷与后印刷相比，具有明显的优点：

1. 可获得更高的印刷质量，适应性更广。

直接印刷(后印)会由于瓦楞纸板瓦楞的“波峰”和“波谷”造成在同等压力下的“搓衣板”效应，难以印刷出精美的彩箱面，使彩箱的广告效应大打折扣。

预印刷可采用凹印、柔印或胶印方式在平滑的瓦楞面纸表面印刷，可进行层次更丰富、色彩更鲜艳的精美彩印。

2. 可使瓦楞纸板获得更高强度。

由于预印不是在瓦楞纸板成型后对其压印，可避免瓦楞压溃、变形或纸板强度减弱，而采用后印工艺，则每印一色都会使瓦楞纸板产生或多或少的变形。

五、印后加工新技术

(一)卷筒纸烫印

随着电子技术和机械技术的飞速发展，集合多种高端科技的卷筒纸烫印技术也进入了包装印刷领域。

1. 卷筒纸烫金机。

卷筒纸烫金机主要由放卷、烫印、收卷三大部分(如图8-17所示)组成。

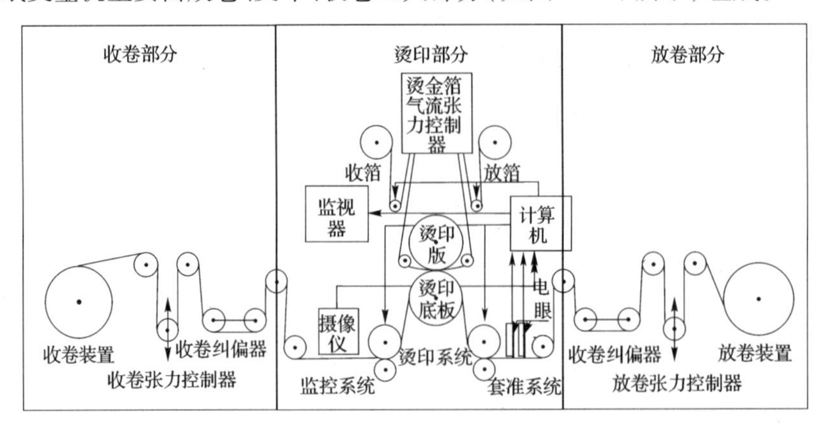

图8-17　卷筒纸烫金机的结构原理图

与普通单张纸烫金机相比,卷筒纸烫金机的烫印装置有三大特点:一是烫印版除了上版后整版压力需均匀外,烫印版表面周长要与凹印板滚筒的周长完全一致;二是普通单张纸烫金机升温是靠电热板直接传热,而卷筒纸烫金机升温使用了油作为中间介质进行传热;三是普通单张纸烫金机的烫印温度一般控制在120℃左右,而卷筒纸烫金机的烫印温度一般控制在250℃左右。

2. 烫印版工艺的制定。

(1)在普通烫印版的制作中,烫印版受热后,版材的膨胀尺寸不是很受关注,但在弧形烫印版的制作中却是非常重要的。因为卷筒纸烫金机使用的承烫材料为无缝印刷品,而且烫金印时温度很高(250℃左右),如果对烫印版厚度变化考虑不周全,在烫印过程中就会造成烫印版与印刷品套准时存在误差,最终致使设备无法完成烫印加工,所以卷筒纸烫印版在制作过程中必须将铜合金的膨胀系数考虑进去。

(2)卷筒纸烫印技术对烫印承压辊的大小是不作要求的。操作时只需将烫印图案周长以及烫印承压辊的型号输入计算机,计算机便可以根据输入的信息计算出承压辊驱动电机的转速,以确保烫印承压辊的表面线速度与烫印版的表面线速度相匹配。

(二)全息烫印技术

全息烫印技术是一种新型的激光防伪技术,问世至今不到10年时间,在国外已得到广泛应用。主要用于各种票证、信用卡、护照、钞票、商标、烟酒包装和重要出版物的防伪上。

全息烫印箔结构与普通烫印箔相比,染色层是光栅。显示色彩或图像的不是颜料,而是激光束作用后在转印层表面微小坑纹(光栅)形成的全息的图案,其结构相当复杂。在进行全息烫印时,在烫印印板与全息印箔相接触的几毫秒时间内,剥离层氧化,胶黏层熔化。通过施加压力,转印层与基材黏合,在箔片基膜与转印层分离的同时,全息烫印箔上的全息图文以烫印印版的开关转移烫印在基材上。

全息烫印根据全息图烫印标识的特点,可分为连续图案烫印和独立商标烫印。连续全息标识烫印是普通激光全息技术烫印的换代产品(普通激光全息技术目前多用于不干胶标签)。由于全息标识在电化铝上呈有规律的连续排列,每次烫印时都是几个文字或图案作为一个整体烫印到最终产品上,对烫印精度无太高要求,一般烫印设备均可完成。而高档产品为了使全息标识烫印能产生更好的防伪效果,大多采用独立图案全息标识烫印,即电化铝上的全息标识制成一个个独立的商标图案,且每个图案旁均有对位标记(如图8-18所示)这就对烫印设备的功能与精度提出较高要求,既要求设备带有定位识别系统,又要求定位烫印精度能达到±0.5μm以内。(比如博斯特烫印达到7500张/h的速度,精度保持在±0.1mm以内)。否则,生产厂商刻意设计的高标准的商标图案将出现烫印不完全或全方位现象,以致达不到防伪与增加产品附加值的效果。由于独立图案全息标识烫印具有直观性且技术难度高,使得全息烫印技术成为一种最好的包装防伪手段。

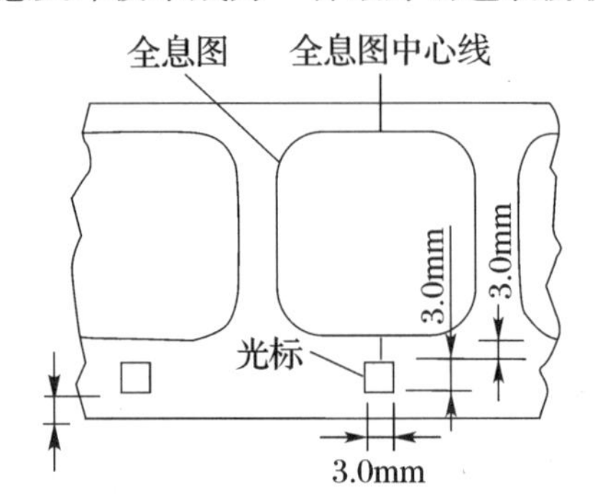

图 8-18　独立图案全息图与其定位光标的相对位置

定位烫印防伪技术,即在全自动高速定位烫印设备上,通过光电识别将全息防伪印膜上特定部位的全息图准确地烫印到烟包的指定位置上。它涵盖了加密全息、真彩色全息等防伪技术。加密全息是利用光学编码,在全息图中进行加密,这些全息图可使肉眼可识别的图像的大小随人眼观察距离的改变而变化、在不同观察方向上看到不同的图像、在全息图的某一点上储存其他信息等,全息图也可以由计算机制图而成。真彩色全息则可再现与实物颜色一致的三维立体图案。以烟包为例,说明激光变色防伪的应用。

1. 激光全息型。激光全息型烟标,将图案从不同角度去观察,便会产生不同颜色的效果,例如芜湖卷烟厂的"迎客"烟标、来凤卷烟厂的"凤烟"烟标、合肥卷烟厂的"皖烟"烟标、常德卷烟厂的"芙蓉王"烟标、宁波卷烟厂的"雁荡山"烟标等信息防伪烟标均属此类。

2. 三维隐形技术。此类烟标在适度光照下,便会反射出多层次、多种图案,例如昆明卷烟厂的两种信息防伪烟标,一种可呈现出"云烟"及"YUN YAN"两个层次图案,另一种"云烟"初看是一支云烟,再看有五支标注有"云烟"字样的图案。

(三)圆压圆(液压式)压凸技术

在卷筒制品的印后加工单元一般均采用圆压圆压凸工艺,即采用一对对滚的圆柱形模具(一个阴模和一个阳模),根据不同的工艺要求和使用寿命,有的采用两个钢模,有的用一个钢模(或其他金属模)和一个硬塑料膜。纸张经过阴阳模对滚加压成型,成型深度在0.14mm左右。模具装于滚筒上,滚筒的结构分整体式和装配式两种。装配式便于更换不同的压凸模具,整体式更能保证压凹凸的精度。整体式压凸钢模的制作方法一般有两种,第一种方法是在凸版电子雕刻机上对腐蚀层进行雕刻(可运用专用计算机软件进行无胶片雕刻),然后进行腐蚀,刻印深度达到1~1.2mm。另一种方法是先机械雕刻,后经人工修整精加工制成压凸钢模。对于组装式压凸模具,大批量生产(上千万件)时,使用钢模。一般生产(几万到十几万)使用铜模或铜模电镀铬。铜模制作方法是先设计好图案,再制胶片,腐蚀、修整加工。有平版和圆弧版腐蚀两种方法,平版腐蚀后需在专用夹具上弯成圆弧版,然后将圆弧铜版用强力胶粘在弧形钢板上即成组装式铜模。塑料阳模的加工方法是将塑料模毛坯的圆柱表面用火焰喷枪加热后与金属模对滚加压。

六、防伪印刷新材料与发展趋势

(一)防伪新材料

1. 用防揭型和烫印型两种电化铝薄膜制作模压全息图加大了仿制的难度。

前面我们仅从全息照相工艺的角度分析了全息图的不易仿制性。然而,现实当中有这样一种做法,即用揭下的模压全息图上去掉铝层的薄膜作为母版,电铸出金属模版,然后上机进行模压复制。虽然,如此做成的模压全息图其衍射效率、信噪比等指标与真品相比会有所下降,但结局是,尽管在全息照相时用足了防伪手段,也难逃被人轻而易举仿制出来的厄运。为了解决这个问题,人们创造了下述方法。

用防揭型和烫印型两种电化铝薄膜制作模压全息图。防揭型(又称一次性)模压全息图的基本结构为:中央很薄的树脂层的下表面镀有铝层,它们经模压变形成为光栅的载体,树脂层上表面与最上层的聚酯材料薄膜之间为分离层,涂在铝层下表面的压敏胶可将整个模压全息图与承受物粘贴在一起。全息图印制在复合结构上,当全息图被揭时,上层聚酯材料薄膜将与树脂层分离而被剥落下来,同时将粘下部分铝层。揭下的聚酯材料膜上根本没有光栅,而留在承受物上的全息图因残缺不全已遭破坏,因此根本无法进行仿制。

烫印型全息图结构与防揭型基本一样,不同的是前者的最上层聚酯材料膜与树脂层间的分离在烫印遇热时产生很好的分离性,而涂在最底层的热敏胶在遇热受压时则产生很强的粘接性,这样带有光栅的铝层及树脂层将紧密完整地粘在承受物上,而且根本无法被揭下。

2. 激光全息防伪纸。

激光全息防伪纸是将经激光照相、制版后的图文直接印刷在纸张上。作为防伪纸张,激光全息防伪纸张具有以下优点:

(1)它是把全息图案直接制作在纸张上,除去了塑料信息层,因此很少有被复制的可能;

(2)这种防伪纸张上的图案可根据商家要求设计、制版,生产出商家需要的不同质地、不同克重的纸张(70~400g),如铜版纸、卡纸、纸板,并且它还可以像普通纸一样,再进行胶印、丝网印等,既可靠又方便;

(3)这种防伪纸的价格只略贵于普通复合金银卡纸,只相当于全息防伪商标价格的

1/10，且省去了贴标签的人工费，易被商家接受；

(4)直接用这种激光防伪纸张包装的产品，不但可起到整体防伪作用，而且外观十分美观，有很好的装饰作用；

(5)由于全息纸张废弃后可在泥土中风化，不会造成环境污染，因此，它将日渐取代含有塑料膜的激光全息产品。

目前某些生产烟、酒、化妆品、食品、医药、保健品等的厂家已开始初步尝试使用激光全息防伪纸张对产品进行包装装潢(如图8－19)，并已取得了良好的经济效益。另外这种防伪纸张还可以应用于高档工艺品、防伪证件、邮票、贺卡等的装潢和防伪。预计这种新型的防伪包装材料将会有一个广阔的市场。尤其是用于香烟的防伪包装，由于它具备整体防伪的优良特点，而香烟的包装盒又不是很大，因此将激光全息防伪纸作为香烟盒的包装材料，在防伪性能和价格上都可以达到一个平衡，很多烟厂都已经采用了这种防伪技术。

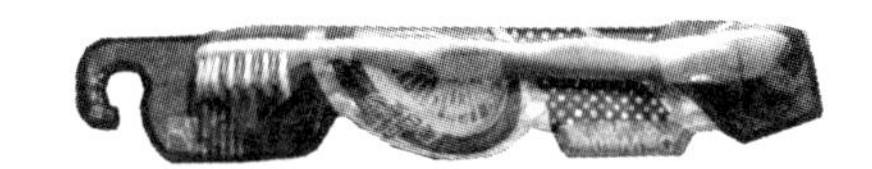

A.牙刷包装板

B.牙膏盒

图8－19　激光全息纸包装

3. 镭射(激光)烫金纸。

镭射烫金纸在市场上和消费者中均取得了良好的反响和效果，这种防伪材料目前应用得比较广泛，已被国内许多知名厂商采用，如许多香烟烟盒包装、牙膏及其他产品等。镭射(激光)烫金纸分烫塑胶和烫纸胶两大类，价位有多个档次以适应不同客户群。烫纸类适用于烫印标志图案、请柬、贺卡、书封面等。烫塑类适用于烫印铅笔、活动笔、原子笔，塑料玩具制品等，也可烫于PET膜上，再背胶后转贴于自行车、玻璃、机器、商品上，作为广告或商标，使产品有豪华高档的感觉(如图8－20)。

图8－20　镭射烫金装饰盒

(二)防伪包装的发展趋势

随着科学技术和市场经济的不断发展、防伪制伪已成为一对强烈而尖锐的对抗体。

防伪包装技术总的发展趋势是满足更高的安全可靠性和识别的方便性。防伪包装技术主要朝以下方面发展：

1. 研制技术含量更高、工艺更复杂的包装防伪技术。

2. 由于传统的、单一的防伪技术已经很难防备造假者的仿制行为，所以要为不法分子设置多重障碍，使他们难以掌握和实施商品包装防伪技术。

3. 厂家将独有的、自行研制的（或购买独家拥有的）技术用于防伪包装。

4. 一线防伪（用户借助简单识别手段或通过目测就可判别真伪的包装技术）和二线防伪（必须借助专用仪器和设备或经专业培训的技术人员判别）相结合，以增强防伪能力，加大防伪力度。

七、标签印刷新技术

（一）一个较为完善强大的不干胶标签印刷产业链形成

从1862年开始，各大国外品牌柔印机代理商已经将销售的重点转向适合不干胶标签印刷的窄幅柔印机。据统计，2002年国内市场上销售的柔印机20%是用于不干胶标签印刷。与此同时，上海紫光、上海新园太阳、陕西北人、青州意高发、西安黑牛、北人富士等国内一些传统印刷设备生产厂家也瞄准了不干胶标签印刷市场，开发了品质优良的窄幅柔印机。

前几年，由于国内缺少有实力的不干胶标签印刷厂家，缺少较为完善的印刷加工工艺，印刷厂家普遍采用陈旧落后的平压平标签印刷机印刷一些简单的标签，对一些印刷难度较大的标签，尤其是透明的薄膜材料的不干胶标签，没有能力承印。为此一些跨国公司的最终用户不得不将不干胶印刷订单委托国外加工厂印刷加工后再运回国内。

（二）数码标签防伪技术

1. 数码防伪的定义。

数码防伪技术是在假冒行为猖獗之时，依托飞速发展的信息技术、网络技术及计算机技术，于1997年兴起并发展起来的新兴防伪技术。

数码防伪是综合运用现代化计算机技术、网络通讯技术、信息编码技术、高科技印刷技术及现代化管理技术而建立起来的能够覆盖全国、统一管理的社会化系统商品网络防伪体系。数码防伪网可以将厂家、商家、消费者和政府部门直接联系起来，为各方提供防伪查询、数据统计、物流跟踪、信息服务等服务。

2. 数码防伪技术流程。

消费者购买了产品后，揭开防伪标签，根据标签提示通过一系列途径如电话，上网等输入防伪序列号，进入防伪数据库来鉴别产品的真假。消费者输入数码后，数据库进行检索对比。如果数码正确，且是第一次查询，本系统即告知消费者，该商品是正牌产品；如果数码正确，但已被查询过，本系统会告知消费者此数码已于某年某月某日被查询过，谨防假冒。通过下图我们就会大体了解这一流程。

数码防伪技术流程如图 8－21 所示：

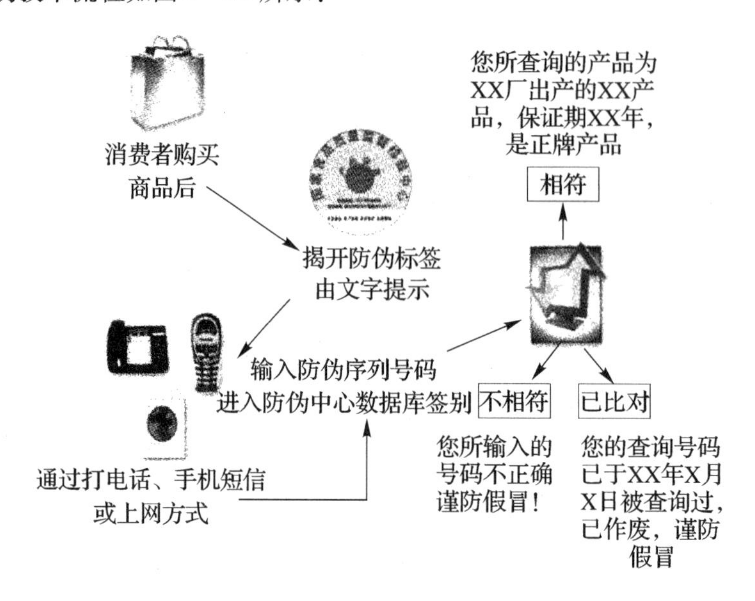

图 8－21　数码防伪技术流程

3. 数码防伪技术在标签方面的应用。

数码防伪技术近年来在国内发展迅速，已广泛应用于各类商品的防伪。应用在标签方面，主要有纸基刮开式、揭开式和全息揭开式和激光刮开式标识几种标签。

（1）纸面揭开型标签。

这种标识采用专门技术和专门材料制成。标识由面层（揭去层）、次层（遗留层）两者合成，次层是一种极薄的树脂膜，根据被贴物表面材料和色彩不同而采用不同的树脂膜，可分为透明、白色（银）和黄（金）色等，在树脂层喷印黑色或彩色防伪数码。印刷彩色防伪数码可大大提高标识的防伪性能。标识底层印制数码，并将面层与底层粘合在一起，当揭开表层的天窗时数码露出，供消费者查询。

（2）激光揭开型标签。

此标识在模压全息技术的基础上结合多涂层复合印刷技术开发的一种全息图像加印刷喷码的双信息载体。该标由面层、次层和离型三层组成。面层（揭去层）为激光图像，具有激光防伪标识的一切特征；次层（遗留层）是一种极薄的树脂膜，根据被贴物表面材料和色彩不同而采用不同的树脂膜，可分为透明、白（银）色和黄（金）色三种，并在树脂层印制防伪数码。

（3）激光刮开式标识。

此标识是在激光标识的基础上，表面喷印防伪数码，后以特种油墨覆盖而成。该标识刮开方便，安全可靠。

刮开涂层输入密码拨打电话或上互联网或发手机短信查询产品真伪;滴水中间白色字母消失,10 秒后恢复原样;验钞机下检验见隐性图案“真品”;标识一旦粘贴,标识揭起必破坏为多部分。

(4)印刷全息揭露式标识。

印刷全息揭露式标识以“规则揭露”技术为核心,采用全息、印刷、喷码等工艺制作而成的产品。该类标识具有全息标识的全部特征,结合了揭开式的特点,揭开表层后规则破损,被粘贴物显现出预先制作的图文信息,标识表层镂空,与底层遗留的图文阴阳相对、大小相等、数量相同;标识底层同时留有数码,供消费者查询。该标识具有多重防伪功能,适于封口签、平贴等。

(三)“电子标签”已经成为21世纪全球自动识别技术主要发展方向

电子标签又称“射频标签”,智能标签简称 RFID。它是一种非接触式的自动识别技术,它通过射频信号自动识别目标对象并获取相关数据。

电子标签通常复合在不干胶或包装物的表面或内层,通过读写器、数据交换和管理系统,实现信息的采集、识别、跟踪。

1. 欧美 RFID 标签市场已成规模。

2004 年 6 月,零售商巨头沃尔玛宣布 2005 年 1 月开始引进 RFID 标签,并要求其主要的 100 家供货商在 2005 年以前必须使用 RFID 标签,并在一两年内要求大部分供应商都使用标准的 RFID 标签,这一举措让更多的人认识了 RFID 标签,在某种程度上也让人们看到 RFID 标签在物流和市场管理方面蕴含的巨大发展潜力。自此以后,欧美国家开始加快了 RFID 标签的发展步伐,整个 RFID 标签产业链(包括标准制定、芯片设计和天线的制作、标签集成与封装、系统和数据库管理软件平台的构建等),和 RFID 标签市场培育方面取得重要突破,RFID 标签市场已成规模。

目前,欧美 RFID 标签市场已经成为全球 RFID 标签发展最为成熟的市场。据 Frost&Sullivan 调查和咨询公司发布的一份研究报告称,预计未来几年,北美无源 RFID 标签市场将以 21.5% 的年均复合率增长,2013 年的销售额将达到 4.86 亿美元。促进 RFID 标签增长的主要行业为医疗、零售业、工业、自动化、航空业等。

2. 我国 RFID 标签市场初步发展。

与欧美国家相比,RFID 标签在我国开始应用的时间并不算晚,但前几年由于标准、成本、标识等种种原因,发展速度较为缓慢,直到 2007 年才放开前行的脚步。

目前,我国 RFID 标签产业链已经初步建成,上海以芯片制造为主,深圳以封装、应用为主,北京以系统集成为主。尽管如此,纵观整个产业链,支撑我国 RFID 标签产业链的多项核心技术均来自国外。比如 RFID 标签材料市场,我们随处可见芬欧蓝泰、美国艾利、国际纸业等国际领先 RFID 材料供应商的活跃身影,却鲜闻国内材料供应商;对于 RFID 标签设备,国内能够进行自主研发的厂家更是凤毛麟角,美国麦安迪、德国妙莎等国外设备成为市场主角。

3. RFID 标签的结构。

典型的 RFID 系统由三大模块组成,即:

(1)智能标签。

标签中包含有内置天线(线圈)和芯片,其中的线圈作为通信电路,用于标签与射频天线间进行通信。

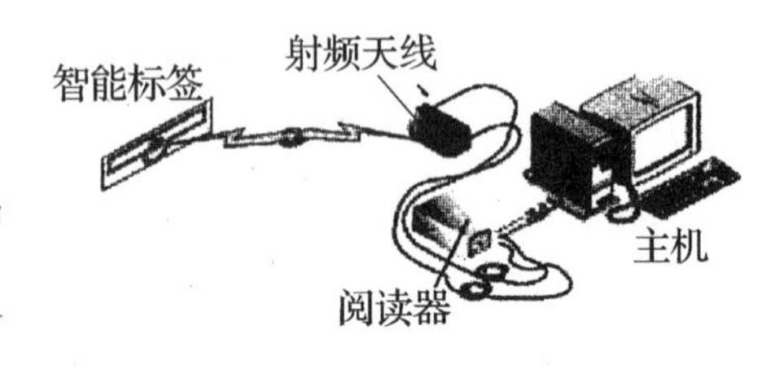

图 8-22　RFID 系统的结果示意图

(2)射频天线。

在智能标签和阅读器之间传递射频信号。

(3)阅读器。

它一般与主机相连,用于读取标签内存储的信息。图 8-22 即典型的 RFID 系统构成图。

4. RFID 标签的工作原理。

智能标签作为数据载体,充当 RFID 系统中的应答器。当标签受到系统阅读器产生并发射的无线电射频信号照射时,内部线路产生感应电流,芯片被激活;芯片将自身包含的信息通过标签的内置天线(线圈)发送出去;RFID 系统的射频天线接收到标签发送来的载波信号,经天线调节器传送到阅读器;阅读器再对接收的信号进行调解和解码,从而获取标签中包含的数据信息。

5. RFID 标签的制作。

标签的用途及应用环境不同,其样式也不同,因而智能标签的制作工艺也有差异。一般来讲,可以将该标签的制作过程分成四个部分,如图 8-23 所示。

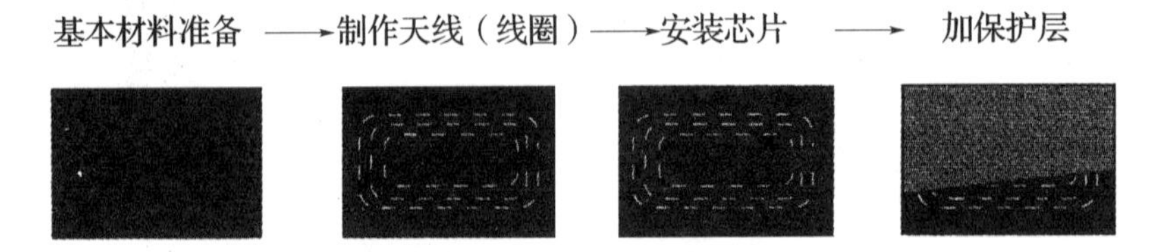

图 8-23　智能标签的制作过程

制作的过程大致如下:

(1)准备好基片材料(纸、PVC、PET 等)后,在基片上制作天线。前面已经介绍到,天线的制作可以通过在基片上蚀刻铜箔片而成;也可以通过印刷导电油墨而成,一般采用的是网印工艺。不同的天线构造种类也要求采用不同的连接工艺来连接天线线圈和芯片。

(2)针对由金属导线制成的天线,芯片的连接一般采用的微焊工艺;针对由印刷制成的(油墨)天线,通常可采用倒装芯片技术(Flip - Chip),它采用导电黏合剂(比如 ACA——各向异性导电黏合剂)将倒装芯片黏附到导电油墨线圈上(如图 8 - 24 所示)。

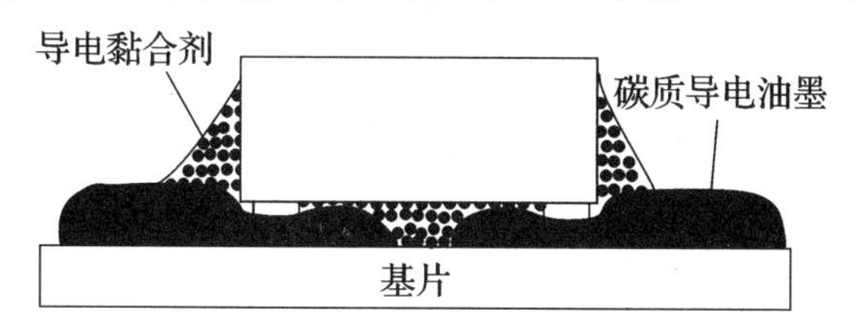

图 8 - 24　倒装芯片技术

(3)在安装芯片后的标签上面添加一层保护膜,以增强标签的抗磨损、抗冲击及抗腐蚀性能。

(四)铝箔帽标的应用

随着我国城乡人民生活水平的日益提高,啤酒的消费需求量越来越大,推动了我国啤酒制造业的迅猛发展,同时也带动了啤酒包装印刷业的快速发展,包装形式、包装质量、包装档次都较以前有了质的变化,啤酒铝箔帽标正是在这种形势下迅速崛起的。

铝箔帽标(如图 8 - 25)由于具有很好的货架展示效果,可大大提升了啤酒包装的外观档次,更能迎合目前大多数消费者追求高质量生活、讲求视觉享受的需要,短短几年时间已从开始只用于高档啤酒包装发展到目前基本取代啤酒塑料热收缩胶帽的状况。

帽标

图 8 - 25　铝箔帽标

铝箔帽标的生产流程如下:

印刷→压花→断张、齐数→压平→打针孔

→冲模→包装

生产铝箔帽标的设备:包括凹印机、压花机、断张机、压平机、切纸机和冲模机等。

八、网版印刷水平大幅提高,应用领域扩大

(一)大幅面广告网印新技术

1. 直接投影感光制版法。

大幅面彩色网印投影感光制版机是日本村上公司研制的理想的大型户外广告制版机,1996 年由北京西京公司购入。该机是将小张阳图片直接放大投影到涂有感光胶的丝网上,经曝光和显影制得大型丝网版(如图 8 - 26 所示)。为了防止投影到丝网感光膜上的紫

外线变弱，投影机具有较强的紫外线光源和高效通过紫外线的光学镜头，同时配合使用一种感光度高、解像力强的SBQ感光胶。因此，大型彩色网印直接投影感光制版机和高感度感光膜成为投影感光制版的两个关键问题。

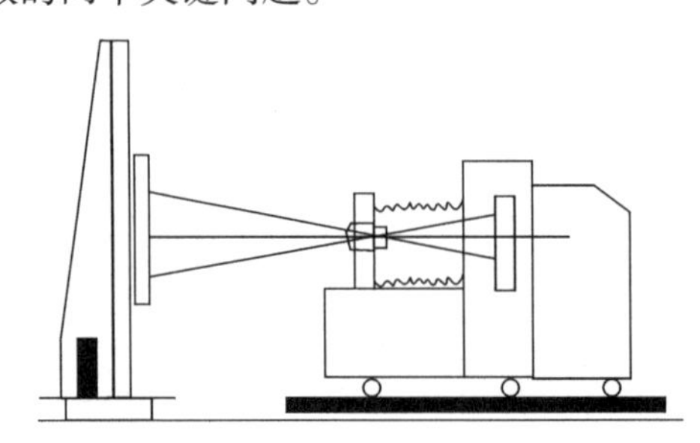

图8-26 直接投影放大曝光制版机的示意图

与大幅面直接投影感光制版机相配套的高感度SBQ(单液型)感光胶，是日本村上丝网印刷株式会社研制成功的新一代感光材料，据预测，这种非重氮型感光胶将逐步取代重氮型感光胶，成为用量最多的感光胶。

(1)SBQ耐溶剂型。所有溶剂型的油墨全部适用，主要适用的印刷物有电路板、广告招牌、各种商标、铭牌、陶瓷贴花纸、塑料、玻璃、金属制品等。

(2)SBQ耐水型。特别适用于印染行业、织物印花、T恤衫彩色网点标志印刷，对水性油墨、水性浆料均可适用。

2. 无底片电脑直接喷蜡制版法。

瑞士Jet Screen电脑直接制版系统，突破了传统的网版制作必须有底片的制版模式，直接将印刷图像通过电脑数字输出的方式喷打到已涂布好感光乳剂的丝网版上。丝网版的尺寸范围为1800mm×2200mm~3500mm×5200mm。系统备有一个非常精密的Piezo喷头，其喷射的像素分辨力可高达633dpi×633dpi，对位重复精度达0.02mm，网屏线数目前可达75lpi，可任意选择圆形、方形、菱形以及椭圆形网点。操作时，将一种特别的热熔蜡喷涂到丝网版的感光乳剂膜上。当喷头将图像喷打到网版上时，热熔蜡即刻凝固，并与感光乳剂紧密黏附，从而完全防止曝光时紫外光的衍射，避免感光膜侧壁的腐蚀。由于不使用底片晒版，解决了由于像距、镜头球面差等客观因素造成的网点变形、像虚等问题，并能有效地防止网点的扩大，保证了图像的精细度。

传统的彩色丝网版制作中，最难解决的问题就是龟纹，一方面是现时分色底片的网点角度是套用胶印而来的，另一方面，即使是想按照丝网的特点来设定角度，但造成龟纹的可变因素很多，如丝网的目数、丝径的粗细、绷网的张力以及绷网的角度等，因此很难有效地确定网点角度以减少龟纹。无底片网版制作为解决这一问题提供了有效的手段，并且为如何合理地选配丝网、确定印刷线数和网点尺寸以及网点角度等提供了条件。在确定加网线数、网点角度时,完全以绷好的网版为参照物,根据该网版的实物,直接选择网点与丝网上的角度,并且可以随意变换,直到理想为止。

3. 大型网版的绷网技术。

(1)大型网印用丝网。

大幅面网印应选用宽幅的丝网。色块套印件,可以采用单扭丝编织的 HT 型尼龙白网,目数可低一些,如 120 目/英寸、110 目/英寸。扭丝编织网可以用高张力,并且耐刮印。彩色网点套印的用网,必须选用平纹单丝编织的 T 形尼龙黄网或聚酯网,目数不宜过细,一般选用 250 目/英寸即可满足 30lpi 以下网点刮印的要求。

(2)大型网印的网框。

由于网框尺寸较大,应选用机械强度高、不易变形的材料,最好选用铝合金网框,特别是大幅面加网彩色网印,要求铝型材有足够的抗网张力的刚性,其截面一般不小于 40mm × 60mm × 2mm(壁厚),最好选用加强筋的铝型材(如图 8 – 27 所示)。

①印刷面积与网框尺寸。网印在网面上要有较大的非印刷空网,这是工艺回弹的需要。经验数据为:空网的面积约≥印刷面积的 1/2。

②网框坐标。胶片底版上有四条中线(套印规矩线),网框上也要有坐标的刻线,这样为定位晒版提供方便,更可方便地进行局部拼印或套印。

网框坐标是在所有网框的四边框的铝材上,测量出中点,并用宽当直角尺,用刻针围绕型材的四边刻线,并使框的四边刻线的延长线互相垂直(如图 8 – 28 所示)。

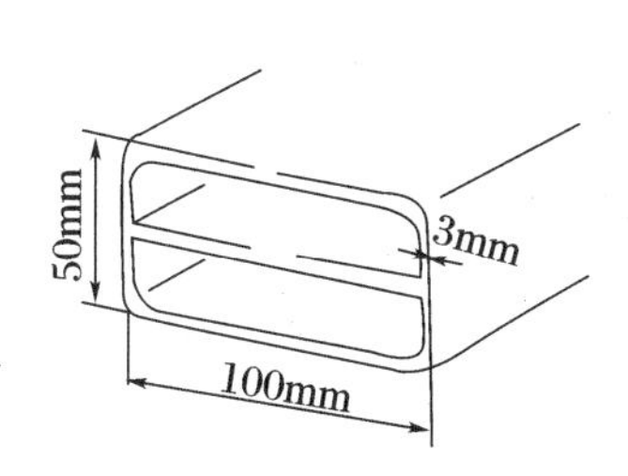

图 8 – 27　带加强筋的铝框截面

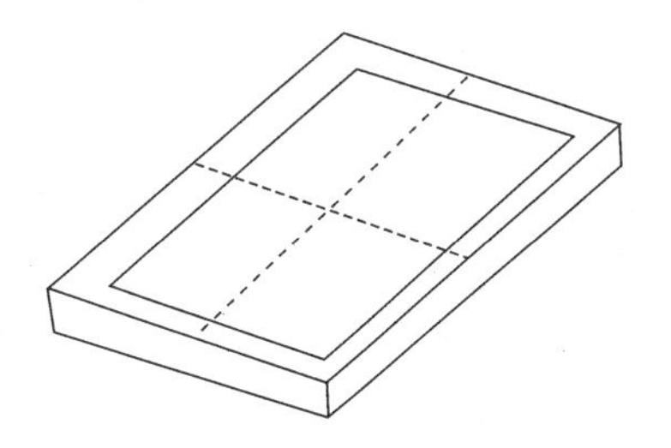

图 8 – 28　在铝框上刻画出坐标线

(3)大型绷网机。

广告行业、玻璃行业的网版制作除要求绷网机的幅面超大外,在张力、均匀度等方面还有更高的要求。

4. 大幅面广告的网印。

(1)油墨。

美国 NAZDAR 公司研制、开发并生产出一种广告专用 UV 油墨——水性 HUOOO 系列 UV 油墨,该油墨备受广告行业的青睐。该油墨的主要特性如下:

①适用于现代印刷设备，如连续生产的全自动滚筒网印机。因该油墨需要的固化能量低，可以降低费用和减少承印物受热变形而套印不准的故障，同时油墨固化后表面坚硬，具有网点高密度、颜色鲜艳、清晰度高、网点外围无阴影的特点，特别是四色印刷，有很好的网点锐利度，更适用于室内外广告领域，如背打光广告及前打光广告。

②单组分光固油墨，不含NVP或重金属污染。

③油墨色密度高，可用网点光油改变印刷效果。为了适应户外广告色彩要求丰富的特点，HUOOOO系列油墨的四色广告网印油墨中备有两种网点洋红（一种偏蓝，一种偏红），网点黄（一种偏绿、一种偏红），还有网点蓝和网点黑。可以根据彩色图文的色彩要求选用，即可达到更好的视觉效果。

④适印承印物范围广。可以在合成纸（如YUPO）、PS、硬PVC、聚乙烯材料、纸及卡纸上实施网印。

（2）大型多色网印机。

国内外大型网印机已经有很多型号的产品，下面列举一款。

由美安可公司多名留学人员及国内专业人士共同开发的MAC系列多色全自动网印机已获成功并取得专利。

以MAC2－1220型两色自动网印机为例，它由进给、驱动、钢带传送、印刷、UV固化、接料等部件和电子控制系统组成。承印物自动送到传送钢带上，定位后被真空吸附在钢带上，钢带由精密机构装置驱动作步进移动。

在钢带停止移动时完成承印物印刷过程；在钢带移动过程中完成承印物油墨固化过程。液机适用于纸张、玻璃、塑料、瓷砖、线路板等多色网版印刷。MAC系列多色全自动网印机适印范围广、使用了专利技术、套印精度高达0.05mm，多个工位印刷一次完成，自动化生产效率高、广泛用于包装、电子、广告、装饰、服装等行业。

（二）网印产品质量大幅提高

改革开放后，国外各种先进的网印技术、设备和材料进入中国市场，为网印技术的普及与提高奠定了基础。出现了一批具有先进技术水平的网印企业及网印设备制造企业。1999年，杭州凯地公司印制的“丝绸戏剧脸谱”成我国首次在国际网印及制像协会（SGIA）金像奖评比中的获奖产品；之后，深圳斯达高公司的陶瓷贴花瓷盘，又于2002年和2004年两次获得了SGIA金像奖的金奖；2003年9月，在亚太网印及制像协会（ASGA）举办的网印精品评比中，我国有6个产品获得金奖，10个获银奖，14个获铜奖，其中有6个是加网线数在120线/英寸以上的精细印刷品。这表明我国的网版印刷技术水平确实提高很快。

近些年来,国内有些厂家已经将网版印刷和胶印工艺相结合,例如在网印展览会精品评选中,汕头金园网印有限公司采用胶印和网印结合的方法开发的新包装产品在展览会亮相后,使许多参观者驻足观看,赞不绝口,连参加评委工作的外国技术专家都为之兴叹。说从设计到多种印刷相结合制作那么高级的产品真像画家的作品那么精美、立体感强、在他们国家也是少见的。纺织印花业也有这样的例子,如转移印花和直接网印、厚膜网印多种工艺相结合就能印刷出精美优质的产品。

(三)网印液体壁纸

壁纸作为软装饰材料,是装饰工程中墙饰使用最多的,市场比较大。全球的壁纸生产大国法国、德国、美国、韩国等国家都是工业设计比较发达的国家。壁纸是一种产品,更多的却是一种文化输出。图案的设计是壁纸行业的核心竞争力。图案本身传达的就是一种文化和各种艺术风格。

使用网版印刷工艺印刷装饰壁纸比较多,网版印刷在印刷效果上有很多特种效果可以表现出来,如发泡、浅浮雕等,而且印料的选择自由度比较大,这决定了网版印刷在装饰领域的前景广阔(如图8－29所示)。

图8－29 网印液体壁纸

液体壁纸是近年来国内发展起来的网版印刷新应用。“液体壁纸”之所以被称为绿色环保涂料,是因为施工时无需使用107胶、聚乙烯醇等,不含铅、汞等重金属以及醛类物质,从而做到无毒、无污染。由于是水性涂料,液体壁纸的抗污性很强,同时具有良好的防潮、抗菌性能,不易生虫,不易老化。壁纸漆顾名思义就是装饰效果像壁纸的一种漆,该产品早已在欧美风行多年,成为居家、工程装饰的最佳材料。近几年来,壁纸漆产品开始在国内盛行,受到众多消费者的喜爱,成为墙面装饰的最新产品,是一种新型的艺术装饰涂料。

液体壁纸行业的企业多数都是从涂料行业起家的,其实就是将壁纸的印刷工序前移,由于网版印刷具有很强的适应性,可以在墙面直接完成印刷,这是其他印刷工艺所做不到的。从这个新应用我们也看到了网版印刷工艺的生命力是非常强大的。

由于液体壁纸涂料的主要成分为丙烯。丙烯乳胶涂料是用一种化学合成胶乳剂(含丙烯酸酯、甲基丙烯酸酯、丙烯酸、甲基丙烯酸,以及增稠剂、填充剂等)与颜色微粒混合而成的新型墙面涂料。丙烯涂料出现于20世纪60年代。试验证明,它有很多优于其他涂料的特征:干燥后为柔韧薄膜,坚固耐磨、耐水、抗腐蚀、抗自然老化、不褪色、不变质脱落、画面不反光。丙烯涂料也常用来绘制大幅面的壁画。丙烯涂料无毒,对人体不会产生伤害,所以安全性上要好于传统壁纸,这也是液体壁纸应用方面一个重要的卖点。

因为现在从事液体壁纸行业的企业基本都是涂料企业,所以目前为止,市场上液体壁纸装饰工艺还处在一个比较低的水平:图案比较呆板,一般以单色为主,设计上缺少文化品位。制作墙面图案的网印设备在国内还是空白。

第九章 中国包装印刷设备及器材的发展

印刷设备及印刷器材是印刷工业发展必不可少的物质和技术基础,正像中国印刷及设备器材工业协会第一任理事长范慕韩先生比喻的那样,"印刷是飞机的主体,印刷设备和印刷器材是飞机的两个翅膀,没有两个翅膀,主体就不能起飞,没有主体,两个翅膀也就失去了存在的意义。

20 世纪 70 年代以前,我国一直是以铅印(凸印)技术为主,印刷设备当然也是铅印机及其相关设备,而且相当落后。

改革开放初期,一些了解出版印刷行业情况的老领导,如:张劲夫、王益、范慕韩等多位同志抓住印刷业落后的根本原因,组建了印刷业装备协调小组,这样的组织形式调动了机械、电子、化工、轻工以及出版印刷等多个部门的积极性,给印刷器材的发展创造了良好契机。而其先后制定的"六五""七五"印刷技术发展纲要,以及后来制定的印刷技术"16 字方针"和"28 字方针",则给印刷器材的发展指明了更具体的内容,这样逐渐形成了印刷器材的发展高潮。

第一节 包装印刷机械制造业

包装印刷机械是印刷工业的技术、物质基础。包装印刷机械工业的发展水平,对包装印刷工业的整体水平有直接的、重大的影响。

包装印刷机械工业在我国机械制造业中起步较早。它经历了维修、仿制、自行设计等阶段,逐渐发展为较为完整的行业体系。

一、旧中国的印刷机械制造业

1. 我国印刷机械行业的发端(1895 ~ 1912 年)。鸦片战争以后,古老的雕版印刷术已不能适应社会经济文化发展的要求,西方的近代印刷术逐步传入中国。早期的印刷机械都从国外进口。随着印刷机械的普遍使用,一批小型印刷机械修造厂应运而生。

我国第一家印刷机械厂是李涌昌机器厂。该厂于 1895 年创建于上海。至 1912 年,又有公义昌机器厂、曹兴昌机器厂等6家印刷机械厂建立。这7家印刷机器厂规模较小，资金总计2100元，以修配印刷机为主要业务。

北京最早的印刷机械厂是建于1907年的贻来牟铁工厂，当时该厂附属于法国人开办的三洋面粉厂，主要业务为修理印刷机和面粉机。

2. 我国包装印刷机械生产能力的初步形成（1913～1937年）。1913年以后，在上海、广州、青岛等沿海城市及北京、长沙、长春等内地城市，又相继建立了一批印刷机械厂，主要业务除了修配印刷机外，还开始生产各种印刷、制版、装订机械，如石印机、铅印机、圆盘机、切纸机、照相机等等。一些大型印刷厂如商务印书馆印刷厂、中央印制厂等也开始仿制印刷机械。建于1897年的商务印书馆，从1903年起即能自制石印机、铅印机、铸字机等多种机械，自给之余还能供应各地，深受好评。由于产品供不应求，业务日益发展，该厂于1922年成立了铁工部，1926年又扩建为华东机械制造厂，行政上仍隶属于商务印书馆。此后，生产品种逐渐增多，规模日益扩大。

北京的贻来牟铁工厂于1921年从三洋面粉厂分离出来，改组为马和记铁工厂，专门生产印刷机械。产品有对开、四开平台印刷机，圆盘机，手扳和手轮式全张、对开切纸机，烫金机，熔铅炉，石印机，邮票打印机等。最多年产近百台。还有兴艺劝铁工厂也生产铸字机、铡铅条机、铸铅条机等印刷机械。

至1937年，全国印刷机械厂已达30多家，印刷机械工业初具雏形。但从总体来看，行业基础还很薄弱，除了少数厂外，大多数厂规模很小，一般仅拥有十几名工人，设备也很简陋，只能从事修理和生产制造一些简单的机器，如圆盘机、落石架等，产量很低。

3. 我国包装印刷机械行业在困境中的发展（1937～1949年）。1937年，抗日战争爆发，印刷机械工业受到严重影响，被迫纷纷停产歇业。少数维持生产的厂也困难重重。但一些厂还能在此期间在技术上有所突破。

1940年前后，上海明昌泰记机器厂首先试制成手续胶印机。1942年，和丰涌印刷材料制造厂经过多年准备，仿制成12台“万年”自动铸字机，但由于美国“汤姆生”铸字机一直垄断上海市场，“万年”自动铸字机难以打开销路而停止生产。

1945年抗战胜利以后，印刷机械行业一度得到恢复和发展。

北京在此期间也有若干新厂建立。1946年振亚铁工厂建立，修理和生产手动铸字机、铡铅条机、铸铅条机、打样机等产品。1948年德昌印刷机修配厂建立，修理印刷机和生产打样机。

4. 我国自行设计制造的轮转印刷机。以前，我国生产的印刷机械都是仿造外国的机器。

1946 年,上海精成机器厂的范赓年、任后成,开始设计制造轮转印刷机。他们参考吸收了美制与法制机器的长处,成功地设计制造了 32 英寸轮转印刷机(如图 9 - 1)。

图 9 - 1 精成机器厂设计制造的轮转印刷机

这一成绩在当时是难能可贵的,而且为我国自行设计大型印刷机首开先端。

解放前夕,政局动荡,百业凋零,印刷机械行业不但徘徊不前,反有而所萎缩,每况愈下。1949 年,印刷机械产量仅 77 吨。

二、解放初印刷机械工业结构和企业规模的初步调整

在旧中国,人们经过半个多世纪的努力,形成了我国的印刷机械工业,提供了印刷工业所需的大部分设备,而且在设计制造新型机器方面作了可贵的尝试。但由于整个社会文化、经济的水平,决定了印刷工业的水平,从而也决定了印刷机械工业的水平。从总体来看,旧中国的印刷机械工业是相当落后的。很多厂只有几个、十几个工人,名为机械厂,实为手工作坊。企业的经营方式十分落后。新中国成立后,为了改变这一局面,国家对大量的小厂进行了改组合并,形成了一批具有相当规模的大、中型印刷机械厂。

1952 年 7 月,北京的联华、公益等 22 个厂合并,组成北京人民机器厂总厂,即北京人民机器厂前身。原中央印制厂的机修部分与造币厂的机修部分合并成上海人民印刷厂铁工分厂,后又改组成上海人民铁工厂(即六一四厂铁工分厂)。

1956 年,国家对私营企业实行了进一步的合并和改组。如上海的精成、伟大等厂合并为中钢机器二厂,该厂于 1958 年又与上海人民铁工厂合并组建成上海人民机器厂。建业义华与中国升记等几个小厂合并为建业义华机器厂,即上海第一印刷机械厂前身。协昌等 13 个小厂合并为协昌机器厂,即上海市印刷机械一厂前身。长春的新光铁工厂等 18 家小厂合并为新光印刷机械制造厂,即长春市印刷机械厂的前身。

政府还投资扩大印刷机械生产能力。1957 年，国家投资改建的北京人民机器厂新厂落成，这是全国第一家具有相当规模的印刷机械专业厂。

这些企业经过改造，数目虽然减少，但规模相对扩大，生产能力提高，技术力量增强。各厂逐步形成了自己的主导产品，新产品也陆续推出，成为新中国印刷机械制造业的基础。也是包装印刷工业发展的基础。

三、改革开放后印刷机械产业的发展

我国改革开放 30 年以来，印刷机械制造业在新闻出版业、商业印刷业、广告业、包装印刷业的带动下，成为发展较快的产业之一。一方面因为印刷机械制造业在发展中不断融入计算机技术、数控技术、光纤技术和当代崭新的科技成果，使技术水平不断提高。另一方面，印刷术由落后的铅活字印刷向胶版印刷，再到绿色的柔性版印刷，甚至从模拟印刷到数字印刷，从而使印刷机械制造业在紧锣密鼓的产品结构调整中获得超常规的发展。

1979 ~ 2007 年印刷机械设备产量增长曲线如图 9 - 2 所示。

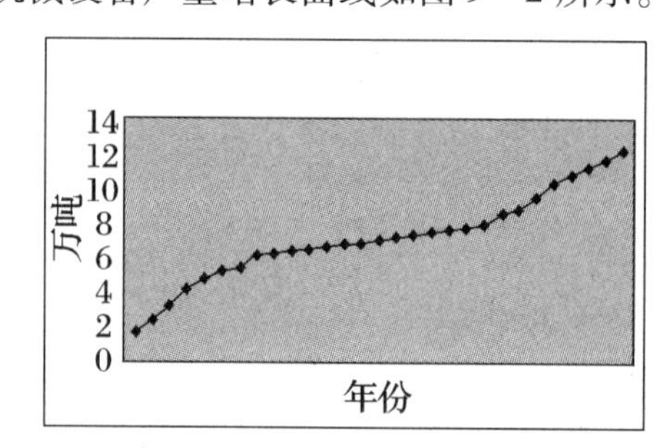

图 9 - 2　1979—2007 年印刷机械设备产量增长曲线

(一)产品结构调整成功

20 世纪 50 年代开始，上海延安人民机器制造厂开始生产 J2101 型胶印机。进入 20 世纪 60 年代中期，北京人民机器制造厂制造了我国第一台对开双色胶印机，即 J2201 型胶印机，以及 J2106 型单色胶印机。

在之后的短短十几年中，国产印刷机械设备制造企业迅速完成铅印改胶印的产品结构调整。当时 J2101S 型胶印机每年的生产量最多为 3000 ~ 4000 台。随着胶印设备的普及，一批更新换代的机器陆续出现，如单张纸印刷机 J2102、J2104、J2108 等设备逐步取代 J2101S 型胶印机，成为市场的骨干设备，并一度成为市场紧俏产品，甚至达到一机难求的程度。卷筒纸书报两用印刷机、对开和全开卷筒纸书刊印刷机、双面单张纸印刷机也成为市场的新宠。在此期间，北京人民机器制造厂生产的 J2108、J2205 型单张纸胶印机，占据了我国印刷企业胶印设备 60% 以上的份额(如图 9 - 3、表 9 - 1 所示)。

改革开放以来，印刷机械产业成功完成三次产品结构调整，推动产业快速发展。第一次产品结构调整出现在20世纪70年代中期至80年代中期，当时，我国印刷工业仍处于铅活字排版印刷时代，一些省市的报社、书刊印刷厂还在使用铅印轮转印刷机和圆压平型印刷机及相应的制版设备，此时仅有部分企业开始制造胶印设备。

随着技术的进步，针对出版印刷开发的单张纸多色印刷机、书刊多色卷筒纸印刷机开始出现，例如北京人民机器厂推出了PZ4880－1型四色胶印机，尽管这个机型存在很多弊端，但它标志着我国胶印机制造水平登上了一个新的台阶。上海人民机器制造厂生产的报纸胶印机占据了各地方报社印刷厂的半壁江水。这是第二次产品结构调整与创新的成功。

进入21世纪以后，在印刷业快速发展的推动下，印刷机械制造业进入第三次产品结构调整和创新时期。各种规格的单张纸多色印刷机、卷筒纸多色印刷机、商业卷筒纸印刷机、不干胶间歇印刷机、卫星式柔性版印刷机、印后书刊装订联动线和数字式直接制版机等设备开始产业化，逐步被印刷业所接受。一批国产印刷机械设备制造企业被认定为高新技术企业。

单张纸多色印刷机是印刷包装业的骨干设备，2007年投入市场的设备数量已经达到2512台，其中，国产设备达到1377台，占市场需求的54.8%（数字来自印机协会和海关统计数据），卷筒类型的胶印、柔印、凸印设备市场占有率已经超过70%。取得市场占有率较快增长，源自积极应用当代最新科技的成果，如：触摸屏技术解决工作程序输入和故障显示问题、伺服技术解决水墨遥控问题、CCD技术解决印刷套准问题、喷涂技术解决滚筒锈蚀问题、数控设备解决关键零件加工问题等等。

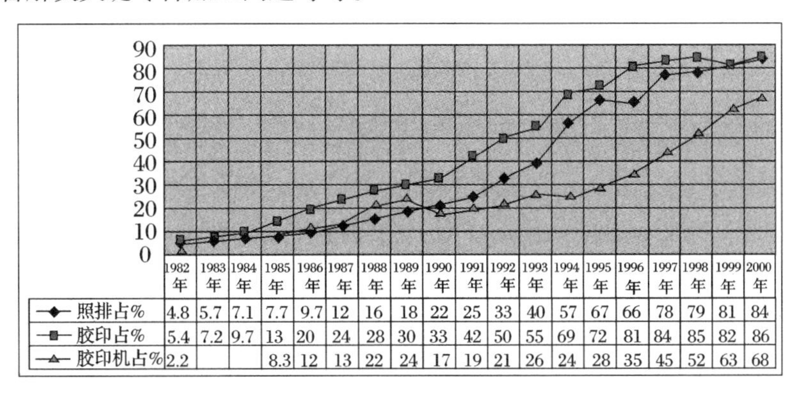

	1982年	1983年	1984年	1985年	1986年	1987年	1988年	1989年	1990年	1991年	1992年	1993年	1994年	1995年	1996年	1997年	1998年	1999年	2000年
照排占%	4.8	5.7	7.1	7.7	9.7	12	16	18	22	25	33	40	57	67	66	78	79	81	84
胶印占%	5.4	7.2	9.7	13	20	24	28	30	33	42	50	55	69	72	81	84	85	82	86
胶印机占%	2.2			8.3	12	13	22	24	17	19	21	26	24	28	35	45	52	63	68

图9－3　从照排、胶印、胶印机所占比例看胶印技术的进步

表 9－1　从录入、制版模式看胶印技术的进步

年代	录入方式		制版	印刷
	文字	图		
1978 年	铅排	照相	纸型—铸版	铅印
1988 年	铅排 照排	照排 电分	纸型—铸版 晒版（即涂版—PS 版）	铅印 胶印
1998 年	照排 铅排	电分 照相 扫描	晒版（PS 版）	胶印 铅印
现在	照排	扫描	晒版（PS 版） 直接制版（CTP 版）	胶印

2002 年，国家第三批淘汰落后生产能力、工艺及设备目录正式出台，并从 2002 年 7 月 1 日实行。目录中淘汰的产品有各种规格的 J2101S 系列胶印机、安全性能差的切纸机、苯溶剂的覆膜机。在此以前，1999 年底国家发布的第二批淘汰落后生产能力、工艺及设备目录，使铅印印刷设备及一大批印前铸字机等设备淘汰。随着胶印设备的迅速发展，一代新设备随之产生，改革开放以来发展的新产品见表 9－2。

表 9－2　改革开放以来发展的新产品

印前设备	印刷设备	印刷设备	印后设备	印后设备
计算机桌面系统	单张纸柔版印刷机	平台式丝网印刷机	配折订裁生产线	堆积打捆机
显影机	机组式柔版印刷机	滚筒式丝网印刷机	骑马装订生产线	龙骨
曝光机	层叠式柔版印刷机	曲面式丝网印刷机	无线胶订生产线	插页机
晒版机	卫星式柔版印刷机	平台式圆网印刷机	圆盘包本机	发行机
烤版机	瓦楞纸印刷开槽机（多色）	滚筒式圆网印刷机	椭圆包本机	程控切纸机
冲版机	商标印刷机	其他网式印刷机	全自动制盒机	伺服分切机
（以上指大幅面）	不干胶间歇印刷机	移印机	自动锁线机	伺服横切机
弯版打孔机	单张纸印刷机（多色）	热转移印刷机	配页机	自动复合机
	单张纸双面印刷机（双色以上）	盲文印刷机	糊书壳机	水性覆膜机
激光照排机	卷筒纸报版印刷机	宽幅喷墨印刷机	精装联动线	UV 上光机
输出机	卷筒纸书刊印刷机	一体机	三面切书机	压光机

直接制版机	卷筒书报两用机		电子刀折页机	压纹机
复印制版机	卷筒纸商业印刷机	以下是辅助装置:	压平机	裱纸机
打样机	卷筒纸半商业印刷机	定点润滑装置	扒圆起脊机	涂布机
数码打样机	单张纸凹印机	磨刀机	书封折口机	输纸机
电子雕版机	卷筒塑料凹版印刷机	自动套准装置	自动平压模切机	零速接纸机
数控激光切割机	卷筒纸张凹版印刷机	PS 版调平机	自动平压模切烫印机	高速接纸机
数纸机	柔性版印线机	胶辊清洗机	圆压圆模切机	喷粉机
数控弯刀机	表格印刷机	调偏装置	酒标模切机	挖月机
绷网机	印线机	润版水箱	圆压平模切机	商标模切机
制版生产线	卷筒装饰纸印刷机	磁粉离合器	商业表格配页机	模切打样机
——		磁粉制动器	票据纵向分切机	分格机
——	——		自动粘盒机	切角机

目前,我国印刷机械业的高、中、低档设备品种基本齐全,性能质量大大提高。中、低档设备基本满足国内需求,但是我国现有设备制造能力与技术水平仍不能适应印刷业发展的需要,与国外先进水平比还有差距,大量高端设备如直接制版机、高端多色胶印机等基本依靠进口。

(二)产业集中度提高

印刷机械设备制造企业经过制度改革和兼并重组,产业的集中大幅提高,产生一批地区经济发展支柱产业。上海以中外合资形式整合成为我国最大的印刷机械制造基地;北京以资本上市谋求发展,成为第一大印刷机械生产基地;浙江以民营资本为基础遍地开花成为印后设备的生产基地。另外,山东、江西、河南、东北等省也有较强的生产能力(见图9-4)。

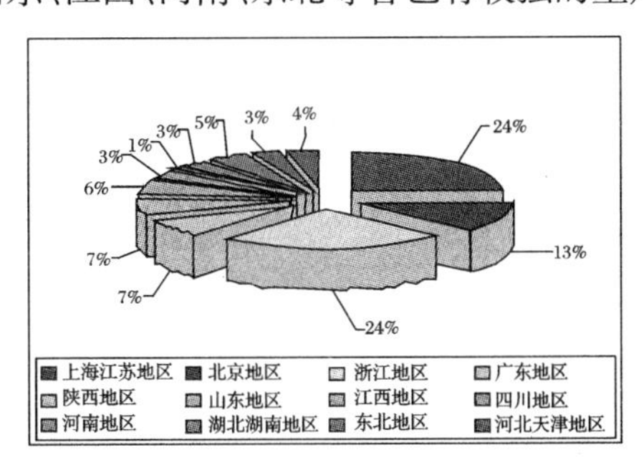

图9-4 2007年国内印刷设备制造企业的区域分布

(三)直接制版技术设备取得突破

近年来计算机桌面系统、数字直接制版系统兴起,一大批数字化设备已经显现出对原有的模拟设备的冲击。

传统的制版设备采用拼版、照相、晒版、定影等工序才能制成供印刷设备使用的印版，而CTP技术可以直接将电脑文件通过直接制版机输出印版，其过程将模拟制版发展成数字制版。印刷设备同样可以采用有版和无版的方式将电脑发生的文件直接加工出印刷品。

国外CTP技术发展很快，已经高度产业化。有统计资料表明：美国和欧盟等国直接制版的市场占有率已经达到80%，日本的市场占有率达到60%，而我国仅占到8%。

2007年我国CTP技术在两个产品领域取得进展，一个领域是直接制版机，已经有多家企业开始批量生产这种设备，一家是北京周晋科技有限公司开始向市场推出四开和对开直接制版机及相关设备软件，另一家是杭州科雷生产直接制版机，还有包括北大方正、北人集团公司、北京多元集团和辽宁大族冠华印刷科技公司在内的多家企业已经试制成功有自主知识产权的直接制版机。

CTP技术进展的另一个领域是数字喷墨印刷机，在国内已经有很多家企业采用合作和自主创新的方式，批量生产大幅面的喷墨印刷机，制造企业遍及北京、上海和深圳等地区。

真正意义上的数字印刷机，如：在机制版数字印刷机，电子油墨成像印刷机和激光制版数学印刷机国内尚没有企业生产。

（四）柔印机的发展

由于柔印技术在我国得到了迅速的发展，从而带动了国内柔版印刷机的研制开发与生产。

柔印机的目标是首先发展带后续加工设备的窄幅机组式柔印机；根据市场需求，研制中、高档卫星式和层叠式柔印机，我国已经能生产上述三种柔印机，在性能和质量上有较大提高。如国产机组式柔印机可以印刷175线/英寸的印品，可以进行UV油墨印刷，可以说已经达到了相当高的水平。

至今已正式生产柔印机的厂家有：陕西印刷机器有限责任公司、山西太行印刷机械厂、北人富士机械有限公司、西安黑牛机械有限公司、无锡宝南印刷机器制造有限公司、上海紫光机械有限公司、温州神力集团等厂家。

上海紫光机械有限公司在2000年最新研制成功YR420窄幅机组式柔版印刷机，带有可任选的进口电脑控制印刷图像监测系统，具有快速换墨系统，不需要工具即可完成；具有安装于各单元的360°套准齿轮箱；适用于塑料薄膜纯铝箔、纸张、卡纸、不干胶及各种符合材料的印刷，并成功地试印出175L/in的彩色西点样张，套印准确、色彩鲜艳、墨色厚实、层次丰富。2001年又成功地印制了200L/in的彩色印刷品。陕西印刷机器厂在消化、吸收国际先进技术和总结多年研制经验的基础上于1995年开始开发窄幅机组式柔印机、经过几年的艰苦努力，终于在1998年8月生产了第一台窄幅机组式柔印机。该机为多色组合式，可以一次完成多色印刷、UV 上光、模切、横切、也可以卷筒收料、套印精确、运转稳定、可靠。

北人富士印刷机械有限公司 1999 年 5 月在北京国际印刷包装设备技术展览会上成功地展出了 BFR500 系列商用柔印机，引起了同行和用户的极大兴趣。该机采用数字化操作，具有自动化集中控制、数字化自动套准、自动上纸、自动张力控制、自动纠偏、图像监控系统、干燥和复卷等功能、印刷部件更换快捷，可以一次完成多色印刷、上光、烫金、模切和清废。

西安黑牛机械有限公司在柔性版印刷机研制生产上取得了非常突出的成绩。该公司先后申报了柔性版张力、斜齿轮、超声加湿、封闭墨室、360°差动对版机等专利。黑牛公司还成功地在进口加拿大“雅加发”、美国联合“A 牌”、海德堡的捷拉斯柔印机上增添了凹印机组，为云南大理怡祥公司、昆明彩印有限责任公司解决了柔印机上印水松纸（卷烟嘴专用纸）和印金文字的难题。特别是该公司应苏州正前方组合编码防伪科技有限公司的要求，成功地研制开发和生产了国家强制认证的“CCC”防伪标志所需的设备——多色柔性版印刷机，它具有防伪查询等特殊功能。特别值得一提的是，黑牛公司还在近期研制开发了双工位不停机全自动/半自动接纸机组，它是属于国内首创拥有自主知识产权的连线不停机全自动/半自动接纸系统，可选择对接或搭接方式零速度接纸换卷，最大机械速度可达 180m/min，可应用于各种幅面的国产和进口柔版、凹版印刷机，从而大幅度提高生产效率、降低废品率。黑牛公司最新推出的柔印机采用了两级闭环张力控制，使套准更准确，升降速回位快，采用了海德堡捷拉斯机的结构方式，每个工作站均可快换，使柔印、凹印、暗花转移（在印刷物上光作业时用压印好激光图案的 PET 卷材直接包覆在未干燥的 UV 光油上，通过紫光干燥即剥去 PET 膜，印刷物上形成转移暗花）磨砂、发泡、反印、圆压圆烫金等现代化印刷作业的多种方式在新兴柔印机上随意实现。整机采用模块化设计，无线遥控控制，使其成为一台包装印刷物的加工中心。

近年来，由于国产柔印机凭借加大研制的力度、加工制造水平的提高，以及价格上的优势，在国际市场也有较强的竞争力，例如：西安黑牛机械有限公司、上海紫光机械有限公司、北人富士机械有限公司和青州意高发包装机械有限公司都有产品出口到日本、韩国、越南、荷兰、马来西亚和美国等多个国家和地区。

上海激光集团总公司雕刻分公司从英国引进的激光技术和设备已能大批生产陶瓷网纹辊和激光雕刻橡胶无缝接缝辊、橡胶无接缝套筒，上海印刷技术研究所经过研制也能批量生产金属网纹辊。

（五）凹印机的发展

凹印在我国占有重要地位，有较大的市场，现在我国已经能批量生产各种中高档凹印机。从1974年北京人民机器总厂研制成功第一台机组式卷筒纸四色凹印机到现在研发的双收双放多机组的无轴传动凹印机，印刷速度达到了300米/分，说明我国的多色凹印机已经达到了相当高的水平。我国的单张纸凹印机也有很大发展，不但可以批量生产单、双色机，而且可以生产四色机。

多色、高效、无轴传动、大幅面、印品质量检测是凹印机的发展方向。我国广东中山松德和陕西北人自主研发的电子轴（无轴传动）多色（最多11个色组）凹印机速度可达300～350m/min，既能满足国内对高档凹印机的需要，又可替代进口。

国产凹版印刷设备的现状是生产厂家较多，规模相差很大，区域性明显。据最新统计，全国目前凹印机制造厂家总数超过700家。绝大多数为卷筒料凹印机制造商，包括陕西北人印刷机械有限公司、中山松德包装机械有限公司、汕樟轻工机械实业有限公司、华鹰软包装备总厂、宁波欣达印刷机械有限公司等。还有少数几家单张纸凹印机制造商，如北京贞亨利印刷机械有限公司、上海紫明机械有限公司、上海海润机械有限公司等。凹印机制造厂家规模大小差别很大，小到年销售额不到200万元，大到年销售额约2亿元。

凹印机制造厂家的分布有明显的区域特点。广东15家（占总数的21.4%）、江苏9家（占总数的12.9%）、陕西15家（占总数的21.4%）、浙江22家（占总数的31.4%）、北京2家（占总数的2.9%）、上海3家（占总数的4.3%）、福建、云南、山东、湖北等省市各1家（占总数的1.4%）。厂家集中在陕西、广东、江苏和浙江四省，占厂家总数的87%。还有数量可观、持续新增的凹印机辅助设备和部件生产厂家。这些厂家可提供张力控制系统、套准控制系统、纠偏装置、图像观测仪、电晕处理装置、ESA、橡胶辊、模切设备和刀具等。

国产凹印机应用领域相当广泛，最主要的是软包装印刷，近年来折叠纸盒（如烟包、药品和化妆品包装、无菌包装）印刷、装饰材料印刷、纸箱预印等迅速发展。国产凹印机被广泛用于各种承印材料中，如薄膜、纸张、铝箔和复合材料等。印刷宽度从600～2500毫米，满足不同产品要求。软包装凹印机最大材料宽度多为800～1100mm，近两年1200～1500mm机器的比例在迅速增加；烟包印刷凹印机常用宽度为650mm到820mm；无菌包装宽度一般为1000～1300mm；木纹纸凹印机宽度一般为1300～2100mm；纸箱预印凹印机宽度一般为1600～2500mm。国产凹印机色组数量各不相同，软包装凹印机8～13色、烟包印刷6～8色、无菌包装印刷6～8色、木纹纸和纸箱预印分别为4～6色。值得关注的是，中山松德和陕西北人分别于2003年和2004年推出最高速度为300米/分的凹印机，部分设备性能已接近和达到进口的水平。由于功能不断完善，自动化程度不断提高，使国产设备性价比高，竞争优势日益明显。一些原先使用进口设备的包装印刷企业开始转向使用国产设备，且把采购国产设备作为今后投资的一个方向。

随着纸盒包装越来越精美,高档化,包装企业对多工艺组合的需求也越来越多。单张纸凹版印刷机使凹印有了更广泛的应用空间,只需投资60几万元,就可以拥有一台功能齐备的单张纸凹版印刷机,满足高端用户满版实地或印金的要求。仅4年时间,国内单凹机销售就达400余台,单凹机已经在烟包领域得到广泛认可。酒盒包装、药盒包装虽然也有问津,但因制版费过高,所以单凹机在烟包以外的纸盒包装领域很难推广。2002年5月北京贞亨利首台四色单凹机交付使用,填补了国内空白,广东顺德新潮彩印厂成功以此生产了多批高精度烟包产品,如韶关卷烟厂新软包红梅等。北京贞亨利的首台双色凹印机,在浙江美浓集团成功安装运行已1年多,先后印刷济南将军集团的"将军"烟包;江西南昌卷烟厂的"海鸟"烟包;云南的"国宾"烟包;还印刷过两批金卡纸江西"庐山"烟包。双色单凹机每天24小时不停作业,印刷品的质量和效率都能达到标准。

北京贞亨利印刷机械有限公司已销售多台凹版柔性版印刷上光两用机,其特点是经过简单的部件换装,就可把凹印机改装成柔性版印刷上光机,既节省了用户的购机费用,还为用户节约了1台机器的占地位置,可谓一机两得。目前国内烟包印刷厂选购的单凹机全是对开以上幅面的单凹 机,印版滚筒直径多为280mm和300mm两种规格,空心版滚筒的制版费用在4500元/支,带轴版为6000~8000元之间。贞亨利于2004年底推出1台四开幅面的单凹机,印版直径Φ225mm,版长度为780mm。以适应小幅面印量大的酒盒、化妆品、药盒等印刷。

如果把烟包印刷放大到全球范围,其市场容量将放大10倍。为消除出口贸易壁垒,贞亨利已通过ISO9001质量体系认证,正在进行欧盟CE认证,在产品外观,自动化程度,人性化设计上都会有较大提高。凹印的明天是光明的 ,作为近几年新兴起的单张纸凹版印刷机,将随着制版技术、凹印环保水基油墨等新技术的应用,焕发出新的光彩。

(六)网印机械

20年前,我国几乎没有专门的网印器材生产和供销商,到20世纪90年代,已经有近20个网印机生产厂家,如今内地有网印机械生产厂家(含合资企业)100家,具有一定规模的约40家。从生产品种上看,电子专用网印设备厂8家,多功能和大幅面网印机厂4家,移印机厂5家,热转印机厂10家,其他为通用网印设备制造商。年均产量约5000台,销售额2.0169亿元。大体分布在广东、上海、江苏、浙江、福建和河北等省市,产品品种40余种。有半自动、四分之三自动、全自动;单色和多色;平面和曲面机。从机型看,国产网印机以掀揭式为多,也有气动升降式,但大多为中档次,高档次居少数,基本可满足内地网印的需求。近年来随着户外广告、光碟、制卡、包装、室内装饰、新潮服装等诸多新兴网印产品需求的增加,不少网印机械制造厂已研制开发出一批新型设备。例如彩星丝印机械有限公司研制成功的 CS－S102 型五色全自动送料及紫外线固化网印生产线是我国第一台自主生产的多色全自动包装线。

网印制版设备，如手动、气动、自动绷网机，各种规格型号的烘干机，光源和不同规格的晒版机等，基本能满足国内网印市场的需求，国产大幅面（2m×4m）网印机、大型投影晒版机已配套。周边设备，如移转机、热转印机、商标机、模切机等产品质量不断提高，不少产品行销国外。

（七）典型包装印刷机械例举

例举各类包装印刷机械（如图 9－5～9－27）。

图 9－5　PZ650 平版印刷机

PZ650 平版印刷机系列印刷过程由光电编码进行定位监测。整机运转平稳，印刷压力均匀，网点清晰，套印准确。先进的供墨和润版系统，确保了印品的质量。电气控制系统由 PLC 可编程序控制器对整机进行逻辑控制，保证整机的安全、可靠运行。可用于印刷高档精美的印刷品，如画册、封面、插图、样本、广告、商标及精致的包装产品，是当今印刷厂高生产率的理想设备。

图 9－6　ZX－320 型间歇式 PS 版商标印刷机（胶印）

图 9－7　双色金属板胶印机

图 9－8　AP1780 平张纸全自动单色凹印机

AP1780 平张纸全自动单色凹印机无轴印版辊筒，定位可靠、准确。PLC 控制整机运行及故障监测。电热喷射干燥，紫外线光固两用装置适应各种油墨印刷。适用各种胶版纸、铜版纸、金银卡纸及各种软性塑料的凹版单色印刷或多色套印，并可进行 UV 上光。

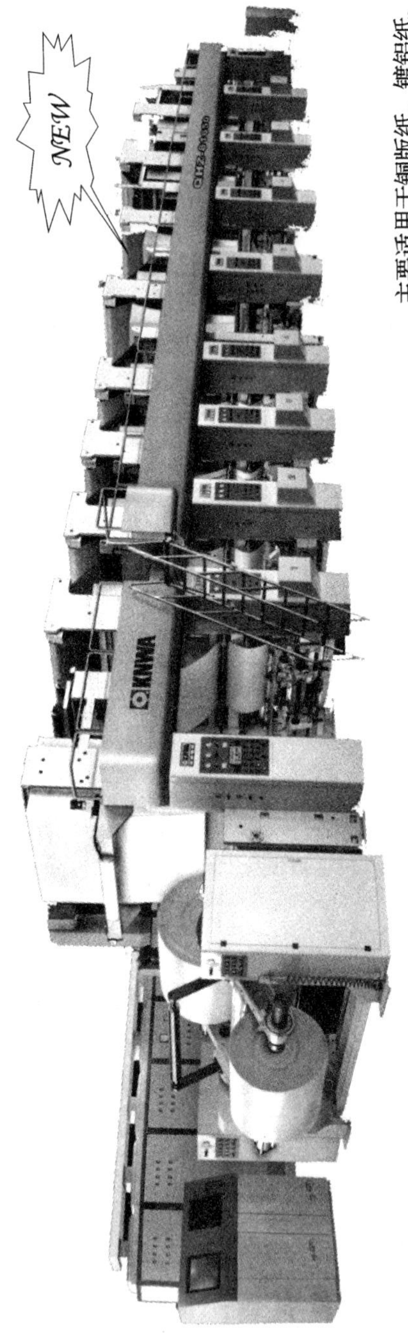

主要适用于铜版纸、镀铝纸、水松纸、包装纸、装饰纸、铝箔及白板纸和灰板纸等材料的印刷生产。

图9-9 QHZ 系列纸张凹版印刷机

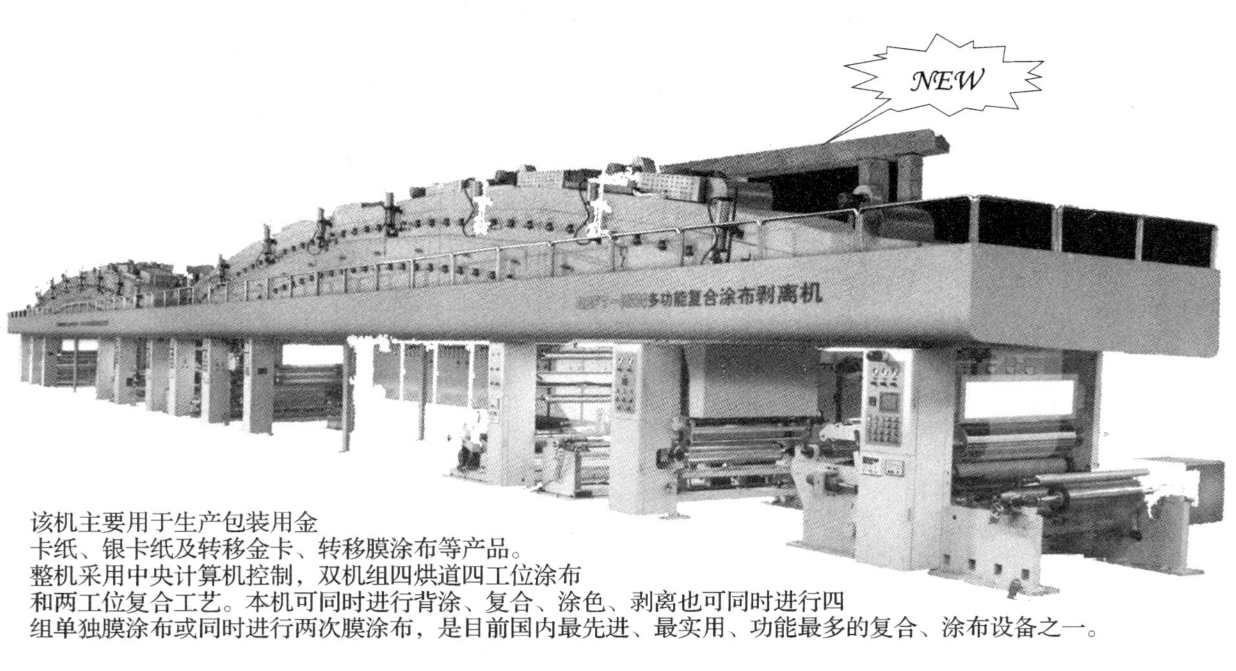

该机主要用于生产包装用金卡纸、银卡纸及转移金卡、转移膜涂布等产品。整机采用中央计算机控制，双机组四烘道四工位涂布和两工位复合工艺。本机可同时进行背涂、复合、涂色、剥离也可同时进行四组单独膜涂布或同时进行两次膜涂布，是目前国内最先进、最实用、功能最多的复合、涂布设备之一。

图 9－10　QBFT 系列多功能复合涂布剥离机

图 9-11 DH 窄幅系列柔印机
适用于标签、薄膜、纸张等印刷。

图 9-12 DH 中幅系列柔印机
适用于纸张、纸盒、纸袋、奶包等印刷。

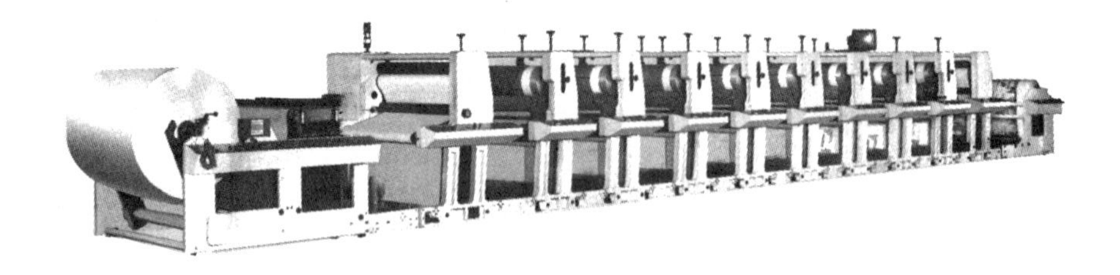

图 9-13 DH 宽幅系列柔印机
适用于墙张、纸箱预印等印刷。

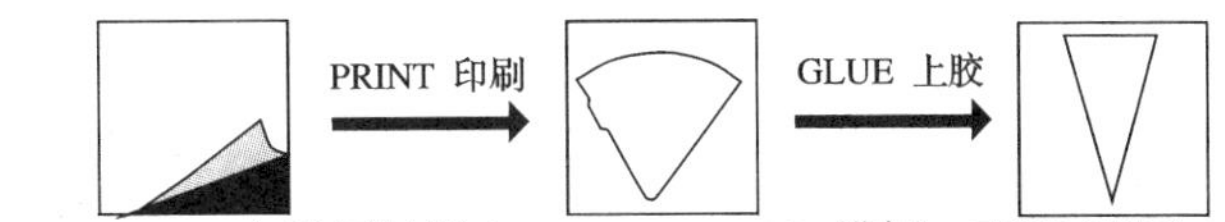

图 9 – 14　数控甜筒纸套机

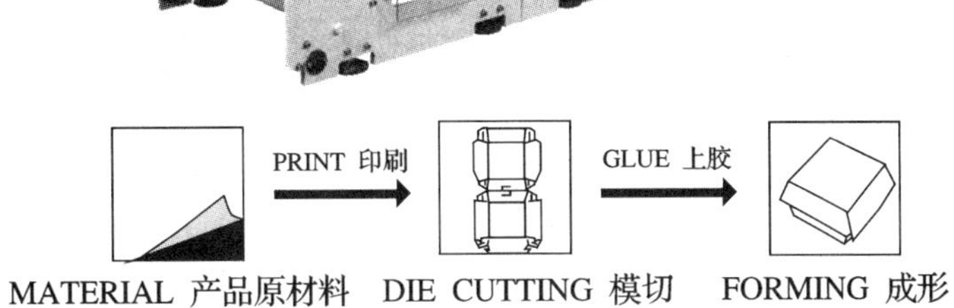

图 9 – 15　汉堡盒机

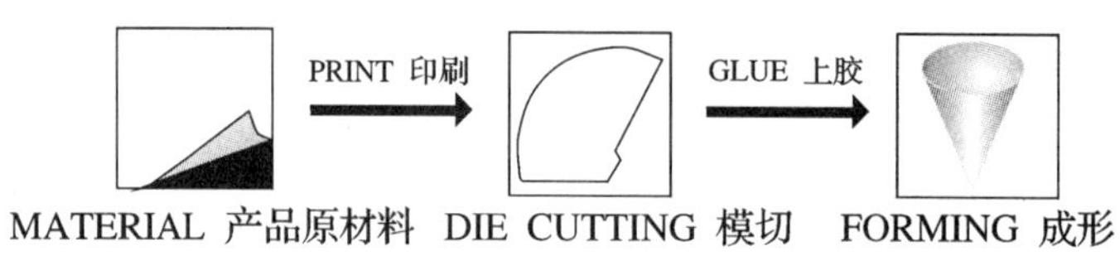

图 9－16　锥筒纸杯机

图 9－17　CS－S102/XC－PLS
单色至多色全自动网印/贴标生产线

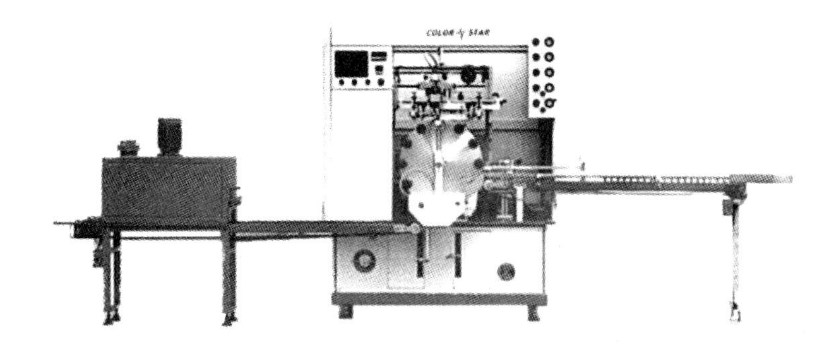

图 9－18　CS－SSR
全自动单色网印及 UV&IR 固化生产线

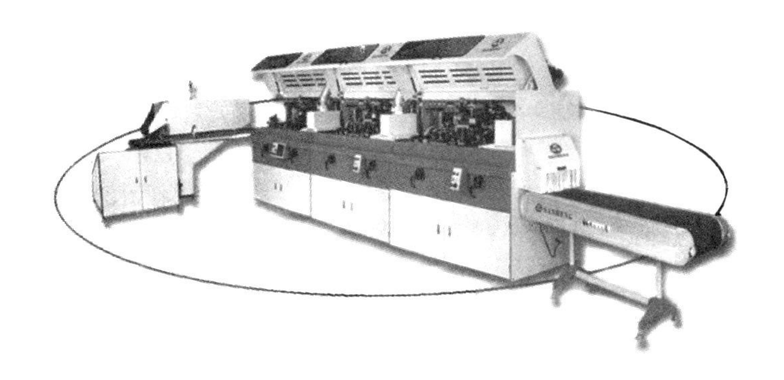

图 9－19　全自动多色印瓶机

图 9－20　全自动卷带式多色网印机

图 9－21　移印机系列

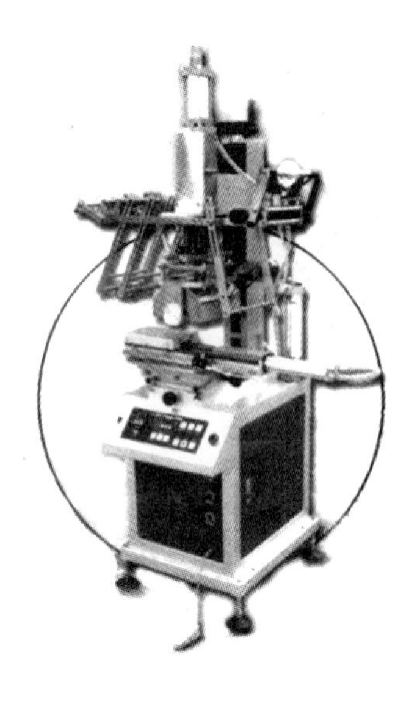

图 9－22　热转印机系列

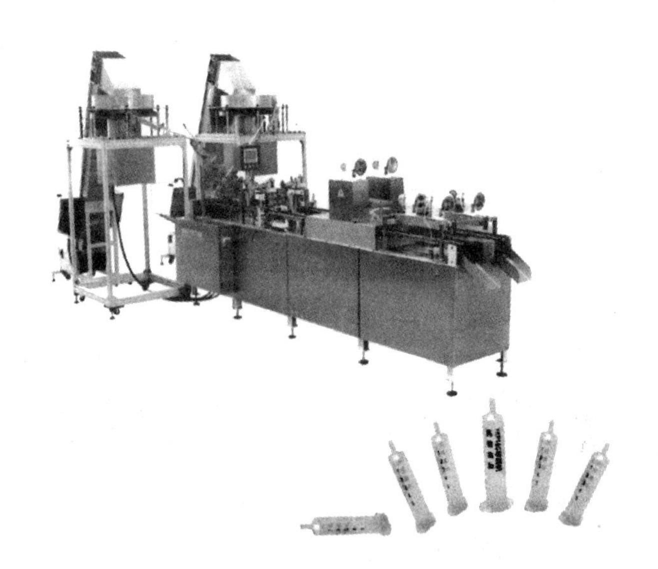

图 9－23　YKP180A 注射器印刷机

YKP180A 注射器印刷机具有两条印刷线，每条印刷线通过自动送料、印刷、烘干装置的配套，使得塑料注射器的印刷能在同一台设备上一次完成，印刷速度快，效率高。整机的电气由 PLC 控制，动作准确，稳定可靠。适用于一次性塑料注射器（5ml）外套注射剂量刻度的印刷。该机更换有关零件，也可用于规格为 1ml，2ml，3ml，10ml，20ml 的一次性塑料注射器的印刷。

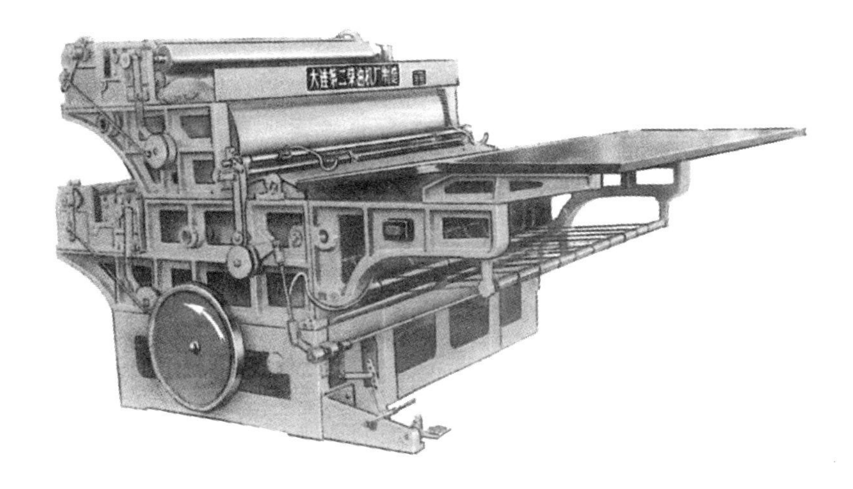

图 9－24　YJB 包装制品胶版印刷机

该机属圆压圆形式的一种印刷机。单色机装一版可进行单色印刷,双色机装两版可以同时两色印刷。本机是尼龙编织袋、纸箱、纸袋、麻袋等包装制品印刷的理想设备,单、双色印刷机均可涂防潮油。

图 9－25　瓦楞纸板多色印刷开槽机

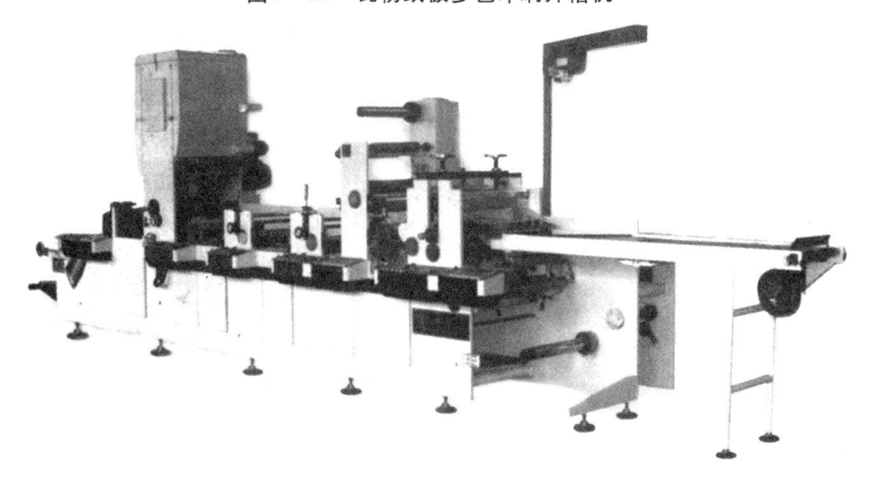

图 9－26　DXRY－430 柔凹组合印刷机

“德鑫”柔性版印刷机是专门针对不干胶标签、化妆品、药品、饮料、食品、折叠纸盒等印刷品的特点而设计的。配合环保型水性、UV 油墨及高精度的激光雕刻陶瓷网纹辊和柔性感光树脂版,达到绿色环保印刷的目的。

原纸放卷,纸面清洁,纠偏与接纸,开卷张力控制,红外印刷,质量监测系统,断切、收集,整机各点动作 PLC 程序控制。

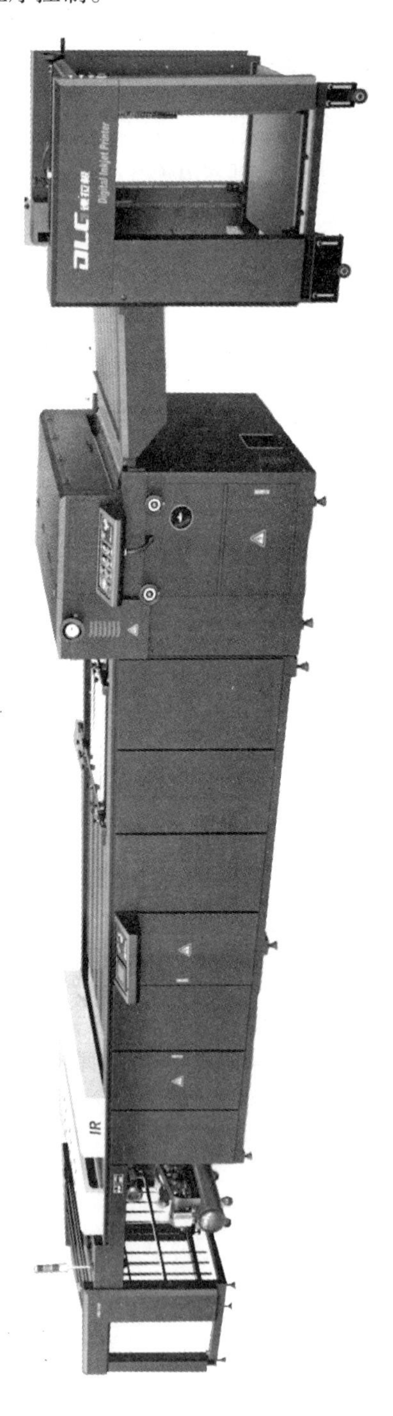

图 9－27　自动高速喷码机

(1)印后设备

我国发展印后设备起步较晚,由于印后设备种类、规格多,结构复杂,各工序的设备几乎无共性、通用性差,大多是模仿手操作,造成我国印后设备一直比较落后。

随着人们生活水平的提高,繁重的体力劳动束缚印刷业发展的局面快速改观,经过各界的努力,印后多样、自动化的目标在少数大型印刷企业已基本实现,这主要是国民经济快速发展和科技文化教育事业水平不断提高促成的,但在中国企业基本上还是以手工、半机械化和单机自动化劳动密集型作业为主。

改革开放以来,各种印后装订设备,如折页机、配页机、锁线机、包本机、压平机、三面切书机、书封折前口机、制壳机等大部分能批量生产,除部分高档产品外,基本能满足国内市场需求。有的企业在生产单机基础上已经能自主生产印后联动线设备,如无线胶订联动线、精装联动线、骑马订联动线,逐步成为国内印刷企业的主导设备。

模切成型设备是印后设备发展较快的领域,全自动平压模切机、全自动全息烫金机、自动粘盒机、模切压痕烫金机、自动制袋机、分切机、打捆机等设备已经批量生产,基本上满足国内包装印刷市场的需求,其中,全自动平压平模切机,模切压痕烫金机已经成为较大的出口创汇产品。柔印生产所用的模切刀,过去国内尚属空白,全部依靠从美国加工来解决,不仅加工时间长,而且价格也比较高。1998 年 10 月上海亚华印刷机械有限公司与美国伯奈尔(Bernal)公司合资组建了上海伯奈尔·亚华印刷包装机械有限公司,主要从事模切刀等产品的生产,投产后销售额达 1500 万美元,可满足目前国内已有的柔印机所用的模切刀的需要,解决了柔印配套方面最大的难题。

表面装饰设备制造企业数量增加迅速,覆膜机、上光机、压光机、压纹机、涂布机、复合机、分条机、裱纸机等设备已经批量生产,不但满足了国内市场的需求,还有部分出口。国内有的企业已经开始生产自动切纸机和符合环保要求的干法、水性覆膜机以及以节能为目标的冷烫金设备。

(九)典型包装印后加工机械例举

例举各类包装印后加工机械(如图 9－28～9－46)。

图 9－28　SG－90A、120A 上光机

此机国际标准纸幅设计，适应大幅度纸张的横向涂布上光。

涂布上光形式采用直通式，操作方便，速度快，生产效率高。

涂布及输送速度均采用无级调速控制，调速范围大，速度配合准确。

适用于纸张印刷品上光。

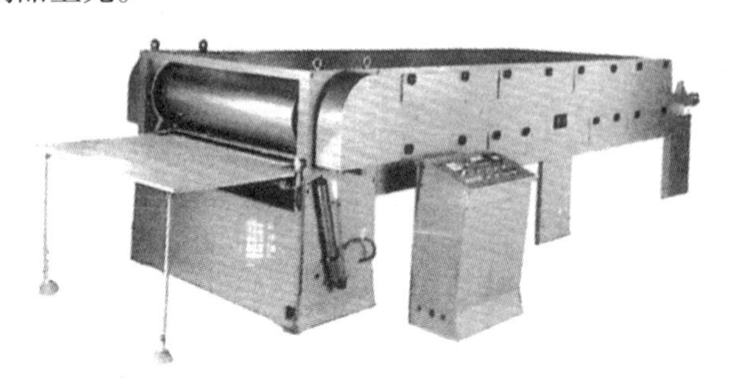

图 9－29　YG－100A、120A 压光机

此机国际标准纸幅设计，适应大幅度纸张的横向压光。

采用远红外线石英加热，即能耗低。

自动控温加热装置，恒温工作压光板表面温度均匀，压光质量佳。

适用于包装纸盒、书册挂历、样页、卡片的压光。

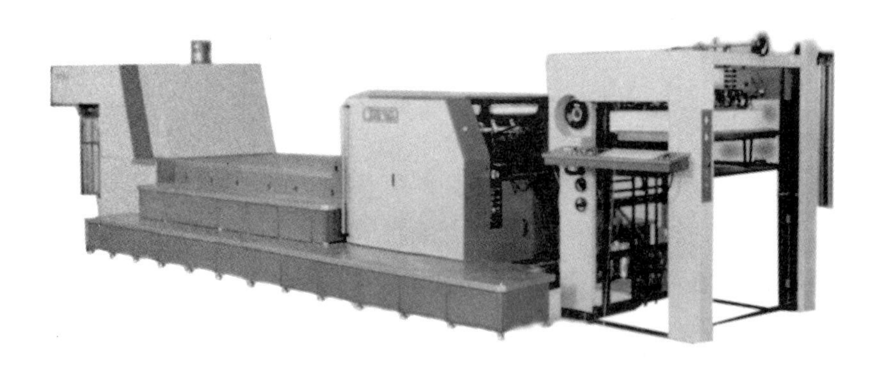

图 9－30　ZMG104 柔版上光机系列

ZMG104 柔版上光机系列采用网纹辊上油，可作满版上光和局部上光，也可根据印品需求选择 UV 和水性上光，上光效果超佳。8000 张/小时。

图 9－31　UVY 系列激光图案压印转移生产线
压印转移　局部 UV　全版 UV　水油上光

图 9－32　ZMM104 膜版印刷机(定位膜机)

ZMM104 膜版印刷机具有局部上光印刷、定位全息激光防伪印刷和 UV 固化功能,可替代其它后整理工艺,具有效率高、成本低、环保、镭射效果好等特点。为包装防伪印刷及印刷品后整理方面提供解决方案。

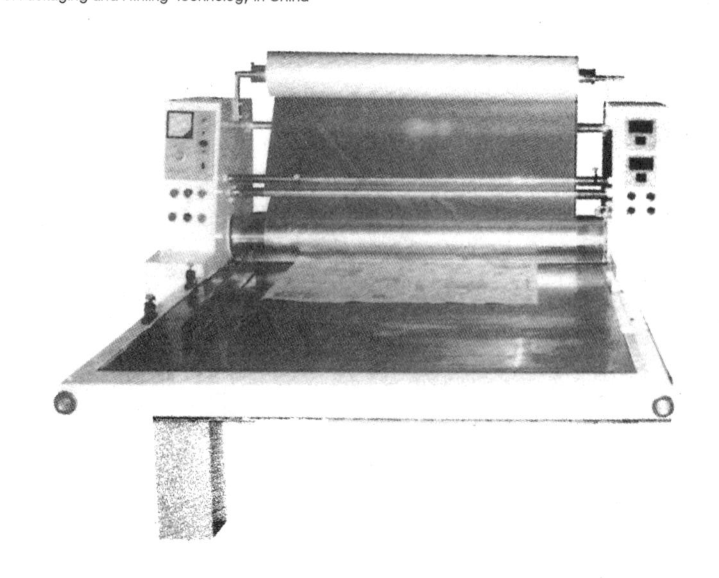

图 9－33　MFD－$\frac{1000}{1200}$多用覆膜机（带分切）

MFD－$\frac{1000}{1200}$多用覆膜机（带分切），该机配有自动控温调速，装有自动输送纸张功能，设有多对辊筒，使大面积纸张覆膜后，平整度高、亮度强。

该机以预涂聚脂薄膜为材料，专为广告、地图、灯箱等设计的一次性单面、双面覆膜。

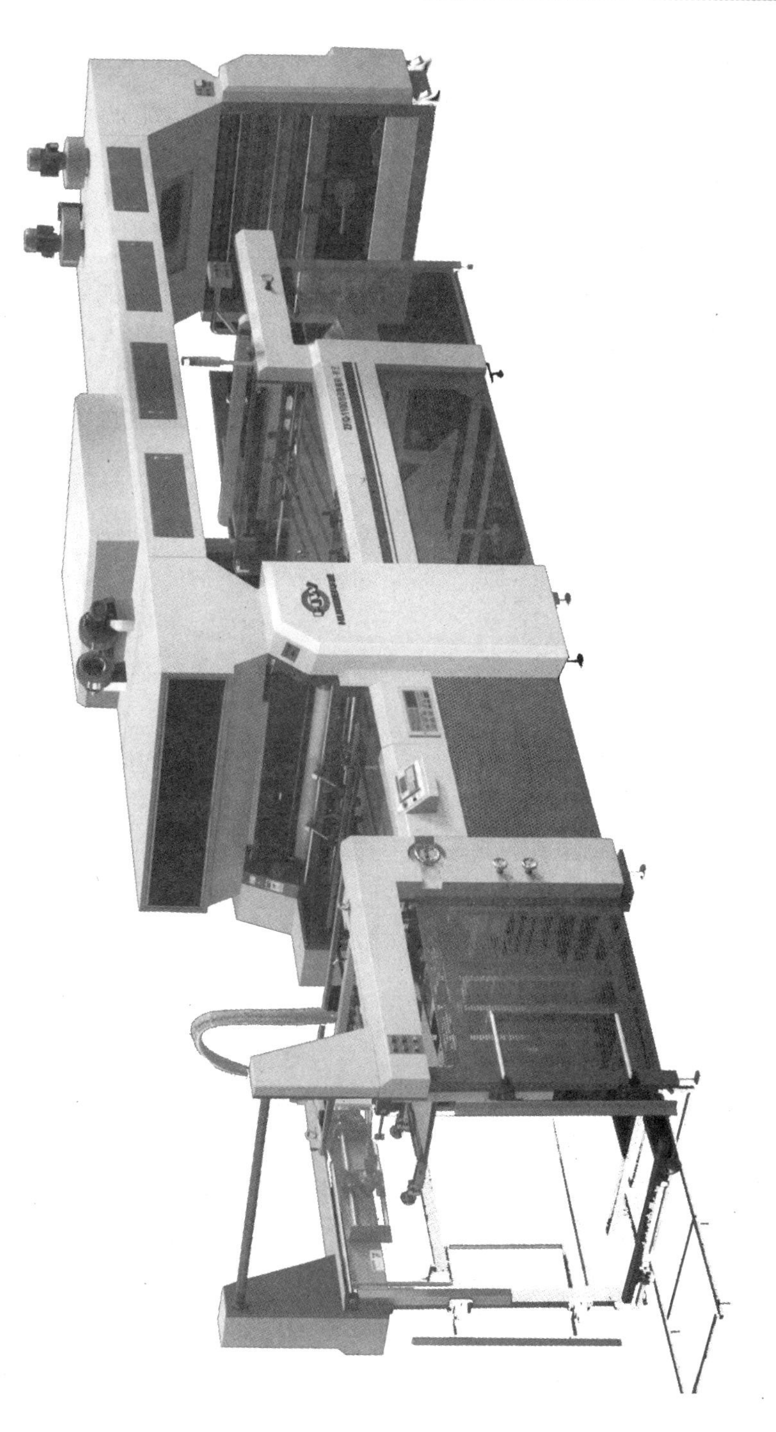

图 9－34 ZF/Q－1100 自动覆膜机—桥式

图 9-35　自动贴窗机系列

图 9-36　GYPB200A 型平压烫印机

适用于塑料、皮革、橡胶及木制品等的表面烫印，是烫印各种彩铝箔、金属箔、木纹箔，漆膜箔等理想设备。

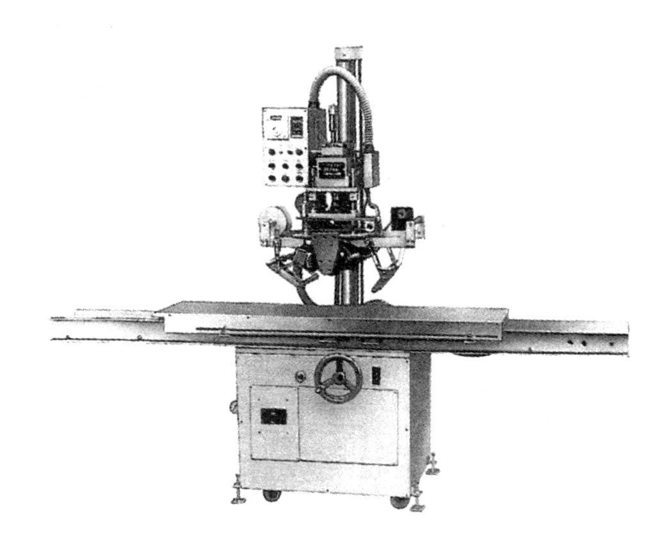

图 9 - 37　TYYB280 型圆压烫印机

适用于电视机外壳、收录机外壳、扬声器、钟壳等各种硬塑料制品的表面装潢烫印。烫印件结实饱满、附着力强、光泽优美。

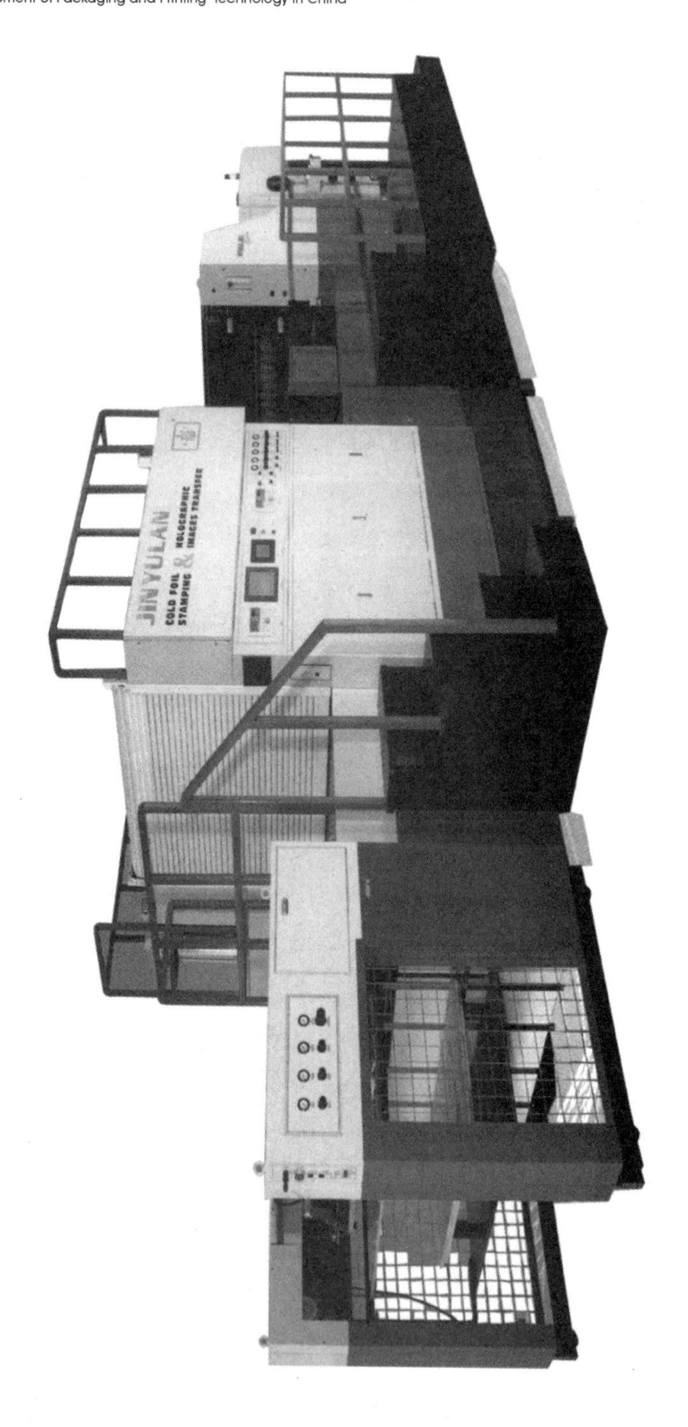

图 9－38　JLM 系列印刷表面整饰综合生产线
冷烫/压印全息/UV 上光/单色 UV 印刷

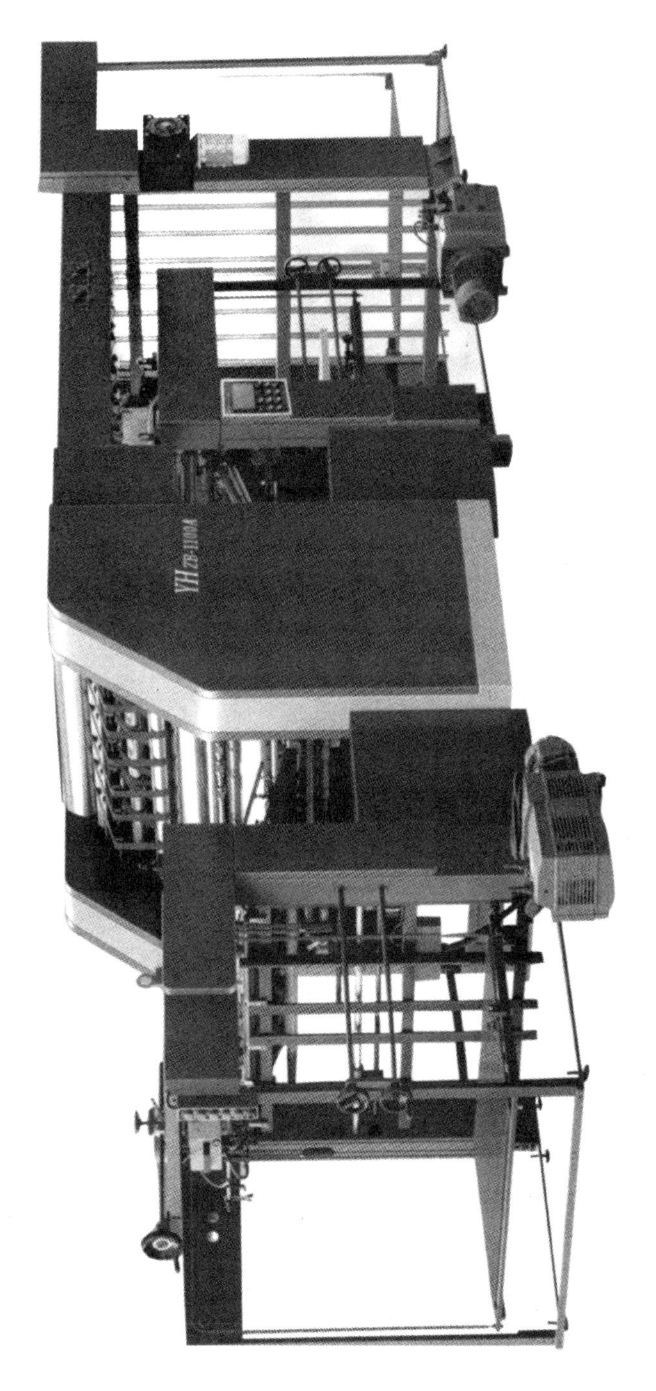

图9－39　YHZB－1100A 全自动卡纸裱合机

图 9-40　全自动覆面机

图9－41　PYQ 系列平压平压痕切线机

PYQ 系列平压压痕切线机是用于压切各种成形纸品、塑料制品、皮革制品的专用设备。

本机主要由机座、压架、电磁离合传动机构、电器控制等部分组成。并装有压切自动记数装置,还可按需增加延迟等功能。

图9－42　MFD－650、880 型纸塑压纹机

本机属国内首创产品,能连边续压制各种纸张、皮革、塑料制品的表面花纹。可作干湿复膜纸品、不干胶、复塑双面一次完成,是制革、印刷包装行业提高产品档次的理想设备。

特点:钢质花纹辊筒、纸质压力辊、经久耐用,液压控制、压纹平稳、图纹清晰、精美,复膜压纹辊筒,可上下调换。

- 发明专利：ZL 200410093700.6　一种一次走纸多次压印工位的模压工艺及自动模切烫印机
- 实用新型：ZL 200720099930.2　一种可调蜂巢和模切扳框
  ZL 20072009931.7　一种带存储功能的薄膜传送装置
- 全球领先双工位烫金机 ● 清废功能
- 一次走纸可完成多种工艺功能

图 9 - 43　MK21060STE 双机组烫金模切清废机

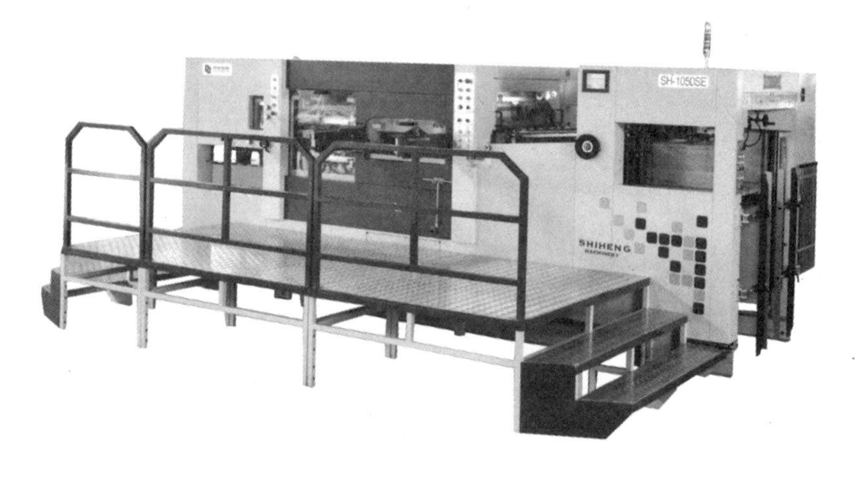

图 9 - 44　SH - 1050SE 高性能全自动模切排废机

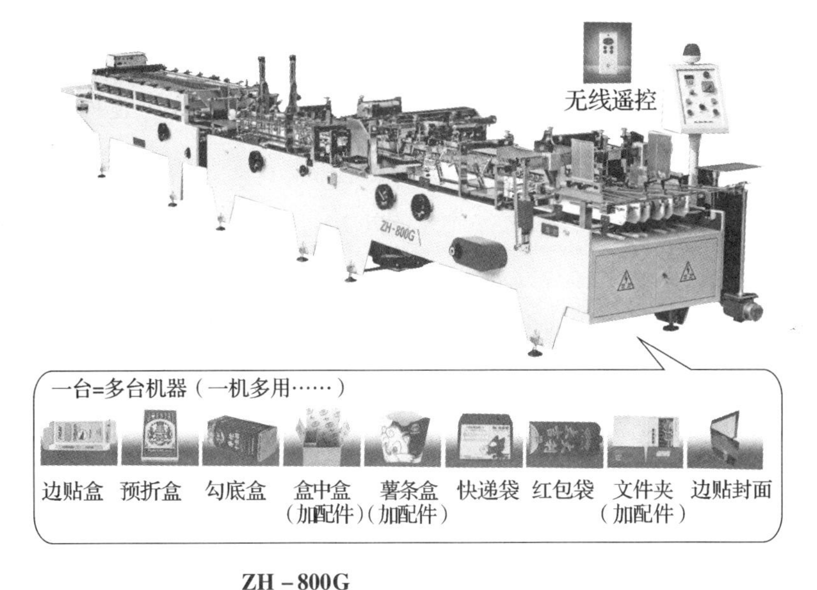

图9－45　ZH－800G / ZH－880G / ZH－1000G　全自动多功能勾底糊盒机

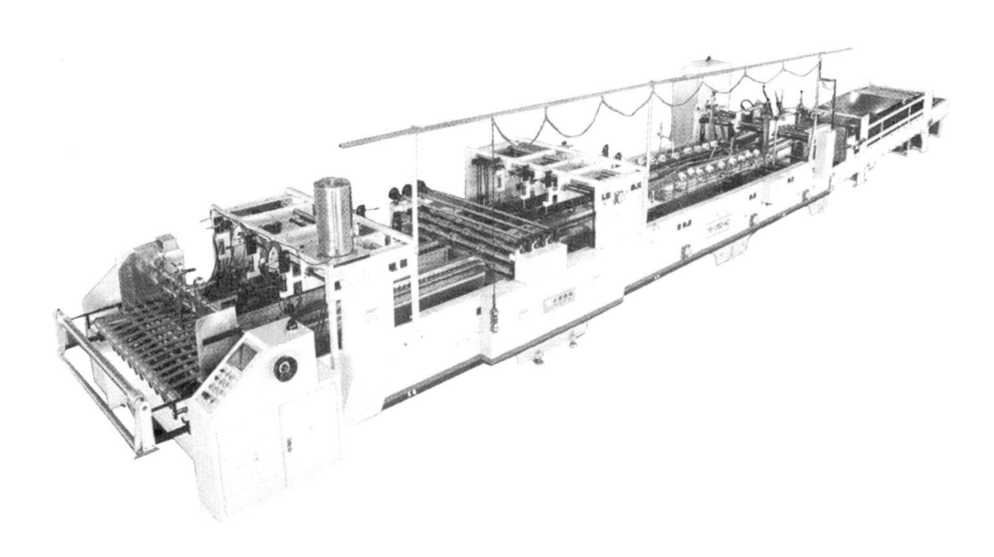

图9－46　全自动糊箱机

第二节　印刷器材

改革开放前，由于印刷技术水平低，生产设备陈旧，造成印刷业整体的落后面貌，而印刷器材的匮乏也是制约印刷技术发展的因素之一。

党的十一届三中全会确立的改革开放的方针是我国印刷器材发展的强大动力。

随着改革开放的不断深入,20 世纪 80 年代开始经历了引进技术→消化吸收→再创新的阶段;20 世纪 90 年代合资合作、企业整合和资本重组,加速了我国印刷设备及印刷器材的升级换代,同时在生产能力与产品水平方面得到了较快提升。

在这 30 年中,我国印刷器材已从一个残缺不全的行业,发展成为基础较为雄厚,产品比较齐全、规模化程度较高的行业。在这期间我国油墨产量已经跃居世界第四,纸和纸板的产量,消费量已经跃居为世界第二,在几乎从零开始的 PS 版产量更是一跃发展到世界的第一位。印刷业所需的其他器材,如:印刷橡皮布、印刷胶辊、电化铝等也实现了从无到有、从小到大的发展里程。我国印刷器材生产发生了巨大变化(如表 9 – 3 所列)。

表 9 – 3　30 年我国主要印刷器材的发展状况

	改革开放初期	2007 年			
种类	生产量	生产量	世界排名	出口量	占总销量的百分比(%)
PS 版	5 万 m^2	20600 万 m^2		16756 万 m^2	32. 55
CTP 版	0	3555 万 m^2	—	1770 万 m^2	52. 36
纸和纸板	438 万吨	7350 万吨	2	450 万吨	6. 17
油墨	2 万吨	37 万吨	4	3. 76 万吨	10. 16
印刷橡皮布	—	108 万 m^2	—	27. 86 万 m^2	26. 03
印刷胶辊	—	142690 万 cm^3	—	4253 万 cm^3	2. 98
电化铝	—	497 万卷	—	45 万卷	9. 05

一、纸张制造业

造纸术是中国古代四大发明之一,我国造纸术曾长期领先于世界各国,对世界文化交流和发展作出过重要贡献。直至 1798 年,法国人路易・罗伯尔发明造纸后,欧美各国逐渐由手工造纸发展为机械造纸,我国造纸业才开始落后于欧美国家。至明末清初,我国各地造纸作坊和工场共有 2000 余户,从业人员近 4 万人,且都为手工操作。主要用途为包装、帐簿、印刷及迷信用纸。

近代印刷术传入中国后,对纸张在数量和质量上的要求均有变化,它既要求纸张能适应机器高速运转;又具有适于油性油墨印刷的适性。中国近代印刷业的发展促进了机器造纸业的发展。19 世纪 80 年代,中国机器造纸厂诞生了。

(一)机器造纸工业的开端(1884 ~ 1894 年)

1. 我国第一家机器造纸厂——上海机器造纸厂。

1882 年，曹子挥私人集资建成了上海机器造纸局，这是中国第一家民族资本机器造纸厂。主要设备为英国 1877 年制造的多烘缸长网造纸机 1 台，锅炉 4 座，蒸锅 4 只。工人 100 多人。1884 年正式投产，用破布、麻绳、废纸和竹料制造漂白施胶的洋式纸张，日产量 2 吨。

由于当时中国的近代印刷业尚处初创阶段，铅印业务量小，土纸石印居多，民间仍以毛笔为主要书写工具，要求纸张吸墨性好，而这正是新式纸张的短处。因而该厂的产品不仅受到进口洋纸的竞争，还因销路限制而难以发展，工厂长期亏损，被迫于 1892 年卖出。几经周折，于 1915 年改组为宝源纸厂。

2. 广州宏远堂造纸公司。

1882 年，广东商人钟星溪集资筹建宏远堂造纸公司，1890 年投产。该厂主要设备是 1886 年英国制造的 90 英寸长网造纸机 1 台，工人约 100 人。该厂于 1890 年正式投产，以破布、废棉与稻草为原料，生产连史纸和粗纸，年生产能力为 804 吨。该厂由于经营不善，严重亏损，于 1905 年改为官商合办企业。

在中日甲午战争以前，机器造纸行业仅有此 2 厂。它们的诞生都早于中国机器纺织业，标志着造纸工业中资本主义生产关系的形成，是鸦片战争后造纸行业的重大发展。

（二）机器造纸工业基础的初步形成

从甲午战争结束至第一次世界大战前的这段时间里，我国机器造纸工业初具雏形，主要体现在厂数的增加和地区的扩大，资本总额和年生产能力都有大幅度的增长。

1. 官办和官商合办的机器造纸厂。

①龙章机器造纸公司。该公司建于 1904 年，是最早的一家官商合办的造纸厂。资本总额为 61 万 6000 元，官股占 13.6%，商股占 86.4%，工厂设在上海高昌庙，占地 60 亩。主要设备有美制 100 英寸多烘缸长网造纸机 2 台，并能自行发电。职工 400 余人。产品以连史纸和毛边纸为主，日产量 10 吨。

②滦源造纸厂。该厂于 1906 年成立于山东济南，是长江以北地区最早的机器造纸厂。名义资本 36 万 4000 元，实际资本 22 万 4000 元，官股占 62.5%，商股占 37.5%，主要设备为德制 90 英寸长网造纸机 1 台。产品有连史纸、包皮纸和火柴盒纸等，年生产能力为 530 吨。

③白沙州造纸厂。1907 年，湖广总督张之洞在湖北武昌创办了白沙洲造纸厂。该厂为官办企业，资本 70 万元。主要设备是比利时制 86 英寸长网造纸机 1 台。1910 年投产，产品为印刷纸、包纱纸和连史纸，年产量 680 余吨。

此外，还有由宏远堂机器造纸公司改组而成的、官商合办的增源造纸厂。在这些企业中，存在着不同程度的封建主义生产关系，落后腐败的管理往往占主导地位，因而都难以维持，甚至长期停产。

2. 各地新建的民营造纸厂。

同一时期，民族资本机器造纸企业在各地兴起，且远至内陆地区，这是造纸行业初具规模的另一标

（1）富川造纸厂。四川历来是我国手工纸的主要产地之一，1905 年建于重庆的富川造纸厂是四川的第一家机器造纸厂。该厂资本 10 万元，工人约 60 人，产品为火柴盒用纸，年产量约 150 吨。

（2）乐利造纸公司。该厂于 1907 年成立于四川成都，资本 10 万元，工人约 60 人，仿制着色洋纸，年产量约 150 吨。

（3）志强造纸厂。该厂于 1910 年成立于吉林，资本 42 万元，工人约 100 人，生产书报纸，年产量约 500 吨。

（4）天津灰堆造纸厂。

（5）北京燕京造纸厂。

虽然机器造纸工业有了初步成长，但在发展中有很大的局限性。首先，进口洋纸逐年增长，对我国造纸业形成了很大的威胁；其次，我国造纸企业资金力量薄弱，经不起风浪；第三，多数厂的产品是机制土纸，“洋机器，土产品”的状况十分普遍。这些产品既不适用于印刷贵重线装书，也不适用于现代印刷。以上局限，使整个行业的基础十分脆弱。

（三）新中国成立至改革开放前我国的机器造纸

新中国建立以后，政府十分重视对造纸工业的发展，机器造纸工业进行了较大规模的改造、扩建和新厂建设工作，生产能力和企业规模都有很大发展，已初步形成了一支科研、设计、设备制造、安装施工及基建管理的配套力量，为进一步发展我国造纸工业奠定了基础。

国家、地方和企业共同投资，发展造纸生产。国家投资主要用于发展商品纸浆、新闻纸、凸版印刷纸、纸袋纸等全国调拨的品种和各种工业、农业、国防、科研等部门所需技术用纸的生产能力，以及酸、碱回收和造纸网、自备热电站等建设项目。各级地方政府和企业的投资，则主要用于发展各地需要的普通出版印刷用纸、书写用纸、生活用纸及包装纸板等品种的生产能力。

第一个五年计划期间，造纸工业基本上以建设大中型骨干企业为主，全国共建设了大中型项目 23 个。其中，有列入 156 项全国重点新建工程的佳木斯造纸厂、广州造纸厂（日产 100 吨新闻纸的扩建工程）、汉阳造纸厂、江西造纸厂等建设工程。

第二个五年计划期间，建成了保定造纸厂、南平造纸厂、辽阳工业纸板厂、芜湖东方纸板厂和江门甘蔗化工厂。

60年代，岳阳造纸厂和镇江纸浆厂等重点工程建成投产。

70年代又有青州造纸厂、乐山造纸厂、柳江造纸厂、扎兰屯纸浆厂和富裕纸浆厂等相继建成。

在抓紧新建、扩建的同时，对一些基础较好的企业进行技术改造，扩大生产规模，提高技术水平。

至80年代，已形成了100多个骨干企业。这些企业生产规模大，技术水平高，经济效益好。如福建省青州造纸厂建设时，引进了一部分国外先进设备，与国内生产的设备相结合，于1970年建成投产。投产后，很快达到了设计能力，只用了3年时间，就收回了全部建设投资，各项生产技术指标均居全国同类企业的前列。

同时，还建成了大批小型企业。1958年以后，出现了数千个"小、土、群"型的小纸厂。这些企业的生产规模小，技术水平低，产品质量差，经济效益低。1961年以后，对这些厂进行了调整和整顿，保留了约500个厂。以后，小纸厂又有了进一步的发展。至80年代，仅全国轻工系统就有小纸厂千余个，还有大量的农村社队和其他部门办的小纸厂。

经过30年的建设，中国造纸工业的布局面貌大为改观。华北、华东、东北3个地区的产量比重下降，其中以东北区产量下降幅度最大。中南、西南、西北3个地区产量比重上升，其中以中南地区尤为突出。造纸工业布局变化使得生产力分布均衡，行业分工趋于合理。

（二）改革开放30年来纸张的发展

1. 纸和纸板产量大幅度提高。

虽然在第一个五年计划完成时期，我国纸与纸板的产量已经是建国初期年产量的8倍，但全国年产也只有91万吨，一直到改革开放初期的1978年，全国纸和纸板总产量仅有438万吨。整个行业的状况是纸厂规模小，年产量大多在5000～1万吨，品种主要有凸版纸、单胶纸、邮封纸、有光纸、新闻纸等极少品种，而高档印刷纸和包装纸及一些特种纸则完全依赖进口，国内最大的造纸厂如佳木斯纸厂、吉林纸厂其产量也只有10万吨。

随着我国印刷事业的快速发展，我国纸和纸板产品近年来有了很大的发展，成为纸和纸板生产与消费大国。总产量自2001年一举超过日本以来，一直保持着仅次于美国，居世界第二位，总消费量10余年来也保持着世界第二。根据中国造纸协会统计，2007年全国机制纸和纸板产量达7350万吨，同比增长13.08%。消费量7290万吨，比上年增长10.45%，从2000—2007年，纸及纸板生产量年均增长13.39%，与此同时纸及纸板的出口量逐年增加,进口量有所降低,2007 年的出口量已达 476 万吨,而进口量则为 402 万吨。纸、纸板品种增长、质量提高。

铜版纸、高档文化、商业用纸,这是和国民经济密切相关的一个品种,上世纪 90 年代初基本上为进口产品。目前一批具有国际水准的项目,包括在建项目总生产能力为 320 万吨,国内总的生产能力将超过国内总需求。

白纸板和白卡纸。主要是制作小包装的材料。目前国产涂布的纸板已居主导地位。2003 年产量 530 吨,进口 104.3 万吨,总销量 645 万吨,较上年增长 20.3%,目前仍是递增的趋势,并有较大发展空间。

箱纸板及瓦楞原纸,是国民经济各行业都要使用的包装材料,而且其产业尺链还在向两头延伸。一头向细瓦楞方向延伸,目的是提高纸箱强度;再一头是向尺寸更大,叠层更多的瓦楞方向发展,目的是用来包装大型设备及其零件,折叠家具等。瓦楞纸的使用还在蓬勃发展中。目前的问题是要限制低档次生产线的再建,加强对现有生产线的技术改造以提升功能。

二、塑料薄膜包装材料

1. 广东省运通塑料(集团)公司,聚丙烯双向拦伸薄膜(简称 BOPP 薄膜)、保鲜膜和塑料珠光膜。

该公司于 1991 年从日本三菱重工引进的聚丙烯双向拉伸薄膜和保鲜膜生产线,投产 4 年多,由于消化吸收工作和管理工作的加强,不论在产品质量,产量和消耗等方面均达到或超过了国家标准和设计能力,1993 年经广东省有关部门组织专家评审,该公司被定为“广东高新技术企业”;1995 年 1 月该公司的 BOPP 薄膜产品被广东省经委确认为“鼓励生产和使用的国产先进技术产品(简称替代进口产品)”。

该公司按 ISO9002 国际标准要求进行操作,使生产质量焕然一新,产品安全性和可靠性指标一级品率达到 95% 以上,1994 年 BOPP 薄膜产量为 4600 吨,超过设计能力的 40%。

该公司继引进 BOPP 薄膜生产线后,于 1993 年 4 月,利用外资又从日本引进具有 20 世纪 90 年代世界先进水平的年产 1.4 万吨级塑料珠光膜生产线,生产技术工艺先进,自动化程度高,节约能源,年产量 1.4 万吨的生产线,生产速度为 260m/min,产品宽度 6300mm,厚度 15 ~ 50μm,整条生产线由微机操作,中央控制。

该公司生产的 BOPP 薄膜、珠光膜广泛应用于食品包装,复合和彩印业,并可代替镀铝膜包装液态物,其关键的质量特性是高强度、高透明度、高平整度,且具有无毒、卫生、美观等特点。

2. 佛山东方包装材料有限公司双向尼龙薄膜。

双向拉伸尼龙膜是一种较新的包装材料，它具有优异的抗穿刺性、抗冲击性、高阻气性和极广的温度范围等特性，是一种高档包装材料。由于其生产技术难度较高，目前世界上只有少数国家生产这种产品。

佛山东方材料有限公司于1993年3月从日本引进平膜法双向逐次拉伸尼龙膜（BOPA）生产线，年产能力为3600吨，1994年已正式投产，实际生产量745吨，创产值3327万元，创利税600余万元，填补了国内空白，为食品高档包装印刷材料提供了生产基地。

3. 普基中山包装有限公司聚酯膜（PET）。

普基中山包装有限公司，是广东省中山市包装印刷工业集团公司与法国普基集团公司于1994年10月合资举办的企业，包括塑料软包装、聚酯膜、不干胶、复合材料、制版、维修等6个企业，聚酯膜（PET）厂是中山包装印刷工业集团公司所属的具有现代先进水平的聚酯膜生产线厂家。

该厂生产线的产品是双向拉伸聚酯薄膜，设计能力年生产3000吨6～50μm的各种规格的薄膜，产品主要用于高性能的包装印刷、电工绝缘和电化铝的基膜。

4. 纸铝塑多层复合无菌高阻隔饮料乳品软包装材料。

青岛人民印刷有限公司自主研制、开发、生产的纸铝塑多层复合无菌高阻隔乳品饮料软包装材料获得成功，打破了长期被欧洲某些企业垄断的局面。

2005年该公司建成了具有20亿只/年生产能力的新型复合包装材料生产线。这种新型包装材料经国家包装产品质量监督检验中心检测和用户使用，性能指标达到国家标准要求，生产过程无污染，废弃包装物可回收再利用，符合国家环保要求，特别是产品价格低于国外公司1/3以上，具有较强的竞争力。2007年产量达12亿只，实现销售额2.96亿元。目前，该公司正在进行第二期工程建设，投产后新增15亿只产能，总产量可达30亿只。

三、印刷版材

（一）胶印版材

1. PS版的研制。

以前国内没有专门的版材厂，胶印版材主要是印刷厂自己制作的蛋白版和阳图平凹版（即涂版）。上世纪70年代初，为配合国家提出的印刷彩色报纸的任务，开始了PS版（预制版）的研制，但主要是在实验室里进行，一直到1975年才在北京市印刷二厂建立了我国的第一个用单版铝板制作PS版的车间，至1978年全国PS版的总产量不足5万平方米。

改革开放初期，由于印前系统需要向照排、电子分色制版方向发展，市场急需PS版，攻克制造 PS 版的关键技术成为当时的重要任务。

(1)自主开发研制 PS 版技术。

在这方面的代表是中国印刷科学技术研究所,该所的 PS 版小试成果于 1978 年获得科学大会优秀成果奖后,国家科委于 1982 年下达了 PS 版中间试验项目,经过深入研究,攻克了国外当时保密性很强的连续化制造 PS 版的关键技术,于 1985 年建成了 PS 版连续生产线,填补了国内的这一空白。之后根据改革开放中确立的关于将科研成果及时转化为生产力,进行规模化生产的指导思想,10 年间不断将最新成果向业内推广,先后在华北铝加工厂,鞍山新华印刷厂、三河 PS 版生产基地、上海界龙印刷版材厂以及广西玉林印刷器材厂等企业建立了 PS 版生产线。此间,国内众多的企业效法实施,使得 PS 版制造技术在全国迅速推广,对于我国的 PS 版发展起到了很大的推动作用。

(2)引进、消化、吸收、创新、提高再发展。

在这方面中国印刷感光材料工业龙头企业乐凯集团第二胶片厂树立了一面旗帜,他们开始引进技术、设备,1990 年全套引进第一条 PS 版生产线投产是为了进一步深化科研,走出自己自力更生的道路。二胶厂的 PS 版正是在这条道路上不断发展壮大,现在已经成为我国最大的 PS 版生产厂家,拥有 5 条 PS 版自动生产线,而且拥有车速达到 35 米/分以上的生产线,跨入世界先进水平。在品种方面已经能够生产各类型的 PS 版和多品种的 CTP 版,这些产品除了供应国内需求之外,还出口到了世界各地。

我国 PS 版的迅速壮大,还与铝版轧制行业的国产化速度有关,正是由于铝版基的设备能力和质量水平的提高,才使得我国从 70% 铝版基依靠进口,到现在以国产化铝版基为主。

(3)感光液形成产业化生产。

PS 版感光液现已形成产业化生产。北京雷鸟、泰州东方两大感光液供应商几乎垄断了除富士胶片、爱克发、柯达和乐凯二胶外的所有 PS 版生产用感光液市场;且各厂家生产的 PS 版感光液质量有明显提高,特别是感光性能,网点及网线再现质量较前几年有显著提高。

中国印刷及设备器材工业协会公布的统计数据表明,目前我国有大中型 PS 版生产企业 50 多家,小型企业数 10 家,拥有卷筒版材生产线 70 多条。2007 年生产胶印版材 2.3 亿平方米(主要是 PS 版,2006 年为 1.8 亿平方米),产品不但满足国内印刷业需求,还有相当数量的版材行销世界各地。2006 年胶印版材出口 5000 万平方米,2007 年超过 6000 万平方米,有近 30% 的版材出口。可以说,我国现已成为世界最大的 PS 版制造国之一。综观 2007 年我国版材制造业的发展,可概括为向规模化发展,向区域化发展,向世界印刷版材加工厂发展。

2. CTP 版是版材向新品种发展的标志。

在 CTP 版材的发展方面，当国际上出现 CTP 技术不久，我国的科研院所和大型企业，从多方面入手研究热敏版、光敏版、银盐版，现在热敏版已经在多家企业生产，由中国科学院投入正式生产。2006 年底，乐凯二胶在南阳白河南华光工业园区的 CTP 版材生产线开工建设，至 2009 年将形成 6000 万平方米的胶印板材年生产能力。

（二）柔印版材

目前江苏泰仪集团公司、上海印刷技术研究所、中国乐凯胶片集团第二胶片厂、大连福莱柔版制版有限公司等已能生产柔印机专用版。

例如国产 GS 版主要有以下几种类型：

1. 通用型。适用于印刷塑料袋、金属箔、纸巾、信封等。

2. 精细型。适用于印刷商标、标签和彩色图片等。

3. 薄版型。适用于印刷书刊、报纸等。

4. 纸箱型。适用于印刷瓦楞纸箱、纸盒和纸袋等。

国产版材虽然在性能及分辨率等方面不如进口版材，但由于价格便宜，在国内还有较大市场，主要用于一些低档产品的印刷。

东洋激光分色柔性版（上海）有限公司完全采用了杜邦公司的全套制版设备、版材和技术，这套设备是亚洲地区最先进的，因而使得国内柔性版制版技术与国际处于同一水平线上。北京轻联包装印刷集团公司所属的北京纸箱厂最近从美国杜邦公司引进了大幅面柔印版技术。西安四方柔版有限公司也引进了荷兰 AV（安合）公司的制版技术。

江苏泰仪集团公司和上海印刷技术研究所分别推出 ZR650、ZR650B、ZBR 系列柔性版制版机等。上述柔性版专业制版企业的投产，解决了一些柔印厂不能制作柔印版的配套设备、材料问题。

（三）网印制版用主要材料

1. 制版用丝网。

我国网印制版用丝网的生产起步较晚，丝网品种基本上是参照国外进口量较多的几种规格，而且受相应的原料、专用器材规格配备的限制和生产设备性能的制约，因此产品规格较少、质量不如进口丝网。

据抽样调查表明，内地网印加工厂每家年平均用量约为 364 平方米，全国年用量约 2000 万平方米，其中 62.2% 用进口丝网。

目前，我国内地制版用低档次丝网已基本满足市场需求，大约有 50 多家生产丝网的厂家，其中具有规模的约 10 多家，从业人员 1000 人左右，年生产量约 1500 平方米，其中 70%

属中低目数(300 目以下的绦纶单丝平纹织丝网)除满足内地市场需求外并有少量出口。

生产丝网的厂家有上海筛网厂、河北安平县印刷网业有限公司、恒发公司、维科公司，还有分布在镇江、太仓、张家港、浙江黄岩、萧山、天台、温州、海南、安徽等地。

2. 制版用感光胶。

30 年来网印制版工艺，从传统制版方式到现代网印制版和数字化直接制版方式，发生了天翻地覆的巨大变化，制版用感光胶也从最早使用的重铬酸胶体系感光胶发展到重氮盐和无重氮盐的彩色感光胶。

现有生产厂家约 50 家，具有一定规模的约 10 多家，产品质量已经能满足国内市场需要，还有部分销往东南亚的国产的水性、溶剂型重氮感光胶以其优良的性能，被广泛用于塑料、纸张、标牌、金属、玻璃、陶瓷、仪表、皮革、搪瓷、纺织印染业等。从业人员约 2000 人，年产量约 2500 吨左右，销售额约 2 亿元。

四、印刷油墨

(一)解放前我国的油墨制造业

我国第一批油墨制造厂。

1. 1913 年 8 月间，叶兴仁在上海美租界东百老汇路(今东大名路)发庆里，创办了我国第一家专业油墨制造的工厂——上海中国油墨厂。生产墨品种分印书墨、印报墨两种。

2. 1919 年 11 月 2 日，旅沪粤商黄景康在上海北四川路崇德里对面白保罗路(今新乡路)泰兴坊，创办了中原油墨公司。

3. 1920 年 11 月间，商人陈醒吾在上海闸北大通路 35 号及 12 号，创办了上海灵生油墨公司，品种有铅印墨、石印墨、誊写墨、调墨油(过去称凡力水 Varnish)等，行销于国内外。

4. 1921 年，上海商务印书馆聘请德国制墨技师勃罗门氏(H. Blume)，特辟专部，从事制造各种胶版、石印、雕刻凹版、三色版、铅版等油墨，不二年，成绩卓著，不亚于舶来品。后勃氏返国，该部即归华人主持。关于技术方面，更加改良，又添制照相凹版用油墨，出品完美，足抵外货，产量日增，除供自用外，还能出售，以应各印刷厂之需求。

继商务印书馆油墨部之后，上海生产油墨的厂家有文化油墨厂、通文油墨厂(通文初建于北平，1924 年始在上海设厂)、骏大油墨厂、公盛油墨厂、赫永油墨厂等。外资工厂则有东洋油墨制造公司(设吴淞路 77 号)、黑越油墨公司(设辽阳路 75 号)及上海油墨厂(设新闸路)等数家。国货油墨以灵生出品最多。

解放前我国的油墨工业和其它工业一样，带有殖民地、半殖民地性质，基础脆弱，大多是改制加工的作坊式生产，产量很少，只能生产低级铅印油墨等品种，稍高级的油墨全赖进口。

（二）新中国成立后至改革开放前我国的油墨制造业

解放后，随着印刷工业的发展，逐步建立形成了我国比较完整的油墨工业体系。

解放初期，我国油墨工业主要分布在天津、上海、广州三个地区，1949 年天津市成立了我国第一个国营油墨工厂——中国人民银行所属 545 厂，即现在天津市油墨制造厂。当时天津还存在 8 个私营小型墨厂，这些厂于 1959 年并入天津市油墨制造厂。上海市原有 40 多个规模很小的私营油墨厂，在 1957 年合并为公私合营上海油墨厂，即现在的上海油墨厂。广州原有数家私营油墨厂，也于 1957 年合并，即现在的广州油墨厂。我国其它地区如北京、芜湖、昆明等地也有数家规模不同的小型私营油墨厂。在这些工厂中，以天津油墨厂具有较强的综合生产能力，自产颜料、连结料等半成品。上海油墨厂自产部分半成品颜料。杭州油墨厂是在杭州油漆厂基础上分出的一个生产油墨车间，逐步发展成目前的杭州油漆油墨厂。

我国在 20 世纪 60 年代先后成立了一批中型油墨工厂，诸如山东省江南油墨厂、甘肃省甘谷油墨厂，湖南省长沙油墨厂、吉林省通化油墨厂。

20 世纪 70 年代又建立了北京市油墨厂。

改革开放初期，我国有近 30 家油墨厂，这个时期我国油墨生产工艺落后，设备简陋，油墨品种单一，多数是书刊铅印墨，树脂胶印印墨属高档产品，所占比例很少。受技术条件及企业规模的限制，当时全国油墨的年产量大约只有 2 万吨。

（三）改革开发 30 年我国油墨制造业的发展

据不完全统计，中国油墨产量 2007 年达到 38 万吨左右，比 2006 年增长了约 13.5%，稳居全球油墨第四大生产国之位，仅次于美国、日本和德国。表 9－4 是 2007 年中国前 10 名油墨制造商排行榜，表中列出的这 10 家油墨制造商的油墨产量共计 18 万 4188 吨，比 2006 年增长了约 12.5%，约占 2007 年中国油墨总产量的 48.5%。而且，所统计的前 10 名油墨制造商 2007 年的油墨产量全部超过万吨，排名第一位的天津东洋油墨有限公司的油墨产量比 2006 年增长了 19.7% 左右，广东天龙油墨集团有限公司、杭华油墨化学有限公司和上海油墨泗联化工有限公司的油墨产量分别增长了 17.1%、15.5% 和 14%。以上充分显示出：中国油墨市场仍在稳步发展之中。

表9-4　2007年中国前10名油墨制造商产量及主要产品(供参考)

排名	公司名称	产量(吨)	主要产品
1	天津东洋油墨有限公司	32000	胶印油墨、凹印油墨等
2	叶氏油墨有限公司	26483	凹印油墨、胶印油墨
3	太原高氏劳瑞油墨有限公司	26453	轮转胶印油墨、凹印油墨等
4	杭华油墨化学有限公司	26000	胶印油墨、凹印油墨、UV 油墨等
5	广东天龙油墨集团有限公司	14000	水性油墨
6	上海牡丹油墨有限公司	13067	胶印油墨
7	浙江永在化工有限公司	12548	凹印油墨、胶印油墨、UV 油墨等
8	深圳深日油墨有限公司	11873	高档胶印油墨
9	上海油墨泗联化工有限公司	11370	胶印油墨、凹印油墨等
10	上海 DIC 油墨有限公司	10394	胶印油墨、凹印油墨等
合计		184188 吨	

中国油墨产品结构发生了重大变革,不仅油墨产品的类型和品种不断增加,质量标准水平不断提高,产品无污染化也在不断改进。

1. 胶印油墨。胶印油墨分为单张纸和卷筒纸(轮转)胶印油墨,单张纸胶印油墨在国内印刷市场一直保持着稳步上升的态势,随着印刷机的创新和改进,国产单张纸胶印油墨适应了高速、多色、快干和节能等方面的需求,不断开发出新型产品,扩展了在包装印刷领域的应用,满足了包装印刷"高光、色泽鲜艳和耐摩擦"等方面的性能要求;轮转胶印油墨也适应着快速增长的报业及商业印刷市场的需求,报纸印刷油墨的质量水平和产量不断提高,有的油墨制造商还研制出热固型轮转胶印油墨产品并投放市场。据不完全统计,近两年中国胶印油墨产品在印刷市场中所占比例上升至50% ~60%,在中国油墨市场仍处于重要地位。当前,天津东洋油墨有限公司、杭华油墨化学有限公司、上海牡丹油墨有限公司、深圳深日油墨有限公司等中国胶印油墨制造商生产的胶印油墨仍主导着中国油墨市场。

2. 凹印油墨。凹印油墨基本上以溶剂型为主,主要用于食品和日用品等包装印刷。其分为两种:塑料凹印油墨和纸张凹印油墨。前几年,由于塑料包装印刷的快速增长,塑料凹印油墨市场也出现了增长势头,近两年,随着一些中小型油墨企业的不断涌现,塑料凹印油墨市场竞争非常激烈。目前,塑料凹印油墨多数仍以氯化聚丙烯树脂和苯溶型聚酰胺树脂为连结料,所以,油墨生产和印刷过程中仍会使用甲苯或二甲苯的混合溶剂 ,对环境和操作人员的身体健康都有不利影响。

水性凹印油墨正处于发展阶段，主要用于烟包、壁纸、餐巾纸等印刷，其市场潜力巨大。目前，虽然广东天龙油墨集团有限公司和叶氏油墨有限公司等油墨制造商已研发出一系列应用于包装印刷领域的水性凹印油墨，但是，目前的水性凹印油墨的印刷性能和印刷质量水平仍达不到溶剂型凹印油墨的标准，且水性凹印油墨的成本太高。无论是塑料凹印油墨还是纸张凹印油墨，目前推出的无苯聚氨酯树脂油墨和醇溶性油墨也是过渡产品，因为相容性等问题会对印刷设备及印刷效率带来不利影响。

3. 柔印油墨。现阶段水性柔印油墨发展很快，已占水性油墨的90%左右，主要用于瓦楞纸箱印刷，占整个柔印油墨市场70%左右的份额。相对来讲，瓦楞纸箱印刷油墨的生产厂较多，通常质量水平不是太高，该市场已趋于饱和；而高档纸箱用水性柔印油墨将称为主流，中高档水性柔印油墨正处于发展阶段，其制造商尚不多。

天津东洋油墨有限公司、陕西新世纪印刷材料有限公司、济南鲁阳油墨化学有限公司等经过开发研制，已能大批生产柔印用水性墨系列产品和柔性版 UV 光油及辅助材料系列，质量基本稳定，可供高档彩色网线柔版印刷使用。

4. 网印油墨。除丝网外，网印油墨在消耗材料中居第二位。

我国内地网印油墨的市场发展可以说是从无到有，从少到多的过程。现在生产网印油墨的厂家约50家，上规模的约28家，生产品种约130多种，从业人员约1500人。抽样调查表明：内地每家网印企业的年均总用墨量为782kg，全国年用量约为2万吨。国产网印油墨的年产量约9000多吨。产值约2.7亿元。总的来说，我国内地生产的网印油墨门类比较齐全，既有适合各种承印物的溶剂型油墨，又有最新的水基油墨和紫外线光固油墨。但高质量、高精细印品的网印油墨和特种用途的网印油墨（如 PCB 电子线路板工业用油墨等）仍需大量进口，进口产品的年销售额约3亿元人民币。

近年来，网印油墨的市场需求量呈上升态势，主要原因：一是引进国外网印机和网印技术的企业日趋增多；二是户外广告印刷的快速发展；三是网印油墨适用的承印物范围广，包括塑料、金属、纺织品及玻璃等材质。

5. 特种油墨。随着人们生活水平的提高，防伪油墨、喷印油墨、荧光油墨、UV油墨、导电油墨等特种油墨在国内印刷市场的份额也日趋增大。

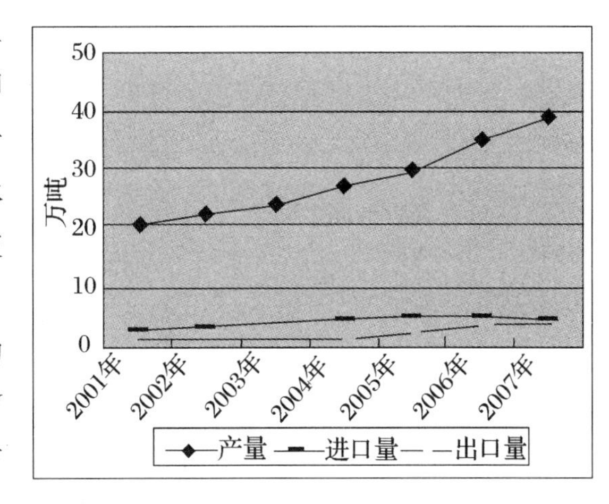

图9-47　我国油墨产量、进、出口量变化图

近年来我国油墨不仅在产量上有了较大的提高，还表现在油墨的出口量有了增加，进口量在多年连续增加后，于去年首次出现下降趋势（如图 9－47 所示）。

五、感光材料制造业

制版感光材料，是印刷工业的重要原材料。制版感光材料制造业是印刷器材生产业中最为年轻、发展极快的一个。随着印刷技术的发展，制版感光材料的用途日益广泛。20 世纪 50 年代以前，我国没有感光材料工业，所需的感光材料均依靠进口。直至 20 世纪 60 年代初，印刷工业所用的感光材料，除了印刷厂自制湿片之外，仍使用美国柯达公司、西德阿克发公司等进口货。

（一）国产印刷制版胶片的起步（1959～1965 年）

1. 第一批国产印刷制版胶片的诞生。我国第一家生产印刷制版胶片的工厂是汕头感光化学厂（现汕头市公元感光材料工业总公司）。该厂创建于 1953 年，是国内建厂最早的感光材料厂，原先主要生产民用照相胶卷和照相纸。

1959 年，该厂与《南方日报》美术印刷厂挂钩协作，率先研制印刷制版胶片。他们从通用的、易上马的品种开始试制，经过两年的努力，试制成功中性全色胶片。经《南方日报》美术印刷厂等单位试用合格后，小批量试产试销。

这是我国最早出现的国产印刷制版专用胶片，是我国生产印刷感光材料的起点。

1964 年秋，相继试制成功“公元”牌 PA 硬性全色片、PB 中性全色片、PC 软性全色片、SP 特硬全色片、OA 硬性正色片、OB 中性正色片、OC 软性正色片和 SO 特硬正色片等 8 个配套品种，并正式投入批量生产。其中 PB 中性全色片在 1964 年全国新产品展览会上获得国家三等奖。

2. 新闻传真胶片的问世。在试制制版胶片的同时，国内各感光材料厂为了适应不同印刷单位的需求，积极研制其它新产品。

当时，《人民日报》等全国发行的报纸，用专机将印版纸型运送到各地，再浇铸铅版印刷。有些边远城市往往要等一周甚至十几天才能印刷发行，新闻早已成了“旧闻”。为了解决及时传播新闻这个迫切问题，国家邮电部电讯总局组织了报纸传真印刷技术攻关。

1964 年至 1965 年，上海感光胶片厂和汕头感光化学厂相继试制成功正色传真片，基本达到使用要求。

1965 年底，汕头感光化学厂根据当时传真接收机扫描光源的光谱成分分布曲线，研制成光谱增感性能与光源基本匹配的 PT 全色传真片。该产品颗粒细，清晰度和分辨率高，有效地提高了传真版的质量，受到了使用单位的欢迎，并由邮电部定点生产，供应全国。

（二）印刷制版胶片的定型和明胶干版的生产（1966～1976年）

1. 印刷制版胶片系列的定型。1968年，汕头感光化学厂为了使产品进一步适应印刷单位的需求，对公元牌8个配套品种进行配方改革，全面调整技术指标，力求使配套产品系列更加合理实用。其中，采用新技术对SO特硬正色片和SP特硬全色片两个网点片品种重新配方。通过改进，8个品种的产品质量明显提高，受到用户好评。自此，公元牌制版胶片系列品种正式定型，批量生产，供应全国印刷厂。

2. 以干代湿——明胶平版的生产。在照相制版工艺中，经常需要使用低感光度、特高反差的感光材料，满足这一需要的最好材料是网点胶片。但由于国产制版胶片起步晚、价格高，直至60年代末期，印刷行业仍沿用落后的湿版工艺，由各印刷厂自行制备玻璃湿片。使用湿版要经过浇罗甸、浸银、氰化钾定影等一系列工序，操作繁复，技术难度大，工作效率低，还必须即制即用，质量难以稳定，而且污染严重，原材料消耗大。此外，湿版不适应接触网目或接触拷贝新工艺，不利于采用新技术。在相应的软片一时尚无条件推广使用的情况下，以干代湿，用明胶干版取代湿版，成为淘汰落后的湿版工艺的较好选择。

自20世纪60年代中期起，北京、上海等地都先后试制成功明胶干版，并形成一定的生产能力。

1965年，北京新华印刷厂首先研制成功明胶干版，并于60年代末制作了专门设备，批量生产明胶干版，除满足本厂需要外，还供应北京市和华北地区部分印刷厂。

1966年，上海在上海市印刷二厂成立了明胶干版筹建小组，于1967年生产出第一批明胶干版。同时，还根据上级的指示，为无线电行业研制了高反差微粒干版。他们采用逆转瞬时法，成功地生产出这一产品，供印刷无线电电路板和晶体管集成电路板拍摄初缩版用。该产品供全国几十个单位使用。我国制造第一颗人造卫星时，就使用了上海市印刷二厂生产的高反差微粒干版。

1970年，上海市印刷二厂的明胶干版车间迁入上海市印刷八厂，印刷八厂成为明胶干版专业生产厂。印刷八厂职工经过几个月的努力，自行设计制造了玻璃磨边、玻璃精洗、乳剂冷冻、切条、水洗以及纯水制备等一整套专用设备，从水处理、乳剂制备、玻璃处理，涂布、冷凝到干燥，形成了完整的一条龙流水作业线。班产乳剂75公斤，涂布对开干版600多块。

当时，国内一般采用明胶品红防光晕层来解决光晕问题，但这种方法要求冷冻分层涂布，不适应半自动流水作业，而且需用人工在定影以后铲除防光晕层，很不方便。上海市印刷八厂经多次试验，成功地采用了“苯丁防光晕层”。此法不仅便于流水线生产，而且防光晕层在定影以后会自行脱落，深受制版工人的欢迎。

上海市印刷八厂是国内第一家明胶干版专业生产厂。其产品种类有:①2×460×600mm 高反差微粒干版,供印刷无线电线路板和集成电路初缩使用。②5×600×900mm 影像干版,供书刊制版使用。③5×600×850mm 彩印加网干版,供平印照相制版使用。该厂产品主要供应上海市和华东地区的印刷厂使用。

同时,还有一些印刷厂自行小批量生产明胶干版,供本单位使用。

国产明胶干版的生产和推广使用,对我国印刷制版淘汰落后的湿版工艺,提高制版质量,采用先进技术,起过重要的促进作用。

(三)印刷感光材料生产的全面发展(1977~1980年)

我国印刷工业的发展,对制版感光材料在品种、质量和数量上都提出了新的要求。在新的形势下,国内各感光材料厂和科研、教学及使用单位在新产品的研制方面,取得了可喜的成果。

1. 照相排字纸和照相排字片的生产。我国自70年代起,印刷行业逐步采用照相排字工艺。排版工艺从热排到冷排的重大革新,对印刷感光材料的生产提出了新的品种要求。

1977年,汕头感光化学厂首先试制成功供手工照排使用的照相排字纸。这种公元牌照排纸是一种在140g/m^{2}的纸基上涂上感光乳剂层的感光纸。具有反差高、感光度高、宽容度大的特点,与早期的国产手动照排工艺相匹配。以后,照排机不断升级换代,自动化程度越来越高,照排机的种类也随之增加,需要不同感光特点、不同规格、不同包装的照排纸与之匹配。为了适应客户的需要,汕头感光化学厂又逐步开发成功照相排字纸系列化品种。

1978年,沈阳七二一二厂自行生产照排专用胶片,不仅满足本厂的需要,还可以少量供应其它印刷厂。

由于照排技术有广阔的发展前景,所以许多感光材料厂竞相开展照排片的研制。如汕头感光材料厂,辽源胶片厂,化工部第一胶片厂、第二胶片厂等,都于1980年前后研制成功满足手动照排工艺的各种照排片。而且抓紧开发自动照排机专用的激光照排片,为满足以后汉字自动照排体系对感光胶片的需求奠定了坚实的基础。

2.“以软代硬”目标的实现。“以软代硬”,即用网点软片完全取代湿版和明胶干版,以求使制版质量提高到新水平。

70年代后期,国内许多感光材料厂都把研制生产质优价廉的网点胶片作为攻关课题。

1979年初,汕头感光化学厂试制出SN色盲网点片,这一品种可以替代湿版和明胶干版。但因用途窄、产量低、成本高而未能大量投产。后来又试制成功了通用型的SOⅡ型特硬正色片和CS特硬复制片。这两种感光片都能满足使用要求。

1980年，化工部第二胶片厂利用自己生产的涤纶片基试制成功YZ—600正色性网点片。该产品各项性能符合使用要求，特别是生产成本低，具有很强的市场竞争力。该厂后来又投产了YZ—800型新一代网点片，质优价廉的特色更为突出，广受用户的欢迎。

天津感光胶片厂在20世纪50年代试制制版胶片的基础上，也研制成功网点胶片等样品，供有关单位使用。

由于各感光材料生产企业的积极开发，在进入20世纪80年代以后，制版工艺"以软代硬"的目标已基本实现。

3. 可剥离制版胶片的生产。可剥离制版胶片是一种供特种制版工艺使用的产品。1979年，汕头感光化学厂研制成功Kb－1型可剥离胶片。该产品是在厚度为0.1mm的片基上先涂布可剥离层，然后再涂布专用乳剂而成的微粒高反差正色片。经过曝光冲洗后，可把拍摄或翻晒有文字、符号或图案的小面积药膜层从支持体上剥离下来，移植到别的版面上。该产品主要用于地图基版的注释值字，或用于其它制版工艺中的改版。由于这种胶片剥离下来的画面层薄而透明，移植到已制作好的基版上面后，基本上不增加移植部位的密度，可直接投入晒版或拷贝，省去整版翻拍或翻晒的工序，对于提高制版质量和制版率、降低成本有很大意义。

4. 电子分色扫描网点片。20世纪70年代中期，电分制版在国内迅速推广，从而促进了国产电分胶片的研制。自1975年起，汕头感光化学厂、科学院感光化学所、华东化工学院、沈阳化工研究院、上海感光胶片厂、厦门感光公司等单位均投入了强大的科研力量，竞相研究开发。到20世纪80年代已相继试制出配套辉光管光源用的电分片和适应激光光源用的电分片样品，初步达到使用要求。

印刷业随着CTP技术的发展和应用，采用制版胶片的数量会有所下降。然而面对我国的众多印刷厂，印前技术还存在多种方式的情况下，使用印刷胶片的厂家还占有相当大的比重。

近年来印刷胶片生产和进口数量仍然一直在上升，以感光胶片为例，2001年全国产量为813万平方米，2007年产量则为1300万平方米，增长率接近60%。然而，由于目前国内使用PS版的数量仍占相当大的比重，我国对于印刷胶片需求量很大，导致进口胶片的数量不断大幅度增加。

六、胶印橡皮布

橡皮布作为胶印过程中重要的材料，对于印刷品质量有着重要影响。

1956年以前，国内所需的胶印橡皮布全部依赖进口。20世纪60年代，上海印刷器材制造厂在北京、上海有关科研单位的协助下，先后试制成功以天然橡胶为面胶的胶印橡皮布和以合成橡胶为面胶的耐亮光树脂油墨的橡皮布，产量基本上可以满足国内需要，且有部分出口。1976 年该厂又试制成功 17 - 3 胶印橡皮布，以适应印刷机向多色、高速方向发展的需要。1980 年经过技术鉴定表明，新橡皮布性能良好，耐印率提高了三分之一，与此同时，印铁橡皮布、胶印轮转橡皮布等新产品相继问世。

随着单张胶印技术的发展，高速印刷已经非常普遍，因此，适应高速印刷已经成为橡皮布最基本的要求。而近两年，气垫橡皮布的应用越来越多，当之无愧地成为了市场主力军。而且大部分气垫橡皮布已采用铝卡或铁卡，不再使用螺丝夹板，以减少橡皮布安装时间，提高效率，迎合窄缝、无缝等现代印刷机的需求。

我国橡皮布年生产量在 100 万平方米左右，产销基本平衡。平均销售价格 222.20 元/平方米，而在总生产量中，气垫橡皮布约占 40% 。

我国上海与日本合资的上海明治橡胶制品有限公司，为我国印刷橡皮布制造业的领头企业，年产 25 万平方米左右，生产多系列、多品种及多种型号的高档气垫橡皮布，其内销产品大多用做海德堡、曼罗兰等进口印刷机的配件。上海三鼎、新星和游龙等公司也有气垫橡皮布出口。这表明我国的气垫橡皮布在国际上已获得一定认可。但目前，部分国内高档印刷仍使用进口气垫式橡皮布，其中较为著名的品牌有美国 DAY，日本明治、金阳，法国罗森(Rollin)，意大利火神(Vulcan)等，这说明国产优质高档橡皮布尚不能完全满足我国高速发展的印刷业需求。

国内实垫式橡皮布的生产厂家多为中小企业，其中以春蕾和星牌产品口碑较好。

七、印刷胶辊

国内原有印刷胶辊企业约为 400 多家，但具备一定规模者不多，个体作坊式小厂占据绝大多数，这些小企业装备水平差、技术落后，生产的中低档次产品占据了国内市场主导地位。

随着印刷机朝高速，多色化发展，人们对于胶辊的印刷适性、使用寿命、加工精度、环保性能等的要求不断提高，对于关键部位的靠版墨辊和水辊等要求更加严格，这种情况推动了胶辊行业的快速进步，近年来一些企业在增加品种、提高档次和优化质量的研制开发工作中，取得了成效。例如，河北省冀州市春风银星胶辊有限公司，曾荣获国家科学技术金奖、河北省名牌产品、质量效益型先进企业等多种殊荣，是我国当今印刷胶辊制造中为数不多，并具有研制开发能力的企业之一，设备年生产能力 10 亿立方厘米以上，居全国同行之首。银星牌胶辊已经形成了 11 大系列，万余种规格型号。其内销部分除供国内一些主要印刷机械制造商产品配套外，也有相当部分应用于海德堡、曼罗兰、富士通、滨田等进口印刷机配件。

上海豹驰春蕾胶辊有限公司，是由豹驰集团、上海印刷新技术（集团）有限公司和日本等三家联袂投资组建，采用引进的先进设备、先进技术、进口原材料和先进管理经验，专门生产高档印胶辊。采用美国犀牛牌胶料、专门生产水辊和墨辊；采用日本原料，专门生产UV辊。

根据中国印刷及设备器材工业协会统计，自2002年至2006年期间，我国胶辊的产量每年大致以12%速度递增，到2006年全国胶辊的年产量已达30亿立方厘米，而2007年我国的印刷胶辊总生产量首次出现下降。造成销量下滑原因是：中、低档产品的销售市场不断下降，出现供大于求。

尽管国内胶辊行业有了较大进步，但由于当前进口新印刷机较多，各种以配件形式进口的胶辊还占有相当大的比重。

八、电化铝

电化铝是烫印装饰加工的重要材料。

据中国印刷及设备器材工业协会统计，我国近几年来电化铝的产量一直在400万卷~500万卷之间，2007年生产总量为497万卷。在多品种方面，我国电化铝生产已初步形成了金、银系列、颜料系列、皮革系列、纺织系列、防伪系列和镭射系列等多个品种，以及亚金、亚银、红、橙、绿、蓝和黑等多种颜色，以适应于不同领域、多方位、多规格要求的产品。国产电化铝在供给国内市场消费的同时还有部分产品在国际贸易中出口销售。

最近，国内有实力的生产企业，引进国外先进设备和技术，采用进口原材料生产出了高档产品供应国内外市场。如：上海申永、无锡华虹、南方镭射、佛山星光以及华工科技等。华工科技研制开发的电化铝“白沙金世纪”全息定位烫印防伪标识新产品，曾在国际全息制造商协会举办的“全息包装全息印刷国际年会”上夺得“国际最佳防伪奖”，这一新技术成功推动了当今烫印技术的迅速发展。

第十章　包装印刷管理与科教事业的发展

第一节　包装印刷管理

一、主管部门

（一）新中国成立前的包装印刷管理

由于印刷品的内容长期以来基本上是书籍图画等文化宣传用品，包装装潢印刷品极少，即使有也甚为简单，因此，政府对它的宏观管理，都是视作新闻出版的一个附加部分加以控制的，如民国三年（公元1914年），由当时的北洋政府颁布的我国第一部出版法中第一条规定："用机械或印版及其他化学材料印刷之文书图画出售或散布者，均为出版。"对出版在法律上的这一定义，以后除个别文字有所修改外，一直被历届的国民政府所应用。它规定"第二条出版之关系人如下：一著作人；二发行人；三印刷人；……"并明确规定印刷人的含义为："印刷人以代表印刷所者为限"，所以印刷所也被作为出版的一个组成部分，按照出版法的要求进行宏观管理。

（二）新中国成立后的包装印刷管理

新中国建立初期，各地的书刊印刷厂分别由新华书店或新华印刷厂总管理处领导，1952年出版总署成立后则由该署的印刷管理局主管书刊印刷业。此后，机构多次变动，取消出版总署，由文化部成立出版事业管理局，或成立国家出版局、成立新闻出版署，但不管如何变动，书刊印刷企业均隶属于主管出版的国家行政部门管理，地方则由地方出版行政部门或文化行政部门管理。新中国成立初期，包装装潢印刷都是一些小的类似手工作坊式的工厂。如上海当时有数百家这样的私营厂，1955年全行业公私合营后，改组成20多家，属区工业管理，1962年开始划归上海文教体育用品公司。

20世纪50年代的北京包装印刷小厂由地方工业局管理。1965年，北京市第二轻工业局率先成立起包装装潢印刷的专业公司——北京市包装装潢工业公司，这是在大城市里包装印刷在行业管理上迈出的决定性的一步。

1966 年,文化大革命中,北京市包装装潢工业公司被撤销。

1979 年,国家经委成立了中国包装总公司。

到 1980 年时,包装印刷的行业组织机构纷纷成立,不仅北京市包装装潢工业公司得到了恢复,上海、天津、沈阳、广州等市的包装装潢工业公司也相继成立。全国已有此类公司 20 余家,这使包装印刷工业的专业化管理得到了进一步加强。1980 年 10 月 21 日,中国包装技术协会宣告成立,它所属的包装印刷专业委员会也相继成立(见表 10-1、表 10-2)。

1984 年 6 月成立轻工部包装公司,统筹规划包装印刷工业的生产和建设工作。

1986 年 4 月成立轻工部包装印刷联合总公司及 35 个省、区、市成立联合公司。

经贸部也成立了包装进出口总公司,管理全国外贸系统的包装印刷厂。

总的管理体系可用 8 个字概括:即"谁用、谁建、谁有、谁管",行政管理上各成系统,不相统属,只是在技术上、工业上、管理经验上,企业根据自身的需要,相互进行交流和学习。所有这些组织机构的建立,都为加速包装印刷的专业化进程、完善包装印刷体系、推动包装印刷的更快发展创造了条件。

表：10-1 中国包装技术协会及所属工业委员会组织系统表

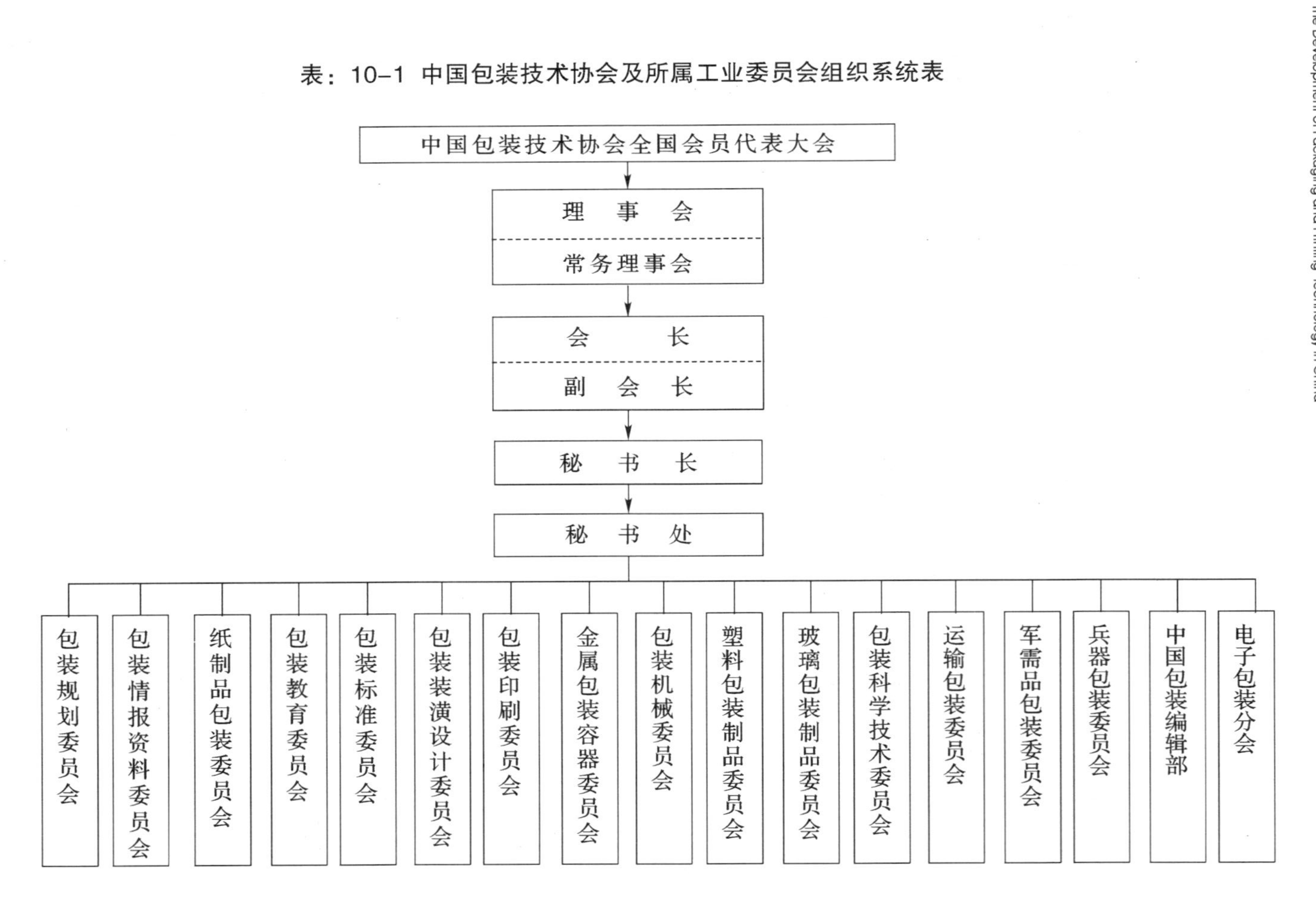

表:10－2　中国包装技术协会各专业委员会成立时间及挂靠单位

序号	名称	成立时间			挂靠单位	通讯地址
		年	月	日		
1	包装规划委员会	1981	3	5	中国包装总公司计划部	北京市东长安街31号
2	包装情报资料委员会	1981	3	4	中国包装科学研究所	北京市崇文区法华寺街69号
3	纸制品包装委员会	1981	4	16	轻工业部造纸局	北京市西城区阜外大街乙22号
4	包装教育委员会	1983	3	19	中国包装总公司培训部	北京市东长安街31号
5	包装标准委员会	1981	3	17	国家标准局一处	北京市阜外成方北小街2号
6	包装装潢设计委员会	1981	3	17	北京二轻包装装潢工业公司	北京市东城区样尉胡同10号
7	包装印刷委员会	1981	3	25	上海市包装装潢工业公司	上海市河南中路505号
8	金属包装容器委员会	1981	4	11	轻工业部食品局	北京市广渠门夕照寺30号
9	包装机械委员会	1981	4	14	国家机械委食品包装机械公司	北京复兴门外南礼士路头条7号
10	塑料包装制品委员会	1981	5	4	轻工业部塑料局	北京阜外大街乙22号
11	玻璃包装制品委员会	1981	5	24	轻工业部一轻局	北京阜外大街乙22号
12	包装科学技术委员会	1982	10	4	中国包装总公司科技部	北京市东长安街31号
13	运输包装委员会	1982	11	24	物资部木材局	北京市西城区月坛北街
14	军需品包装委员会	1984	1	23	总后工厂部	北京326信箱　丰台路75号甲12号
15	兵器包装委员会	1985	1	6	国家机械兵器委发展司综合技术处	北京市
16	电子包装技术分会	1986	12	16	电子工业部	北京159信箱包协
17	建材分会	1987	4		国家建材局包检办	北京西城区甘家口

二、技术交流与质量评比工作

(一)改革开放前开展的经验交流与产品标准化工作

随着包装印刷事业的发展和包装印刷生产规模的日益扩大,以及人们对包装印刷产品质量的要求日益提高,开展地区之间、企业之间的经验交流活动,就成为摆在包装印刷业同仁们面前的一项极为迫切的课题。开始时,北京、上海、天津和广州四个城市的包装印刷单位,于1964年9月在上海召开了第一次商标印刷经验交流会。后来,沈阳市的包装印刷单位也参加了进来,由四市发展为五个城市的交流。“文化大革命”期间,这种行业间的经验交流活动,曾一度中断,到1975年11月,五市又恢复了这项交流活动。从1977年第四次交流会开始,也邀请五市以外的代表参加。从1980年第七次交流会开始,外贸无锡印刷厂正式加入这一交流活动,从此就成为五市一厂的交流活动。历次经验交流会的情况如表10-3所列。

表10-3　历次五市一厂商标印刷经验交流会情况

次数	时间	地点	主办单位	参加单位	代表人数
第一次	1964.9	上海	京、沪、津、穗四市	24	52
第二次	1965.8	北京	京、沪、津、穗、沈五市	31	61
第三次	1975.11	广州	京、沪、津、穗、沈五市	43	79
第四次	1977.9	沈阳	京、沪、津、穗、沈五市	54	101
第五次	1978.9	天津	京、沪、津、穗、沈五市		
第六次	1979.10	上海	京、沪、津、穗、沈五市		
第七次	1980.10	北京	京、沪、津、穗、沈五市及无锡厂	68	118

在历次交流会上,一直坚持在会间进行样品观察和评选活动。几次会先后共收到评比样品1680件,文章70余篇。交流会上评选出的优质产品,有北京市的《蜂王精》药盒、《烤鸭》包装盒;上海市的《宇宙》毛巾盒、《大白兔》糖果袋、绣花被套包装盒、《牡丹》被单包装袋;天津市的《芦台春》酒盒、《咪咪》吊牌、毛毯包装盒;广州市的菠萝罐头商标、《珍珠酒》标贴;外贸无锡印刷厂的茶具大包装盒等。这些优质包装印刷产品,较集中地反映了我国包装印刷行业,运用多种工艺,在不同材料上进行加工的能力及水平。

历次交流会,广泛地交流了企业管理、产品质量管理、新技术新工艺的推广以及技术力量的培训等方面的经验。

五市一厂开展的这项交流活动,是包装印刷行业进行技术交流的好形式,对于我国包装印刷技术的进步起到推动作用。首先，它促使各包装印刷企业不断完善各项规章制度、提高管理水平。其次，它促进了包装印刷行业新技术新工艺的推广，如上海的压凸、烫金、大面积凸版印金；北京采用水调油墨的胶凸结合印刷高档包装；天津的照相制版数据化、大面积墨图套印；沈阳的磁性版台；广州的垫版工艺与一次胶印印金等，都陆续为各印刷厂所采用。第三，它在包装印刷的标准化工作方面进行了有益的探索。从 1977 年 6 月起，五市为统一本行业的印刷质量标准、产品质量评比办法以及统一纸张消耗标准、工人技术等级考核标准、经济技术指标的计算方法等，先后召开过专题会议，进行了研究与协商。

值得指出的是，这个五市一厂的交流活动，在一段时间里，虽然在地区上、涵盖面上都还有很大局限，但是在实践上，它确为在 1980 年 12 月 21 日成立的中国包装技术协会下的包装印刷委员会，在组织上、技术上，起了筹备与奠基的作用。

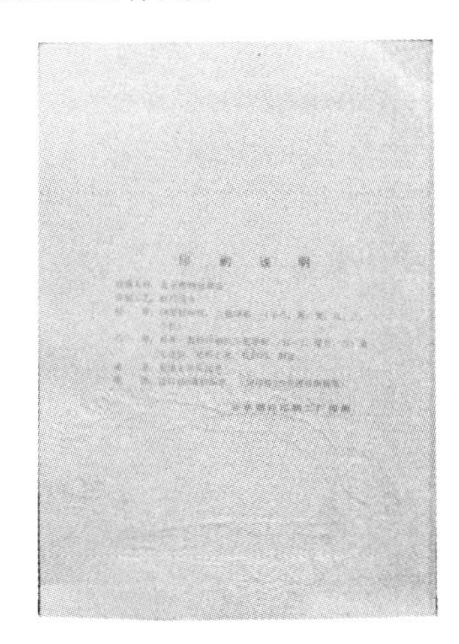

图 10－1　北京烤鸭压凹凸包装盒

（北京商标印刷二厂印）

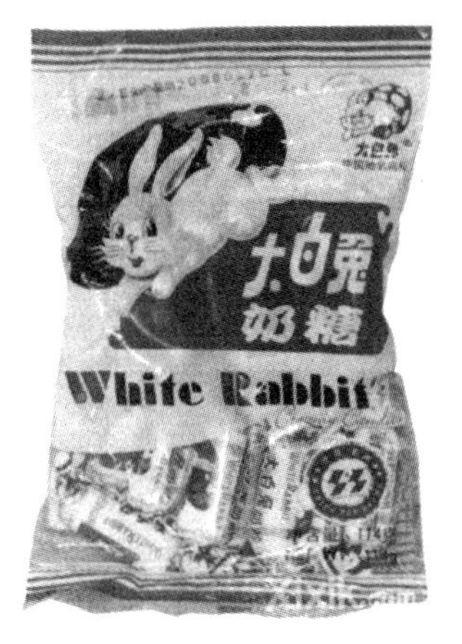

图 10－2　大白兔奶糖塑料袋

（上海人民塑料印刷厂印制）

(二)改革开放后包装印刷质量评比工作

1. 评优组织工作。

根据轻工部的指示,包装印刷行业全国性的质量评比活动开始于1985年,先是由轻工业部包装印刷联合总公司负责组织,按照国家和轻工业部的要求,每年都要进行国优、部优和行优产品的评比活动,据统计,1985~1988年4年间,全行业共评出国优产品1件(天津产飞鹰牌粘胶带银质奖),部优产品73件,行业优秀产品251件。

1989年由于政企分开,评优工作改由中国包装印刷协会组织。

2. 改革开放后,陆续成立各个印刷技术协会。

(1)中国印刷技术协会(1980年成立)

①柔性版印刷分会

②凹版印刷分会

③平版印刷分会

④特种印刷分会

(2)中国包装技术协会(1980年成立)

①包装装潢设计委员会

②包装印刷委员会

③包装教育委员会

(3)中国网印及制像协会(1981年成立)

(4)中国印刷及设备器材工业协会(1985年成立)

(5)中国丝网印刷行业协会(1986年成立)

3. 由各协会组织对口印刷技术的交流及质量评比工作。例举:

(1)中国印刷技术协会凹版印刷分会主办的首届中国凹版印刷精品赛,获奖烟包作品赏析(见转载印刷技术杂志一)、软包装类获奖作品赏析(见转载二)。

(2)中国印刷技术协会柔性版印刷分会主办的第六届全国柔性版印刷品质量评比精品获奖作品点评(见转载三)。

(3)中国网印及制象协会设立的金网评比历届获奖部分作品(见转载四)。

金网奖设立于1991年,每年评选一次,设金奖、银奖、铜奖项,到2001年,共评出金奖59件、银奖72件、铜奖95件,从历届金网奖评比与展示活动中可以看出,我国的丝网印刷工艺技术水平日益提高,印刷品的质量一年比一年好,其中有的印刷品在亚太地区网印精品评比和SGIA金像奖评比中获奖。

金网奖评比活动对于我国网印工作者之间的经验交流,推动我国网印产品质量的整体进步起到积极的作用。

4. 企业设置奖项。

例举(1)杜邦瓦楞纸箱印刷精品赛(见转载五)。

(2)金光印艺大奖。

首届金光印艺大奖作为行业内首次由企业举办的民间奖项,其成功举办,正是依托了金光集团在印刷行业的影响力。金光集团自20世纪90年代进入中国市场以来,一直在不断创新服务,拓宽与延伸服务领域,为印刷用户提供更深层次的交流,以促进印刷新技术的共享,推动中国印刷业的发展。

首届金光印艺大奖秉持“公平、公正、公开、公益”原则,评审标准遵循国际惯例,采用独立专家评审方式以及初审、复审和终审的三步评审程序,从印刷质量、技术难度、印刷产品技术创新,以及设计创意与装帧效果四个方面进行评判。为了保证此次大奖的公平、公正、公开,组委会还专门邀请了公证处的公证人员对大奖赛全程进行了公证。来自印刷、出版、文化、艺术领域的15位资深专家组成的独立评审团,对组委会收到的456家印刷企业的1543件作品进行了评定。经过独立评审专家组认真细致的评判,最终评选出书籍画册、期刊杂志(单张纸印刷)、期刊杂志(轮转印刷)、宣传品、包装标签在内的五个类别的金、银奖及入围奖作品163件。其中,深圳宝峰印刷有限公司印制的《喻继高画册》获“书籍画册金奖”,浙江影天印制的《中国商业摄影》获“期刊杂志(单张纸印刷)金奖”,利丰雅高印刷(深圳)有限公司印制的《报喜鸟宣传册》获“宣传品金奖”,厦门柏科富翔彩印有限公司印制的MOR手袋获“包装标签金奖”,同时,《喻继高画册》还获得了评委会特别推荐奖。

3. 国际奖项。

例举(1)“世界之星”是世界包装组织(WPO)在世界范围内设立的包装设计最高奖项,“包装之星”是配合“世界之星”选送作品而设立的奖项,2007这两项获奖作品赏析见转载六。

例举(2)美国印刷工业协会主办的美国印刷大奖赛(Benny Award),曾为美国印刷业技术带来革命性发展的发明家杰明·富兰克林命名,是全球印刷行业中最权威、最具影响力的印刷产品质量评比赛事。每年云集了来自世界各地优秀印刷企业的众多参赛产品,在国际上素来享有印刷业“奥斯卡”的美誉。

该赛事每年举办一届,2009年已是第60届。

上海烟印公司自2005年以来已连续4年参加了此项评比。过去3年中,共获得了2银9铜的优异成绩,综合奖牌数位居上海地区印刷企业前列;此次美国印刷大奖赛上,再攀巅峰，摘得两枚金奖，他们分别是《09版熊猫礼盒》和《CHANEL（香奈儿）系列插页》产品。

此次上海烟印公司的参赛，不仅在企业优势项目包装类别中获得金奖，更在杂志插页类上实现重大突破，首获金奖，不仅展示了该公司的产品质量和技术水平，充分体现了企业的整体实力和品牌形象，更凸现了上海乃至中国印刷行业近年来的发展速度。

转载印刷技术杂志(一)

首届“中国凹版印刷精品赛”获奖烟包作品赏析

由中国印刷技术协会凹版印刷分会主办的首届“中国凹版印刷精品赛”评审结果已于2008年11月5日揭晓，按产品应用共评出折叠纸盒、软包装、纸箱和木纹纸四大类获奖作品,其中,折叠纸盒类获奖作品中绝大部分都是烟包印刷品，由此也反映出凹印工艺在我国烟包印刷领域占据相当重要的地位。在此刊登首届“中国凹版印刷精品赛”中获奖的烟包作品，以飨读者。

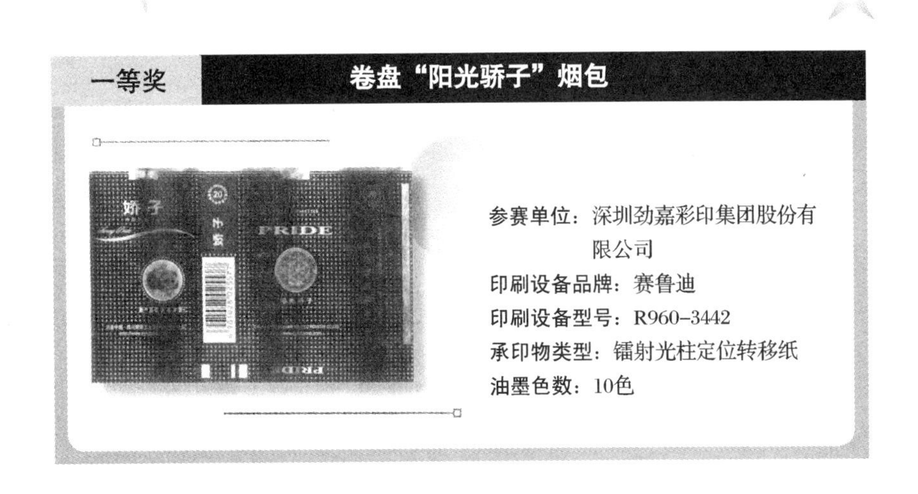

一等奖　**卷盘“阳光骄子”烟包**

参赛单位：深圳劲嘉彩印集团股份有限公司

印刷设备品牌：赛鲁迪

印刷设备型号：R960-3442

承印物类型：镭射光柱定位转移纸

油墨色数：10色

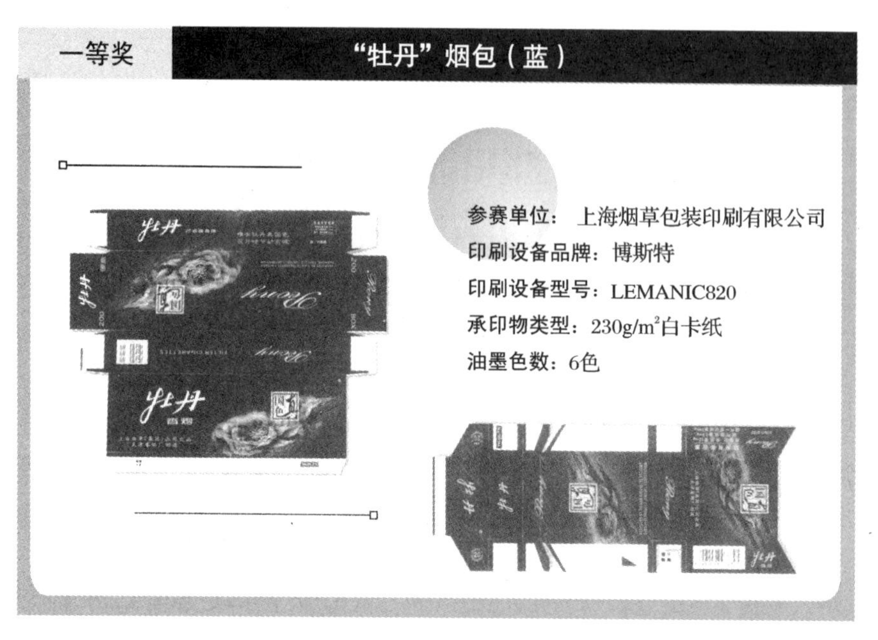
一等奖
“牡丹”烟包（蓝）
参赛单位：上海烟草包装印刷有限公司
印刷设备品牌：博斯特
印刷设备型号：LEMANIC820
承印物类型：230g/m²白卡纸
油墨色数：6色
牡丹
牡丹

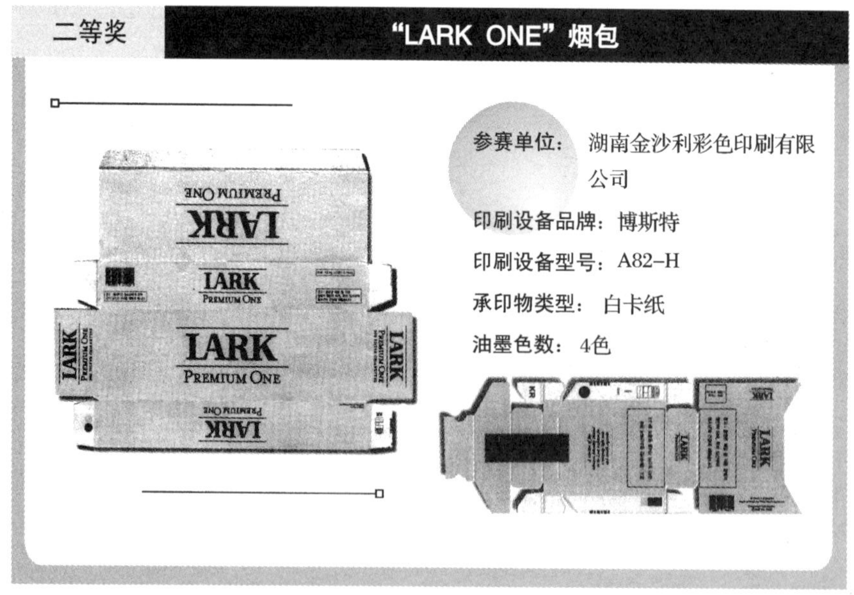
二等奖
“LARK ONE”烟包
参赛单位：湖南金沙利彩色印刷有限公司
印刷设备品牌：博斯特
印刷设备型号：A82-H
承印物类型：白卡纸
油墨色数：4色
LARK
PREMIUM ONE
LARK
PREMIUM ONE
LARK
PREMIUM ONE
LARK
PREMIUM ONE

二等奖　“真龙”小王子小盒

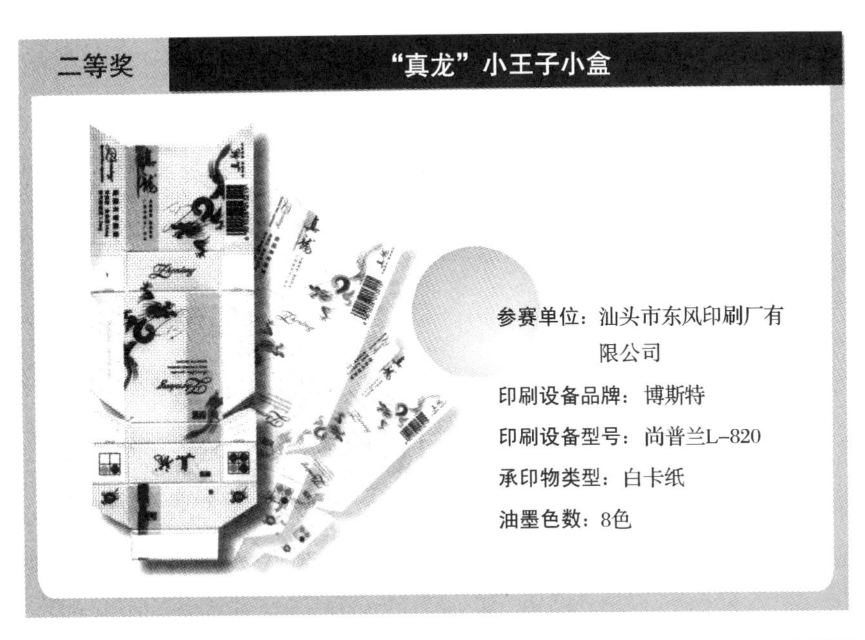

参赛单位：汕头市东风印刷厂有限公司

印刷设备品牌：博斯特

印刷设备型号：尚普兰L-820

承印物类型：白卡纸

油墨色数：8色

二等奖　经典07红金龙

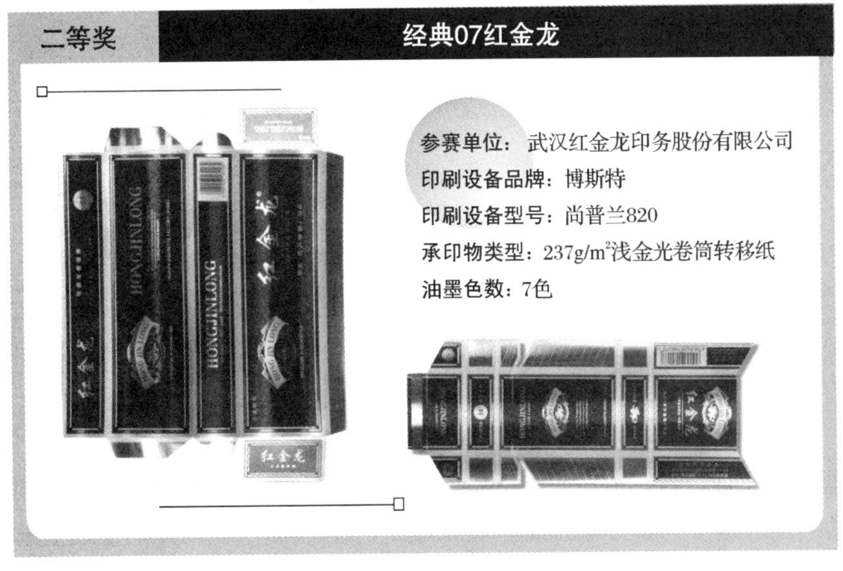

参赛单位：武汉红金龙印务股份有限公司

印刷设备品牌：博斯特

印刷设备型号：尚普兰820

承印物类型：237g/m²浅金光卷筒转移纸

油墨色数：7色

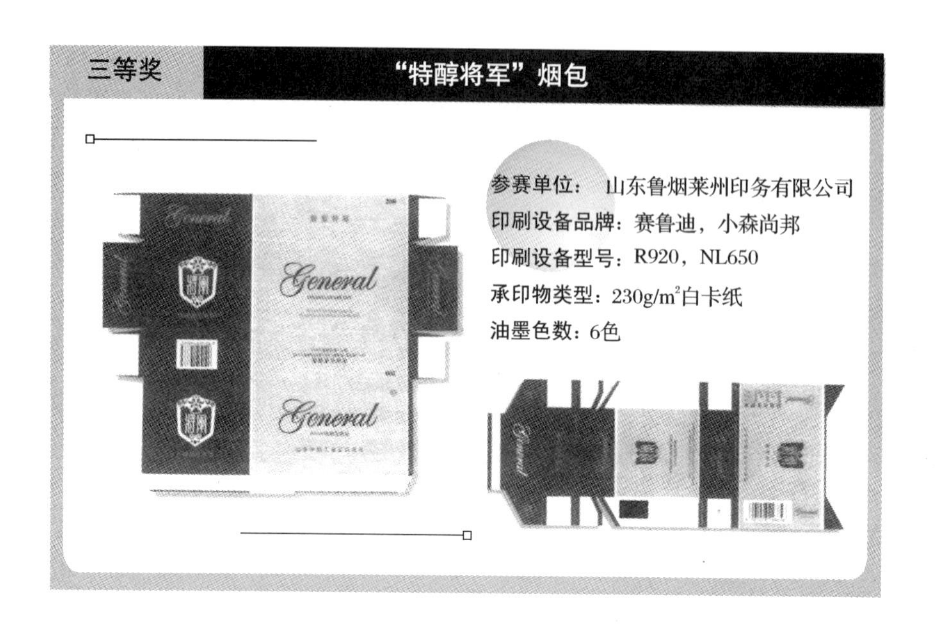
三等奖
“特醇将军”烟包
参赛单位：山东鲁烟莱州印务有限公司
印刷设备品牌：赛鲁迪，小森尚邦
印刷设备型号：R920，NL650
承印物类型：230g/m²白卡纸
油墨色数：6色
General
General
General

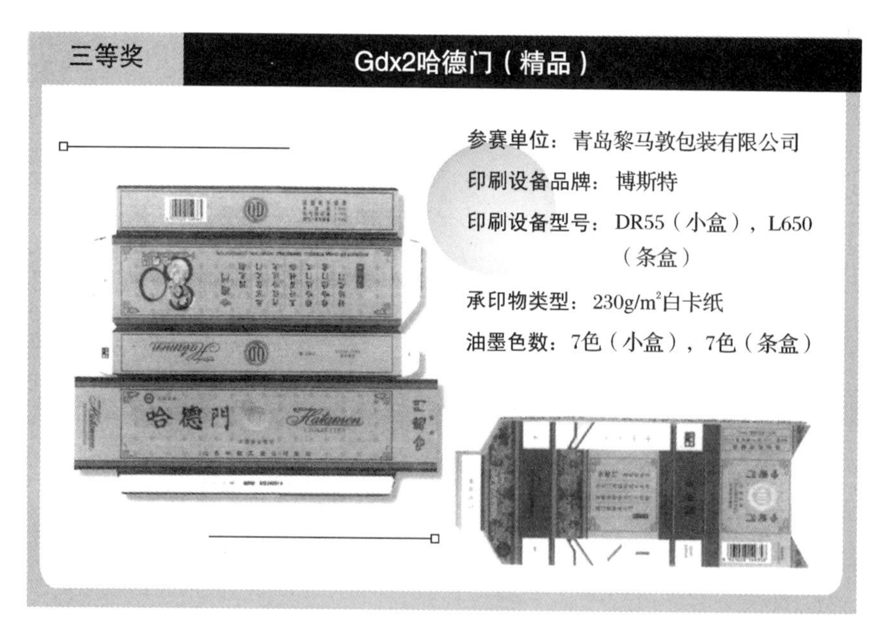
三等奖
Gdx2哈德门（精品）
参赛单位：青岛黎马敦包装有限公司
印刷设备品牌：博斯特
印刷设备型号：DR55（小盒），L650（条盒）
承印物类型：230g/m²白卡纸
油墨色数：7色（小盒），7色（条盒）
哈德門

三等奖　**黄果树烟包**

参赛单位：深圳劲嘉彩印集团股份有限公司

印刷设备品牌：赛鲁迪

印刷设备型号：R960–3442

承印物类型：横纹光柱转移纸

油墨色数：10色

三等奖　**红旗渠小盒**

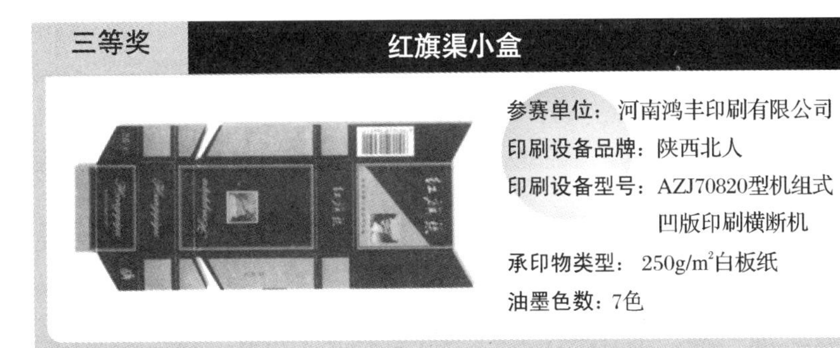

参赛单位：河南鸿丰印刷有限公司

印刷设备品牌：陕西北人

印刷设备型号：AZJ70820型机组式凹版印刷横断机

承印物类型：250g/m^{2}白板纸

油墨色数：7色

三等奖　**红河66硬包**

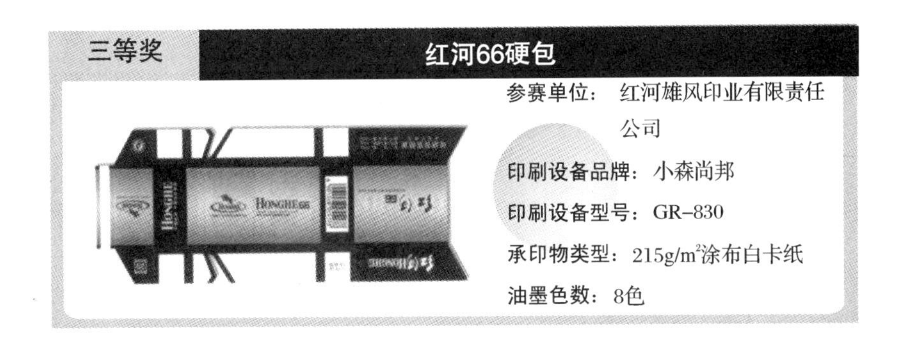

参赛单位：红河雄风印业有限责任公司

印刷设备品牌：小森尚邦

印刷设备型号：GR–830

承印物类型：215g/m^{2}涂布白卡纸

油墨色数：8色

转载印刷技术杂志(二)

首届“中国凹版印刷精品赛”软包装类获奖作品赏析

为展示并宣传我国凹版印刷的高品质产品及相关最新技术成果，推动中国凹版印刷行业向更高质量发展，协助凹印企业开发市场和提升技术，强化中国企业的品牌建设，中国印刷技术协会凹版印刷分会决定每两年举办一次“中国凹版印刷精品赛”。

首届“中国凹版印刷精品赛”于2007年正式启动，受到了来自全国烟包、软包装、标签、木纹纸等凹印企业的广泛关注和大力支持。在奖项设置上，首届“中国凹版印刷精品赛”按产品应用分为折叠纸盒、软包装、纸箱和木纹纸四大类，秉承“公平、公正、公开、公益”的原则，共评出折叠纸盒类一等奖2名，二等奖3名，三等奖5名，优秀奖10名；软包装类一等奖2名，二等奖3名，三等奖5名，优秀奖5名；纸箱类和木纹纸类优秀奖各2名。

本期刊登首届“中国凹版印刷精品赛”软包装类获奖作品，以飨读者。

一等奖　红烧牛骨味上汤大骨面包装膜

参赛单位：河北天龙彩印有限公司
印刷设备品牌：陕西北人九色凹印机
印刷设备型号：Y-126-9
承印物类型：BOPP薄膜
油墨色数：9色

一等奖 **雀巢13g 1+2咖啡膜T2（07）**

参赛单位：上海紫江彩印包装有限公司
印刷设备品牌：富士
印刷设备型号：FM-10S
承印物类型：PET薄膜
油墨色数：10色

二等奖 **雀巢400g中老年奶粉膜**

参赛单位：黄山永新股份有限公司
印刷设备品牌：富士
印刷设备型号：FCD-9
承印物类型：BOPET薄膜
油墨色数：8色

三等奖 统一蜜桃多瓶签

参赛单位:上海紫泉包装有限公司
印刷设备品牌:陕西北人
印刷设备型号:AZJ1001050FM Ⅱ机组式凹印机
承印物类型:PVC薄膜
油墨色数:9色

三等奖 7° 500ml雪花纯生啤酒身标

参赛单位:杭州伟乐包装印刷有限公司
印刷设备品牌: 中山松德
印刷设备型号: SAY7800A凹印机
承印物类型: 真空镀铝纸
油墨色数:7色

三等奖　格瓦斯–美女标签

参赛单位：青岛全通塑印有限公司

印刷设备品牌：宁波欣达

印刷设备型号：YA80850FX

承印物类型：PVC热收缩膜

油墨色数：7色

优秀奖　今麦郎香辣牛肉面珍品包装膜

参赛单位：河北天龙彩印有限公司

印刷设备品牌：陕西北人

印刷设备型号：Y–126–9九色凹印机

承印物类型：BOPP薄膜

油墨色数：9色

转载印刷技术杂志(三)

第六届全国柔性版印刷品质量评比精品奖获奖作品点评

（中国印刷技术协会柔性版印刷分会　张一雄）

为促进我国柔性版印刷技术的展，中国印刷技术协会柔性版印刷分会自1998年起开始组织全国柔性版印刷品质量评比活动，每两年举行一次，至今已成功举办了六届。

综观第六届全国柔性版印刷品质量评比活动的参赛作品，不难发现以下特点。

（1）本次参评的作品数量虽然不算多，但是总体水平比以往几届都高。

（2）本次参评的作品中，大幅面作品数量比历届要多。最大的瓦楞纸板印刷幅面为1.3平方米，最小的标签幅面同邮票一样大小。这说明我国柔性版印刷品的种类在增加，印刷幅面也在不断扩大。

（3）这次获精品奖的“特制老白汾酒”包装纸盒由山西太原文博印业公司提供。该公司不仅完成了印刷，而且印前制作（包括柔性版的制作）也是自己操作完成的。印刷企业能够独立完成柔性版的制作，充分证明了柔性版的制版技术已被一些柔性版印刷企业接受和掌握，这无疑是我国柔性版印刷发展史上的一个飞跃。

第六届全国柔性版印刷品质量评比活动评出了精品奖、优秀奖和佳作奖等多件获奖产品 。在此刊登9件精品奖获奖作品。

黄果树“金时代”软烟包

使用基材:镭射转移纸
印送单位:深圳英杰激光数字制版有限公司
制版单位:深圳英杰激光数字制版有限公司
制版方式:CTP，175lpi
版　　材:杜邦DPR45型，肖氏硬度72，厚度1.14mm
生产设备:德国Arsdma-Em410机组式柔性版印刷机
油　　墨:世合公司，水性油墨
输墨系统:有刮墨刀
网 纹 辊:黄610lpi，红812lpi，黑711lpi
双 面 胶:美国3M公司，厚度0.38mm

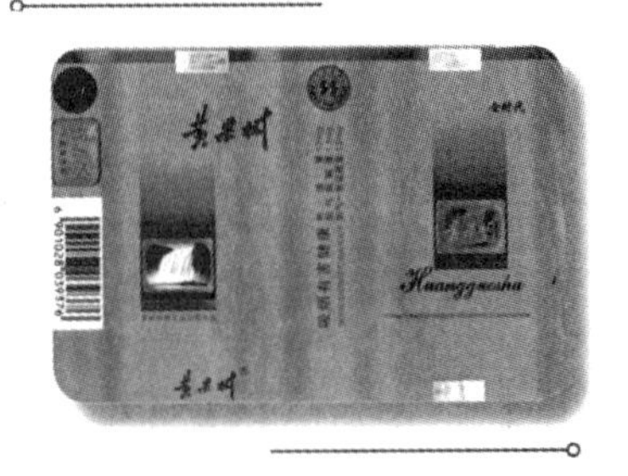

作品点评：该烟包采用柔性版印刷方式，并且与压凹凸、精细压痕、连线裁切等完美结合。该烟包墨色鲜艳，光耀夺目，着色力强；实地印刷的墨层厚实、平服、无条杠；加网线数为175lpi，清晰完整；套印准确，镂空小字扩缩处理得当，博得了评委的一致好评，也获得了本届评比纸张类作品的最高分。

特制老白汾酒包装纸盒

使用基材：厚卡纸
印送单位：山西文博印业有限公司
制版单位：山西文博印业有限公司
制版方式：CTP
版　　材：杜邦67EXL型，肖氏硬度48，厚度1.70mm
生产设备：美国麦安迪4150型机组式柔性版印刷机
油　　墨：河南洛阳百林威油墨公司，水性油墨
输墨系统：有刮墨刀
网 纹 辊：黄700lpi，红300lpi,青700lpi，紫500lpi，黑400lpi，绿400lpi，白300lpi
双 面 胶：德国Tesa公司、美国3M公司，中密度
作品点评：该纸盒用定量为250g/m²、厚度为0.5mm的卡纸，采用柔性版联机印刷，是一个难得的成功产品。它采用水性油墨印刷，满足了食品包装的环保要求；印刷质量较好，网点清晰完整，层次丰富，能够将细小的网点完美表现出来；墨色鲜艳，质感明显；套印准确；版面整洁，实地平服。

雀巢一杯装纸杯

使用基材：纸杯纸
印送单位：远东制杯（深圳）有限公司
制版单位：深圳英杰激光数字制版有限公司
制版方式：CTP，110lpi
版　　材：杜邦，肖氏硬度67，厚度1.14mm
生产设备：意大利机组式柔性版印刷机
油　　墨：Coats公司，水性油墨
输墨系统：有刮墨刀
网 纹 辊：黄800lpi，红800lpi，蓝800lpi
黑460lpi
双 面 胶：德国Tesa公司，厚度0.38mm

作品点评：该作品采用水性油墨在复合纸杯纸上印刷，符合环保要求。杯面的图案墨色反差较大，美观大方，效果突出；层次丰富，立体感较强；实地平服，套印准确；网点清晰完整。

小洋人-妙恋包装纸盒

使用基材：卡纸
印送单位：四川德阳日报武汉分厂
制版单位：信华精密制作（上海）有限公司
制版方式：CTP，110lpi
版　　材：巴斯夫，肖氏硬度65，厚度1.44mm
生产设备：意大利比罗尼公司卫星式柔性版印刷机
油　　墨：英杰公司，水性油墨
输墨系统：封闭式组合刮墨刀
网 纹 辊：黄600lpi，红700lpi，蓝700lpi，黑650lpi
双 面 胶：美国3M公司，中密度
作品点评：该作品由卫星式宽幅柔性版印刷机印刷，是一件采用预印方式印刷的产品。所使用的油墨为水性油墨，符合环保要求；墨色鲜艳，着色力强；实地平服，无条杠；网点清晰完整，层次丰富。

红玫王软烟包

使用基材：镭射转移纸
印送单位：深圳英杰激光数字制版有限公司
制版单位：深圳英杰激光数字制版有限公司
制版方式：CTP，150lpi
版　　材：巴斯夫，肖氏硬度65，厚度1.7mm
生产设备：美国A牌510型机组式柔性版印刷机
油　　墨：世合公司，水性油墨
输墨系统：有刮墨刀
网 纹 辊：黄800lpi，红400lpi，蓝500lpi，黑500lpi，棕300lpi
双 面 胶：美国3M公司，厚度0.38mm
作品点评：这是精品奖中的又一件烟包作品，采用镭射转移纸印制，光耀夺目，且具有极好的防伪性；印刷实地结实、平服，无条杠；网点清晰完整；套印准确，镂空小字字迹清楚。

昆仑天威模内标签

使用基材：塑料薄膜
印送单位：兰州新世纪彩色包装印刷公司
制版单位：上海中浩激光制版有限公司
制版方式：CTP，160lpi
版　　材：巴斯夫，厚度1.70mm
生产设备：捷拉斯机组式柔性版印刷机
油　　墨：陕西新世纪油墨公司，水性UV油墨
输墨系统：有刮墨刀
网 纹 辊：黄800lpi,红800lpi,蓝800lpi，黑650lpi
双 面 胶：意大利，厚度0.38mm

作品点评：昆仑天威模内标签是兰州新世纪彩色包装印刷公司继上一届“昆仑之星”获得精品奖之后的又一新产品，虽然该标签仅采用160lpi的加网线数，但印刷效果仍不错，渐变网和镂空小字处理得很得当，既不绝网也无硬口。该产品墨色强，光亮度高；亮暗的反差明显，主题突出，色彩鲜艳；实地墨层厚实、平服，无条杠；套印准确；镂空小字字迹清楚，反白效果显著。

妈咪宝贝纸尿裤包装

使用基材：塑料薄膜
印送单位：信华精密制版（上海）有限公司
制版单位：信华精密制版（上海）有限公司
制版方式：CTP，129lpi
版　　材：杜邦DPU45，肖氏硬度63，厚度1.7mm
生产设备：德国W&H公司卫星式柔性版印刷机
油　　墨：上海福助工业公司，溶剂型油墨
输墨系统：封闭式组合刮墨刀
网 纹 辊：黄800lpi，红800lpi，蓝800lpi，黑800lpi
双 面 胶：罗曼公司，中密度

作品点评：该作品由卫星式宽幅六色柔性版印刷机印刷，印刷面积达90%以上，加网线数为129lpi。该作品色调丰富，特别是儿童肤色印刷更为逼真，印刷质量不低于凹印；网点清晰完整，色彩鲜艳，着色力强；套印准确，实地平服光洁；字迹清晰，无条杠。

FASTSET纸箱（红图）和FASTSET纸箱（蓝图）

使用基材： B型瓦楞纸板
印送单位： 信华精密制版（上海）有限公司
制版单位： 信华精密制版（上海）有限公司
制版方式： CTP，85lpi
版　　材： 杜邦TDR155，厚度3.94mm
生产设备： 东方机器厂机组式柔性版印刷机
油　　墨： XSYS公司，水性油墨
输墨系统： 有刮墨刀
网 纹 辊： 黄400lpi，红400lpi，蓝400lpi，黑400lpi
双 面 胶： 高密度

作品点评： 该作品是家庭游泳池的外包装瓦楞纸箱，材料为B性瓦楞纸板，采用柔性版直接印刷。虽然B型瓦楞纸板有较粗的楞条，但未出现较深的条痕，整个纸箱画面90%以上采用网点印刷，加网线数为85lpi。作品墨色饱满，色调丰富，整体画面鲜艳；套印准确，无双印、漏白、模糊等缺陷；采用水性油墨印刷，更具环保性。

UPS纸袋

使用基材： F型细瓦楞纸板
印送单位： 青岛科强达设计制版公司
制版单位： 青岛科强达设计制版公司
制版方式： 电分，100lpi
版　　材： 杜邦TDR15，厚度3.94mm
生产设备： 多贝克公司机组式柔性版印刷机
油　　墨： 水性油墨
输墨系统： 有刮墨刀
双 面 胶： 高密度

作品点评： 该纸袋由F型细瓦楞纸板印制而成，采用柔性版直接印刷，效果较好，特别是满版红色墨色鲜艳，着色力强，墨层光亮；实地墨层厚实、平服，无条杠；加网线数为100lpi，网点清晰完整；套印准确，印刷精度较高。

转载四

摘自中国网印及制像协会《中国网版印刷业二十年》

获得第三届《金网奖》金奖的部分作品

印花文化衫　黄国光

自行车商标　苍南龙翔自行车标牌工艺厂　蔡正龙

瓷盘《国画》　唐山花纸厂

获得第四届《金网奖》金奖的部分作品

表牌
温州鼓楼仪表表牌厂

自行车贴花
浙江苍南县
龙翔自行车
标牌工艺厂
蔡正龙

曲面印刷品《玉兰油盒》
深圳环亚塑料包装制品有限公司　朱建安

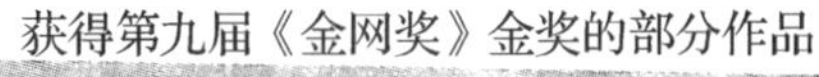
获得第九届《金网奖》金奖的部分作品

丝绸网印品《人民日报（彩色图片报）》
杭州凯地文化发展公司

灯箱《大长江豪爵摩托车系列之一》
广东普华广告制作有限公司

《黑T恤印花衫》
深圳市多彩坊印花技术有限公司

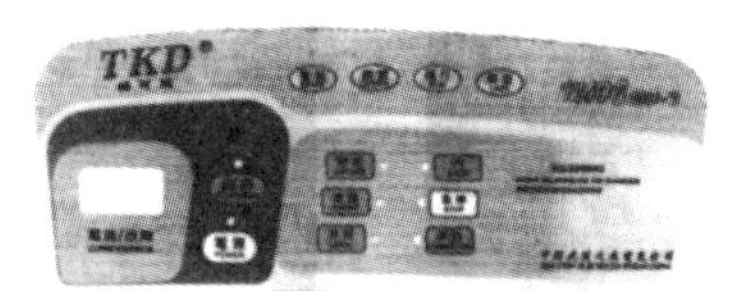

薄膜面板《TKD DL7M》
武汉市印制电路公司

装饰画《山鸡》 北京西京广告中心

第九届金奖奖牌

证 书

广东普华广告制作有限公司

您送评的大长江豪爵摩托车系列灯箱之一荣获第九届金网奖金奖，

特此证明。

中国丝网印刷及制像协会
1999年11月22日

第九届金奖证书

获得第十届《金网奖》金奖的部分作品

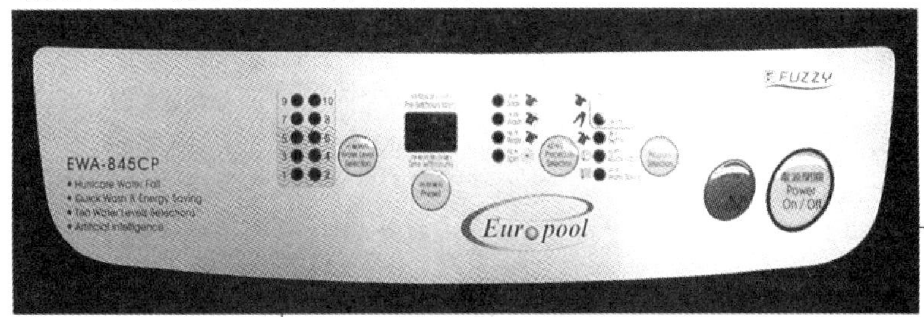

《洗衣机控制面板》枣庄达善电子有限公司

装饰画《印度女人》
西京网印（北京市西京印刷有限公司）

版面《向日葵》
三和印刷（深圳）有限公司

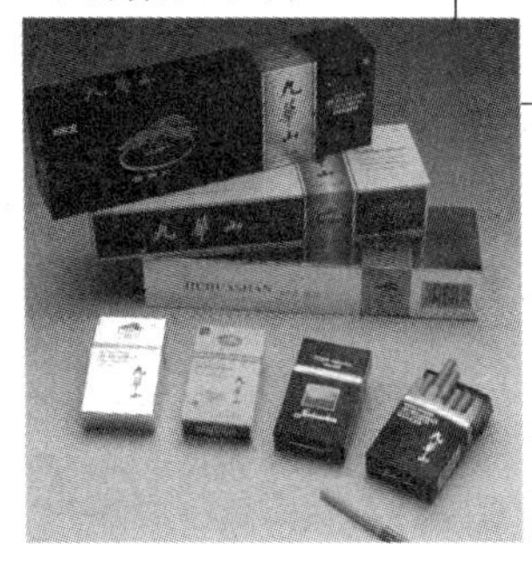

《九华山烟标》
厦门寇兰彩印有限公司

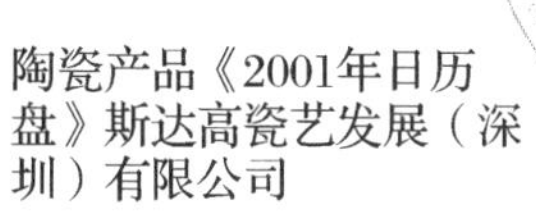

陶瓷产品《2001年日历盘》斯达高瓷艺发展（深圳）有限公司

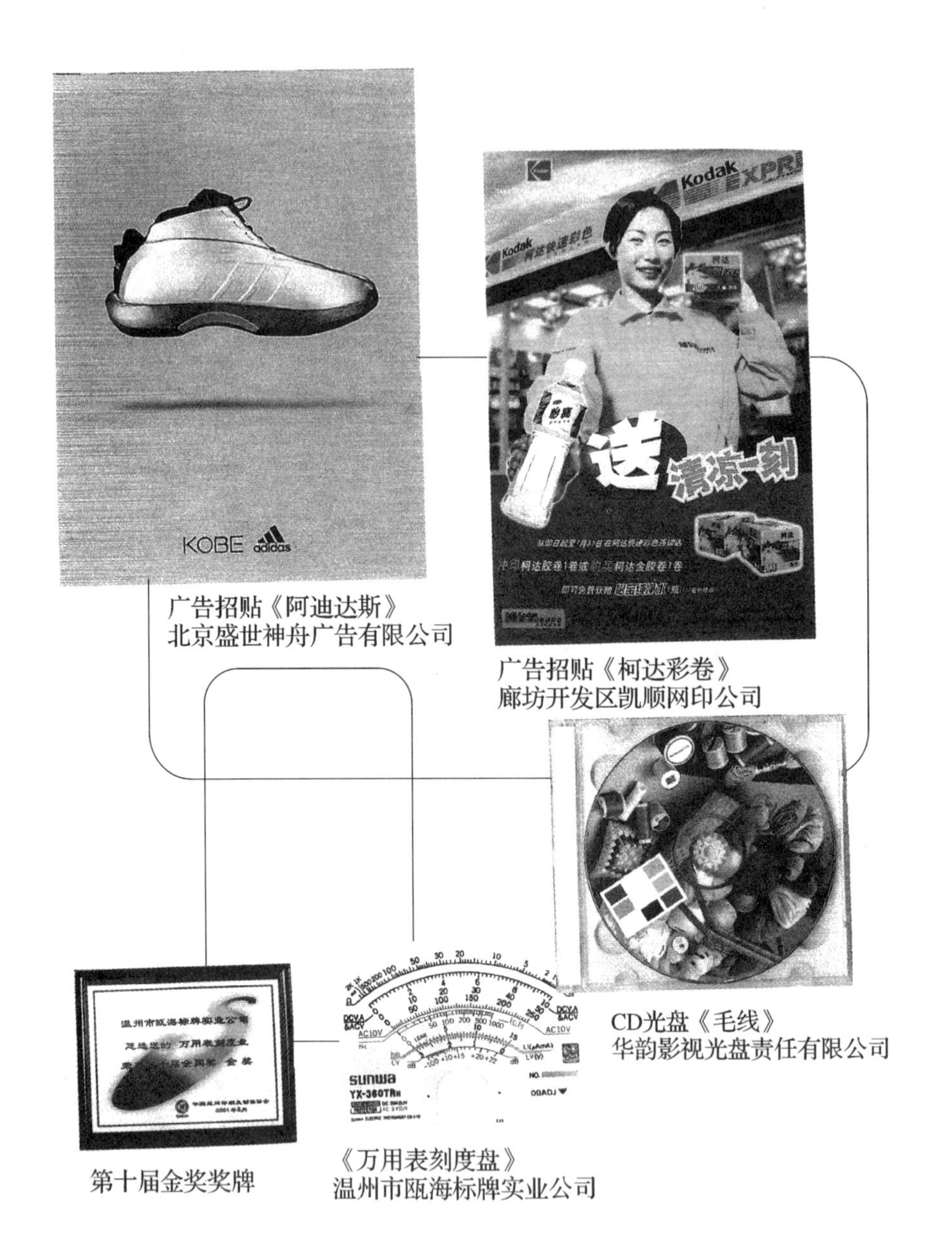

广告招贴《阿迪达斯》
北京盛世神舟广告有限公司

广告招贴《柯达彩卷》
廊坊开发区凯顺网印公司

CD光盘《毛线》
华韵影视光盘责任有限公司

第十届金奖奖牌

《万用表刻度盘》
温州市瓯海标牌实业公司

1993年4月14—22日在新加坡举行的亚洲丝网印刷展及亚洲网印精品评比活动中获奖作品

曲面印刷《化妆品瓶》获银奖
广东汕头汕樟美术工艺厂

商标《安琪儿》获铜奖
浙江平阳自行车商标厂

《仪表面板》获铜奖
江苏武进何留无线电厂

1998年4月14日日本亚太网印精品展部分获金奖作品

丝绸网印品《牡丹》
浙江杭州凯地丝绸股份有限公司

转载五（转自印刷技术杂志）

2007杜邦瓦楞纸箱印刷精品赛获奖作品赏析

随着柔性版印刷技术和质量水平的不断提高，其在国内包装印刷领域的应用日益受到重视和推广，特别是在瓦楞纸箱直接后印领域取得了辉煌成就。杜邦公司举办的瓦楞纸箱印刷精品赛就是检阅中国瓦楞纸箱印刷质量水平的最佳平台，2007杜邦瓦楞纸箱印刷精品赛的参赛作品质量之高，令大赛评委叹为观止，充分体现了国内瓦楞纸箱销售包装已经从中低档向中高档转移的市场趋势。

杜邦包装成像全球业务总裁莉莎·迪盖女士说："通过这次比赛，我很欣喜地看到杜邦过去多年和大家一起推广瓦楞纸箱直接后印取得了巨大的成绩。越来越多的包装买家推荐使用这一印刷方式，越来越多的印刷厂家为这一印刷方式进行设备投资和技术改造。"

本届大赛评委会主席、中国印协柔印分会理事长袭仁倚先生指出，这次参赛的产品与2004年第一届大赛相比有几个特点：一是来自全国各地的150多件参赛产品中，55~80线/英寸的产品占一半以上，而在2004年第一届大赛中，50线/英寸以下的产品占多数；二是同档产品的质量差距在缩小，特别是在85线/英寸以上的产品中，质量难分伯仲；三是柔性版印刷精品的质量与胶印产品之间的差距越开越小，出现了100线/英寸的纸箱后印精品。

2007杜邦瓦楞纸箱印刷精品赛共设4个级别10个奖项：50线/英寸以下的优胜组（金银铜奖）、55~80线/英寸的成就组(金银铜奖）、80线/英寸以上的超凡组（金银铜奖）和最佳胶印转柔印奖（金奖）。下面展示这些获奖作品，以飨读者。

优胜组——银奖

作品名称：三星显示器包装
赛丽版型号：HDC
印刷线数：35线/英寸
制版厂商：深圳市宝安区石岩铭诚橡胶贸易行
印刷厂商：深圳市美盈森容器包装技术有限公司
评委评语：从设计的角度来说，简单明了，颜色搭配并不复杂，显示器部分采用了调频网技术，所以层次非常好，良好的设计规避了50线/英寸以下印刷容易产生的很多问题，所以最终的产品非常显眼、从印刷的角度看，实地蓝版非常漂亮，套准也很精确；惟一的缺点就是由于印刷压力过大，包装顶部的黑色文字出现了毛边。

优胜组——银奖

作品名称：达利园桂圆莲子八宝粥包装
赛丽版型号：155HDC
印刷线数：40线/英寸
制版厂商：成都泓杰伟业制版有限公司
印刷厂商：四川康利纸业有限公司

评委评语：该作品为达利园桂圆八宝粥的外包装箱，产品整体设计简洁，适合柔性版印刷的特点，避免了柔性版印刷套印精度不高的缺点。采用红、橙、黄、蓝专色印刷，实地墨层厚实，均匀一致，压力适当。其中的人像为单色网目调图像，印刷层次比较丰富。纸箱使用的材料档次不高，因此采用50线/英寸低网线印刷，整体图案的表现效果较好。

优胜组——铜奖

作品名称：View Sonic液晶显示器包装
赛丽版型号：DRC
印刷线数：40线/英寸
制版厂商：苏州吉峰制版有限公司
印刷厂商：苏州荣成纸业有限公司

评委评语：设计上非常取巧，没有很多颜色，所以很好地避免了柔性版印刷不易套准的缺陷。显示器部分的层次也很细腻，既没有造成高光的丢失，又没有暗调的糊版现象，而且小字也印得非常清晰。但从美观的角度来说，暗红色并不是一个很好的选择，使整个设计略显暗淡，不够亮。

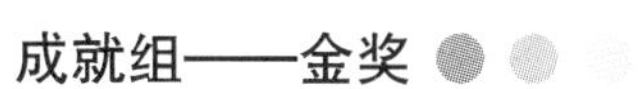

成就组——金奖

作品名称：银鹭清菊花(500ml × 15瓶)包装
赛丽版型号：DPC-112
印刷线数：75线/英寸
制版厂商：厦门信华柔印工贸有限公司
印刷厂商：厦门大自然纸业有限公司

评委评语：该作品在图案设计上很好地解决了柔性版印刷高光容易绝网，暗调容易糊版的现象，整个图像的色彩过渡相当自然，印刷时的网点增大率也控制得不错。因此，整个纸箱给人的总体印象是层次比较细腻，主题突出。

成就组——银奖

作品名称：大白鲨啤酒包装系列

赛丽版型号：DPC-112

印刷线数：75线/英寸

制版厂商：厦门信华柔印工贸有限公司

印刷厂商：禾达纸箱工业(厦门)有限公司

评委评语：这是一系列的包装产品，产品彩用75线/英寸加网，选取恰当，印刷为5色加上光，光泽性好，而且每个产品都有自己的印刷特点，与每一种产品所要迎合的客户群体相适应。该系列产品总体设计、印刷效果等方面比较好，但具体到某个产品的印刷效果还存在一些需要改进的部分，如套色、墨皮等瑕疵，应当注意工艺的控制。

成就组——铜奖

作品名称：三星打印机包装

赛丽版型号：DRC

印刷线数：80线/英寸

制版厂商：青岛科强达设计制版有限公司

印刷厂商：烟台海尔丰采包装有限公司

评委评语：设计新颖，能够根据产品的特性设计。打印机对消费者来说最主要的是其原稿图文图像的再现，而该作品印刷效果清新，正好迎合了这一点。该作品的印刷压力控制比较恰当，文字字迹清晰。另外，黑色实地部分也取得了比较好的印刷效果，没有明显的缺陷。

超凡组——金奖

作品名称：CRAFTSMAN数控木工工具系列包装

赛丽版型号：TDR-155

印刷线数：110线/英寸

制版厂商：印艺(香港)有限公司

印刷厂商：东莞黄氏锦辉纸品厂

评委评语：数控木工工具的包装纸箱属于中等幅画的产品，画面上有大面积的黑色及红色的实地色块，中间嵌有大幅的产品照片。在设计上，红、黑相映十分醒目。产品照片的层次很丰富逼真，由于采用了定量为300g/m²的面纸，印刷质地厚实平伏，网线清晰，两侧的小图亦均套印准确。该作品是本届精品赛上印刷精度最高的作品，也是印刷难度最高的作品，堪称实至名归的金奖之作。

超凡组——银奖

作品名称： 金龙鱼葵花仁油(5升×4瓶)包装
赛丽版型号： TDR
印刷线数： 110线/英寸
制版厂商： 深圳市英杰激光数字制版有限公司
印刷厂商： 深圳锦胜包装有限公司

评委评语： 金龙鱼葵花仁油的包装箱在设计上具有中国民族特色的喜庆色彩，图案设计简洁明了地反映了产品的特点。大块的实地印刷厚实平伏，印后的上光更增加了产品的亮度。采用110线/英寸的加网线数可充分展现出葵花及金龙鱼图案的清晰形象，使画面的主题十分突出。整个画面的套印比较准确，保持了葵花中央部分清晰的颗粒效果。

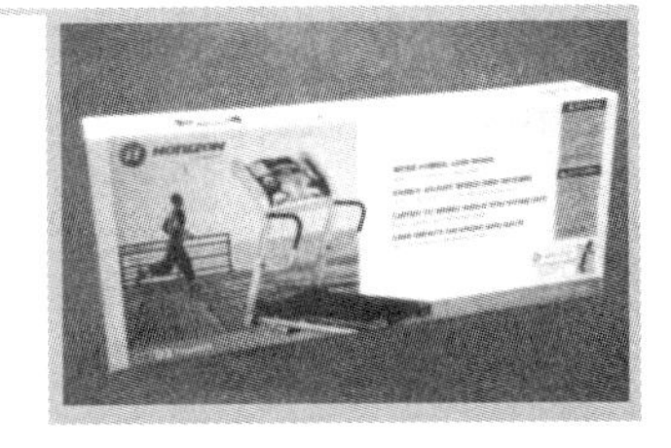

超凡组——铜奖

作品名称： HORIZON298B跑步机包装
赛丽版型号： DRC
印刷线数： 85线/英寸
制版厂商： 信华柔印科技有限公司
印刷厂商： 海宁市亭溪包装有限公司

评委评语： 该产品在图案的设计上，如色块设计、陷印的制作以及整体颜色的设置，都比较好地突出了柔性版印刷的特点，由于印刷幅面较大，印刷过程中压力过大，导致出现一定的油墨外溢现象，此外，人像上的套准也有相当大的误差。但对于如此大幅面的产品而言，能够印刷到85线/英寸，是非常不容易的。

最佳胶印转柔印奖

作品名称： LAMAZE婴儿车
赛丽版型号： TDR
印刷线数： 100线/英寸
制版厂商： 深圳市英杰激光数字制版有限公司
印刷厂商： 深圳锦胜包装有限公司

评委评语： 该产品为儿童床包装箱，图案整体设计非常淡雅，表现出非常舒适安静的特点。包装箱表面为大面积网目调图像，层次非常丰富细腻，是典型的胶印表现效果，而本产品采用柔性版印刷来实现，无论从印前设计制作还是印刷的效果都非常好。采用100线/英寸的较高加网线数和大幅面柔性版印刷机印刷，各色版套印准确，图像清晰，达到较高的印刷水平。

转载六（转自印刷技术杂志）

2007“世界之星”及“包装之星”获奖作品选登

“世界之星”和“包装之星”两个奖项可谓包装设计界最引人关注的两大赛事。

“世界之星”包装设计奖是世界包装组织(WPO)在世界范围内设立的包装设计最高奖项，代表着当今世界包装设计的领先潮流和科学理念。该奖每年评选一次，由WPO颁发奖杯(牌)及证书，评奖范围涵盖销售包装和运输包装，旨在宣传和引导包装设计朝着科学与时尚的方向发展。

“包装之星”包装设计奖是为配合“世界之星”包装设计奖评比活动而设立的，旨在为“世界之星”包装设计奖的评比活动选送、推荐中国的优秀包装作品。它不仅是国内包装设计界的一个重要奖项，同时也是通向“世界之星”包装设计奖的一个阶梯。

自1986年开始，我国“世界之星”包装奖作品推荐组委会开始向“世界之星”报送作品，以帮助中国设计师获得与世界包装设计师沟通的机会。随着中国经济的快速发展和社会文明程度的不断提高，中国包装设计水平越来越高，获奖作品也越来越多。2007年，在全球的146项“世界之星”奖项中，我国的包装设计作品荣膺19项大奖，获奖数量之多，比例之高，位居世界前列。这标志着我国包装设计水平和创新能力得到国际包装业的认可，正在迈进世界先进行列。

他山之石，可以攻玉。在此刊登部分“世界之星”、“包装之星”的获奖作品，供读者交流鉴赏。通过捕捉优秀作品之精华，汲取世界包装之精髓，以推动我国包装设计水平的革新和包装理念的创新！

黑米酒—秦风汉韵大礼盒

所获奖项：“世界之星”奖“包装之星”银奖

设计者：上海喜形悦色包装设计有限公司 徐立

作品赏析：黑米酒—秦风汉韵大礼盒以古老的饮酒仪式为创作核心，将炉、壶、杯等煮酒必备的用具有机组合在一起，让古老的中国饮酒文化得以完美展现。礼盒采用黑色格调，延续了汉文化气息，红与白的点缀色，体现了古老汉民族时尚中深沉与跳跃、内敛与激情相融合的东方审美情趣。礼盒结构简约而不简单，极具商业价值和艺术欣赏价值。

“灵芝仙”酒包装

所获奖项：“世界之星”奖，“包装之星”铜奖

设计者：上海喜形悦色包装设计有限公司 徐立

作品赏析：灵芝本身就是中国传统文化中颇具神秘色彩的药材，该作品采用深绿色的窑变釉纹理，瞬间就烘托出一种神秘而含蓄的气氛，而简约的瓶体造型，圆润浑厚，为滋补酒理气强身的功效附上了传统养生文化的深邃背景。

整个作品的点睛之处还在于瓶体顶端的葫芦造型。葫芦向来被古典文学反复渲染为仙家法器，置于瓶顶之上，似夜空中的明月、山巅生出的一支仙草，将“灵芝仙酒”的意境和内涵衬托得淋漓尽致。

“白水杜康”十八年珍酿包装

所获奖项：“世界之星”奖

设计者：西安环球印务有限公司 伍盛

作品赏析：该作品的每一处设计都有其独特的意义。盒型正中的黄色菱形牌匾上黑色的“白水杜康”字迹在黄色的皱纹纸上苍劲有力，突出“何以解忧，唯有杜康”的气派和魄力；牌匾周围吉祥的白水水纹镶在绛红色的星幻纸上，古文字的残迹漫布盒身的整个正面，将牌匾衬托得格外醒目，好像在用杜康酒的悠久历史见证杜康酒的醇厚和芳香；镭射烫印的杜康品牌与亚金卡纸上的底纹相融合，成为细细品读杜康文化时的一抹意外收获；侧面褐色内裱纸配合“珍酿十八年”章印的古朴设计，让品酒人打开盒盖的一刹那，步入白水杜康最久远、最醇厚的酒窖珍藏。

"豫商"酒包装

所获奖项："世界之星"奖

设计者：河南伟峰广告设计策划有限公司　安然　王伟峰

作品赏析：产品的竞争实质上是一种文化的竞争。该作品将河南流动的历史、凝固的文化都凝聚在"豫商"之中，生动地诠释了"豫商"酒的深刻内涵：一瓶无言的史诗，一款绝代的"豫商"。

瓶形设计庄严、厚重、和谐、永恒，采用中原地域文化符号渲染瓶体，极具观赏性和高贵感，构思阳刚、大气，与品牌精神相当吻合。以至于该产品上市后，产品升值、价格飙升，且一直供不应求，从而验证了设计的力量是无穷的。

"小猪跳绳"贺岁手机包装盒

所获奖项："包装之星"银奖

设计者：TCL捷开通信（深圳）有限公司 于光

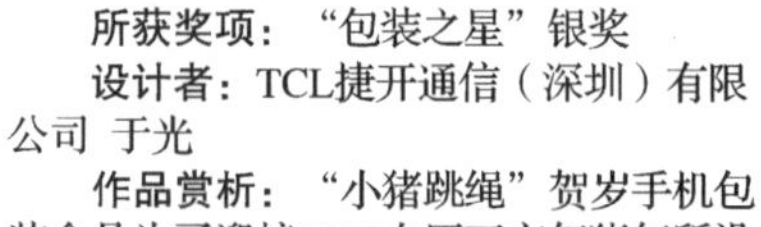

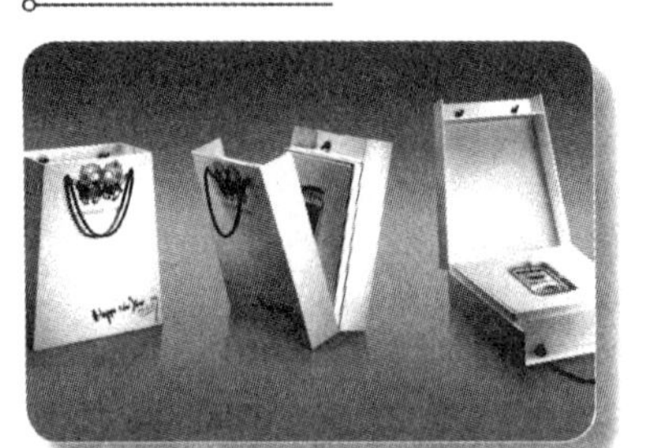

作品赏析："小猪跳绳"贺岁手机包装盒是为了迎接2007农历丁亥年猪年所设计的一款手机礼品盒。包装礼盒采用梯形设计，最具新意的是将手提袋的绳子和正面主体卡通小猪携手跳绳的图案相契合，体现了平面和立体的虚实结合，增加了情景互动，值得玩味。

另外，该包装盒的主要材料是1200g/m^{2}灰卡加裱157g/m^{2}双面铜版纸，耗材成本非常低，而且可回收和降解。将盒内的吸塑隔层拿出来还可以用做其他用途，符合环保和可持续发展的理念。

"同里红"锦绣级黄酒包装

所获奖项："包装之星"铜奖

设计者：上海喜形悦色包装设计有限公司 徐立

作品赏析：该作品将苏州园林特有的"圆门"建筑植入设计当中，瓶型结构具有极强的层次感，使"门"和"窗"各成一体，极有"走过一扇门，透过一扇窗，别样的水乡就在你眼前"的江南意境。作品的颜色搭配也是一个极大的亮点，白色与黑色如同白天和黑夜，红色则象征春日的繁华似锦和夏夜的灯火妖娆。底纹中粉墙黛瓦依稀隐藏在晨曦中，暮霭里，被一片锦绣所笼罩。在衬托水乡清秀淡雅的同时，也展示了她的炙热与妖娆。作品区别于主流的越派黄酒，将江南文化提炼出来，自成一格，是对区域文化的成功挖掘与整合。

"宣和苑"茶叶包装

所获奖项："包装之星"铜奖

设计者：陈晓白

作品赏析：千载儒释道，万古山水茶。武夷岩茶始于唐，盛于宋元，史逾千年。该设计作品的外包装沿袭北宋简朴之风，摒弃华丽色彩，代之以浓淡、粗细、虚实、轻重、刚柔等传统绘画手法，体现"茶中蕴和·茶中寓静"之茶道精髓；内包装通过谐音，以"武夷"之"武"引出五行文化，以"金、木、水、火、土"的专属色区分"宣和苑"五大产品系列。整体设计揉合了古远、凝重的文化、飘逸的茶香，达成了茶道中人化自然之境界，并藉此聚焦中国深厚的岩茶文化、升华企业追求。

第二节　中国印刷科研事业长足进步

建国 60 年以来，我国印刷科研事业从无到有，从小到大，不断成长、不断发展，印刷科研的机构设置、基础建设、人才队伍培养及自主创新活动都得到了长足进步。

一、发展历程

(一)1949—1976 年，印刷科研的萌芽期

建国初期，我国印刷的科研主要是由印刷厂的技术科、设备科等部门结合本单位的技术改造与技术更新展开。1956 年，在北京和上海先后设立独立建制的专业印刷技术研究所只有 3 家：北京印刷技术研究所、上海市印刷工业公司科研实验室(1961 年扩充为上海印刷技术研究所)、中国人民银行总行印制管理局技术研究所。

在创立初期，这些印刷科研机构的工作重点是收集印刷技术情报、制定印刷科研发展规划、积极推动印刷领域的技术交流、科技普及等工作，并创办了专业期刊《印刷》和《印刷杂志》。

文化大革命期间，研究所的工作受到较大影响，被迫中断，甚至完全瘫痪。

(二)1977—1998 年，印刷科研蓬勃发展期

文化大革命结束之后，伴随着我国印刷领域的改革开放，印刷科研蓬勃发展，各地纷纷建立起印刷科研机构。北京印刷技术研究所正式更名为中国印刷科学技术研究所，同期，机械工业部北京印刷机械研究所成立。1977 ~ 1980 年间，一批省级印刷研究所先后设立；1983 年北京大学计算机科学技术研究所成立(北大方正技术研究院前身)。

这一时期科研成果频出，最值得关注的有：王选教授主持的汉字激光照排技术研究项目、中国印刷科学技术研究所率先完成的平版胶印 PS 版材国产化项目等。

(三)1999—2009 年，印刷科研的体制改革与发展期

进入 21 世纪，我国印刷科研体制面临大改革，逐步迈向自主创新的新征程。1999 年的《关于国家经贸委管理的 10 个国家局所属科研机构管理体制改革意见》和 2000 年的《关于深化科研机构管理体制改革实施意见》吹响了科研院所体制改革的号角，形成多种形式的体制改革方式。全国许多科研院所开始分批转成科技型企业。其中典型的例子有：2000 年，以上海印刷技术研究所为主体组建上海印刷新技术(集团)有限公司；2003 年中国印刷科学技术研究所转企进入国资委下属中国印刷集团公司。

二、科研机构主要组织形式

经过60年的发展，目前拥有各种组织形式的印刷科研机构几十家。我国印刷科研机构的主要组织形态有四大类：省、市新闻出版局或科技厅管理的印刷研究院所；大学下设印刷科研机构；企业或企业集团所属印刷科研院所；民营、个体印刷研究所，高科技开发公司。这些印刷科研机构在技术研发、信息服务、人才培训等方面做出了杰出的贡献，推动了中国印刷科研的繁荣和印刷行业技术整体水平的提升。

第三节　中国印刷教育事业稳步发展

一、印刷专业院校

（一）技工、职高、中专

我国最早兴办的正式技工学校是上海印刷学校。1953年10月创办，设平版制版、凸版制版和凸版印刷三个专业，学制三年，首届学员99人，来自14个省、市印刷出版系统的印刷厂。1956年中国人民银行总行在北京印钞厂创办了一所技工学校。60年代初，北京、上海、天津、陕西、浙江等地陆续创办了一些印刷技工学校。“文化大革命”中，这些学校相继停办。“文革”结束后，有些技工学校恢复，又新建一些学校。后来这些学校有的停办，有的升格为中专，到1995年全国有印刷技工学校8所：上海市印刷技工学校、福建出版发行技工学校、山东省印刷技工学校、广西出版技工学校、贵州省印刷技工学校、云南省印刷技工学校、陕西省印刷技工学校、新疆维吾尔自治区出版技工学校。

1980年，北京市58中办成印刷职业高中，这是我国创办最早的一所印刷职业高中。1985年杭州市、哈尔滨市和呼和浩特市，又有4所普通高中开办了印刷职业高中班。据统计，到1990年止，全国由出版印刷主管部门主办的正规印刷中等专业学校共6所。

1957年，上海印刷学校改为中专、1960年北京市印刷专业学校创办，1982年停办。1964年辽宁省新闻出版学校创办。1985年至1986年间还有几所中专校创办，它们是：江苏出版学校、湖南省出版发行学校、江西省出版学校。

（二）印刷高等学校

印刷高等教育起步较晚。1960年文化部文化学院开设印刷系，招收大学本科生，这是我国印刷高等教育的开始。（文化学院印刷系1961年并入中央工艺美术学院）。

改革开放以后，随着我国印刷事业的发展，印刷高等学校迅速发展，2007年开设有印刷本科专业的高校如图表 10－4 所列。

表 10－4　2007 年开设印刷本科专业高校情况

区域	院校名称	设立时间	年招生数(人)
环渤海地区	北京印刷学院(原中央工艺美术学院印刷系)	上世纪 70 年代	190
	天津科技大学(原天津轻工业学院)	上世纪 80 年代	120
	曲阜师范大学(日照分校)	新世纪初	110
	山东轻工业学院	新世纪初	70
长三角地区	上海理工大学(原上海出版印刷高等专科学校)	新世纪初	65
	江南大学(原无锡轻工业学院)	上世纪 90 年代	60
	南京林业大学	新世纪初	50
	浙江科技学院	新世纪初	60
	杭州电子科技大学(原杭州出版学校)	新世纪初	60
华中地区	武汉大学(原武汉测绘学院)	上世纪 80 年代	100
	湖南工业大学(原株洲工业学院)	上世纪 80 年代	135
东北地区	哈尔滨商业大学	上世纪 90 年代	55
	大连工业大学(原大连轻工业学院)	新世纪初	60
西北地区	西安理工大学(原陕西机械学院)	上世纪 80 年代	150
	陕西科技大学(原西北轻工业学院)	新世纪初	60
	内蒙古工业大学	新世纪初	70
华南地区	华南理工大学	新世纪初	60

(三)学科建设

专业发展的更高层次就是学科建设,而学科建设基础是专业建设,由于印刷工程未能列入国家二级学科,所以各高校印刷工程专业招收硕士生、博士生都是采用挂靠的形式,如北京印刷学院以“材料物理与化学”为硕士点,武汉大学、西安理工大学、天津科技大学均以“轻工技术与工程”为硕士点,湖南工业大学以“材料学与工程”为硕士点,上海理工大学以“光电工程”为博士点,培养印刷工程的研究生、博士生。本科教指委于 2006 年通过国家新闻出版署向教育部学位委员会提交了恢复印刷工程硕士点的请示。随着印刷产业在国民经济中日益提升的重要性,印刷学科的建设也成为各相关高校的工作重心之一,如武汉大学的“印刷工程”被列为国家“211 工程”重点建设学科,北京印刷学院的“信号与信息处理”为北京市重点学科,湖南工业大学的包装工程、印刷工程为湖南省教育厅重点学科,上海理工大学的印刷出版学科为上海市重点学科。

本科印刷专业毕业生在印刷行业取得重大成绩，一大批人才成为印刷产业领军人物，在企业、研究所、学校和外资公司担任重要岗位，为我国印刷业的腾飞做出了巨大贡献。

（四）印刷高职高专教育

我国印刷高职教育走过了20个年头，从无到有，从技校到中专到大专与高职，目前已有近30所学校开设了高职高专印刷类专业教育，一方面在完善印刷高等教育结构体系、促进印刷高等教育的大众化起到了重要作用。另一方面也满足了印刷企业对高技能型应用人才的需求，提高了印刷业从业人员的素质。

1986年国家教委批准上海印刷学校升格为上海出版印刷专科学校。1993年9月天津职业大学开设印刷技术专业，开展专科教育，到1999年底，开设专科层次印刷专业的学校共有5所，其他3所是深圳职业技术学院、北京印刷学院职业技术学院、广东轻工职业技术学院。

1999年，党中央、国务院在《关于深化教育改革全面推进素质教育的决定》中首次提出“大力发展高等职业教育”。高职教育得到了蓬勃发展。同时，教育部将原有的高职、高专和成人高校合称为“高职高专教育”进行统筹，以形成培养技术应用型人才的合力。2002年，国务院召开全国职业教育工作会议，明确提出“扩大高等职业教育的规模”，2005年，国务院两次召开全国职业教育工作会议，更进一步要求“高等职业教育规模占高等教育招生规模的一半以上”，“十一五”期间，要为社会输送1100多万名高等职业院校毕业生。

在这样的教育背景下，到2008年6月，全国共有27所开设印刷类专业的高等职业技术院校（包括专科院校），其中立项建设的国家示范性高职院校7所，它们是深圳职业技术学院、天津职业大学、番禺职业技术学院、荆楚理工学院、黑龙江农业工程职业技术学院、广东轻工职业技术学院、湖北职业技术学院。开设印刷技术专业的学院有17所，印刷图文信息处理专业16所，印刷设备与工艺专业6所，数字印刷专业1所，包装印刷专业1所，已毕业人数约近1万人，在校生约4500人。

（五）印刷成人高等教育

自20世纪80年代中后期开始，北京印刷学院、武汉大学、西安理工大学、株洲工学院等院校相继开展了面向印刷行业的成人教育，目前印刷成人高等教育形式有函授、业余、脱产班学习。办学层次有高中起点专科、专科起点本科和高中起点本科。

印刷成人高等教育的发展可以分为三个高潮，20世纪80年代中期的第一次高潮，是以企业组织行为和个人对知识的渴求为主要动力；20世纪90年代的第二次高潮是以获取文凭为目的，企业行为弱化，工学矛盾突出，由此引发教育者和学习者均出现功利化的短期行为，学生素质和教育质量在一定程度上有所下降；20世纪90年代末的第三次高潮，是由于社会、经济等改革的深入，信息技术的发展和终身学习观点的普遍被认同，促使人们根据社会的发展变化、自主设计学习发展计划、主动吸取新知识、可称之为“学习者主观觉醒”阶段。

二、包装工程高等学校

（一）包装工程专业的设置

包装教育作为独立的学科体系列入国家级全日制高等教育，从大多数资料介绍，美国是在1952年，由密执安州立大学院部，正式开设了包装专业课题，1956年正式建立包装工程系不久，便宣告成立包装学院，号称为世界最早的第一所包装高等教育学府。也就是说，世界上包装教育从美国密执安州大学农学院部开设包装专业课程算起，也只有50多年的历史。

中国在20世纪50年代末期，在轻工、纺织、航空、冶金、化工、文化等一部分部办院校如北京轻工业学院、北京航空学院、北京钢铁学院、无锡轻工业学院、江西航空学院、鲁迅艺术学院 、浙江美术学院、黑龙江商学院等也开办了轻化工与食品包装机械、防腐防锈包装和包装装潢等有关包装教学内容。到20世纪60年代中又有发展，但到20世纪60年代末，由于受到“十年动乱”的干扰破坏而停止发展，直到20世纪70年代末期“拨乱反正”之后才开始恢复。

事实上，我国在1984年以前，无论是包装机械、包装装潢美术，还是防护包装乃至包装材料等教学，都未做为正式包装专业课程单独设置，更未做为一个独立的专业列入国家高等教育专业目录。直至1984年国家教委（原教育部）在全国调整高等理、工、农、医专业目录会议上，才把《包装工程》列入国家高等教育“试办专业”，全国部分高校才正式开始开办《包装工程》试办专业和设立包装专业课程。

中国包装技术协会成立后，于1982年3月成立了“中国包装技术协会包装教育委员会”，并于1984年与中国包装总公司技术培训部，实行“两块牌子一套班子”，具体负责全国包装教育的规划和组织工作，经过各有关方面的努力工作，我国包装教育发展很快，到1987年底，全国许多省、自治区和直辖市，例如黑龙江、吉林、山东、江苏、浙江、福建、江西、湖北、湖南、青海、四川等，都成立了包装教育委员会，全国所有省、直辖市和自治区的包装协会，都有专职或兼职负责包装教育的干部。

拒不完全统计，到1987年12月底，全国有44所理工科普通高校开办了“包装工程”专业（其中由国家教委批准的6所）；有25所美术、艺术和师范院校开设了包装装潢专业；56

所中专、职业高中和普通中专开办了与包装有关的专业班;由国家教委批准试办“包装工程”专业普通高校有:上海大学工业学院、无锡轻工业学院、西北轻工业学院、陕西机械学院、天津商学院和吉林大学。此后相继又有很多高校设立了包装工程系,到2007年约有56所高等院校设置有包装工程系,其中约有21所高校的包装工程系有侧重印刷技术专业的,他们是:北京印刷学院、湖南工业大学、武汉大学、西安理工大学、华南理工大学、上海理工大学、江南大学、天津科技大学、大连工业大学、陕西科技大学、哈尔滨商业大学、杭州电子科技大学、南京林业大学、广东工业大学、浙江科技大学、曲阜师范大学、青岛科技大学、内蒙古工业大学、山东工艺美术学院、长沙理工大学、重庆工商大学。

21所包装印刷专业大约每年培养本科生1500人左右,硕士生300人左右,博士生10人以下。

在2009年5月15日召开的全国印刷高等教育交流会上获悉,目前,我国已有30余所大学设立了印刷工程、数字印刷及相关本科专业,50余所大学开设了包装工程类本科专业,80余所院校开设了印刷与包装类高职专业(专科)。

据与会人员介绍,我国印刷教育已从以职业培训为主要特征的印刷中等职业教育和培训,转变为高等学科教育、高等职业教育、中等职业教育、技工教育以及各类培训为特点的多层次、多类别的教育培训体系。

为了适应市场变化,我国高等印刷教育在学科和专业建设方面不断探索和创新,涌现出了数字印刷、数字媒体技术和图像传播等新方向和新专业,逐步向传媒工程、传媒技术、传媒文化、传媒经济、传媒艺术与传媒管理等多学科融合、协调发展的复合型传媒教育方向发展。

(二)教材建设

1. 第一套全国包装工程专业高校统编教材。

由于高速发展起来的我国包装教育,急需适合我国国情的各种层次的包装教材,因此,中国包装协会教育委员会和中国包装总公司教育培训部,在国家教育委员会教材办公室的指导下,经过一年半的筹备,推选出36名热心于包装教育的专家,学者和工程技术人员,于1984年成立了全国包装教材编审委员会,并分成14个编写组,负责编写13门高校和6门中等专业学校的包装教材。

高校包装教材包括:包装概论、包装材料、包装辅助材料、包装工程机械概论、包装机械、包装测试技术、包装技术与方法、包装设计、包装结构设计、包装管理、缓冲包装动力学、包装印刷概论等共13门,1989年正式出版,基本上满足1984年原教育部批准试办的《包装工程》专业规定内容和培养目标的要求。基本上可以满足了我国大量开展起来的包装教育对教材的急需,也填补了我国边缘学科教材建设中的空白,并对国内外包装教育事业的发展,起到了促进的作用。

2. 第二套全国包装工程专业高校统编教材编写的背景。

在改革开放的浪潮中,伴随着我国包装工业而崛起的包装教育,历年来成果累累。首先是我国的包装工程专业自 1984 年第一次以试办专业的身分列入我国本科专业目录后,经过全国 17 所高等学校 8 年的试办,1993 年被国家教委批准摘掉了试办的“帽子”,正式列入本科专业目录,使包装专业在我国高等教育中占据了一席之地。其次是我国形成的多层次、多形式相结合的包装教育体系中,中国包装技术协会和中国包装总公司创办的我国第一所以包装专业为核心的包装高等学校——株洲工学院,近几年围绕包装办学,已由单一的包装工程专业逐步发展成印刷技术、包装设计、装饰艺术设计、包装机械与自动控制等多个专业和方向。与此同时,全国已有近 30 所高等院校先后设置了包装工程本科专业,80 多所学校开办了与包装相关的专业,几乎覆盖了包装的所有行业。包装研究和为包装服务的领域更全面、更广泛、更深入,这批院校已成为我国包装教育的主要基地。

随着我国包装工业和包装教育的发展,第一套教材无论在内容和课程体系上已经不适应当前的发展形势,于是经过请示及各高校协商,包装教育委员会决定成立第二届全国包装教材编审委员会,并在第一套全国包装教材的基础上,组织全国 19 所高等院校和研究院所的 80 多位专家、教授编写我国第二套全国包装专业高等教材。这套教材包括:《包装材料学》、《包装管理》、《包装自动控制原理及过程自动化》、《包装容器结构设计与制造》、《包装工艺学》、《包装造型与装潢设计基础》、《包装机械概论》、《包装印刷》、《包装机械设计》、《包装测试技术》、《包装计算机辅助设计》、《运输包装》、《包装专业英语》等 13 种,于 1997 年出版。由于这套教材是在总结第一套全国包装专业高等教材教学经验的基础上编写的,因此内容衔接和课程体系及学时的安排更加合理,教材更加切合我国包装工业的实际,这套教材的出版为我国包装教育的发展奠定新的基础。

3. 第三套统编教材。

第三套教材是由中国包装总公司和全国普遍高等学校包装工程教学指导分委员会推荐,经教育部专家组评审,入选普通高等教育“十五”、“十一五”国家级规划教材。

已经出版《包装印刷与印后加工》、《包装概论》、《包装机械》、《包装工艺技术与设备》、《包装材料》、《包装结构设计》、《包装自动控制及应用》等。

主要参考书目

1. 范慕韩主编 《中国印刷近代史》 印刷工业出版社 1995

2. 谭俊峤 《中国包装印刷二十年》 印刷工业出版社 2005

3. 曲德森 《北京印刷史图鉴》 北京艺术与科学电子出版社 2008

4. 任天飞主编 《包装辞典》 湖南出版社 1991

5. 姜锐 《中国包装发展史》 湖南大学出版社 1989

6. 流苏 《烟的故事》 岳麓书社 2004

7. 中国印刷技术协会 《中国印刷年鉴(1981)》 印刷工业出版社 1982

8. 中国印刷及设备器材工业协会 《中国印刷及设备器材工业改革开放三十年文集》 2008

9. 中国网印及制象协会 《中国网版印刷业二十年》 2001

10.《中国印刷及设备器材工业协会成立二十周年》 2005

11. 杜维兴 《我国包装装潢印刷及平版印刷的发展道路》 呼和浩特市印刷协会 1993

12. 高久顺 《塑料凹印机的使用与调节》印刷工业出版社 1993

13. 金银河 《特种印刷及其应用(第二版)》 印刷工业出版社 2008

14. 郑德海 《网版印刷技术》 中国轻工业出版社 2001

15. 冯瑞乾 《印刷工艺概论》 印刷工业出版社 1991

16. 刘尊忠、王科 《香烟包装印刷400向》 化学工业出版社 2006

17. 老网印工作者联谊会 《丝网印刷实用技术指南》 印刷工业出版社 2000

18. 王淮珠 《新编装订材料知识手册》 印刷工业出版社 1996

图书在版编目(CIP)数据

中国包装印刷技术发展史 / 金银河主编. —青岛:青岛出版社,2011.1
ISBN 978-7-5436-6766-2

Ⅰ. 中… Ⅱ. 金… Ⅲ. 装潢包装印刷—技术史—中国
Ⅳ. TS851-092

中国版本图书馆 CIP 数据核字(2010)第 253259 号

书　　名 中国包装印刷技术发展史
主　　编 金银河
出版发行 青岛出版社(青岛市海尔路 182 号　266061)
本社网址 http://www.qdpub.com
邮购电话 13335059110
责任编辑 李明泽　张　潇
封面设计 申　尧
照　　排 青岛新华出版照排有限公司
印　　刷 青岛星球印刷有限公司
出版日期 2011 年 5 月第 1 版　2011 年 5 月第 1 次印刷
开　　本 16 开(787mm × 1092mm)
印　　张 25
字　　数 560 千
书　　号 ISBN 978-7-5436-6766-2
定　　价 98.00 元